"十四五"职业教育国家规划教材

职业院校机电类"十三五"微课版规划教材

# 机械设备维修技术

## 第4版 附微课视频

吴先文 / 主编

冯锦春 / 副主编

U0300345

人民邮电出版社

北 京

**图书在版编目（ＣＩＰ）数据**

机械设备维修技术：附微课视频 / 吴先文主编. --
4版. -- 北京：人民邮电出版社，2019.11
职业院校机电类"十三五"微课版规划教材
ISBN 978-7-115-52723-3

Ⅰ. ①机… Ⅱ. ①吴… Ⅲ. ①机械维修－高等职业教
育－教材 Ⅳ. ①TH17

中国版本图书馆CIP数据核字(2019)第270702号

## 内 容 提 要

本书为适应高职高专院校"机械设备维修技术"课程的教学需要而编写。全书共 7 个项目、40 个任务，全面、系统地阐述了机械设备维修的基本知识与技能，主要内容有：机械设备修理基础知识，机械设备的拆卸、清洗与检验，机械零部件的测绘，机械零部件的修理，机械设备零部件的装配，机床类设备的维修，桥式起重机的维修等。本书各项目设有学习目标、学习任务及思考题与习题等，便于学生更好地掌握所学知识。

本书的特点是将传统实用设备维修技术与现代维修新技术、新工艺、新材料相结合，理论与实践结合紧密，突出机械设备维修的工艺方法与过程，并列举大量的典型现场维修实例。本书内容新颖，文字简练，通俗易懂，实用性较强。

本书可作为高职高专、技师学院机械制造与自动化、机电设备维修与管理、机电一体化技术等机械类专业教材，以及成人教育和职工培训的教材，也可供从事机电设备维修的工程技术人员和工人学习参考。

◆ 主　　编　吴先文
　　副 主 编　冯锦春
　　责任编辑　王丽美
　　责任印制　王　郁　彭志环

◆ 人民邮电出版社出版发行　　北京市丰台区成寿寺路 11 号
　　邮编　100164　　电子邮件　315@ptpress.com.cn
　　网址　https://www.ptpress.com.cn
　　山东华立印务有限公司印刷

◆ 开本：787×1092　1/16
　　印张：16.25　　　　　　　　2019 年 11 月第 4 版
　　字数：405 千字　　　　　　 2025 年 1 月山东第 10 次印刷

定价：50.00 元
读者服务热线：(010)81055256　印装质量热线：(010)81055316
反盗版热线：(010)81055315
广告经营许可证：京东市监广登字 20170147 号

　　本书是"十三五"职业教育国家规划教材。为了深入贯彻落实党的二十大精神和中共中央办公厅、国务院办公厅《关于推动现代职业教育高质量发展的意见》及全国职业教育大会精神，本书是以校企合作、工学结合、课堂与实训一体化的现代职业教育理念为指导，着重体现任务引领、实践导向的项目式教学课程设计理念编写而成的。本书在编写过程中，融知识传授与能力培养为一体，注重学生职业知识、素养和能力的统一。同时，为体现"三教"改革成果等要求，体现"十四五"职业教育国家规划教材建设理念，编者对本书内容进行及时的更新。本书主要包含以下特点。

　　1. 落实立德树人根本任务。贯彻二十大报告所提出的"育人的根本在于立德"。本书在每个项目开始前增加了"学思融合"栏目，自然地引入胸怀祖国、服务人民的爱国精神，勇攀高峰、敢为人先的创新精神，公平、公正、科学、严谨的工作作风等。

　　2. 项目驱动，产教融合。在内容的安排上，本书优化重构了课程体系，全书由 7 个项目、40 个任务组成，各项目均明确了学习目标。在本书重印修订中，增加了"学习反馈表"等栏目，以真实工作项目为载体，以工作过程为导向，以职业素养和职业能力培养为重点组织教学内容，凸显了职业教育的基本指导思想。

　　3. 校企合作，双元开发。本书由学校教师和企业工程师共同开发。书中将项目实践与理论知识相结合，强化了典型现场设备维修实例，体现了"教、学、做一体化"的职业教育理念。书中增加了如纳米复合电刷镀、纳米减摩与自修复技术、快速电弧喷涂、激光熔敷等现代设备维修新技术、新工艺、新方法、新材料，拓展了学生的专业知识面。

　　4. 配套丰富的立体化教学资源。书中对重难点知识配备了视频，以二维码的形式插入书中。在本书重印修订中，新增了 73 个二维码视频等信息化教学内容，丰富了立体化教学资源，使全书更加形象、生动。本书还提供 PPT 课件、教学大纲、教学质量标准、课程考纲等配套教学资源，读者可登录人邮教育社区（www.ryjiaoyu.com）下载。

　　本书由中国特色高水平高职学校——四川工程职业技术学院吴先文教授任主编，四川工程职业技术学院冯锦春教授任副主编，德阳市重型机械备件厂赵晶文教授级高级工程师，四川工程职业技术学院杨林建教授、赵仕元副教授，多氟多新能源科技有限公司毛占稳工程师参编。其中，吴先文编写了项目一、项目二、项目四，毛占稳编写了项目三，赵晶文编写了项目五，冯锦春和杨林建编写了项目六，赵仕元编写了项目七。

　　本书由四川工程职业技术学院武友德教授主审，中国第二重型机械集团公司马荣平高级工程师和德阳安装技师学院张忠旭高级讲师为本书编写提出了许多宝贵的意见和建议。本书在编写过程中，参考了很多相关资料和书籍，得到了有关院校的大力支持与帮助，在此一并致谢！

　　由于编者水平有限，书中不妥之处在所难免，恳请广大读者批评指正。

编者

2023 年 5 月

# 目 录

# 项目一
# 机械设备修理基础知识

## 学思融合

有一群劳动者，他们追求职业技能的完美和极致，靠着传承和钻研，凭着专注和坚守，成为顶级工匠，成为一个领域不可或缺的人才。他们技艺精湛，有人能在牛皮纸一样薄的钢板上焊接而不出现一丝漏点，有人能把密封精度控制到头发丝的五十分之一，还有人检测手感精准度堪比X光，令人叹服。我们也要向他们一样，精益求精，追求极致，用匠心筑梦。

## 项目导入

随着科学技术迅速发展和知识更新周期缩短，生产设备自动化、智能化、高精度化程度越来越高，生产设备的结构也变得越来越复杂，但受生产工艺、设备维护和设备周期寿命等因素影响，生产过程中各种设备故障的发生难以避免。工欲善其事，必先利其器。要做好一件事，准备工作非常重要。

## 学习目标

1. 了解机械设备修理的类别及修理内容和技术要求。
2. 了解机械设备修理前的工作内容及程序。
3. 理解并掌握机械设备故障及零件失效的形式、产生原因与对策。
4. 熟悉机械设备修理中的常用检具和量仪的使用方法。
5. 培养民族自信，厚植家国情怀，弘扬劳动光荣、技能宝贵、创造伟大的时代风尚。

机械设备是企业生产的物质技术基础，作为现代化的生产工具在各行各业都有广泛的应用。随着生产力水平的提高，设备技术状态的好坏对企业生产的正常运行，以及产品生产率、质量、成本、安全、环保和能源消耗等在一定意义上起着决定性的作用。

机械设备在使用过程中，不可避免地由于磨损、疲劳、断裂、变形、腐蚀、老化等原因造成设备性能的劣化以致出现故障。设备性能指标下降乃至出现故障，会使其不能正常运行，最终导致设备损坏和停产而使企业蒙受经济损失，甚至造成灾难性的后果。

减缓机械设备劣化速度，排除故障、恢复设备原有的性能和技术要求，需要机械设备维修人员掌握一整套系统、科学维护和修理设备的技术和方法。

机械设备维修技术是以机械设备为研究对象，探讨设备出现性能劣化的原因，研究并寻找减缓和防止设备性能劣化的技术及方法，保持或恢复设备的规定功能并延长其使用寿命。

本项目的任务是学习机械设备维修技术的基础知识，主要内容有机械设备修理的工作过程、机械设备修理方案的确定、机械设备维修前的工作内容及程序、机械零件失效及修理更换的原则等。

## 任务1　机械设备修理前的准备工作

### 1.1.1　机械设备修理的类别

机械设备在使用中由于磨损、腐蚀或维护不良、操作不当等原因，从而导致设备技术状态发生劣化以致出现故障。为保持或恢复机械设备应有的精度、性能、效率等，必须对机械设备及时进行修理。

机械设备修理类别按修理内容、技术要求和工作量大小可分为大修、项目修理（简称项修）、小修、定期精度调整等。

#### 1．大修

在设备修理类别中，设备大修是工作量最大、修理时间较长的一种计划修理。大修时，将设备的全部或大部分解体，修复基础件，更换或修复全部不合格的机械零件、电气元件；修理、调整电气系统；修复设备的附件以及翻新外观；整机装配和调试，从而全面消除大修前存在的缺陷，恢复设备规定的精度与性能。

大修主要包括以下内容。

（1）对设备的全部或大部分部件解体检查，并做好记录。

（2）全部拆卸设备的各部件，对所有零件进行清洗并做出技术鉴定。

（3）编制大修技术文件，并做好修理前各方面准备工作。

（4）更换或修复失效的全部零部件。

（5）刮研或磨削全部导轨面。

（6）修理电气系统。

（7）配齐安全防护装置和必要的附件。

（8）整机装配，并调试达到大修质量技术要求。

（9）翻新外观（重新喷漆、电镀等）。

（10）整机验收，按设备出厂标准进行检验。

通常，在设备大修时还应考虑适当地进行相关技术改造，如为了消除设备的先天性缺陷或多发性故障，可对设备的局部结构或零部件进行改进设计，以提高其可靠性。按照产品工艺要求，在不改变整机结构的情况下，局部提高个别主要部件的精度等。

对机械设备大修总的技术要求是：全面清除修理前存在的缺陷，大修后应达到设备出厂或修理技术文件所规定的性能和精度标准。

#### 2．项目修理

项目修理是根据机械设备的结构特点和实际技术状态，对设备状态达不到生产工艺要求的某些项目或部件，按实际需要进行的针对性修理。进行项修时，只针对需检修部分进行拆卸分解，修复或更换主要失效零件，刮研或磨削部分导轨面，校正坐标，使修理部位及相关部位的精度、性能达到规定标准，以满足生产工艺的要求。

项修时，对设备进行部分解体，修理或更换部分主要零件与基准件的数量占总零件数的10%～30%，另外还需修理使用期限等于或小于修理间隔期的零件；同时，对床身导轨、刀架、床鞍、工作台、横梁、立柱、滑块等进行必要的刮研，但总刮研面积不超过40%，其他摩擦面不刮研。项修时对其中个别难以恢复的精度项目，可以延长至下一次大修时恢复；对设备的非工作表面要打光后涂漆。项修的大部分项目由专职维修工人在生产车间现场进行，个别要求高的项目由机修车间承担。设备项修后，质量管理部门和设备管理部门要组织机械员、主修工人和操作者，根据项修技术任务书的规定和要求，共同检查验收。检验合格后，由项修质量检验员在检修技术任务书上签字，主修人员填写设备完工通知单，并由送修与承修单位办理交接手续。

项修主要包括以下内容。

（1）全面进行精度检查，确定需要拆卸分解、修理或更换的零部件。

（2）修理基准件，刮研或磨削需要修理的导轨面。

（3）对需要修理的零部件进行清洗、修复或更换。

（4）清洗、疏通各润滑部位，换油，更换油毡油线。

（5）修理漏油部位。

（6）喷漆或补漆。

（7）按部颁修理精度、出厂精度或项修技术任务书规定的精度检验标准，对修完的设备进行全部检查。但对项修时难以恢复的个别精度项目可适当放宽。

### 3．小修

小修是指工作量最小的局部修理。小修主要是对设备日常检查或定期检查中所发现的缺陷或劣化征兆进行修复。

小修的工作内容是拆卸有关的设备零部件，更换和修复部分磨损较快和使用期限等于或小于修理间隔期的零件，调整设备的局部机构，以保证设备能正常运转到下一次计划修理时间。小修时，要对拆卸下的零件进行清洗，将设备外部全部擦净。小修一般在生产现场进行，由车间维修工人执行。

### 4．定期精度调整

定期精度调整是指对精密、大型、稀有设备的几何精度进行有计划的定期检查并调整，使其达到或接近规定的精度标准，保证其精度稳定，以满足生产工艺要求。通常，该项检查的周期为1～2年，并应安排在气温变化较小的季节进行。

## 1.1.2 机械设备修理的工作过程

机械设备修理的工作过程一般包括解体前整机检查、拆卸部件、部件检查、必要的部件分解、零件清洗及检查、部件修理装配、总装配、空运转试车、负荷试车、整机精度检验和竣工验收等，如图1-1所示。在实际工作中应按大修作业计划进行并同时做好作业调度、作业质量控制、竣工验收等主要管理工作。

图1-1 机械设备修理的工作过程

机械设备的大修过程一般包括修前准备工作、施工和修后验收三个阶段。

### 1．修前准备工作

为了使修理工作顺利地进行，修理人员应对设备技术状态进行调查、了解和检测；熟悉设备使用说明书、历次修理记录、有关技术资料、修理检验标准等；确定设备修理工艺方案；准备工具、检测器具和工作场地等；确定修后的精度检验项目和试车验收要求，这样就为整台设备的大修做好了各项技术准备工作。修前准备越充分，修理的质量和修理进度越能够得到保证。

### 2．施工

修理过程开始后，首先采用适当的方法对设备进行解体，按照与装配相反的顺序和方向，即"先上后下，先外后里"的方法，正确地解除零部件在设备中相互间的约束和固定的形式，把它们有次序地、尽量完好地分解出来，并妥善放置，做好标记。要防止零部件的拉伤、损坏、变形和丢失等。

对已经拆卸的零部件应及时进行清洗，对其尺寸和形位精度及损坏情况进行检验，然后按照修理工艺规程进行修复或更换。对修前的调查和预检进行核实，以保证修复和更换的正确性。对于具体零部件的修复，应根据其结构特点、精度高低并结合修复能力，拟订合理的修理方案和相应的修复方法，进行修复直至达到要求。

零部件修复后即可进行装配，设备整机的装配工作以验收标准为依据进行。装配工作应选择合适的装配基准面，确定误差补偿环节的形式及补偿方法，确保各零部件之间的装配精度，如平行度、同轴度、垂直度以及传动的啮合精度要求等。

机械设备大修的修理技术和修理工作量，在大修前难以预测得十分准确。因此，在施工阶段，应从实际情况出发，及时地采取各种措施来弥补大修前预测的不足，并保证修理工期按计划或提前完成。

### 3．修后验收

凡是经过修理装配调整好的设备，都必须按有关规定的精度标准项目或修前拟订的精度项目，进行各项精度检验和试验，如几何精度检验、空运转试验、载荷试验和工作精度检验等，全面检查衡量所修理设备的质量、精度和工作性能的恢复情况。

设备修理后，应记录对原技术资料的修改情况和修理中的经验教训，做好修理后工作小结，与原始资料一起归档，以备下次修理时参考。

## 1.1.3  机械设备修理前的工作内容及程序

机械设备大修前的工作内容包括修前技术准备和修前物质准备。其完善程度和准确性、及时性会直接影响到大修作业计划、修理质量、效率和经济效益。设备修理前的技术准备，包括设备修理的预检计划和预检的准备、修理图纸资料的准备、各种修理工艺的制订及修理工检具的制造和供应。各企业的设备维修组织和管理分工有所不同，但设备大修前的技术准备工作内容及程序大致相同，如图 1-2 所示。

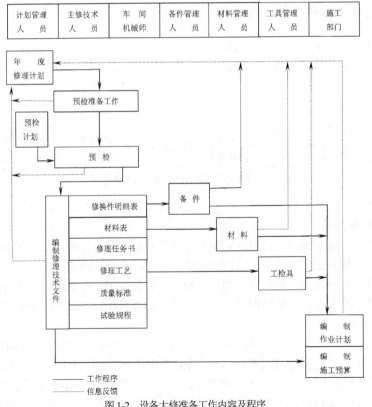

图 1-2  设备大修准备工作内容及程序

### 1. 预检

为了全面深入掌握设备的实际技术状态，在修理前安排的停机检查称为预检。预检工作由主修技术人员主持，设备使用单位的机械员、操作工人和维修工人参加。预检的时间应根据设备的复杂程度确定。

预检既可验证事先预测的设备劣化部位及程度，又可发现事先未预测到的问题，从而结合已经掌握的设备技术状态劣化规律，作为制订修理方案的依据。

（1）预检前的准备工作

① 阅读设备使用说明书，熟悉设备的结构、性能、精度及其技术特点。

② 查阅设备档案，着重了解：设备安装验收（或上次大修验收）记录和出厂检验记录；历次修理（包括小修、项修、大修）的内容，修复或更换的零件；历次设备事故报告；近期定期检查记录；设备运行中的状态监测记录；设备技术状况普查记录等。

③ 查阅设备图册，为校对、测绘修复件或更换件做好图样准备。

④ 向设备操作工和维修工了解设备的技术状态：设备的精度是否满足产品的工艺要求，性能是否下降；气动、液压系统及润滑系统是否正常及有无泄漏；附件是否齐全；安全防护装置是否灵敏可靠；设备运行中易发生故障的部位及原因；设备现在存在的主要缺陷；需要修复或改进的具体意见等。

将上述各项调查准备的结果进行整理、归纳，可以分析和确定预检时需解体检查的部件和预检的具体内容，并安排预检计划。

（2）预检的内容

以下为金属切削机床类设备的典型预检内容，仅供参考。

① 按出厂精度标准对设备逐项检验，并记录实测值。

② 检查设备外观。有无掉漆，指示标牌是否齐全清晰，操纵手柄是否损伤等。

③ 检查机床导轨。若有磨损，测出磨损量，检查导轨副可调整镶条尚有的调整余量，以便确定大修时是否需要更换。

④ 检查机床外露的主要零件如丝杠、齿条、光杠等的磨损情况，测出磨损量。

⑤ 检查机床运行状态。各种运动是否达到规定速度，尤其高速时运动是否平稳，有无振动和噪声。低速时有无爬行，运动时各操纵系统是否灵敏可靠。

⑥ 检查气动、液压系统及润滑系统。系统的工作压力是否达到规定，压力波动情况如何，有无泄漏，若有泄漏，查明泄漏部位和原因。

⑦ 检查电气系统。除常规检查外，注意用先进的元器件替代原有的元器件。

⑧ 检查安全防护装置。包括各种指示仪表、安全联锁装置、限位装置等是否灵敏可靠，各防护罩有无损坏。

⑨ 检查附件是否失效（如磨损、变形等）。

⑩ 部分解体检查，以便根据零件磨损情况来确定零件是否需要更换或修复。原则上尽量不拆卸零件，尽可能用简易方法或借助仪器判断零件的失效程度，对难以判断失效程度和必须测绘、校对图样的零件才进行拆卸检查。

（3）预检应达到的要求

① 全面掌握设备技术状态劣化的具体情况，并做好记录。

② 明确产品工艺对设备精度、性能的要求。

③ 确定需要更换或修复的零件，尤其要保证大型复杂铸锻件、焊接件、关键件和外购件的更换或修复。

④ 测绘或核对的更换件和修复件的图样要准确可靠，以保证制造和修配的精度。

（4）预检的步骤

做好预检前的各项准备工作，按预检内容进行。在预检过程中，对发现的故障隐患必须及时加以排除，恢复设备并交付继续使用。预检结束要提交预检结果，在预检结果中应尽可能定量地反映检查出的问题。如果根据预检结果判断无须大修，应向设备主管部门提出改变修理类别的意见。

## 2．机械设备修理方案的确定

机械设备的修理不但要达到预定的技术要求，而且要力求提高经济效益。因此，在修理前应切实掌握设备的技术状况，制订经济合理、切实可行的修理方案，充分做好技术和生产准备工作，在施工中要积极采用新技术、新工艺、新材料等，以保证修理质量，缩短停修时间，降低修理费用。

通过预检，在详细调查了解设备修理前技术状况、存在的主要缺陷和产品工艺对设备的技术要求后，分析确定修理方案，主要内容如下。

（1）按产品工艺要求，设备的出厂精度标准能否满足生产需要。如果个别主要精度项目标准不能满足生产需要，能否采取工艺措施提高精度。了解哪些精度项目可以免检。

（2）对多发性故障部位，分析改进设计的必要性与可行性。

（3）对关键零部件，如精密主轴部件、精密丝杠副、分度蜗杆副的修理，本企业维修人员的技术水平和条件能否胜任。

（4）对基础件，如床身、立柱、横梁等的修理，采用磨削、精刨或精铣工艺，在本企业或本地区其他企业实现的可能性和经济性。

（5）为了缩短修理时间，哪些部件采用新部件比修复原有零件更经济。

（6）如果本企业承修，哪些修理作业需委托其他企业协作，应与其他企业联系并达成初步协议。如果本企业不能胜任或不能实现对关键零部件、基础件的修理工作，应委托其他企业修理。

## 3．编制大修技术文件

通过预检和分析确定修理方案后，必须准备好大修用的技术文件和图样。机械设备大修技术文件和图样包括：修理技术任务书，修换件明细表及图样，材料明细表，修理工艺规程，专用工、检、研具明细表及图样，修理质量标准等。这些技术文件是编制修理作业计划、指导修理作业以及检查和验收修理质量的依据。

（1）编制修理技术任务书

修理技术任务书由主修人员编制，经机械师和主管工程师审查，最后由设备管理部门负责人批准。设备修理技术任务书包括如下内容。

① 设备修前技术状况：包括说明设备修理前工作精度下降情况，设备的主要输出参数的下降情况，主要零部件（指基础件、关键件、高精度零件）的磨损和损坏情况，气动、液压系统及润滑系统的缺损情况，电气系统的主要缺陷情况，安全防护装置的缺损情况等。

② 主要修理内容：包括说明设备要全部（或除个别部件外其余全体）解体、清洗，检查零件的磨损和损坏情况，确定需要更换和修复的零件，扼要说明基础件、关键件的修理方法，说明必须仔细检查和调整的机构，结合修理需要进行改善维修的部位和内容。

③ 修理质量要求。对装配质量、外观质量、空运转试车、负荷试车、几何精度和工作精度逐项说明，按相关技术标准检查验收。

（2）编制修换件明细表

修换件明细表是设备大修前准备备品配件的依据，应当力求准确。

（3）编制材料明细表

材料明细表是设备大修准备材料的依据。设备大修材料可分为主材和辅材两类。主材是指直接用于设备修理的材料，如钢材、有色金属、电气材料、橡胶制品、润滑油脂、油漆等。辅材是指制造更换件所用材料、大修时用的辅助材料，不列入材料明细表，如清洗剂、擦拭材料等。

（4）编制修理工艺规程

机械设备修理工艺规程应具体规定设备的修理程序、零部件的修理方法、总装配与试车的方法及技术要求等，以保证大修质量。它是设备大修时必须认真遵守和执行的指导性技术文件。

编制设备大修工艺规程时，应根据设备修理前的实际状况、企业的修理技术装备和修理技术水平，做到技术上可行，经济上合理，切合生产实际要求。

机械设备修理工艺规程通常包括下列内容。

① 整机和部件的拆卸程序、方法及拆卸过程中应检测的数据和注意事项。

② 主要零部件的检查、修理和装配工艺，以及应达到的技术条件。

③ 关键部位的调整工艺及应达到的技术条件。

④ 总装配的程序和装配工艺，应达到的精度要求、技术要求及检查方法。

⑤ 总装配后试车程序、规范及应达到的技术条件。

⑥ 在拆卸、装配、检查、测量及修配过程中需用的通用或专用的工具、检具、研具和量仪。

⑦ 修理作业中的安全技术措施等。

（5）大修质量标准

机械设备大修后的精度、性能标准应能满足产品质量、加工工艺要求，并有足够的精度储备。主要包括以下内容。

① 机械设备的工作精度标准。

② 机械设备的几何精度标准。

③ 空运转试验的程序、方法，检验的内容和应达到的技术要求。

④ 负荷试验的程序、方法，检验的内容和应达到的技术要求。

⑤ 外观质量标准。

在机械设备修理验收时，可参照国家和有关部委等制定和颁布的一些机械设备大修通用技术条件，如金属切削机床大修通用技术条件、桥式起重机大修通用技术条件等。若有特殊要求，应按其修理工艺、图样或有关技术文件的规定执行。企业可参照机械设备通用技术条件编制本企业专用机械设备大修质量标准。如果没有以上标准，大修则应按照该机械设备出厂技术标准作为大修质量标准。

#### 4．设备修理前的物质准备

设备修理前的物质准备是一项非常重要的工作，是保证维修工作顺利进行的重要环节和物质基础。实际工作中经常由于备品配件供应不上而影响修理工作的正常进行，延长修理停机时间，使企业生产受到损失。因此，必须加强设备修理前的物质准备工作。

主修技术人员在编制好修换件明细表和材料明细表后，应及时将明细表交给备件、材料管理人员。备件、材料管理人员在核对库存后提出订货。主修技术人员在制订好修理工艺后，应及时把专用工具、检具明细表和图样交给工具管理人员。工具管理人员经核对库存后，把所需用的库存专用工具、检具，送有关部门鉴定，按鉴定结果，如需修理提请有关部门安排修理，同时要对新的专用工具、检具提出订货。

## 任务2　机械零件失效及修理更换的原则

### 1.2.1　机械设备的故障

#### 1．故障的概念

机械设备丧失了规定功能的状态称为故障。机械设备的工作性能随使用时间的增长而下降，当其工作性能指标超出了规定的范围时就出现了故障。机器发生故障后，其技术经济指标部分或全部下降而达不到规定的要求，如发动机功率下降，精度降低，加工表面粗糙度达不到规定等级，发生强烈振动，出现不正常的声响等。

显然，必须明确什么是规定的功能，设备的功能丧失到什么程度才算出了故障。如汽车制动不灵，在规定的速度下制动时，停车超过了允许的距离，就是制动系统故障。"规定的功能"通常在机械设备运行中才能显现出来，如果设备已丧失规定功能而设备未开动，则故障就不能显现。有时，设备还尚未丧失功能，但根据某些物理状态、工作参数、仪器仪表检测，可以判断即将发生故障并可能造成一定的危害，因此，应当在故障发生之前进行有效的维护或修理。

**2．故障模式及其分类**

故障模式是指产品故障的一种表现形式，一般按发生故障时的现象来描述，相当于医学上的疾病症状。由于受现场条件的限制，观察到或测量到的故障现象可能是系统的，如发动机不能启动；也可能是某一部件，如传动箱有异常声响；也可能是某一具体零件，如履带断裂、油管破裂等。

各种机器设备的故障模式包括以下几种：异常振动、磨损、疲劳、裂纹、破断、腐蚀、剥离、渗漏、堵塞、过度变形、松弛、熔融、蒸发、绝缘劣化、短路、击穿、异常声响、材料老化、油质劣化、粘合、污染、不稳定及其他。

（1）按故障发生、发展的进程分类

① 突发性故障。出现故障前无明显征兆，难以靠早期试验或测试来预测。这类故障发生时间很短暂，一般带有破坏性，如转子的断裂、人员误操作引起设备的损毁等属于这一类故障。

② 渐发性故障。设备在使用过程中某些零部件因疲劳、腐蚀、磨损等使性能逐渐下降，最终超出所允许值而发生的故障。这类故障占有相当大的比重，具有一定的规律性，能通过早期状态监测和故障诊断来预防。

以上两类故障虽有区别，但彼此之间也可转化，如零部件磨损到一定程度也会导致突然断裂而引起突发性故障，这一点在设备运行中应予以注意。

（2）按故障发生的原因或性质分类

① 自然故障：指因机器各部分零件的磨损、变形、断裂、蚀损等而引起的故障。

② 人为故障：指因使用了质量不合格的零件和材料、不正确的装配和调整、使用中违反操作规程或维护保养不当等而造成的故障，这种故障是人为因素造成的，可以避免。

**3．故障的一般规律**

机器设备的故障率随时间的变化规律如图 1-3 所示，此曲线常称为"浴盆曲线"。这一变化过程主要分为三个阶段：第一阶段为早期故障期，即由于设计、制造、运输、安装等原因造成的故障，故障率较高。随着故障一个个被排除而逐渐减少并趋于稳定，进入随机故障期，此期间不易发生故障，设备故障率很低，这个时期的持续时间称为有效寿命。第三阶段为耗损故障期，随着设备零部件的磨损、老化等原因造成故障率上升，这时若加强维护保

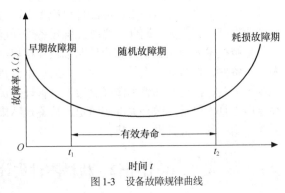

图 1-3　设备故障规律曲线

养，及时修复或更换零部件，则可把故障率降下来，从而延长其有效寿命。

## 1.2.2　机械零件的失效与对策

机器的故障和机械零件的失效密不可分。机械零件的失效最终必将导致机械设备的故障。关

键零件的失效会造成设备事故、人身伤亡事故甚至大范围的灾难性后果。因此，有效地预防、控制、监测零件的失效，意义重大。

机械零件丧失规定的功能时，即称为失效。一个零件处于下列两种状态之一就认为是失效：不能完成规定功能；不能可靠和安全地继续使用。

机械设备类型很多，其运行工况和环境条件差异很大，机械零件失效形式也很多，发生的原因也各不相同，一般是按失效件的外部形态特征来分类的，主要有磨损、变形、断裂、蚀损等较普遍的、有代表性的失效形式。

在生产实践中，最主要的失效形式是零件工作表面的磨损失效，而最危险的失效形式是瞬间出现裂纹和破断，统称为断裂失效。

失效分析是指分析研究机件磨损、断裂、变形、蚀损等现象的机理或过程的特征及规律，从中找出产生失效的主要原因，以便采用适当的控制方法。

失效分析的目的是为制订维修技术方案提供可靠依据，并对引起失效的某些因素进行控制，以降低设备故障率，延长设备使用寿命。此外，失效分析也能为设备的设计、制造反馈信息，为设备事故的鉴定提供客观依据。

## 1. 零件的磨损

相互接触的物体有相对运动或有相对运动趋势时所表现出阻力的现象称为摩擦，摩擦时所表现出阻力的大小叫作摩擦力。摩擦与磨损总是相伴发生的，而摩擦的特性与磨损的程度密切相关。机械设备在工作过程中，有相对运动零件的表面上发生尺寸、形状和表面质量变化的现象称为磨损。

对一台大修的发动机进行检测可以发现，凡有相对运动、相互摩擦的零件（如缸套、活塞、活塞环、曲轴、主轴承、连杆轴承等）都有不同程度的磨损。磨损的速度不仅直接影响设备的使用寿命，而且还造成能耗的大幅度增加，据估计，磨损造成的能源损失占全世界能耗的 1/3 左右，大约有 80% 的损坏零件是由于磨损造成的。因此，研究摩擦与磨损具有重大的经济价值。

（1）磨损的一般规律

在不同条件下工作的机械零件，磨损发生的原因及形式各不相同，但磨损量随使用时间的延长而变化的规律相似。机械零件的磨损一般可分为磨合阶段、稳定磨损阶段和剧烈磨损阶段，如图 1-4 所示。

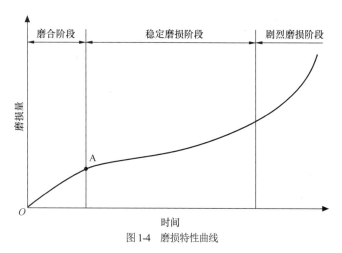

图 1-4 磨损特性曲线

① 磨合（跑合）阶段。由于新加工零件表面比较粗糙，因此零件磨损十分迅速，随着时间的延长，表面粗糙度下降，实际接触面积增大，磨损速度逐渐下降。经过这一阶段以后，零件的磨损速度逐步过渡到稳定状态。选择合适的磨合载荷、相对运动速度、润滑条件等参数是尽快达

到正常磨损的关键因素，应以最小的磨损量完成磨合。磨合阶段结束后，应清除摩擦副中的磨屑，更换润滑油，才能进入满负荷正常使用阶段。

② 稳定磨损阶段。摩擦表面的磨损量随着工作时间的延长而稳定、缓慢增长，属于自然磨损。在磨损量达到极限值以前的这一段时间是零件的耐磨寿命。它与摩擦表面工作条件、维护保养好坏关系极大。使用保养得好，可以延长磨损寿命，从而提高设备的可靠性与有效利用率。

③ 剧烈磨损阶段。由于摩擦条件发生较大的变化（如温度升高、金属组织发生变化、冲击载荷增大、润滑状态恶化、磨损速度急剧增加、机械效率下降、精度降低等），最后导致零件失效，机械设备不能继续使用。这一阶段应采取修复、更换等措施，防止设备故障与事故的发生。

（2）磨料磨损

磨料磨损又称磨粒磨损，它是由于摩擦副的接触表面之间存在着硬质颗粒，或者当摩擦副材料一方的硬度比另一方的硬度大得多时，所产生的一种类似金属切削过程的磨损现象。它是机械磨损的一种，特征是在接触面上有明显的切削痕迹。磨料磨损是农业机械、矿山机械、建筑机械、工程机械设备的主要破坏形式。例如，一台在多砂石地区工作的推土机，仅工作几十小时后发动机就不能正常工作了。拆开后检查发现缸旁严重磨损，进气管内残存许多砂粒，润滑油极脏。查其原因发现，进气管接头损坏，使空气未经滤清而进入汽缸，从而导致了严重的磨料磨损。

在各类磨损中，磨料磨损约占50%，是十分常见且危害性最严重的一种磨损，其磨损速率和磨损强度很大，致使机械设备的使用寿命大大降低，能源和材料大量消耗。

① 磨料磨损的机理。磨料磨损的机理属于磨料颗粒的机械作用，一种是磨粒沿摩擦表面进行微量切削的过程；另一种是磨粒使摩擦表面层受交变接触应力作用，使表面层产生不断变化的密集压痕，最后由于表面疲劳而剥蚀。磨粒的来源有外界砂尘、切屑侵入、流体带入、表面磨损产物、材料组织的表面硬点及夹杂物等。

磨料磨损的显著特点是磨损表面具有与相对运动方向平行的细小沟槽、螺旋状、环状或弯曲状细小切屑及部分粉末。

② 减轻磨料磨损的措施。磨料磨损是目前造成机械设备工作性能下降以致出现故障的主要原因之一，减轻磨料磨损的常用方法如下。

（a）减少磨料的进入。对机械设备中的摩擦副应阻止外界磨料进入，并及时清除摩擦副磨合过程中产生的磨屑。具体措施是配备空气滤清器及燃油过滤器、机油过滤器；增加用于防尘的密封装置等；在润滑系统中装入吸铁石、集屑房及油污染程度指示器；经常清理更换空气、燃油、机油滤清装置。

（b）增强零件的耐磨性。可选用耐磨性能好的材料。对于要求耐磨又有冲击载荷作用的零件，可采用热处理和表面处理的方法改善零件材料的性质，提高表面硬度，尽可能使表面硬度超过磨料的硬度。如采用中碳钢淬火、低温回火得到马氏体钢的办法，使零件既具有耐磨性，又具有较好的韧性。选用一硬一软摩擦副，使磨料被软材料所吸收，减少磨料对重要、高价材料的磨损。对于精度要求不是非常高的零件，可用在工作面上堆焊耐磨合金的办法以提高其耐磨性。

（3）黏着磨损

构成摩擦副的两个摩擦表面，在相对运动时各接触表面的材料从一个表面转移到另一个表面所引起的磨损称为黏着磨损。根据零件摩擦表面破坏程度，黏着磨损可分为轻微磨损、涂抹、擦伤、撕脱和咬死五类。

① 黏着磨损机理。由于黏着作用，摩擦副在重载条件下工作，因润滑不良、相对运动速度高、摩擦产生的热量来不及散发，摩擦副表面产生极高的温度，材料表面强度降低，使承受高压的表面凸起部分相互黏着，继而在相对运动中被撕裂下来，使材料从强度低的表面上转移到材料强度高的表面上，造成摩擦副的灾难性破坏，如咬死或划伤。

② 减少黏着磨损的措施，主要包括以下两种。

（a）控制摩擦副表面状态。摩擦表面洁净、光滑，无吸附膜，易发生黏着磨损。金属表面经常存在吸附膜，当有塑性变形后，金属滑移，吸附膜被破坏，或者温度升高（一般认为达到100~200℃）时吸附膜也会破坏，这些都易导致黏着磨损的发生。为了减轻黏着磨损的发生，应根据其工作条件（载荷、温度、速度等），选用适当的润滑剂，或在润滑剂中加入添加剂等，以建立必要的润滑条件。而大气中的氧通常会在金属表面形成一层保护性氧化膜，能防止金属直接接触和发生黏着，有利于减少摩擦和磨损。

（b）控制摩擦副表面的材料成分与金相组织。材料成分和金相组织相近的两种金属材料之间最容易发生黏着磨损。这是因为两摩擦表面的材料形成固溶体或金属间化合物的倾向强烈，因此，作为摩擦副的材料应当是形成固溶体倾向最小的两种材料，即应当选用不同材料成分和晶体结构的材料。在摩擦副的一个表面上覆盖铅、锡、银、铜等金属或者软的合金可以提高抗黏着磨损的能力，如巴氏合金、铝青铜等常用作轴承衬瓦的表面材料，就是为了提高其抗黏着磨损的能力，钢与铸铁配对的抗黏着性能也不错。

（4）疲劳磨损

疲劳磨损是摩擦副材料表面上局部区域在循环接触应力作用下产生疲劳裂纹，由于裂纹不断扩展并分离出微片和颗粒的一种磨损形式。根据摩擦副之间的接触和相对运动方式可将疲劳磨损分为滚动接触疲劳磨损和滑动接触疲劳磨损两种形式。

① 疲劳磨损机理。疲劳磨损的过程就是裂纹产生和扩展的破坏过程。根据裂纹产生的位置，疲劳磨损的机理有下面两种情况。

（a）滚动接触疲劳磨损。滚动轴承、传动齿轮等有相对滚动摩擦副表面间出现的麻点和脱落现象都是由滚动接触疲劳磨损造成的。其特点是经过一定次数的循环接触应力的作用，麻点或脱落才会出现，在摩擦副表面上留下痘斑状凹坑，深度在 0.2 mm 以下。

（b）滑动接触疲劳磨损。两滑动接触物体在距离表面下 0.786$b$ 处（$b$ 为平面接触区的半宽度）切应力最大。该处塑性变形最剧烈，在周期性载荷作用下的反复变形使材料局部弱化，并在该处首先出现裂纹，在滑动摩擦力引起的剪应力和法向载荷引起的剪应力叠加结果下，使最大切应力从 0.786$b$ 处向表面移动，形成滑动疲劳磨损，剥落层深度一般为 0.2~0.4 mm。

② 减少或消除疲劳磨损的对策。减少或消除疲劳磨损的对策就是控制影响裂纹产生和扩展的因素，主要有以下两个方面。

（a）材质。钢中非金属夹杂物的存在易引起应力集中，这些夹杂物的边缘最易形成裂纹，从而降低材料的接触疲劳寿命。材料的组织状态、内部缺陷等对磨损也有重要的影响。

通常，晶粒细小、均匀，碳化物呈球状且均匀分布，均有利于提高滚动接触疲劳寿命。轴承钢经处理后，残留奥氏体越多，针状马氏体越粗大，则表层有益的残余压应力和渗碳层强度越低，越容易发生微裂纹。在未溶解的碳化物状态相同条件下，马氏体中碳的质量分数在 0.4%~0.5%时，材料的强度和韧性配合较佳，接触疲劳寿命高。对未溶解的碳化物，通过适当热处理，使其趋于量少、体小、均布，避免粗大或带状碳化物出现，都有利于避免疲劳裂纹的产生。

硬度在一定范围内增加，其接触疲劳抗力将随之增大。例如，轴承钢表面硬度为 62HRC 左右时，其抗疲劳磨损能力最大。对传动齿轮的齿面，硬度在 58~62HRC 范围内最佳，而当齿面受冲击载荷时，硬度宜取下限。此外，两接触滚动体表面硬度匹配也很重要。例如，滚动轴承中，滚道和滚动元件的硬度相近，或者滚动元件比滚道硬度高出 10%为宜。

（b）表面粗糙度。实践表明，适当降低表面粗糙度是提高抗疲劳磨损能力的有效途径，例如，滚动轴承的表面粗糙度由 $Ra$0.40 μm 降低到 $Ra$0.20 μm，寿命可提高 2~3 倍；由 $Ra$0.20 μm 降低到 $Ra$0.10 μm，寿命可提高 1 倍；而表面粗糙度降低到 $Ra$0.05 μm 以下对寿命的提高影响甚小。表面粗糙度要求的高低与表面承受的接触应力有关，通常接触应力大，或表面硬度高时，均要求表面粗糙度低。

此外，表面应力状态、配合精度的高低、润滑油的性质等都对疲劳磨损的速度产生影响。通常，表面应力过大、配合间隙过小或过大、润滑油在使用中产生的腐蚀性物质等都会加剧疲劳磨损。

（5）腐蚀磨损

在摩擦过程中，金属同时与周围介质发生化学反应或电化学反应，引起金属表面的腐蚀产物剥落，这种现象称为腐蚀磨损。它是在腐蚀现象与机械磨损、黏着磨损、磨料磨损等相结合时才能形成的一种机械化学磨损。因此，腐蚀磨损的机理与前述三种磨损的机理不同。腐蚀磨损是一种极为复杂的磨损过程，经常发生在高温或潮湿的环境，更容易发生在有酸、碱、盐等特殊介质条件下。

根据腐蚀介质的不同类型和特性，通常将腐蚀磨损分为氧化磨损和特殊介质下的腐蚀磨损两大类。

① 氧化磨损。在摩擦过程中，摩擦表面在空气中氧或润滑剂中氧的作用下所生成的氧化膜很快被机械摩擦去除的磨损形式称为氧化磨损。

工业中应用的金属绝大多数都会被氧化而生成表面氧化膜，这些氧化膜的性质对磨损有重要的影响。若金属表面生成致密完整、与基体结合牢固的氧化膜，且膜的耐磨性能很好，则磨损轻微，若膜的耐磨性不好则磨损严重。如铝和不锈钢都易形成氧化膜，但铝表面氧化膜的耐磨性较差，不锈钢表面氧化膜的耐磨性好，因此不锈钢具有的抗氧化磨损能力比铝更强。

② 特殊介质下的腐蚀磨损。在摩擦过程中，环境中的酸、碱等电解质作用于摩擦表面上所形成的腐蚀产物迅速被机械摩擦所除去的磨损形式称为特殊介质下的腐蚀磨损。这种磨损的机理与氧化磨损相似，但磨损速率较氧化磨损高得多。介质的性质、环境温度、腐蚀产物的强度、附着力等都对磨损速率有重要影响。这类腐蚀磨损出现的概率很高，如流体输送泵，当其输送带腐蚀性的流体，尤其是含有固体颗粒的流体时，与流体有接触的部位都会受到腐蚀磨损。

搅拌器叶片、风机、水轮机叶片、内燃机汽缸内壁及活塞等也易发生严重的腐蚀磨损。因此，对于特定介质作用下的腐蚀磨损，可通过控制腐蚀性介质形成条件、选用合适的耐磨材料及改变腐蚀性介质的作用方式来减轻腐蚀磨损速率。

（6）微动磨损

两个固定接触表面由于受相对小振幅振动而产生的磨损称为微动磨损，主要发生在相对静止的零件结合面上，如键连接表面，过盈或过渡配合表面，机体上用螺栓连接和铆钉连接的表面等，因而往往易被忽视。

微动磨损的主要危害是使配合精度下降，过盈配合部件紧度下降甚至松动，连接件松动乃至分离，严重者引起事故。微动磨损还易引起应力集中，导致连接件疲劳断裂。

① 微动磨损的机理。由于微动磨损集中在局部范围内，同时两摩擦表面永远不脱离接触，磨损产物不易往外排除，磨屑在摩擦面起着磨料的作用；又因摩擦表面之间的压力使表面凸起部分黏着，黏着处被外界小振幅引起的摆动所剪切，剪切处表面又被氧化，所以微动磨损是一种兼有磨料磨损、黏着磨损和氧化磨损的复合磨损形式。

② 减少或消除微动磨损的对策。实践表明，材质性能、载荷、振幅的大小及温度的高低是影响微动磨损的主要因素。因而，减少或消除微动磨损的对策主要有以下四个方面。

（a）材质性能。提高硬度及选择适当材料配副都可以减小微动磨损。将一般碳钢表面硬度从180HV 提高到 700HV 时，微动磨损量可降低 50%。一般来说，抗黏着性能好的材料配副对抗微动磨损也好。采用表面处理（如硫化或磷化处理以及镀上金属镀层）是降低微动磨损的有效措施。

（b）载荷。在一定条件下，微动磨损量随载荷的增加而增加，但是当超过某临界载荷之后，磨损量则减小。采用超过临界载荷的紧固方式可有效减少微动磨损。

（c）振幅。振幅较小时，单位磨损率比较小；当振幅超过 50 μm 时，单位磨损率显著上升。因此，应有效地将振幅控制在 30 μm 以内。

（d）温度。低碳钢在 0℃以上，磨损量随温度上升而逐渐降低；在 150～200℃时磨损量突然降低；继续升高温度，磨损量上升；温度从 135℃升高到 400℃时，磨损量增加 15 倍。中碳钢在其他条件不变时，在温度为 130℃的情况下微动磨损发生转折，超过此温度，微动磨损量大幅度降低。

### 2．零件的变形

机械零件在外力的作用下，产生形状或尺寸变化的现象称为变形。过量的变形是机械失效的重要类型，也是判断韧性断裂的明显征兆。例如，各类传动轴的弯曲变形，桥式起重机主梁下挠或扭曲，汽车大梁的扭曲变形，基础零件（如缸体、变速器壳等）发生了变形等，相互间位置精度遭到了破坏。当变形量超过允许极限时，将丧失规定的功能。有的机械零件因变形引起结合零件出现附加载荷、加速磨损或影响各零部件间的相互关系，甚至造成断裂等灾难性后果。

（1）金属零件的变形类型

金属零件受力作用所产生的变形可分为弹性变形和塑性变形（又称永久变形）两大类。在弹性变形阶段，应变与应力之间呈线性关系，应力消失后变形完全消除，恢复原状。在塑性变形阶段，应变与应力之间呈非线性关系，应力消失后变形不能完全消除，总有一部分变形被保留下来，此时，材料的组织和性能都会发生相应的变化。因此，研究变形，特别是塑性变形的变形规律及变形对零件性能的影响具有重要意义。

在金属零件使用过程中，若产生超量弹性变形（超量弹性变形是指超过设计允许的弹性变形），则会影响零件正常工作。例如，传动轴工作时，超量弹性变形会引起轴上齿轮啮合状况恶化，影响齿轮和支撑它的滚动轴承的工作寿命；机床导轨或主轴产生超量弹性变形，会引起加工精度降低甚至不能满足加工精度。因此，在机械设备运行中，防止超量弹性变形是十分必要的。使用时应严防超载运行，注意运行温度规范，防止热变形等。

塑性变形导致机械零件各部分尺寸和外形的变化，将引起一系列不良后果。例如，机床主轴塑性弯曲，将不能保证加工精度，导致废品率增大，甚至使主轴不能工作。零件的局部塑性变形虽然不像零件的整体塑性变形那样明显引起失效，但也是引起零件失效的重要形式。如键连接、挡块和销钉等，由于静压力作用，通常会引起配合的一方或双方的接触表面挤压（局部塑性变形），随着挤压变形的增大，特别是那些能够反向运动的零件将引起冲击，使原配合关系破坏的过程加剧，从而导致机械零件失效。

（2）防止和减少机械零件变形的对策

在目前条件下，变形是不可避免的。引起变形的原因是多方面的，因此，减轻变形危害的措施也应从设计、加工、修理、使用等多方面来考虑。

① 设计。设计时不仅要考虑零件的强度，还要重视零件的刚度和制造、装配、使用、拆卸、修理等问题。

正确选用材料，注意工艺性能。如铸造的流动性、收缩性；锻造的可锻性、冷镦性；焊接的冷裂、热裂倾向性；机加工的可切削性；热处理的淬透性、冷脆性等。

合理布置零部件，选择适当的结构尺寸，改善零件的受力状况。如避免尖角，棱角改为圆角、倒角，厚薄悬殊的部分可开工艺孔或加厚太薄的地方；安排好孔洞位置，把盲孔改为通孔等。形状复杂的零件在可能条件下采用组合结构、镶拼结构等。

在设计中，注意应用新技术、新工艺和新材料，减少制造时的内应力和变形。

② 加工。在加工中要采取一系列工艺措施来防止和减少变形。对毛坯要进行时效处理以消除其残余内应力。

在制订机械零件加工工艺规程中，要在工序、工步的安排及工艺装备和操作上采取减小变形的措施。例如，粗、精加工分开，在粗、精加工中间留出一段存放时间，以利于消除内应力。

机械零件在加工和修理过程中要减少基准的转换，尽量保留工艺基准留给维修时使用，减少维修加工中因基准不统一而造成的误差。对于经过热处理的零件来说，注意预留加工余量、调整加工尺寸、预加变形非常必要。在知道零件的变形规律之后，可预先加以反向变形量，经热处理后两者抵消；也可预加应力或控制应力的产生和变化，使最终变形量符合要求，达到减少变形的目的。

③ 修理。为了尽量减少零件在修理中产生的应力和变形，在机械设备大修时不能只是检查配合面的磨损情况，对于相互位置精度也必须认真检查和修复。为此，应制定出合理的检修标准，并且应该设计出简单可靠、易操作的专用工具、检具、量具，同时注意大力推广维修新技术、新工艺。

④ 使用。加强设备管理，严格执行安全操作规程，加强机械设备的检查和维护，避免超负荷运行和局部高温。此外，还应注意正确安装设备，精密机床不能用于粗加工，恰当存放备品、备件等。

### 3. 零件的断裂

机械零件在某些因素作用下发生局部开裂或分裂成几部分的现象称为断裂。零件断裂以后形成的新的表面称为断口。断裂是机械零件失效的主要形式之一，随着机械设备向着大功率、高转速方向发展，对断裂行为的研究已经成为日益重要的课题。虽然与磨损、变形相比，因断裂而失效的概率很小，但零件的断裂往往会造成严重设备事故乃至灾难性后果。因此，必须对断裂失效给予高度的重视。

虽然零件发生断裂的原因是多方面的，但其断口总能真实地记录断裂的动态变化过程，通过断口分析，能判断出发生断裂的主要原因，从而为改进设计、合理修复提供有益的信息。

（1）断裂的分类

机械零件的断裂一般可分为韧性断裂、脆性断裂、疲劳断裂等形式。

① 韧性断裂。零件在断裂之前有明显的塑性变形并伴有颈缩现象的一种断裂形式称为韧性断裂。引起金属韧性断裂的实质是实际应力超过了材料的屈服强度所致。分析失效原因应从设计、材质、工艺、使用载荷、环境等角度考虑问题。

② 脆性断裂。零件在断裂之前无明显的塑性变形，发展速度极快的一种断裂形式称为脆性断裂。由于发生脆性断裂之前无明显的预兆，事故的发生具有突然性，因此是一种非常危险的断裂破坏形式。目前，关于断裂的研究主要集中在脆性断裂上。

③ 疲劳断裂。金属零件经过一定次数的循环载荷或交变应力作用后引发的断裂现象称为疲劳断裂。在机械零件的断裂失效中，疲劳断裂占80%～90%。

按断裂的应力交变次数又可分为高周疲劳和低周疲劳。高周疲劳是指机械零件断裂前在低应力（低于材料的屈服强度甚至低于弹性极限）下，所经历的应力循环周次数多（一般大于 $10^5$ 次）的疲劳，是一种常见的疲劳破坏，如曲轴、汽车后桥半轴、弹簧等零部件的失效。低周疲劳承受的交变应力很高，一般接近或超过材料的屈服强度，因此每一次应力循环都有少量的塑性变形，而断裂前所经历的循环周次较少，一般只有 $10^2$～$10^5$ 次，寿命较短。

（2）断裂失效分析

断裂失效分析一般按下面步骤进行。

① 现场记载与拍照。设备事故发生后，要迅速调查了解事故前后的各种情况并做好记录，必要时需摄影、录像。

② 分析主导失效件。一个关键零件发生断裂失效后，往往会造成其他关联零件及构件的断裂。出现这种情况时，要理清次序，准确找出起主导作用的断裂件，否则会误导分析结果。

③ 找出主导失效件上的主导裂纹。主导失效件如果已经支离破碎，应搜集残块，拼凑起来，

找出哪一条裂纹最先发生，这一条裂纹即为主导裂纹。

④ 断口处理。如果需要对断口做进一步的微观分析，或保留证据，就应对断口进行清洗，可用压缩空气或酒精清洗，洗完以后烘干。如果需要保存较长时间，可涂防锈油并存放在干燥处。

⑤ 确定失效原因。确定零件的失效原因时，应对零件的材质，制造工艺，载荷状况，装配质量，使用年限，工作环境中的介质、温度，同类零件的使用情况等做详细的了解和分析。再结合断口的宏观特征、微观特征，做出准确的判断，确定断裂失效的主要原因、次要原因。

（3）断裂失效的对策

断裂失效的原因找出以后，可从以下三个方面考虑对策。

① 设计方面。零件结构设计时，应尽量减少应力集中，根据环境介质、温度、负载性质合理选择材料。

② 工艺方面。表面强化处理可大大提高零件疲劳寿命。表面适当的涂层可防止杂质造成的脆性断裂。某些材料热处理时，在炉中通入保护气体可大大改善其性能。

③ 安装使用方面。第一要正确安装，防止产生附加应力与振动，对重要零件应防止碰伤拉伤；第二应注意正确使用，保护设备的运行环境，防止腐蚀性介质的侵蚀，防止零件各部分温差过大，如冬季发动汽车时需先低速空运转一段时间，待各部分预热以后才能负荷运转。

**4．零件的蚀损**

蚀损即腐蚀损伤，是指金属材料与周围介质产生化学或电化学反应造成表面材料损耗、表面质量破坏、内部晶体结构损伤，最终导致零件失效的现象。金属腐蚀普遍存在，造成的经济损失巨大。据不完全统计，全世界因腐蚀而不能继续使用的金属制件，占其产量的10%以上。

（1）蚀损的类型

按金属与介质作用机理，机械零件的蚀损可分为化学腐蚀和电化学腐蚀两大类。

① 机械零件的化学腐蚀。化学腐蚀是指单纯由化学作用而引起的腐蚀。在这一腐蚀过程中不产生电流，介质是非导电的。化学腐蚀的介质一般有两种形式：一种是气体腐蚀，指干燥空气、高温气体等介质中的腐蚀；另一种是非电解质溶液中的腐蚀，指有机液体、汽油、润滑油等介质中的腐蚀，它们与金属接触时进行化学反应形成表面膜，表面膜在不断脱落又不断生成的过程中使零件腐蚀。

大多数金属在室温下的空气中就能自发地氧化，但在表面形成氧化层之后，如能有效地隔离金属与介质间的物质传递，就成为保护膜；如果氧化层不能有效阻止氧化反应的进行，那么金属将不断地被氧化。

② 金属零件的电化学腐蚀。电化学腐蚀是金属与电解质物质接触时产生的腐蚀。大多数金属的腐蚀都属于电化学腐蚀。金属发生电化学腐蚀需要三个基本条件：一是有电解质溶液存在；二是腐蚀区有电位差；三是腐蚀区电荷可以自由流动。

（2）减少或消除机械零件蚀损的对策

① 正确选材。根据环境介质和使用条件，选择合适的耐腐蚀材料，如含有镍、铬、铝、硅、钛等元素的合金钢；在条件许可的情况下，尽量选用尼龙、塑料、陶瓷等材料。

② 合理设计。设计零件结构时应尽量使整个部位的所有条件均匀一致，做到结构合理、外形简化、表面粗糙度合适。

③ 覆盖保护层。在金属表面上覆盖保护层，可使金属与介质隔离开来，以防止腐蚀。常用的覆盖材料有金属或合金、非金属保护层和化学保护层等。

④ 电化学保护。对被保护的机械零件接通直流电流进行极化，以消除电位差，使之达到某一电位时，被保护金属的腐蚀可以很小，甚至呈无腐蚀状态。

⑤ 添加缓蚀剂。在腐蚀性介质中加入少量缓蚀剂（缓蚀剂是指能降低腐蚀速度的物质），可减轻腐蚀。按化学性质的不同，缓蚀剂有无机缓蚀剂和有机缓蚀剂两类。无机类缓蚀剂能在金属

表面形成保护，使金属与介质隔开，如重铬酸钾、硝酸钠、亚硫酸钠等。有机类缓蚀剂能吸附在金属表面上，使金属溶解和还原反应都受到抑制，减轻金属腐蚀，如胺盐、琼脂、动物胶、生物碱等。在使用缓蚀剂防腐时，应特别注意其类型、浓度及有效时间。

### 1.2.3　机械零件修理更换的原则

在机械设备修理工作中，正确地确定失效零件是修复还是更换，将直接影响设备修理的质量、内容、工作量、成本、效率和周期等。

**1．确定零件修换应考虑的因素**

（1）零件对设备精度的影响

有些零件磨损后影响设备精度，如机床主轴、轴承、导轨等基础件磨损将使被加工零件质量达不到要求，这时就应该修复或更换。一般零件的磨损未超过规定公差时，估计能使用到下一修理周期者可不更换；估计用不到下一修理周期，或会对精度产生影响，拆卸又不方便的，应考虑修复或更换。

（2）零件对完成预定使用功能的影响

当设备零件磨损已不能完成预定的使用功能时，如离合器失去传递动力的作用，凸轮机构不能保证预定的运动规律，液压系统不能达到预定的压力和压力分配等，均应考虑修复或更换。

（3）零件对设备性能和操作的影响

当零件磨损到虽能完成预定的使用功能，但影响了设备的性能和操作时（如齿轮传动噪声增大、效率下降、平稳性差、零件间相互位置产生偏移等），均应考虑修复或更换。

（4）零件对设备生产率的影响

零件磨损后致使设备的生产率下降，如机床导轨磨损，配合表面研伤，丝杠副磨损、弯曲等，使机床不能满负荷工作，应按实际情况决定修复或更换。

（5）零件对其本身强度和刚度的影响

零件磨损后，强度下降，继续使用可能会引起严重事故，这时必须修换。重型设备的主要承力件，发现裂纹必须更换。一般零件，由于磨损加重，间隙增大，而导致冲击加重，应从强度角度考虑修复或更换。

（6）零件对磨损条件恶化的影响

磨损零件继续使用可引起磨损加剧，甚至出现效率下降、发热、表面剥蚀等，最后引起卡住或断裂等事故，这时必须修复或更换。如渗碳或氮化的主轴支撑轴颈磨损，失去或接近失去硬化层，就应修复或更换。

在确定零件是否应修复或更换时，必须首先考虑零件对整台设备的影响，然后考虑零件能否保证其正常工作的条件。

**2．修复零件应满足的要求**

机械零件失效后，在保证设备精度的前提下，能够修复的应尽量修复，要尽量减少更换新件。一般地，对失效零件进行修复，可节约材料、减少配件的加工、减少备件的储备量，从而降低修理成本和缩短修理时间。对失效的零件是修复还是更换，是由很多因素决定的，应当综合分析。修复零件应满足的要求如下。

（1）准确性。零件修复后，必须恢复零件原有的技术要求，包括零件的尺寸公差、几何公差、表面粗糙度、硬度和技术条件等。

（2）安全性。修复的零件必须恢复足够的强度和刚度，必要时要进行强度和刚度验算。例如，轴颈修磨后外径减小，轴套镗孔后孔径增大，都会影响零件的强度与刚度。

（3）可靠性。零件修复后的耐用度至少应能维持一个修理间隔期。

（4）经济性。决定失效零件是修理还是更换，必须考虑修理的经济性，修复零件应在保证维修质量的前提下降低修理成本。比较修复与更换的经济性时，要同时比较修复、更换的成本和使用寿命，当相对修理成本低于相对新制件成本时，即满足下式时，应考虑修复：

$$S_修/T_修 < S_新/T_新 \tag{1-1}$$

式中　$S_修$——修复旧件的费用，元；

　　　$T_修$——修复零件的使用期，月；

　　　$S_新$——新件的成本，元；

　　　$T_新$——新件的使用期，月。

（5）可能性。修理工艺的技术水平是选择修理方法或决定零件修复、更换的重要因素。一方面，应考虑工厂现有的修理工艺技术水平，能否保证修理后达到零件的技术要求；另一方面，应不断提高工厂的修理工艺技术水平。

（6）时间性。失效零件采取修复措施，其修理周期一般应比重新制造周期短，否则应考虑更换新件。但对于一些大型、精密的重要零件，一时无法更换新件的，尽管修理周期可能要长些，也要考虑修复。

## 任务3　机械设备修理中常用的检具和量仪

在机械设备修理中，需要应用相应的检具及量仪。本任务重点介绍常用的检具和量仪。

### 1.3.1　常用检具

#### 1. 平尺

平尺主要作为测量基准，用于检验工件的直线度和平面度误差，也可作为刮研基准，有时还用来检验零部件的相互位置精度。平尺精度可分为0级、1级、2级三个等级，机床几何精度检验常用0级或1级精度。平尺有桥形平尺、平行平尺和角形平尺三种，如图1-5所示。

（a）桥形平尺　　　　（b）平行平尺　　　　（c）角形平尺

图1-5　平尺的种类

（1）桥形平尺

桥形平尺是刮研和测量机床导轨直线度的基准工具，只有一个工作面，即上平面。用优质铸铁经稳定化处理后制成，刚性好，但使用时受温度变化的影响较大。用其工作面和机床导轨对研显点，达到相应级别要求的显点数时，表明导轨达到了相应精度等级。

（2）平行平尺

平行平尺的两个工作面都经过精刮且相平行，常与垫铁配合使用来检验导轨间的平行度，平板的平面度、直线度等。平行平尺受温度变化的影响较小，使用轻便，故应用比桥形平尺广泛。

（3）角形平尺

角形平尺用来检验工件的两个加工面的角度组合平面，如燕尾导轨的燕尾面。角度的大小和尺寸大小视具体导轨而定。

使用平尺时，可根据工件情况来选用其规格。平尺工作面的精度较高，用完后应清洗、涂油并将其妥善放置，以防变形。

## 2．平板

平板用于涂色法检验工件的直线度和平面度，亦可作为测量基准，检查零件的尺寸精度、平行度等形位误差，铸铁平板按精度分为四级：0级、1级、2级和3级。其中0级、1级、2级平板常用于以涂色法检验工件的平面度误差、以光隙法或指示表法检验工件的直线度误差，在测量工作中也常利用它的测量平面作为定位平面；3级平板一般供钳工划线用。检验平板常用作测量工件的基准件，它的结构和形状如图1-6所示。

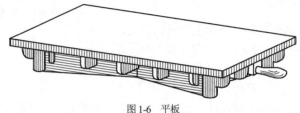

图1-6 平板

平板和被检验的平面对研时，其研点数达到相应级别的显点数时，就认为被检验的平面达到了相应精度等级。

铸铁平板用优质铸铁经时效处理并按较严格的技术要求制成，工作面一般经过刮研。目前，用大理石、花岗岩制造的平板应用日益广泛。其优点是不生锈、不变形、不起毛刺，易于维护；缺点是受温度影响，不能用涂色法检验工件，不易修理。

## 3．方尺和直角尺

方尺和直角尺是用来检查机床部件之间垂直度的工具，常用的有方尺、平角尺、宽底座角尺和直角平尺，如图1-7所示，它们一般采用合金工具钢或碳素工具钢并经淬火和稳定性处理制成。

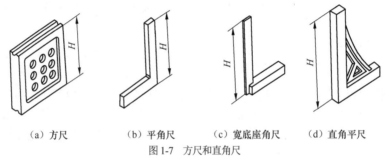

（a）方尺　　　　（b）平角尺　　　　（c）宽底座角尺　　　　（d）直角平尺

图1-7 方尺和直角尺

## 4．检验棒

检验棒是机床精度检验的常备工具，主要用来检查主轴、套筒类零件的径向跳动、轴向窜动、相互间同轴度、平行度及轴与导轨的平行度等。

检验棒一般用工具钢经热处理及精密加工而成，有锥柄检验棒和圆柱检验棒两种。机床主轴孔都是按标准锥度制造的。莫氏锥度多用于中小型机床，其锥柄大端直径从0号到6号逐渐增大。铣床主轴锥孔常用▷7：24锥度，锥柄大端直径从1号到4号逐渐增大。而重型机床则用▷1：20公制锥度，常用的有80、100、110三号（80指锥柄大端直径为80 mm）。检验棒的锥柄必须与机床主轴锥孔配合紧密，接触良好。为便于拆装及保管，可在棒的尾端做拆卸螺纹及吊挂孔。用完后要清洗、涂油，以防生锈，并妥善保管。

按结构形式及测量项目不同，可做成如图1-8所示的几种常用检验棒。长检验棒用于检验径向跳动、平

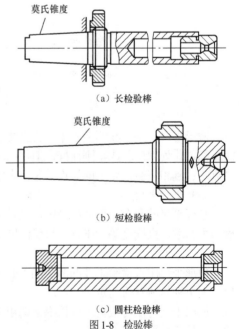

（a）长检验棒

（b）短检验棒

（c）圆柱检验棒

图1-8 检验棒

行度、同轴度，短检验棒用于检验轴向窜动，圆柱检验棒用于检验机床主轴和尾座中心线连线对机床导轨的平行度及床身导轨在水平面内的直线度。

### 5．垫铁

在机床制造修理中，垫铁是一种测量导轨精度的通用工具，主要用作水平仪及百分表架等测量工具的基座。垫铁的平面及角度面都应精加工或刮研，使其与导轨面接触良好，否则会影响测量精度。材料多为铸铁，根据导轨的形状不同而做成多种形状，如图 1-9 所示。

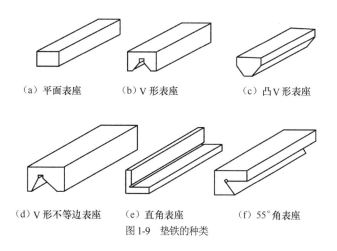

（a）平面表座　　　　（b）V 形表座　　　　　（c）凸 V 形表座

（d）V 形不等边表座　　（e）直角表座　　　　（f）55°角表座

图 1-9　垫铁的种类

### 6．检验桥板

检验桥板用于检验导轨间相互位置精度，常与水平仪、光学平直仪等配合使用，按不同形状的机床导轨做成不同的结构形式，主要有 V-平面形、山-平面形、V-V 形、山-山形等，如图 1-10 所示，为适应多种机床导轨组合的测量，也可做成可更换桥板与导轨接触部分及跨度调整的可调式检验桥板，如图 1-11 所示。

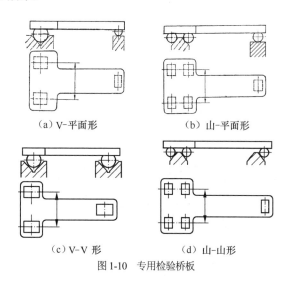

（a）V-平面形　　　　　　　（b）山-平面形

（c）V-V 形　　　　　　　　（d）山-山形

图 1-10　专用检验桥板

检验桥板的材料一般采用铸铁，经时效处理精制而成，圆柱的材料采用 45 钢，经调质处理。

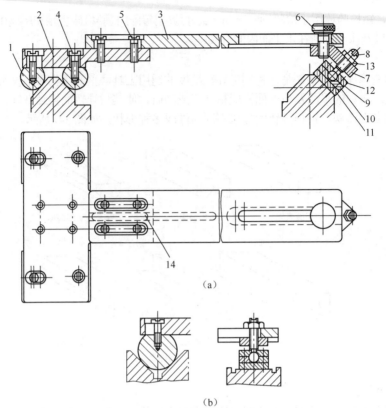

图 1-11　可调式检验桥板

1—圆柱；2—丁字板；3—桥板；4，5—圆柱头螺钉；6—滚花螺钉；7—支撑板；
8—调整螺钉；9—盖板；10—垫板；11—接触板；12—沉头螺钉；13—螺母；14—平键

### 1.3.2　常用量仪

#### 1．水平仪

水平仪主要用于测量机床导轨在垂直平面内的直线度、工作台面的平面度、零部件间的垂直度和平行度等，是机床修理中常用的精密量仪。

（1）水平仪的种类

水平仪有条形水平仪、框式水平仪、合像水平仪等，如图 1-12 所示。

（a）条形水平仪　　（b）框式水平仪　　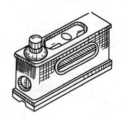（c）合像水平仪

图 1-12　水平仪的种类

① 条形水平仪。它用来检验平面对水平位置的偏差，使用方便，但因测量范围的局限性，不如框式水平仪使用广泛。

② 框式水平仪。它主要用来检验导轨在垂直平面内的直线度、工作台面的平面度、零部件间的垂直度和平行度等。

框式水平仪的使用

认识计量器

计量器具的主要技术指标

③ 合像水平仪。它用来检验水平位置或垂直位置微小角度偏差的角值量仪。合像水平仪是一种高精度的测角仪器，一般分度值为 2″（0.01 mm/1000 mm 或 0.01 mm/m）。

万能角度尺的应用方法

（2）水平仪结构及工作原理

水平仪是一种以重力方向为基准的精密测角仪器，主要由框架和水准器组成，水平仪的下工作面称为基面。水准器是一个带有刻度的弧形密封玻璃管，装有精馏乙醚，并留有一定量的空气以形成一定长度的气泡，当水平仪移动时，气泡移动一定距离。对于精度为 0.02 mm/1000 mm 的水平仪，当气泡移动一格时，水平仪的角度变化为 4″（图1-13），即在 1000 mm 长度两端的高度差为 0.02 mm（$\tan 4″ = 1.939 \times 10^{-5} \approx 0.02$ mm/1000 mm）。可根据气泡移动格数、被测平面长度和水平仪精度按比例关系计算被测平面两端的高度差。

被测平面长度：在不使用垫铁或水平桥板时，此长度即为水平仪长度。

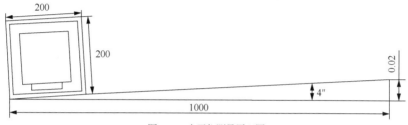

图1-13　水平仪测量原理图

（3）水平仪的读数方法

① 绝对读数法。气泡在中间位置时，读作"0"，偏离起始端读为"+"，偏向起始端读为"−"，或用箭头表示气泡的偏移方向。

② 相对读数法。将水平仪在起始端测量位置的读数总是读作零，不管气泡是否在中间位置。然后依次移动水平仪垫铁，记下每一次相对于零位的气泡移动方向和格数，其正负值读法也是偏离起始端读为"+"，偏向起始端读为"−"，或用箭头表示气泡的偏移方向。机床精度检验中，通常采用相对读数法。

为避免环境温度影响，可采用平均值读数法，即从气泡两端边缘分别读数，然后取其平均值，这样读数精度高。

（4）水平仪检定与调整

在平板上检查水平仪零位误差的正确性。将水平仪放在基础稳固、水平放置的平板上，待气泡稳定后，在一端（如左端）读数，水平仪的第 1 次读数为（a）。再将水平仪调转180°，仍放在平板原来的位置上，通常放一个定位块为宜，待气泡稳定后，仍在原来一端（左端）读数，第 2 次读数为（b）。如果两次读数之差为零则说明水平仪的零位误差正确；如果不相等，则两次读数之差的二分之一称为零位偏差，即（a–b）/2 格。对于框式水平仪，要求气泡的零位偏差不超过0.5 格，否则需调整。

调整方法：转动调节器，使气泡移动（a–b）/2 格，这样反复进行，直到调整到所要求的范围之内。

（5）用水平仪检测导轨直线度误差实例

用水平仪检测长度为 1600 mm 的某机床导轨直线度误差，操作步骤如下。

① 将被测导轨放在可调垫铁上，用水平仪置于导轨中间或两端，初步将导轨调至水平位置（水平仪气泡处于玻璃管中间位置），并将扭曲调整到公差极限范围以内。

② 沿导轨用水平仪均匀分段检查，每次移动量必须首尾相接，不能出现间隔也不能重叠，记录各段读数。水平仪读数是指与气泡边缘相切的刻线的格数，当气泡处于中间位置时，与气泡边

缘相切的刻线为0，气泡移动方向与水平仪移动方向相同时读为正，反之为负。

在用水平仪检测导轨在垂直面的直线度时，常用以下两种数据处理方法。

a. 作图法。

（a）根据读数画出导轨直线度误差曲线图。横坐标为导轨长度，每段 200 mm。纵坐标为读数的逐段累加值，见表 1-1。图 1-14 所示为导轨直线度误差曲线图。

表 1-1　　　　　　　　　　　　　　读数值及横、纵坐标

| 横坐标/mm | 0 | 200 | 400 | 600 | 800 | 1000 | 1200 | 1400 | 1600 |
|---|---|---|---|---|---|---|---|---|---|
| 读数值 | | +1 | +2.5 | +1.5 | +2 | +1 | 0 | −1.5 | −2.5 |
| 纵坐标 | 0 | +1 | 1+2.5=3.5 | 3.5+1.5=5 | 5+2=7 | 7+1=8 | 8+0=8 | 8−1.5=6.5 | 6.5−2.5=4 |

（b）连接首尾两点作一直线。计算在首尾连线两侧、距离首尾连线最远的点到首尾连线的纵向距离的绝对值之和。在这个例子中，在首尾连线下方没有点，只计算上方点的距离 5.5 格。

计算导轨在垂直面的直线度误差：

$$水平仪每格对应的高度差=水平仪精度×每段长度=0.02÷1000×200=0.004（mm）$$
$$导轨在垂直面的直线度误差=0.004×5.5=0.022（mm）$$

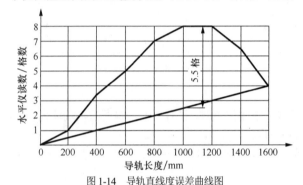

图 1-14　导轨直线度误差曲线图

b. 计算法。

（a）计算读数的平均数。

（b）从原读数中逐个减去平均值。

（c）将第（b）项所得数据逐个累加。

（d）取第（c）项数据中的最大值计算直线度误差，见表 1-2。

$$直线度误差=第（c）项的最大值×水平仪精度×水平仪每段移动距离$$
$$=第（c）项的最大值×0.02/1000×200$$

表 1-2　　　　　　　　　　　　　　计算法所需数值

| 水平仪读数 | +1 | +2.5 | +1.5 | +2 | +1 | 0 | −1.5 | −2.5 |
|---|---|---|---|---|---|---|---|---|
| 读数平均值 | (1+2.5+1.5+2+1−1.5−2.5) / 8=0.5 | | | | | | | |
| 读数减平均值 | 0.5 | 2 | 1 | 1.5 | 0.5 | −0.5 | −2 | −3 |
| 逐项累加 | 0.5 | 2.5 | 3.5 | 5 | 5.5 | 5 | 3 | 0 |
| 直线度误差 | 最大累加值=5.5；直线度误差=5.5×0.02/1 000×200=0.022 | | | | | | | |

### 2．光学平直仪

光学平直仪又称为自准直仪，用来检验机床导轨在垂直平面内和水平面内的直线度误差以及检验平板的平面度误差，测量精度高。图 1-15（a）所示为光学平直仪外观图。

光学平直仪的工作原理如图 1-15（b）所示，从光源 7 发出的光线，经聚光镜 6 照射分划板 8 上的十字线，由半透明棱镜 12 折向测量光轴，经物镜 9、10 成平行光束射出，再经目标反射镜

11 反射回来，把十字线成像于分划板 5 上。由鼓轮 1 通过测微螺杆 2 移动，照准双刻划线（刻在可动分划板 4 上）由目镜 3 观察，使双刻划线与十字线像重合，然后在鼓轮 1 上读数。测微鼓轮的示值读数，每格为 1″，测量范围为 0～10′，测量工作距离为 0～9 m。

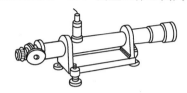

（a）光学平直仪外观图

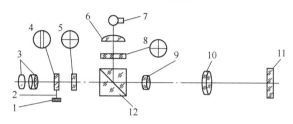

（b）光学平直仪光路系统

图 1-15　光学平直仪

1—鼓轮；2—测微螺杆；3—目镜；4，5，8—分划板；6—聚光镜；7—光源；9，10—物镜；11—目标反射镜；12—棱镜

## ┃学习反馈表┃

| 项目一　机械设备修理基础知识 | | |
|---|---|---|
| 知识与技能点 | 设备维修技术的作用 | ☐掌握 ☐很难 ☐简单 ☐抽象 |
| | 设备维修技术的发展概况 | ☐掌握 ☐很难 ☐简单 ☐抽象 |
| | 设备故障诊断技术 | ☐掌握 ☐很难 ☐简单 ☐抽象 |
| | 设备零件的常见失效形式 | ☐掌握 ☐很难 ☐简单 ☐抽象 |
| | 设备零件的修理更换原则 | ☐掌握 ☐很难 ☐简单 ☐抽象 |
| | 设备维修前的准备工作 | ☐掌握 ☐很难 ☐简单 ☐抽象 |
| | 设备修理计划的编制与实施 | ☐掌握 ☐很难 ☐简单 ☐抽象 |
| | 常用检具的工作原理及使用方法、注意事项 | ☐掌握 ☐很难 ☐简单 ☐抽象 |
| | 常用量具、量仪的工作原理及使用方法、注意事项 | ☐掌握 ☐很难 ☐简单 ☐抽象 |
| | 思考题与习题 | ☐掌握 ☐很难 ☐简单 ☐抽象 |
| 学习情况 | 概念 | ☐难懂 ☐理解 ☐易忘 ☐抽象 ☐简单 ☐太多 |
| | 学习方法 | ☐听讲 ☐自学 ☐实验 ☐工厂 ☐讨论 ☐笔记 |
| | 学习兴趣 | ☐浓厚 ☐一般 ☐淡薄 ☐厌倦 ☐无 |
| | 学习态度 | ☐端正 ☐一般 ☐被迫 ☐主动 |
| | 学习氛围 | ☐愉快 ☐轻松 ☐互动 ☐压抑 ☐无 |
| | 课堂纪律 | ☐良好 ☐一般 ☐差 ☐早退 ☐迟到 ☐旷课 |
| | 课前课后 | ☐预习 ☐复习 ☐无 ☐没时间 |
| | 实践环节 | ☐太少 ☐太多 ☐无 ☐不会 ☐简单 |
| | 学习效果自我评价 | ☐很满意 ☐满意 ☐一般 ☐不满意 |
| 建议与意见 | | |

注：学生根据实际情况在相应的方框中画"√"或"×"，在空白处填上相应的建议或意见。

## ┃思考题与习题┃

### 一、名词解释

1. 小修　　2. 大修　　3. 零件失效　　4. 零件磨损

5．水平仪零位误差

## 二、填空题

1．机械设备修理按工作量大小和修后设备性能的恢复程度，可分为_____、_____和_____。

2．有一个零件，如果采用修复的方法，需花费 30 元钱，可使用 18 个月。若是重制一个新零件，需花费 50 元钱，可使用 24 个月。在这种情况下应_____。

3．平板用于涂色法检查机床导轨的_____和_____。

4．平板可以作为测量的_____检查零件的尺寸或形状位置误差。

5．常用的平尺有_____、_____及_____。

6．方尺和直角尺是用来检查机床零部件间_____的重要工具。

7．根据结构不同，检验棒主要有_____、_____和_____三种形式。

8．垫铁的选择一般与测量长度有关，测量长度小于或等于 4 m 时，选垫铁长为_____mm，测量长度大于 4 m 时，选垫铁长为_____mm。

9．由于光学量仪本身的测量精度受_____、_____、_____等的影响较小，因此测量精度_____，多用于精密测量。

10．光学平直仪在机床制造和修理中主要是用来检查床身导轨_____。

11．框式水平仪除了具备条形水平仪的功能外，还可以测量部件相互间的_____。

12．水平仪的精度是以水准器中的气泡移动_____刻度时，表示所倾斜的_____来表示的。

13．利用光学平直仪或水平仪测量机床导轨的直线度误差，均可按_____或_____的方法求得误差值。

14．用水平仪测量机床导轨的直线度时，一般气泡移动方向与水平仪移动方向一致读作_____，相反读作_____。

## 三、判断题（正确的在题后的括号里画"√"，错误的画"×"）

1．机械设备大修，必须严格按原设计图样完成，不得对原设备进行改装。　　　（　　）

2．只要修复零件的费用与修复后的使用期之比小于新制零件的费用与新件使用期之比，就一定得修复，不得使用新件。　　　（　　）

3．零件修复后的耐用度，应能维持一个修理周期。　　　（　　）

4．平尺只可以作为机床导轨刮研与测量的基准。　　　（　　）

5．方尺和直角尺是用来检测机床零部件间垂直度误差的重要工具。　　　（　　）

6．检查 CA6140 车床主轴的精度时，采用的是带 1:20 公制锥度的检验棒。　　　（　　）

7．垫铁和检验桥板是检测机床导轨几何精度的常用量具。　　　（　　）

8．精密量仪在测量过程中要注意温度对量仪的影响，应尽量使量仪和被测量工件保持同温。　　　（　　）

9．水平仪是机床制造和修理中测量微小角度值的精密测量仪器之一。　　　（　　）

10．条形水平仪既可以测量零部件间的平行度，又可以测量零部件间的垂直度。　　　（　　）

11．水平仪气泡的实际变化值与选用垫铁的长短有关。　　　（　　）

## 四、选择题（将正确答案的题号填入题中空格）

1．用涂色法检查机床导轨的直线度和平面度一般常用_____。

　　A．平尺　　　　　　　B．平板　　　　　　　C．方尺

2．平板的精度等级分为：0 级、1 级、2 级和 3 级四级，其中_____精度最高。

　　A．0 级　　　　　　　B．1 级　　　　　　　C．2 级　　　　　　　D．3 级

3．平行平尺具有_____工作面。

　　A．1个　　　　　　B．2个　　　　　　C．4个

4．在铣床上常用的是带_____锥度的检验棒。

　　A．1∶20　　　　　B．莫氏　　　　　　C．7∶24

5．选用量具测量零件时，量具的精度级别一般要比零件的精度级别_____。

　　A．高一级　　　　　B．低一级　　　　　C．高两级

6．水平仪是机床修理和制造中进行_____测量的精密测量仪器之一。

　　A．直线度　　　　　B．位置度　　　　　C．尺寸

7．框式水平仪除了具备条形水平仪的功能外，还可以测量零部件间的_____。

　　A．平行度　　　　　B．倾斜度　　　　　C．垂直度

8．读数精度为 0.02/1000 的水平仪的气泡每移动一格，其倾斜角度等于_____。

　　A．1″　　　　　　　B．2″　　　　　　　C．4″

## 五、简答题

1．简述机械设备修理的主要工作过程。

2．简述设备预检的主要内容。

3．如何判定机械零件是否失效？

4．平板的主要用途是什么？

5．平尺的主要用途是什么？常用的平尺包括哪些？

6．常用的检验棒主要有哪几种结构形式？圆柱检验棒的主要用途是什么？

7．选择测量器具时应考虑哪些问题？

8．为保证水平仪的测量精度，使用时应注意哪些问题？

9．水平仪刻度值用什么表示？它的含义是什么？试以读数精度为 0.02/1000 的水平仪为例说明。

10．如何检定水平仪的零位误差？

## 六、计算题

1．用框式水平仪测量机床导轨在垂直平面内的直线度误差。已知水平仪规格为 200 mm×200 mm、精度为 0.02/1000，导轨测量长度为 1400 mm。已测得的水平仪读数值依次为−1，+1，+1.5，+0.5，−1，−1，−1.5。

（1）在坐标图上绘出导轨直线度误差曲线图。

（2）求全长直线度最大误差值。

（3）分析该导轨面的凹凸情况。

2．用钳工水平仪检查机床导轨在垂直平面内的直线度。已知桥板长 200 mm，机床导轨长 1400 mm，水平仪读数精度为 0.02/1000，水平仪的读数值依次为+1，+1，−1.5，+0.5，−2，+1，−1.5。

（1）用作图法求出导轨全长直线度误差最大值。

（2）用计算法求出导轨全长直线度误差最大值。

（3）分析该导轨面的凹凸情况。

# 项目二
# 机械设备的拆卸、清洗与检验

## 学思融合

　　大国工匠、中国航天科技集团有限公司第一研究院首席技能专家高凤林，是世界顶级的焊工，专为火箭焊接"心脏"，曾攻克"疑难杂症"200多项。"长征五号"火箭发动机的喷管上，有数百根几毫米的空心管线，管壁的厚度只有0.33mm，需要通过3万多次精密的焊接操作，才能把它们编织在一起，焊缝细到接近头发丝，而长度相当于绕一个标准足球场两周。高凤林说，发射成功后的自豪和满足引领他一路前行，成就了他对人生价值的追求，也见证了中国走向航天强国的辉煌历程。专注做一样东西，创造别人认为不可能的可能——高凤林用30多年的坚守，诠释了对理想、信念的执着追求。

## 项目导入

　　随着科学技术迅速发展和知识更新周期缩短，生产设备自动化、智能化、高精度化程度越来越高，生产设备的结构也变得越来越复杂，设备常因了零件失效而发生故障，因此，设备零部件的检验与鉴定显得十分重要，维修工作者需要熟悉具体的鉴定方法和维修技巧。

## 学习目标

　　1. 熟悉机械设备拆卸的一般原则和拆卸顺序。
　　2. 掌握机械设备拆卸的常用方法和注意事项。
　　3. 掌握常用机械零部件的拆卸方法和注意事项。
　　4. 熟悉机械设备中常用拆卸工具的使用方法。
　　5. 掌握机械设备零部件的清洗内容和清洗方法。
　　6. 熟悉机械设备零部件的检验内容和检验方法。
　　7. 从操作规范等细节着手，培养学生的安全意识、担当意识和诚实守信的职业品质。

## 任务1　机械设备的拆卸

　　拆卸是机械设备修理工作的重要环节。任何机械设备都是由许多零部件组成的，机械设备进行修理时，必须经过拆卸才能对失效零部件进行修复或更换。如果拆卸不当，往往造成零部件损坏，设备的精度性能降低，甚至无法修复。拆卸的目的是便于清洗、检查和修理，因此，为保证修理质量，在动手解体机械设备前，必须周密计划，对可能遇到的问题有所估计，做到有步骤地进行拆卸。

### 2.1.1　拆卸前的准备工作

（1）了解机械设备的结构、性能和工作原理。在拆卸前，应熟悉机械设备的有关图样和资料，详细了解机械设备各部分的结构特点，以及零部件的结构特点和相互间的配合关系，明确其用途和相互间的作用。

（2）选择适当的拆卸方法，合理安排拆卸步骤。

（3）选用合适的拆卸工具或设施。

（4）准备好清洁、方便作业的工作场地，应做到安全文明作业。

### 2.1.2　拆卸的一般原则

#### 1．选择合理的拆卸步骤

机械设备的拆卸顺序应与装配顺序相反。在切断电源后，一般按"由附件到主机，由外到内，自上而下"的顺序进行拆卸，先由整机拆成部件，由部件拆成组件，最后拆成零件。

#### 2．选择合适的拆卸方法

为了减少拆卸工作量和避免破坏配合性质，可不拆的尽量不拆，需要拆的必须要拆。应尽量避免拆卸那些不易拆卸的连接或拆卸后将会降低连接质量和损坏一部分连接零件的连接，如对于密封连接、过盈连接、铆接和焊接等，但是对于不拆开难以判断其技术状态，而又可能产生故障的，则一定要拆开。

#### 3．正确使用拆卸工具和设备

拆卸时，应尽量采用专用的或选用合适的工具和设备，避免乱敲乱打，以防零件损伤或变形。如拆卸联轴器、滚动轴承、齿轮、带轮等，应使用拔轮器或压力机；拆卸螺柱或螺母，应尽量采用尺寸相符的呆扳手等。

### 2.1.3　拆卸时的注意事项

在机械设备修理中，拆卸时还应为装配工作创造条件，为此应注意以下事项。

（1）用手锤敲击零件时，应该在零件上垫好软衬垫，或者用铜锤、木锤等敲击。敲击方向要正确，用力要适当，落点要得当，以防止损坏零件的工作表面，否则将给修复工作带来麻烦。

（2）拆卸时特别要注意保护主要的零件，以防止损坏。对于相配合的两零件，必须拆卸时应保存精度高、制造困难、生产周期长、价值较高的零件。

（3）零件拆卸后应尽快清洗，并涂上防锈油，精密零件还要用油纸包裹好，防止其生锈或碰伤表面。零件较多时应按部件分类存放。

（4）长径比较大的零件如丝杠、光杠等拆下后，应垂直悬挂或采取多支点支撑卧放，以防止变形。

（5）易丢失的细小零件如垫圈、螺母等清洗后应放在专门的容器里或用铁丝串在一起，尽可能再装到主体零件上，以防止丢失。

（6）拆下来的液压元件、油杯、油管、水管、气管等清洗后应将其进、出口封好，以防止灰尘杂物等侵入。

（7）拆卸旋转部件时，应注意尽量不破坏原来的平衡状态。

（8）对拆卸的不互换零件要做好标记或核对工作，以便安装时对号入位，避免发生错乱。

### 2.1.4 常用的拆卸方法

常用的零件拆卸方法可分为击卸法、拉卸法、顶压法、温差法、破坏法等。在拆卸中应根据被拆卸零部件结构特点和连接方式的实际情况，采用相应的拆卸方法。

#### 1．击卸法

击卸法是利用锤子或其他重物在敲击或撞击零件时产生的冲击能量，把零件拆卸下来。它是拆卸工作中最常用的一种方法，具有操作简单、灵活方便、适用范围广等优点，但如果击卸方法不正确容易损坏零件。

轴承拆卸击卸法

用锤子敲击拆卸零件时应注意以下事项。

（1）要根据被拆卸件的尺寸大小、质量及结合的牢固程度，选择大小适当的锤子。如果击卸件质量大、配合紧，而选择的锤子太轻，则零件不易击动，且容易将零件打毛。

（2）要对击卸件采取保护措施，通常使用铜棒、胶木棒、木棒及木板等保护受击部位的轴端、套端及轮缘等，如图 2-1 所示。

（3）要选择合适的锤击点，且受力均匀分布。应先对击卸件进行试击，注意观察是否拆卸方向相反或漏拆紧固件。发现零件配合面严重锈蚀时，可用煤油浸润锈蚀面，待其略有松动时再拆卸。

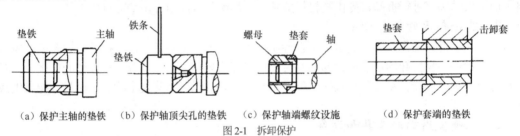

（a）保护主轴的垫铁　（b）保护轴顶尖孔的垫铁　（c）保护轴端螺纹设施　　（d）保护套端的垫铁

图 2-1　拆卸保护

（4）要注意安全。击卸前应检查锤柄是否松动，以防猛击时锤头飞出伤人损物。要观察锤子所划过的空间是否有人或其他障碍物。

#### 2．拉卸法

拉卸是使用专用拉卸器把零件拆卸下来的一种静力或冲击力不大的拆卸方法。它具有拆卸较安全、不易损坏零件等优点，适用于拆卸精度较高的零件和无法敲击的零件。

拔销器

（1）锥销、圆柱销的拉卸。可采用拔销器拉出端部带内螺纹的锥销、圆柱销。

（2）轴端零件的拉卸。位于轴端的带轮、链轮、齿轮以及轴承等零件，可用各种顶拔器拉卸，如图 2-2 所示。拉卸时，首先将顶拔器拉钩扣紧被拆卸件端面，顶拔器螺杆顶在轴端，然后手柄旋转带动螺杆旋转而使带内螺纹的支臂移动，从而带动拉钩移动而将轴端的带轮、齿轮以及轴承等零件拉卸下来。

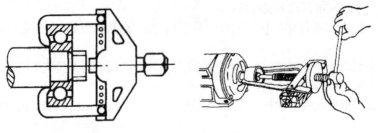

（a）拆卸轴承　　　　　　　　　（b）拆卸带轮或联轴器

图 2-2　轴端零件的拉卸

（3）轴套的拉卸。轴套一般是以铜、铸铁、轴承合金等较软的材料制成的，若拉卸不当易变形。不需要更换的轴套一般不拆卸，必须拆卸时需用专用拉具拉卸。

（4）钩头键在拉卸时常用锤子、錾子将键挤出，但易损坏零件。若用专用拉具拆卸则较为可靠，不易损坏零件。

轴承拆卸顶压法

拉卸时，应注意顶拔器拉钩与拉卸件接触表面要平整，各拉钩之间应保持平行，不然容易打滑。

### 3. 顶压法

顶压法是一种静力拆卸的方法，适用于拆卸形状简单的过盈配合件。常利用螺旋C形夹头、手压机、油压机或千斤顶等工具和设备进行拆卸。图2-3所示为压力机拆卸轴承。

图2-3　压力机拆卸轴承

### 4. 温差法

温差法是利用材料热胀冷缩的性能，加热包容件或冷却被包容件使配合件拆卸的方法，常用于拆卸尺寸较大、过盈量较大的零件或热装的零件。例如，拆卸尺寸较大的轴承与轴时，对轴承内圈加热来拆卸轴承（图2-4）。加热前把靠近轴承部分的轴颈用石棉隔离开来，防止轴颈受热膨胀，用顶拔器拉钩扣紧轴承内圈，给轴承施加一定拉力，然后迅速将 100℃左右的热油倾倒在轴承内圈上，待轴承内圈受热膨胀后，即可用顶拔器将轴承拆卸。

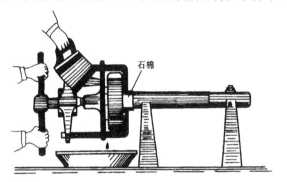

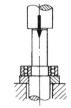

温差拆卸法

图2-4　轴承的加热拆卸

### 5. 破坏法

破坏法拆卸是拆卸中应用最少的一种方法，只有在拆卸焊接、铆接、密封连接等固定连接件和相互咬死的配合件时才不得已采用保存主件、破坏副件的措施。破坏法拆卸，一般采用车、铣、锯、錾、钻、气割等方法进行。

## 2.1.5　典型零部件的拆卸

### 1. 螺纹连接的拆卸

螺纹连接在机械设备中应用最为广泛，它具有结构简单、调整方便和可多次拆卸装配等优点。其拆卸虽然比较容易，但有时因重视不够或工具选用不当、拆卸方法不正确等而造成损坏，因此应注意选用合适的呆扳手或一字旋具，尽量不用活扳手。对于较难拆卸的螺纹连接件，应先弄清楚螺纹的旋向，不要盲目乱拧或用过长的加力杆。拆卸双头螺柱，要用专用的扳手。

（1）断头螺钉的拆卸

① 如果螺钉断在机体表面及以下时，可以用下列方法进行拆卸。

（a）在螺钉上钻孔，打入多角淬火钢杆，将螺钉拧出，如图2-5所示。注意打击力不可过大，以防损坏机体上的螺纹。

（b）在螺钉中心钻孔，攻反向螺纹，拧入反向螺钉旋出，如图2-6所示。

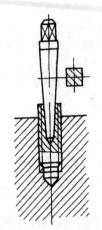
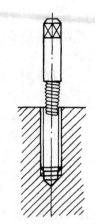

图2-5 多角淬火钢杆拆卸断头螺钉　　　　图2-6 攻反向螺纹拆卸断头螺钉

（c）在螺钉上钻直径相当于螺纹小径的孔，再用同规格的螺纹刃具攻螺纹；或钻相当于螺纹大径的孔，重新攻比原螺纹直径大一级的螺纹，并选配相应的螺钉。

（d）用电火花加工法在螺钉上打出方形或扁形槽，再用相应的工具拧出螺钉。

② 如果螺钉的断头露在机体表面外一部分时，可以采用如下方法进行拆卸。

（a）在螺钉的断头上用钢锯锯出沟槽，然后用一字旋具将其拧出；或在断头上加工出扁头或方头，然后用扳手拧出。

（b）在螺钉的断头上加焊一弯杆[图2-7（a）]或加焊一螺母[图2-7（b）]拧出。

（c）断头螺钉较粗时，可用扁錾子沿圆周剔出。

（2）打滑内六角螺钉的拆卸

内六角螺钉用于固定连接的场合较多，当内六角磨圆后会产生打滑现象而不容易拆卸，这时用一个孔径比螺钉头外径稍小一点的六角螺母，放在内六角螺钉头上，如图2-8所示，然后将螺母与螺钉焊接成一体，待冷却后用扳手拧六角螺母，即可将螺钉迅速拧出。

錾削

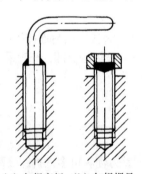

（a）加焊弯杆　（b）加焊螺母
图2-7 露出机体表面外断头螺钉的拆卸

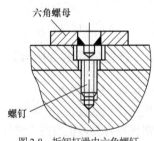

六角螺母

螺钉

图2-8 拆卸打滑内六角螺钉

（3）锈死螺纹件的拆卸

锈死螺纹件有螺钉、螺柱、螺母等，当其用于紧固或连接时，由于生锈而很不容易拆卸，这时可采用下列方法进行拆卸。

① 用手锤敲击螺纹件的四周，以振松锈层，然后拧出。

② 可先向拧紧方向稍拧动一点，再向反方向拧，如此反复拧紧和拧松，逐步拧出为止。

③ 在螺纹件四周浇些煤油或松动剂，浸渗一定时间后，先轻轻锤击四周，使锈蚀面略微松动后，再行拧出。

④ 若零件允许，还可采用快速加热包容件的方法，使其膨胀，然后迅速拧出螺纹件。

⑤ 采用车、锯、錾、气割等方法，破坏螺纹件。

（4）成组螺纹连接件的拆卸

成组螺纹连接件的拆卸，除按照单个螺纹件的方法拆卸外，还要做到如下四点。

① 首先将各螺纹件拧松1～2圈，然后按照一定的顺序，先四周后中间按对角线方向逐一拆卸，以免力量集中到最后一个螺纹件上，造成难以拆卸或零部件的变形和损坏。

② 处于难拆部位的螺纹件要先拆卸下来。

③ 拆卸悬臂部件的环形螺柱组时，要特别注意安全。首先要仔细检查零部件是否垫稳，起重索是否捆牢，然后从下面开始按对称位置拧松螺柱进行拆卸。最上面的一个或两个螺柱，要在最后分解吊离时拆下，以防事故发生或零部件损坏。

④ 注意仔细检查在外部不易观察到的螺纹件，在确定整个成组螺纹件已经拆卸完后，方可将连接件分离，以免造成零部件的损伤。

### 2．过盈配合件的拆卸

拆卸过盈配合件，应根据零件配合尺寸和过盈量的大小，选择合适的拆卸方法和工具、设备，如顶拔器、压力机等，不允许使用铁锤直接敲击零部件，以防损坏零部件。在无专用工具的情况下，可用木锤、铜锤、塑料锤或垫以木棒（块）、铜棒（块）用铁锤敲击。无论使用何种方法拆卸，都要检查有无销钉、螺钉等附加固定或定位装置，若有应先拆下；施力部位应正确，以使零件受力均匀，如对轴类零件，力应作用在受力面的中心；要保证拆卸方向的正确性，特别是带台阶、有锥度的过盈配合件的拆卸。

滚动轴承的拆卸属于过盈配合件的拆卸，在拆卸时除遵循过盈配合件的拆卸要点外，还要注意尽量不用滚动体传递力。拆卸尺寸较大的轴承或过盈配合件时，为了使轴和轴承免受损害，可利用加热来拆卸。

### 3．不可拆连接件的拆卸

焊接件的拆卸可用锯割、等离子切割或用小钻头排钻孔后再锯或錾，也可用氧炔焰气割等方法。铆接件的拆卸可錾掉、锯掉或气割掉铆钉头，或用钻头钻掉铆钉等。操作时，应注意不要损坏基体零件。

# 任务2　机械零件的清洗

拆卸后的机械零件进行清洗是修理工作的重要环节。清洗方法和清洗质量，对零件鉴定的准确性、维修质量、维修成本和使用寿命等均会产生重要影响。

零件的清洗包括清除油污、锈层、水垢、积碳、旧涂装层等。

## 2.2.1　清除油污

清除零件上的油污，常采用清洗液，如有机溶剂、碱性溶液、化学清洗液等。清洗方法有擦洗、浸洗、喷洗、气相清洗、超声波清洗等。清洗方式有人工清洗和机械清洗。

机械设备修理中清除零件表面的油污常用擦洗的方法，即将零件放入装有煤油、柴油或化学清洗剂的容器中，用棉纱擦洗或用毛刷刷洗。这种方法操作简便、设备简单，但效率低，适用于单件小批生产的中小型零件及大型零件的工作表面的除油。一般不宜用汽油作清洗剂，因其有溶脂性，会损害身体且容易造成火灾。

喷洗是将具有一定压力和温度的清洗液喷射到零件表面，以清除油污。该方法清洗效果好、生产率高，但设备复杂，适用于零件形状不太复杂、表面有较严重油垢的清洗。

清洗不同材料的零件和不同润滑材料产生的油污，应采用不同的清洗剂。清洗动、植物油污，可用碱性溶液，因为它与碱性溶液起皂化作用，生成肥皂和甘油溶于水中。但碱性溶液对不同金属有不同程度的腐蚀性，尤其对铝的腐蚀较强。因此清洗不同的金属零件应该采用不同的配方，表2-1和表2-2所示为清洗钢铁零件和铝合金零件的配方。

表2-1　　　　　　　　　　　　　　清洗钢铁零件的配方　　　　　　　　　　　　　单位：L

| 成分 | 配方1 | 配方2 | 配方3 | 配方4 |
|---|---|---|---|---|
| 氢氧化钠 | 7.5 | 20 | — | — |
| 碳酸钠 | 50 | — | 5 | — |
| 磷酸钠 | 10 | 50 | — | — |
| 硅酸钠 | — | 30 | 2.5 | — |
| 软肥皂 | 1.5 | | 5 | 3.6 |
| 磷酸三钠 | — | | 1.25 | 9 |
| 磷酸氢二钠 | — | | 1.25 | — |
| 偏硅酸钠 | — | | — | 4.5 |
| 重铝酸钠 | — | | — | 0.9 |
| 水 | 1000 | 1000 | 1000 | 450 |

表2-2　　　　　　　　　　　　　清洗铝合金零件的配方　　　　　　　　　　　　单位：L

| 成分 | 配方1 | 配方2 | 配方3 |
|---|---|---|---|
| 碳酸钠 | 1.0 | 0.4 | 1.5～2.0 |
| 重铝酸钠 | 0.05 | — | 0.05 |
| 硅酸钠 | — | — | 0.5～1.0 |
| 肥皂 | — | — | 0.2 |
| 水 | 100 | 100 | 100 |

矿物油不溶于碱溶液，因此清洗零件表面的矿物油油垢，需加入乳化剂，使油脂形成乳油液而脱离零件表面。为加速去除油垢的过程，可采用加热、搅拌、压力喷洗、超声波清洗等措施。

### 2.2.2　除锈

零件表面的腐蚀物如钢铁零件的表面锈蚀，在机械设备修理中，为保证修理质量，必须彻底清除。目前主要采用机械、化学、电化学等方法除锈。

#### 1．机械法除锈

利用机械摩擦、切削等作用清除零件表面锈层。常用方法有刷、磨、抛光、喷砂等。单件小批维修可由人工用钢丝刷、刮刀、砂布等打磨锈蚀表面；成批或有条件的，可用机器除锈，如电动磨光、抛光、滚光等。喷砂法除锈是利用压缩空气，把一定粒度的砂子通过喷枪喷在零件锈蚀的表面上，不仅除锈快，还可为涂装、喷涂、电镀等工艺做好表面准备，经喷砂处理的表面可达到干净的、有一定粗糙度的表面要求，从而提高覆盖层与零件的结合力。

#### 2．化学法除锈

利用一些酸性溶液溶解金属表面的氧化物，以达到除锈的目的。目前使用的化学溶液主要是盐酸、硫酸、磷酸或其混合溶液，加入少量的缓蚀剂。其工艺过程是：除油→水冲洗→除锈→水冲洗→中和→水冲洗→去氢。为保证除锈效果，一般都将溶液加热到一定的温度，严格控制时间，并要根据被除锈零件的材料，采用合适的配方。

#### 3．电化学法除锈

电化学法除锈是在电解液中通以直流电，通过化学反应达到除锈的目的，这种方法可节约化学药品，除锈效率高、除锈质量好，但消耗能量大且设备复杂。常用的方法有阳极腐蚀和阴极腐蚀，阳极腐蚀是把锈蚀件作为阳极，主要缺点是当电流密度过高时，易腐蚀过度，破坏零件表面，故适用于外形简单的零件；阴极腐蚀是把锈蚀件作为阴极，用铅或铅锑合金作阳极，阴极腐蚀无过蚀问题，但氢易浸入金属中，产生氢脆，降低零件塑性。

### 2.2.3　清除涂装层

零件表面的保护涂装层，可根据涂装层的损坏程度和保护涂装层的要求进行全部或部分清除。涂装层清除后，要冲洗干净，准备再喷刷新涂层。

清除方法一般是采用手工工具，如刮刀、砂纸、钢丝刷或手提式电动、风动工具进行刮、磨、刷等。有条件时可采用各种配制好的有机溶剂、碱性溶液退漆剂等化学方法。

使用有机溶液退漆时，要特别注意安全。工作场地要通风、与火隔离，操作者要穿戴防护用具，工作结束后，要将手洗干净，以防中毒。使用碱性溶液退漆剂时，不要让铝制零件、皮革、橡胶、毡质零件接触，以免腐蚀损坏。操作者要戴耐碱手套，避免皮肤接触受伤。

## 任务3　机械零件的检验

机械零件的检验内容分修前检验、修后检验和装配检验。修前检验在机械设备拆卸后进行，对已确定需要修复的零件，可根据零件损坏情况及生产条件确定适当的修复工艺，并提出修理技术要求；对报废的零件，要提出需要补充的备件型号、规格和数量，没有备件的需提出零件工作图或进行测绘。修后检验是指检验零件加工后或修理后的质量，是否达到了规定的技术标准，以确定是成品、废品还是返修品。装配检验是指检查所有待装零件的质量是否合格、能否满足装配技术要求。在装配过程中，对每道工序进行检验，以免中间工序不合格而影响装配质量。组装后，检验累积误差是否超过装配技术要求。机械设备总装后进行试运转，检验工作精度、几何精度及其他性能，以检查修理质量是否合格，同时进行相应调整。

### 2.3.1　机械零件检验和分类

机械零件检验和分类时，必须综合考虑下列技术条件。

（1）零件的工作条件与性能要求，如零件材料的力学性能、热处理及表面特性等。

（2）零件可能产生的缺陷（如龟裂、裂纹等）对其使用性能的影响，掌握其检测方法与标准。

（3）易损零件的极限磨损及允许磨损标准。

（4）配合件的极限配合间隙及允许配合间隙标准。

（5）零件的其他特殊报废条件，如镀层性能、轴承合金与基体的结合强度、平衡性和密封件的破坏等。

（6）零件工作表面状态异常，如精密零件工作表面的划伤、腐蚀等。

零件通过上述分析、检验和测量，便可将其划分为可用的、需要修理的和报废的三大类。

可用零件是指其所处技术状态仍能满足规定要求，可不经任何修理便直接进行装配。如果零件所处技术状态已超过规定要求，则属于需要修理的零件。不过有些零件虽然通过修理能达到技术要求，但费用高、不经济，此时通常不修理而换新零件。当零件所处技术状态（如材料变质、强度不足等）已无法修复时，应给予报废处理。

### 2.3.2　机械零件的检测方法

目前，机械零件常用的检测方法有检视法、测量法、隐蔽缺陷的无损检测法等。一般根据生产具体情况选择相应的检测方法，以便对零件的技术状态做出全面、准确鉴定。

成型面的检验方法

平面度误差检测方法及案例

直线度误差检测方法及案例

## 1．检视法

它主要是凭人的器官（眼睛、手和耳等）感觉或借助于简单工具（放大镜、手锤等）、标准块等进行检验、比较和判断零件技术状态的一种方法。此法简单易行，不受条件限制，因而被普遍采用。但检验的准确性主要依赖检查人员的生产实践经验，且只能作定性分析和判断。

圆度、圆柱度误差检测方法及案例　　对称度误差检测方法及案例

## 2．测量法

用测量工具和仪器对零件的尺寸精度、形状精度及位置精度进行检测。该方法是应用最多、最基本的检查方法。

## 3．隐蔽缺陷的无损检测法

无损检测主要用于确定零件隐蔽缺陷的性质、大小、部位及其取向等，因此，在具体选择无损检测方法时，必须结合零件的工作条件，综合考虑其受力状况、生产工艺、检测要求及经济性等。

目前在生产中常用的无损检测方法主要有磁粉法、渗透法、超声波法、射线法等。

（1）磁粉法

此法设备简单，检测可靠，操作方便，但仅适用于铁磁性材料的零件表面和近表面缺陷的检测。其原理是，利用铁磁材料在电磁场作用下能够产生磁化的现象，被测零件在电磁场作用下，由于其表面或近表面（几毫米之内）存在缺陷，磁力线只得绕过缺陷，产生磁力线泄漏或聚集形成局部磁极吸附磁粉，从而显示出缺陷的位置、形状和取向。图2-9所示为磁粉法检测的原理。

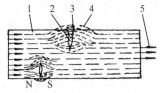

图2-9　磁粉法检测原理
1—零件；2—缺陷；3—局部缺陷；4—泄漏磁通；5—磁力线

采用磁粉法检测时，必须注意磁化方法的选择，使磁力线方向尽可能垂直或以一定角度穿过缺陷的取向，以获得最佳的检测效果，同时需注意检测后退磁。

（2）渗透法

用渗透法可检测出任何材料制作的零件和零件任何形状表面上 1 μm 左右宽的微裂纹，此法检测简单、方便。其原理和过程是：在清洗后的零件表面上涂上渗透剂，渗透剂通过表面缺陷的毛细管作用进入缺陷中。这时可利用缺陷中的渗透剂颜色或在紫外线照射下能够产生荧光的特点将缺陷的位置和形状显示出来。渗透检测的原理如图2-10所示。

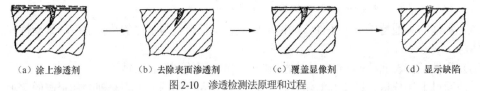

（a）涂上渗透剂　　　　（b）去除表面渗透剂　　　　（c）覆盖显像剂　　　　（d）显示缺陷

图2-10　渗透检测法原理和过程

（3）超声波法

此法的主要特点是穿透能力强，灵敏度高，适用范围广，不受材料限制，设备轻巧，使用方便，可到现场检测，但仅适用于零件的内部缺陷的检测。其原理是：利用某些物质（石英、钛酸钡等）的压电效应产生的超声波在介质中传播时遇到不同介质间的界面（内部裂纹、夹渣和缩孔等缺陷）会产生反射、折射等特性，通过检测仪器可将超声波在缺陷处产生的反射、折射波显示在荧光屏上，从而确定零件内部缺陷的位置、大小和性质等。超声波检测原理如图2-11所示。

（4）射线法

此法的最大特点是从感光软片上较容易判定此零件缺陷的形状、尺寸和性质，并且软片可长期保存备查。但是检测设备投资及检测费用较高，且需要有相应的防射线的安全措施，仅用于对重要零件的检测，或者用超声波检测尚不能判定时采用。其原理是：利用射线（X射线）照射，使其穿

过零件，如果遇到缺陷（裂纹、气孔、疏松或夹渣等），射线则较容易透过的特点。这样从被测零件缺陷处透过射线的能量较其他地方多。当这些射线照射到软片，经过感光和显影后，形成不同的黑度（反差），从而分析判断出零件缺陷的形状、大小和位置。图 2-12 所示为射线检测原理。

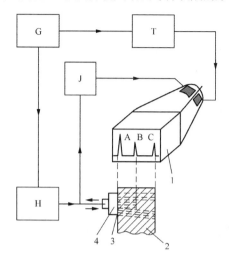

图 2-11　超声波检测原理
A—初始脉冲；B—缺陷脉冲；C—底脉冲；G—同步发生器；
H—高频脉冲发生器；J—接收放大器；T—时间扫描器；
1—荧光屏；2—零件；3—耦合剂；4—探头

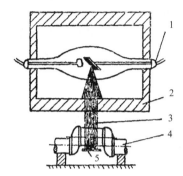

图 2-12　射线检测原理图
1—射线管；2—保护箱；3—射线；4—零件；5—感光胶片

必须指出，零件检测分类时，还必须注意结合零件的特殊要求进行相应的特殊试验，如高速运动的平衡试验、弹性件的弹性试验以及密封件的密封试验等，只有这样才能对零件的技术状态做出全面、准确鉴定及正确分类。

# |学习反馈表|

| 项目二　机械设备的拆卸、清洗与检验 | | |
|---|---|---|
| 知识与技能点 | 机械设备拆卸前的准备工作 | □掌握 □很难 □简单 □抽象 |
| | 机械设备的拆卸原则及注意事项 | □掌握 □很难 □简单 □抽象 |
| | 拆卸工具及设施的使用 | □掌握 □很难 □简单 □抽象 |
| | 常用的拆卸方法与步骤 | □掌握 □很难 □简单 □抽象 |
| | 机械零件的清洗内容 | □掌握 □很难 □简单 □抽象 |
| | 机械零件的清洗方法 | □掌握 □很难 □简单 □抽象 |
| | 常用的清洗剂种类及选用 | □掌握 □很难 □简单 □抽象 |
| | 机械零件检验和分类 | □掌握 □很难 □简单 □抽象 |
| | 机械零件的检测方法 | □掌握 □很难 □简单 □抽象 |
| | 思考题与习题 | □掌握 □很难 □简单 □抽象 |
| 学习情况 | 基本概念 | □难懂 □理解 □易忘 □抽象 □简单 □太多 |
| | 学习方法 | □听讲 □自学 □实验 □工厂 □讨论 □笔记 |
| | 学习兴趣 | □浓厚 □一般 □淡薄 □厌倦 □无 |
| | 学习态度 | □端正 □一般 □被迫 □主动 |
| | 学习氛围 | □愉快 □轻松 □互动 □压抑 □无 |
| | 课堂纪律 | □良好 □一般 □差 □早退 □迟到 □旷课 |
| | 课前课后 | □预习 □复习 □无 □没时间 |
| | 实践环节 | □太少 □太多 □无 □不会 □简单 |
| | 学习效果自我评价 | □很满意 □满意 □一般 □不满意 |
| 建议与意见 | | |

注：学生根据实际情况在相应的方框中画"√"或"×"，在空白处填上相应的建议或意见。

# | 思考题与习题 |

## 一、名词解释

1. 击卸法     2. 拉卸法     3. 顶压法     4. 温差法拆卸
5. 检视法     6. 测量法     7. 无损检测

## 二、填空题

1. 拆卸是修理工作中的一个重要环节，如果不能正确地执行拆卸工艺，不仅影响修理工作，还可能造成零部件_____，设备_____丧失。

2. 拆卸设备时，应在熟悉技术资料的基础上，明确_____，正确地_____，采用正确的_____。

3. 常用的拆卸零件的方法有_____、_____、_____和_____。

4. 机械零件上的油污清洗方法主要有_____、_____及_____等。

5. 在修理过程中，正确地解除零部件间相互的约束与固定形式，把零部件分解开来的过程称为_____。

6. 机械零件的清洗内容主要包括_____、_____、_____等。

7. 机械零件的除锈方法主要有_____、_____、_____等。

8. 机械零件的常用无损检测方法主要有_____、_____、_____、_____等。

## 三、选择题（将正确答案的题号填入题中空格）

1. 清洗一般的机械零件，应优先选用_____为清洗剂。
    A. 汽油       B. 煤油       C. 合成清洗剂       D. 四氯化碳

2. 合成清洗剂一般配成_____%的水溶液。
    A. 1       B. 3       C. 10       D. 30

3. 拆卸零件时应注意识别零件的拆出方向，一般阶梯轴的拆出方向总是朝向轴、孔的_____方向。
    A. 任意       B. 小端       C. 大端

## 四、简答题

1. 机械设备拆卸前要做哪些准备工作？拆卸的一般原则是什么？
2. 简述机械设备拆卸的基本顺序。
3. 机械设备拆卸时的注意事项有哪些？
4. 采用击卸法拆卸零部件时，主要应注意哪几个问题？
5. 简述常用机械零部件的拆卸方法。
6. 机械零件清洗的种类有哪些？其清洗方法主要有哪些？
7. 机械零件的检验有哪些内容？在修理过程中的检验有哪些方法？

# 项目三
# 机械零部件的测绘

**学思融合**

　　刘先林，中国工程院院士。测绘是把地球"搬回家""画成图"，刘先林就是为测量地球做"量尺"的人。多年来，他始终从事测绘仪器的研发，凭借百折不挠、勇于创新的精神把"量尺"做到了极致，将中国测绘仪器的水平推进到国际领先。他连续两次获得国家科技进步一等奖，是第一个把计算机技术用在了航空测量的人，也成为第一个把测量方法写入《航空摄影测量作业规范》的中国人。

**项目导入**

　　机器测绘就是对现有的机器或部件进行实物测量，绘出全部非标准件零件的草图，再根据这些草图绘制出装配图和零件图的过程。它在对现有设备的改造、维修、仿制和先进技术的引进等方面有着重要的意义。而机修测绘则是为了修配，是在零件损坏，又无图样和资料可查时，对失效零件进行的测绘。测绘是工程技术人员应该具备的基本技能。

**学习目标**

　　1. 熟悉失效机械零部件的测绘要求和特点。
　　2. 掌握常用机械零部件的测绘方法和步骤。
　　3. 掌握常用机械零件草图的测绘方法和注意事项。
　　4. 熟悉根据机械零件草图画出零件工作图的方法。
　　5. 熟悉机械零部件测绘中常用工具、检具和量具的使用方法。
　　6. 引导学生养成遵守国家规范、规程和标准的习惯，培育学生的守正创新能力。

## 任务1　轴套类零件的测绘

### 3.1.1　轴套类零件的功用与结构

　　轴套类零件是组成机器的重要零件之一，因而是机修测绘中经常碰到的典型零件。轴类零件的主要功用是支撑其他转动件回转并传递转矩，同时又通过轴承与机器的机架连接。

　　轴类零件是旋转零件，其长度大于直径，通常由外圆柱面、圆锥面、内孔、螺纹及相应端面所组成。轴上往往还有花键、键槽、横向孔、沟槽等。根据功用和结构形状，轴类有多种形式，如光轴、空心轴、半轴、阶梯轴、花键轴、曲轴、凸轮轴等，起支撑、导向和隔离作用。

套类零件的结构特点是：零件的主要表面为同轴度较高的内外旋转表面，壁厚较薄、易变形，长度一般大于直径等。

### 3.1.2　轴套类零件的视图表达及尺寸标注

#### 1．视图表达

（1）轴套类零件主要是回转体，一般都在车床、磨床上加工，常用一个基本视图表达，轴线水平放置，并且将小头放在右边，便于加工时看图。

（2）在轴上的单键槽最好朝前画出全形。

（3）对于轴上孔、键槽等的结构，一般用局部剖视图或剖面图表示。剖面图中的移出剖面，除了清晰表达结构形状外，还能方便地标注有关结构的尺寸公差和几何公差。

（4）退刀槽、圆角等细小结构用局部放大图表达，如图 3-1 所示。

（5）外形简单的套类零件常用全剖视，如图 3-2 所示。

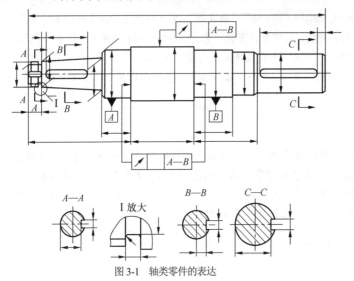

图 3-1　轴类零件的表达

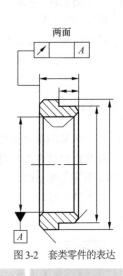

图 3-2　套类零件的表达

#### 2．尺寸标注

（1）长度方向的主要基准是安装的主要端面（轴肩）。轴的两端一般是作为测量基准，轴线一般作为径向基准。

基本测量工具的使用

零件的测绘

零件视图的选择原则及案例

零件图的构成和用途

（2）主要尺寸应首先注出，其余多段长度尺寸都按车削加工顺序注出，轴上的局部结构，多数是就近轴肩定位。

（3）为了使标注的尺寸清晰，便于看图，宜将剖视图上的内外尺寸分开标注，将车、铣、钻等不同工序的尺寸分开标注。

（4）对轴上的倒棱、倒角、退刀槽、砂轮越程槽、键槽、中心孔等结构，应查阅有关技术资料的尺寸后再进行标注。

### 3.1.3　轴套类零件的材料和技术要求

#### 1．轴类零件的材料

（1）轴类零件常用材料有 35、45、50 优质碳素结构钢，以 45 钢应用最为

认识中碳钢

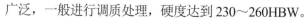

广泛，一般进行调质处理，硬度达到 230～260HBW。

（2）不太重要或受载较小的轴可用 Q255、Q275 等碳素结构钢。

（3）受力较大，强度要求高的轴，可以用 40Cr 钢调质处理，硬度达到 230～240HBW 或淬硬到 35～42HRC。

（4）若是高速、重载条件下工作的轴类零件，选用 20Cr、20CrMnTi、20Mn2B 等合金结构钢或 38CrMoAlA 高级优质合金结构钢。这些钢经渗碳淬火或渗氮处理后，不仅表面硬度高，而且其心部强度也大大提高，具有较好的耐磨性、抗冲击韧性和耐疲劳强度的性能。

（5）球墨铸铁、高强度铸铁由于铸造性能好，又具有减振性能，常用于制造外形结构复杂的轴。特别是我国的稀土镁球墨铸铁，抗冲击韧性好，同时还具有减摩吸振，对应力集中敏感性小等优点，已被应用于汽车、拖拉机、机床上的重要轴类零件。

（6）不经过最后热处理而获得高硬度的丝杠，一般可用抗拉强度不低于 600 MPa 的 45 和 50 中碳钢。

精密机床的丝杠可用碳素工具钢 T10、T12 制造。经最后热处理而获得高硬度的丝杠，用 CrWMn 或 CrMn 钢制造时，可保证硬度达到 50～56HRC。

认识金属材料的
机械性能

热处理工艺的种类
及应用

**2．套类零件的材料**

（1）套类零件一般用钢、铸铁、青铜或黄铜等材料制成。

（2）孔径小的套筒，一般选择热轧或冷拉棒料，也可用实心铸件。

（3）孔径大的套筒，常选择无缝钢管或带孔的铸件、锻件。

**3．轴类零件的技术要求**

（1）尺寸精度

主要轴颈直径尺寸精度一般为 IT6～IT9 级，精密的为 IT5 级。对于阶梯轴的各台阶长度按使用要求给定公差，或者按装配尺寸链要求分配公差。

（2）几何精度

轴类通常是用两个轴颈支撑在轴承上，这两个支撑轴颈是轴的装配基准。对支撑轴颈的几何精度（圆度、圆柱度）一般应有要求。对精度一般的轴颈几何形状公差，应限制在直径公差范围内，即按包容要求在直径公差后标注Ⓔ。如要求更高，再标注其允许的公差值（即除在尺寸公差后注Ⓔ外，再加框格标注其形状公差值）。

（3）相互位置精度

轴类零件中的配合轴颈（装配传动件的轴颈），相对于支撑轴颈的同轴度是其相互位置精度的普遍要求。由于测量方便的原因，常用径向圆跳动来表示。普通配合精度轴对支撑轴颈的径向圆跳动一般为 0.01～0.03 mm，高精度轴为 0.001～0.005 mm。此外还有轴向定位端面与轴心线的垂直度要求等。

（4）表面粗糙度

一般情况下，支撑轴颈的表面粗糙度为 Ra 0.16～0.63 μm，配合轴颈的表面粗糙度为 Ra 0.63～2.5 μm。

对于通用零件、典型零件，以上各项一般都有相应表格和资料可查。

表面粗糙度的测量
方法——比较法

公差与配合标注及
案例

**4．套类零件的技术要求**

（1）套类零件孔的直径尺寸公差一般为 IT7 级，精密轴

表面粗糙度标注及
案例

尺寸基准的选择及
案例

套孔为 IT6 级。形状公差（圆度）一般为尺寸公差的 1/3～1/2。对长套筒，除圆度要求外，还应标注孔轴线直线度公差。孔的表面粗糙度为 $Ra\,0.16～1.6\,\mu m$，要求高的精密套筒可达 $Ra\,0.04\,\mu m$。

（2）外圆表面通常是套类零件的支撑表面，常用过盈配合或过渡配合与箱体机架上的孔连接。外径尺寸公差一般为 IT6～IT7 级，形状公差被控制在外径尺寸公差范围内（按包容要求在尺寸公差后注 Ⓔ）。表面粗糙度为 $Ra\,0.63～3.2\,\mu m$。

（3）如孔的最终加工是将套筒装入机座后进行，套筒内外圆的同轴度要求较低；若最终加工是在装配前完成的，则套筒内孔对套筒外圆的同轴度一般为 $\phi\,0.01～\phi\,0.05\,mm$。

**5．轴套类零件测绘时的注意事项**

（1）在测绘前必须弄清楚被测轴、套在机器中的部位，了解清楚该轴、套的用途及作用，如转速大小、载荷特征、精度要求以及与相配合零件的作用等。

（2）必须了解该轴、套在机器中安装位置所构成的尺寸链。

（3）测量零件尺寸时，要正确地选择基准面。基准面确定后，所有要确定的尺寸均以此为基准进行测量，尽量避免尺寸换算。对于长度尺寸链的尺寸测量，也要考虑装配关系，尽量避免分段测量。分段测量的尺寸只能作为校对尺寸的参考。

（4）测量磨损零件时，对于测量位置的选择要特别注意，尽可能地选择在未磨损或磨损较少的部位。如果整个配合表面均已磨损，必须在草图上注明。

（5）对零件的磨损原因应加以分析，以便在设计或修理时加以改进。

（6）测绘零件的某一尺寸时，必须同时测量配合零件的相应尺寸，尤其是只更换一个零件时更应该如此。

（7）测量轴的外径时，要选择适当部位进行，以便判断零件的形状误差，对于转动部位更应注意。

（8）测量轴上有锥度或斜度时，首先要看它是否是标准的锥度或斜度，如果不是标准的，要仔细测量，并分析其作用。

（9）测量曲轴及偏心轴时，要注意其偏心方向和偏心距离。轴类零件的键槽要注意其圆周方向的位置。

（10）测量螺纹及丝杠时，要注意其螺纹线数、螺旋的方向、螺纹形状和螺距，普通螺纹常用螺纹规进行测量。对于锯齿形螺纹更应注意方向。

（11）测绘花键轴和花键套时，应注意其定心方式、齿数和配合性质。

（12）需要修理的轴应当注意零件工艺基准是否完好及热处理情况，作为修理工艺的依据。

螺纹的测量方法

螺纹的检测

（13）细长轴放置妥当，防止测绘时发生变形。

（14）对于零件的材料、热处理、表面处理、公差配合、几何公差及表面粗糙度等要求，在绘制草图时都要注明。

（15）对测绘图样必须严格审核（包括草图的现场校对），以确保图样质量。

### 3.1.4　轴类零件测绘示例

典型轴类零件如图 3-3 所示，该零件表面由圆柱、圆锥、顺圆弧、逆圆弧及螺纹等表面组成。其中多个直径尺寸有较严的尺寸精度和表面粗糙度等要求；球面 $S\phi\,50\,mm$ 的尺寸公差还兼有控制该球面形状（线轮廓）误差的作用。零件材料为 45 钢，无热处理和硬度要求。

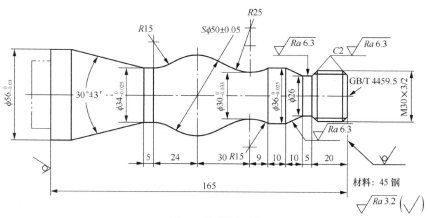

图 3-3　典型轴类零件

# 任务 2　齿轮测绘

齿轮的结构和
主要参数

## 3.2.1　齿轮的测绘方法与步骤

　　根据齿轮及齿轮副实物，用必要的量具、仪器和设备等进行技术测量，并经过分析计算确定出齿轮的基本参数及有关工艺等，最终绘制出齿轮的零件工作图，这个过程称为齿轮测绘。从某种意义上讲，齿轮测绘工作是齿轮设计工作的再现。

　　齿轮测绘有纯测绘和修理测绘之分。凡是制造设备样机而需进行的测绘称为纯测绘；凡齿轮失去使用能力，为配换、更新齿轮所进行的测绘称修理测绘。设备维修时，齿轮的测绘是经常遇到的一项比较复杂的工作。要在没有或缺少技术资料的情况下，根据齿轮实物而且往往是已经损坏了的实物测量出部分数据，然后根据这些数据推算出原设计参数，确定制造时所需的尺寸，画出齿轮工作图。由于目前使用的机械设备不能完全统一，有国产的也有国外进口的，就进口设备而言在时间上也有早有晚，这就造成了标准的不统一，因而给齿轮测绘工作带来许多麻烦。为使整个测绘工作顺利进行，并得到正确的结果，齿轮的测绘一般可按如下六个步骤进行。

　　第一步，了解被修设备的名称、型号、生产国、出厂日期和生产厂家。由于世界各国对齿轮的标准制度不尽相同，即使是同一个国家，由于生产年代的不同或生产厂家的不同，所生产的齿轮其各参数也不相同。这就需要在齿轮测绘前首先了解该设备的生产国、生产厂家和出厂日期，以获得准确的齿轮参数。

　　第二步，初步判定齿轮类别。知道了齿轮的生产国家即获得了一定的齿轮参数，如齿形角、齿顶高系数、顶隙系数等。除此之外，还需判别齿轮是否是标准齿轮、变位齿轮，或者是非标准齿轮。

　　第三步，查找与主要几何要素（$m$、$\alpha$、$z$、$\beta$、$x$）有关的资料。翻阅传动部件图、零件明细表以及零件工作图，若已修理配换过，还应查对修理报告等，这样可简化和加快测绘工作的进程，并可提高测绘的准确性。

　　第四步，了解被测齿轮的精度等级、材料和热处理等。

　　第五步，分析被测齿轮的失效原因。这在齿轮测绘中是一项十分重要的工作。由于齿轮的失效形式不同，知道了齿轮的失效原因不但会使齿轮的测绘结果准确无误，而且还会对新制齿轮提出必要的技术要求，使之延长使用寿命。

　　第六步，测绘、推算齿轮参数及画齿轮工作图。

　　直齿圆柱齿轮的测绘方法与步骤如下。

（1）几何尺寸参数的测量

测绘渐开线直齿圆柱齿轮的主要任务是确定基本参数：模数 $m$（或齿距 $p$）、齿形角 $\alpha$、齿数 $z$、齿顶高系数 $h_a^*$、顶隙系数 $c^*$、中心距 $a$。为此，需对被测量的齿轮做一些几何尺寸参数的测量。

① 齿数 $z$ 的测量。通常情况下，见到的齿轮多为完整齿轮，整个圆周都布满了轮齿。只要数一下有多少个齿就可以确定其齿数 $z$。对扇形齿轮或残缺的齿轮，只有部分圆周，无法直接确定一周应有的齿数。为此，这里介绍两种方法，即图解法和计算法。

（a）图解法。如图 3-4（a）所示，以齿顶圆直径 $d_a$ 画一个圆，根据扇形齿轮实有齿数多少而量取跨多少周节的弦长 $A$，如图 3-4（b）所示，再以此弦长 $A$ 截取圆 $d_a$，对小于 $A$ 的剩余部分 $DF$，再以一个周节的弦长 $B$ 去截取，最后即可算出齿数 $z$。图 3-4 中，以 $A$ 依次截取 $d_a$ 为三份，即 $CD$、$CE$ 和 $EF$，剩余部分 $DF$ 正好被 $B$ 一次截取。设弦长 $A$ 包含 $n$ 个齿，则

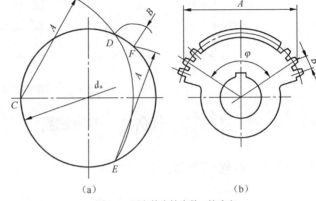

$$z = 3n + 1 \qquad (3\text{-}1)$$

图 3-4　不完整齿轮齿数 $z$ 的确定

（b）计算法。量出跨 $n$ 个齿的齿顶圆弦长 $A$，如图 3-4（b）所示，求出 $n$ 个齿所含的圆心角 $\varphi$，再求出一周的齿数 $z$：

$$\varphi = 2\arcsin\frac{A}{d_a} \qquad (3\text{-}2)$$

$$z = 360° \frac{n}{\varphi} \qquad (3\text{-}3)$$

② 齿顶圆直径 $d_a$ 和齿根圆直径 $d_f$ 的测量。如图 3-5 所示，对于偶数齿齿轮，可用游标卡尺直接测量得到 $d_a$ 和 $d_f$，而对奇数齿齿轮，则不能直接测量得到，可按下述方法进行。

（a）仍用游标卡尺直接测量，但此时卡尺的一侧在齿顶，另一侧在齿间，测得的不是 $d_a$，而是 $d_a'$，需通过几何关系推算获得。从图 3-5（b）可看出，在 $\triangle ABE$ 中

$$\cos\theta = \frac{AE}{AB} = \frac{AE}{d_a} \qquad (3\text{-}4)$$

在 $\triangle AEF$ 中

$$\cos\theta = \frac{AF}{AE} = \frac{d_a'}{AE} \qquad (3\text{-}5)$$

将式（3-4）和式（3-5）相乘得到

$$\cos^2\theta = \frac{AE}{d_a}\frac{d_a'}{AE} = \frac{d_a'}{d_a} \qquad (3\text{-}6)$$

$$d_a = \frac{d_a'}{\cos^2\theta} \qquad (3\text{-}7)$$

取 $k = \dfrac{1}{\cos^2\theta}$，则

$$d_a = kd_a' \qquad (3\text{-}8)$$

其中，$k$ 称为校正系数，可由表 3-1 查得。

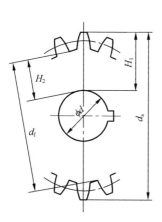
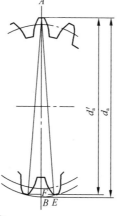
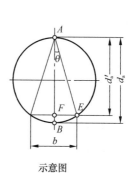

（a）偶数齿　　　　　　　　　　（b）奇数齿

图 3-5　齿顶圆直径 $d_a$ 的测量

表 3-1　　　　　　　　　　　奇数齿齿轮齿顶圆直径校正系数 $k$

| $z$ | 7 | 9 | 11 | 13 | 15 | 17 | 19 |
|---|---|---|---|---|---|---|---|
| $k$ | 1.02 | 1.0154 | 1.0103 | 1.0073 | 1.0055 | 1.0043 | 1.0034 |
| $z$ | 21 | 23 | 25 | 27 | 29 | 31 | 33 |
| $k$ | 1.0028 | 1.0023 | 1.0020 | 1.0017 | 1.0015 | 1.0013 | 1.0011 |
| $z$ | 35 | 37 | 39 | 41,43 | 45 | 47,49,51 | 53,55,57 |
| $k$ | 1.0010 | 1.0009 | 1.0008 | 1.0007 | 1.0006 | 1.0005 | 1.0004 |

　　（b）对于中间有孔的齿轮，也可用间接测量的方法，即测量内孔直径 $d$、内孔壁到齿顶的距离 $H_1$ 或内孔壁到齿根的距离 $H_2$，如图 3-5（a）所示，计算得到

$$d_a = d + 2H_1 \tag{3-9}$$
$$d_f = d + 2H_2 \tag{3-10}$$

　　③ 全齿高 $h$ 的测量。

　　（a）全齿高 $h$ 可采用游标深度尺直接测量，如图 3-6 所示。这种方法不够精确，测得的数值只能作参考。

　　（b）全齿高 $h$ 也可以用间接测量齿顶圆直径 $d_a$ 和齿根圆直径 $d_f$，或测量内孔壁到齿顶的距离 $H_1$ 和内孔壁到齿根的距离 $H_2$ 的方法，如图 3-5 所示，按下式计算获得：

图 3-6　全齿高 $h$ 的测量

$$h = \frac{d_a - d_f}{2} \tag{3-11}$$

或
$$h = H_1 - H_2 \tag{3-12}$$

　　④ 中心距 $a$ 的测量。中心距 $a$ 可按图 3-7 所示测量，即用游标卡尺测量 $A_1$、$A_2$，孔径 $\phi d_1$ 和 $\phi d_2$，然后按下式计算：

$$a = A_1 + \frac{d_1 + d_2}{2} \tag{3-13}$$

或
$$a = A_2 - \frac{d_1 + d_2}{2} \tag{3-14}$$

　　测量时要力求准确，为了使测量值尽量符合实际值，还必须考虑孔的圆度、锥度及两孔轴线的平行度对中心距的影响。

　　⑤ 公法线长度 $W_k$ 的测量。公法线长度 $W_k$ 可用精密游标卡尺或公法线千分尺测量，如图 3-8 所示。

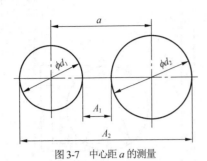

图3-7　中心距 $a$ 的测量

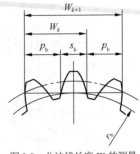

图3-8　公法线长度 $W_k$ 的测量

依据渐开线的性质，理论上卡尺在任何位置测得的公法线长度都相等，但实际测量时，以分度圆附近的尺寸精度最高。因此，测量时应尽可能使卡尺切于分度圆附近，避免卡尺接触齿顶或齿根圆角。测量时，如切点偏高，可减少跨测齿数 $k$；如切点偏低，可增加跨测齿数 $k$。跨测齿数 $k$ 值可按公式计算或直接查表 3-2。如测量一标准直齿圆柱齿轮，其齿形角 $\alpha = 20°$，齿数 $z = 30$，则公法线的跨测齿数 $k$ 为

$$k = z\frac{\alpha}{180°} + 0.5 \tag{3-15}$$

$$k = 30 \times \frac{20°}{180°} + 0.5 \approx 4$$

表3-2　　　　　　　　　　　　　　　　测量公法线长度时的跨测齿数 $k$

| 齿形角 $\alpha$ | 跨测齿数 $k$ | | | | | | | |
|---|---|---|---|---|---|---|---|---|
| | 2 | 3 | 4 | 5 | 6 | 7 | 8 | 9 |
| | 被测齿轮齿数 $z$ | | | | | | | |
| 14.5° | 9~23 | 24~35 | 36~47 | 48~59 | 60~70 | 71~82 | 83~95 | 96~100 |
| 15° | 9~23 | 24~35 | 36~47 | 48~59 | 60~71 | 72~83 | 84~95 | 96~107 |
| 20° | 9~18 | 19~27 | 28~36 | 37~45 | 46~54 | 55~63 | 64~72 | 73~81 |
| 22.5° | 9~16 | 17~24 | 25~32 | 33~40 | 41~48 | 49~56 | 57~64 | 65~72 |
| 25° | 9~14 | 15~21 | 22~29 | 30~36 | 37~43 | 44~51 | 52~58 | 59~65 |

跨测齿数 $k$ 也可以依据齿形角 $\alpha = 20°$，齿数 $z = 30$，直接从表 3-2 查得。

⑥ 基圆齿距 $p_b$ 的测量（即旧标准基节 $p_b$ 的测量）。

（a）用公法线长度测量。从图 3-8 中可见，公法线长度每增加一个跨齿，即增加一个基圆齿距，所以，基圆齿距 $p_b$ 可通过公法线长度 $W_k$ 和 $W_{k+1}$ 的测量计算获得：

$$p_b = W_{k+1} - W_k \tag{3-16}$$

式中　　$W_{k+1}$，$W_k$——跨 $k+1$ 和 $k$ 个齿时的公法线长度。

考虑到公法线长度的变动误差，每次测量时，必须在同一位置，即取同一起始位置，同一方向进行测量。

（b）用标准圆棒测量。图 3-9 所示为用标准圆棒测量基圆齿距 $p_b$ 的原理图。图中两直径分别为 $d_{p1}$ 和 $d_{p2}$ 的标准圆棒切于两相邻齿廓。另外，为了减少测量误差的影响，两圆棒直径的差值应尽可能取得大一些，通常差值可取 0.5~3 mm。过基圆作两条假想的渐开线，使其分别通过圆棒中心 $O_1$、$O_2$。依据渐开线的性质，从图中可看出，圆棒半径等于基圆上相应的一段弧长，即

$$\frac{d_p}{2} = r_b \text{inv}\alpha \tag{3-17}$$

从而可得到下式

$$\frac{d_{p2} - d_{p1}}{2} = \pm r_b(\text{inv}\alpha_2 - \text{inv}\alpha_1) \tag{3-18}$$

等式右端的"+"号用于外齿轮,"-"号用于内齿轮。

再依据几何关系

$$\alpha_1 = \arccos\frac{r_b}{R_{x1}} \tag{3-19}$$

$$\alpha_2 = \arccos\frac{r_b}{R_{x2}} \tag{3-20}$$

将 $\alpha_1$ 和 $\alpha_2$ 值代入式（3-18）得

$$d_{p2} - d_{p1} = \pm 2r_b\left[\text{inv arccos }\frac{r_b}{R_{x2}} - \text{inv arccos }\frac{r_b}{R_{x1}}\right] \tag{3-21}$$

公式中的 $r_b$ 为基圆半径,无法用简单的代数方法求出。为此,可采用试算法,即以不同的 $r_b$ 值代入式中,使等式成立的 $r_b$ 值即为所求的值。

求得 $r_b$ 值后,就可按下式求得 $p_b$:

$$p_b = 2\pi\frac{r_b}{z} \tag{3-22}$$

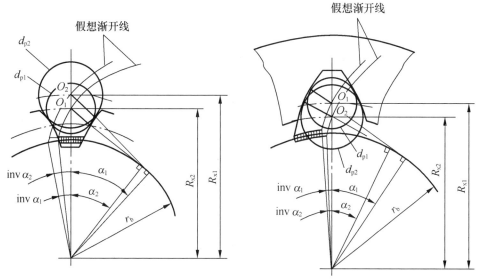

图 3-9 用标准圆棒测量基圆齿距

（c）用基圆齿距仪测量。可以用基圆齿距仪或万能测齿仪直接测量,基圆齿距仪的测量原理如图 3-10 所示。

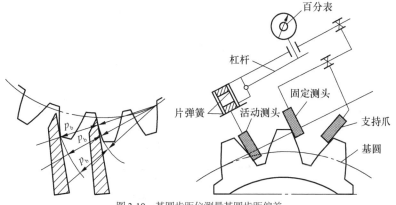

图 3-10 基圆齿距仪测量基圆齿距偏差

⑦ 分度圆弦齿厚及固定弦齿厚的测量。测量弦齿厚可用齿厚游标卡尺，如图 3-11 所示。齿厚游标卡尺由水平尺、垂直尺两尺组成。测量时将垂直尺调整到相应弦齿高的位置，即分度圆弦齿高或固定弦齿高，再用水平尺测量分度圆弦齿厚或固定弦齿厚。

为了减少被测齿轮齿顶圆偏差对测量结果的影响，应在分度圆弦齿高或固定弦齿高的表值基础上加上齿顶圆半径偏差值。齿顶圆半径偏差值为实测值与公称值之差。

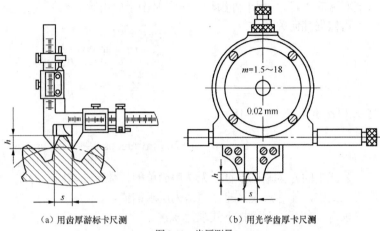

（a）用齿厚游标卡尺测　　　　　　（b）用光学齿厚卡尺测

图 3-11　齿厚测量

（2）直齿圆柱齿轮测绘程序

直齿圆柱齿轮测绘程序如图 3-12 所示。

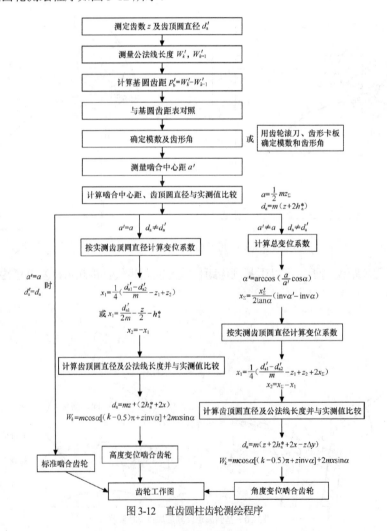

图 3-12　直齿圆柱齿轮测绘程序

### 3.2.2　测绘实例

**例 3-1**　测得一对国产齿轮的几何参数如下：测得其齿数 $z_1 = 32$ ，$z_2 = 56$ ，齿形角 $\alpha = 20°$ ，齿顶圆直径 $d'_{a1} = 68$ mm ，$d'_{a2} = 116$ mm ，小齿轮公法线长度 $W'_4 = 21.55$ mm ，大齿轮公法线长度 $W'_7 = 39.94$ mm ，实测中心距 $a' = 88$ mm 。试确定其基本参数。

**解：**（1）确定模数 $m$

由于是国产齿轮，可以初步确定齿形角 $\alpha = 20°$ ，齿顶高系数 $h_a^* = 1$ ，顶隙系数 $c^* = 0.25$ 。由中心距求模数

$$m = \frac{2a'}{z_1 + z_2} = \frac{2 \times 88}{32 + 56} = 2(\text{mm})$$

查标准模数系列表，确定模数 $m = 2$ mm 。

（2）确定是否为变位齿轮

查表并计算得两齿轮的非变位齿轮公法线长度为

$$W_4 = 21.561 \text{ mm}$$
$$W_7 = 39.946 \text{ mm}$$

与实测值 $W'_4 = 21.55$ mm ，$W'_7 = 39.94$ mm 比较相差不大，确定为非变位齿轮。

（3）校核齿顶圆直径

$$d_{a1} = m(z_1 + 2h_a^*) = 2 \times (32 + 2 \times 1) = 68(\text{mm})$$
$$d_{a2} = m(z_2 + 2h_a^*) = 2 \times (56 + 2 \times 1) = 116(\text{mm})$$

由于计算值 $d_{a1}$ 和 $d_{a2}$ 与实测 $d'_{a1} = 68$ mm 和 $d'_{a2} = 116$ mm 相符，说明初定的齿轮基本参数正确，故确定齿轮基本参数为 $m = 2$ mm ，$h_a^* = 1$ ，$c^* = 0.25$ ，$\alpha = 20°$ 。

（4）几何尺寸计算

① 齿顶圆直径：

$$d_{a1} = m(z_1 + 2h_a^*) = 2 \times (32 + 2 \times 1) = 68(\text{mm})$$
$$d_{a2} = m(z_2 + 2h_a^*) = 2 \times (56 + 2 \times 1) = 116(\text{mm})$$

② 分度圆直径：

$$d_1 = z_1 m = 32 \times 2 = 64(\text{mm})$$
$$d_2 = z_2 m = 56 \times 2 = 112(\text{mm})$$

③ 全齿高：

$$h = m(2h_a^* + c^*) = 2 \times (2 \times 1 + 0.25) = 4.5(\text{mm})$$

④ 公法线长度：

由计算或查表得齿轮公法线长度为

小齿轮　$W_4 = 21.561$ mm

大齿轮　$W_7 = 39.946$ mm

⑤ 中心距：

$$a = \frac{m(z_1 + z_2)}{2} = \frac{2 \times (32 + 56)}{2} = 88(\text{mm})$$

其他尺寸计算略。

### 3.2.3　齿轮技术条件的确定

在确定了被测齿轮的基本参数后，要绘制其零件图，还需要确定齿轮技术条件，它包括齿轮

的精度等级、尺寸公差、几何公差、表面粗糙度、材料及热处理等。

### 1. 精度等级的选择

齿轮精度等级的选择取决于其用途、技术要求和工作条件。一般可用类比法进行选择。

### 2. 尺寸公差和几何公差的选择

在确定了齿轮的精度等级后，其尺寸公差和几何公差的选择可从相关技术手册中查取。

### 3. 表面粗糙度的选择

齿轮表面粗糙度的选择主要取决于其精度等级，同时与加工方法也有密切关系，选择时可参考相关技术资料。

### 4. 材料及热处理的选择

在一般齿轮传动中，低速低载荷、中速中载荷、齿面硬度要求高的齿轮，常采用45钢制造，经高频感应淬火，回火后齿面硬度可达45～50HRC。对于中等速度、中载荷、受冲击不太大的齿轮或截面尺寸较大的齿轮，常采用40Cr、40MnVB、40MnB制造，经调质后高频感应淬火，回火后齿面硬度可达52～56HRC。对于高速、重载、受冲击的齿轮，采用20CrMnTi、20Mn2B、20MnVB、20SiMnV13等渗碳钢制造，经渗碳、淬火、回火后齿面硬度可达58～64HRC。

### 3.2.4 齿轮图样示例

齿轮图样中的参数表一般放在图样的右上角。参数表中列出的参数项目可根据需要增减，检查项目按照功能要求而定。图样中的技术条件通常放在零件图的右下角，如图3-13所示。

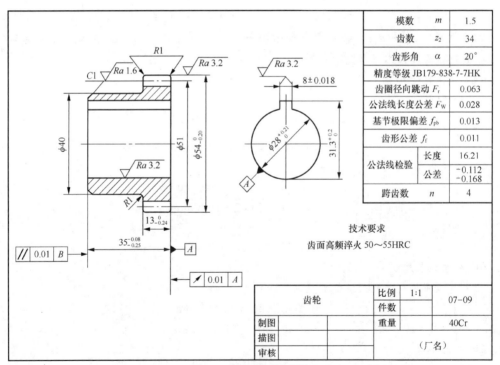

图3-13 直齿圆柱齿轮图样

# 任务3 蜗轮蜗杆的测绘

蜗轮蜗杆测绘是用量具对蜗轮蜗杆实物的几何要素（如蜗杆齿顶圆直径 $d'_{a1}$ 和蜗轮齿顶圆直径

$d'_{a2}$、全齿高 $h'$、公法线长度 $W'_k$、中心距 $a'$、齿数 $z'$ 及螺旋角 $\beta'$ 等）进行测量，经过计算推测出原设计的基本参数（如模数 $m$、齿形角 $\alpha$、齿顶高系数 $h^*_a$、顶隙系数 $c^*$ 等），并据此计算出制造时所需的几何尺寸（如蜗杆齿顶圆直径 $d_{a1}$ 和蜗轮齿顶圆直径 $d_{a2}$，齿根圆直径 $d_f$ 等），并绘制成零件图。

### 3.3.1 蜗杆、蜗轮几何尺寸测量

#### 1. 蜗杆齿顶圆直径 $d'_{a1}$ 和蜗轮齿顶圆直径 $d'_{a2}$ 的测量

蜗杆齿顶圆直径 $d'_{a1}$ 可用精密游标卡尺或千分尺直接测量，通常在 3～4 个不同位置上进行测量，并取平均值作为所测的蜗杆齿顶圆直径 $d'_{a1}$。蜗轮齿顶圆直径 $d'_{a2}$ 也可用游标卡尺或千分尺进行测量，但需要借助量块，如图 3-14 所示。这时，将游标卡尺或千分尺的读数减去两端量块长度之和，就是蜗轮的齿顶圆直径 $d'_{a2}$。蜗轮齿数为偶数时，齿顶圆直径借助量块可直接测出。当蜗轮齿数为奇数时，可参照奇数齿圆柱齿轮齿顶圆直径的测量方法进行。

#### 2. 蜗杆螺牙高度的测量

① 采用精密游标卡尺的深度尺直接测量蜗杆螺牙高度，如图 3-15 所示。

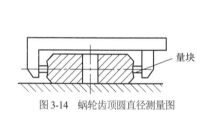

图 3-14 蜗轮齿顶圆直径测量图

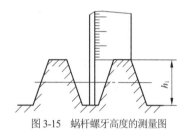

图 3-15 蜗杆螺牙高度的测量图

② 采用精密游标卡尺测量蜗杆的齿顶圆直径 $d'_{a1}$ 和蜗杆齿根圆直径 $d'_{f1}$，并按下式计算蜗杆螺牙高度 $h_1$，即

$$h_1 = \frac{d'_{a1} - d'_{f1}}{2} \tag{3-23}$$

③ 蜗杆轴向齿距 $p'_x$ 的测量。蜗杆轴向齿距 $p'_x$ 可以用钢直尺在蜗杆的齿顶圆上直接测量，如图 3-16 所示。为提高测量精度，通常多跨几个齿（$n$ 个），然后将读数除以所跨齿数，就是蜗杆轴向齿距。

④ 蜗杆副中心距 $a'$ 的测量。中心距较小或采用其他测量方法有困难时，可借助量块测量蜗杆和蜗轮轴内侧间的距离，如图 3-17 所示，可按下式计算中心距 $a'$：

$$a' = H + \frac{D'_1 + D'_2}{2} \tag{3-24}$$

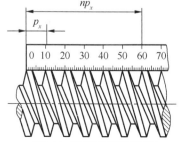

图 3-16 蜗杆轴向齿距的测量

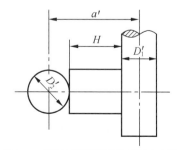

图 3-17 借助量块测量蜗杆与蜗轮中心距

在生产中常采用测量蜗轮减速器箱体中心距的距离来确定中心距 $a'$。用可调千斤顶将箱体放平，校准各孔的正确位置，然后测量蜗轮轴孔和蜗杆轴孔的最低位置距离，同时测量蜗轮轴孔直径和蜗杆轴孔直径，并通过适当的计算就可得到蜗杆副的测量中心距。

### 3.3.2 蜗杆传动主要参数的确定

在确定蜗杆传动主要参数前，首先要了解一下所测绘的蜗轮、蜗杆的生产国家及使用场合，以掌握齿轮加工所采用的标准制度，然后再进行以下计算。

**1．确定模数 $m$**

（1）根据测得的蜗杆轴向齿距 $p_x'$ 确定

$$m = \frac{p_x'}{\pi} \tag{3-25}$$

（2）根据蜗轮实测的齿顶圆直径 $d_{a2}'$ 确定

$$m = \frac{d_{a2}'}{z_2 + 2h_a^*} \tag{3-26}$$

**2．确定蜗杆分度圆直径 $d_1$**

确定蜗杆分度圆直径 $d_1$ 可采用下式计算。

$$d_1 = d_{a2}' - 2h_a^* m \tag{3-27}$$

**3．普通圆柱蜗杆传动类型的鉴别**

（1）蜗杆类型的鉴别

蜗杆类型可以用直廓样板试配来确定。

① 当蜗杆轴向齿形是直线齿廓时，该蜗杆为阿基米德蜗杆传动，其端面齿形为阿基米德螺旋线。

② 当蜗杆法向齿形是直线齿廓时，该蜗杆为延伸渐开线蜗杆传动，其端面齿形为延伸渐开线。

③ 当蜗杆在某一基圆的剖切面上的齿形是直线齿廓时，该蜗杆为渐开线蜗杆传动，其端面齿形为渐开线。

（2）蜗杆螺牙齿形角的确定

蜗杆螺牙齿形角，可以在蜗杆的轴向剖面或法向剖面内测量，也可用齿轮滚刀试滚或用齿形样板试配来确定。一般先用万能角度尺在蜗杆轴向或法向剖面进行测量，如果万能角度尺与齿面紧密贴合，可以读出齿形角度数，如图3-18所示。

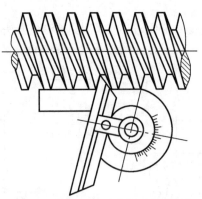

万能角度尺的
应用方法

图3-18　用万能角度尺测量蜗杆螺牙齿形角

**4．确定齿顶高系数 $h_a^*$ 和顶隙系数 $c^*$**

顶隙系数，一般取 $c^* = 0.2$。齿顶高系数按下式计算

$$h_a^* = \frac{h_1}{2m} - \frac{c^*}{2}$$ (3-28)

齿顶高系数一般情况下都是采用 $h_a^* = 1.0$。

**5. 变位的判别**

① 由中心距判别。蜗轮变位的判别可根据未变位的理论中心距 $a$ 与实测中心距 $a'$ 相比较。若 $a = a'$，为非变位蜗杆传动；若 $a \neq a'$，则为变位蜗杆传动。

② 由蜗轮齿顶圆直径判别。当中心距不能准确测量时，可用蜗轮齿顶圆直径的计算值 $d_{a2}$ 与实测值 $d'_{a2}$ 相比较。若 $d_{a2} = d'_{a2}$，则为非变位蜗杆传动；若 $d_{a2} \neq d'_{a2}$，则为变位蜗杆传动。

### 3.3.3 测绘实例

**例3-2** 对一国产驱动链运输机的蜗杆传动进行测绘，测得参数为：蜗杆头数 $z_1 = 2$，蜗轮齿数 $z_2 = 40$，蜗杆、蜗轮齿顶圆直径 $d'_{a1} = 116$ mm，$d'_{a2} = 336$ mm，蜗杆轴向齿距 $p'_x = 25.13$ mm，全齿高 $h_1 = 17.6$ mm，中心距 $a' = 210$mm，试确定齿形参数。

**解:**（1）确定模数 $m$

利用测得的蜗杆轴向齿距 $p'_x = 25.13$ mm 计算模数：

$$m = \frac{p_x}{\pi} = \frac{25.13}{\pi} \approx 8.0 \, (\text{mm})$$

取模数 $m = 8$ mm。

（2）确定蜗杆齿形类别和齿形角 $\alpha$

用万能角度尺一边顺轴截面与蜗杆齿面接触，尺面与齿面贴合紧密，轴向齿廓呈直线形，说明蜗杆为阿基米德蜗杆。测得齿形角 $\alpha_x = 20°$。

（3）确定齿顶高系数 $h_a^*$ 和顶隙系数 $c^*$

依据标准制度，取顶隙系数 $c^* = 0.2$；齿顶高系数按下式计算：

$$h_a^* = \frac{h_1}{2m} - \frac{c^*}{2} = \frac{17.6}{2 \times 8} - \frac{0.2}{2} = 1.0$$

（4）确定蜗杆分度圆直径 $d_1$

$$d_1 = d_{a1} - 2h_a^* m = 116 - 2 \times 1 \times 8 = 100 \, (\text{mm})$$

（5）变位传动的识别

计算未变位的理论中心距 $a$：

$$a = \frac{d_1 + mz_2}{2} = \frac{d_{a1} - 2h_a^* m + mz_2}{2} = \frac{116 - 2 \times 1 \times 8 + 8 \times 40}{2} = 210 \, (\text{mm})$$

由于未变位的理论中心距 $a$ 与实测中心距 $a'$ 相等，故可确定为非变位的蜗杆传动。

（6）核算实测值

① 蜗杆齿顶圆直径 $d_{a1}$：

$$d_{a1} = d_1 + 2h_a^* m = 100 + 2 \times 1 \times 8 = 116 \, (\text{mm})$$

② 蜗杆、蜗轮全齿高 $h$：

$$h = m(2h_a^* + c^*) = 8 \times (2 \times 1 + 0.2) = 17.6 \, (\text{mm})$$

③ 蜗轮分度圆直径 $d_2$：

$$d_2 = mz_2 = 8 \times 40 = 320 \, (\text{mm})$$

④ 蜗轮齿顶圆直径 $d_{a2}$：

$$d_{a2} = d_2 + 2h_a^* m = 320 + 2 \times 1 \times 8 = 336 \, (\text{mm})$$

⑤ 中心距 $a$：

$$a = \frac{d_1 + d_2}{2} = \frac{100 + 320}{2} = 210(\mathrm{mm})$$

（7）结论

通过蜗杆、蜗轮几何尺寸的计算，计算结果与实测值一致，说明上述测绘所确定的参数是正确的。

### 3.3.4 蜗杆、蜗轮图样示例

① 蜗杆、蜗轮图样上应注明的尺寸数据，如图 3-19、图 3-20 所示。

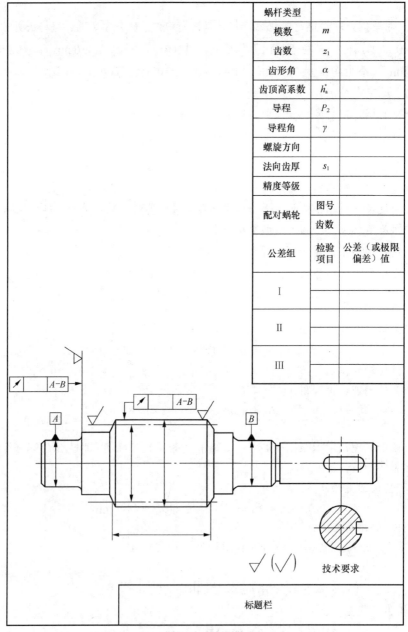

| 蜗杆类型 | | |
|---|---|---|
| 模数 | $m$ | |
| 齿数 | $z_1$ | |
| 齿形角 | $\alpha$ | |
| 齿顶高系数 | $h_a^*$ | |
| 导程 | $P_2$ | |
| 导程角 | $\gamma$ | |
| 螺旋方向 | | |
| 法向齿厚 | $s_1$ | |
| 精度等级 | | |
| 配对蜗轮 | 图号 | |
| | 齿数 | |
| 公差组 | 检验项目 | 公差（或极限偏差）值 |
| I | | |
| II | | |
| III | | |

技术要求

标题栏

图 3-19 蜗杆图样

② 蜗杆、蜗轮图样上需用表格列出的参数，如图 3-19、图 3-20 所示。

③ 应标注其他必要的几何公差、技术条件、材料及热处理等。

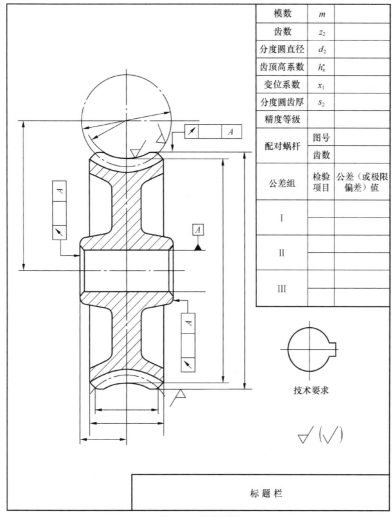

| 模数 | $m$ | |
| --- | --- | --- |
| 齿数 | $z_2$ | |
| 分度圆直径 | $d_2$ | |
| 齿顶高系数 | $h_a^*$ | |
| 变位系数 | $x_1$ | |
| 分度圆齿厚 | $s_2$ | |
| 精度等级 | | |
| 配对蜗杆 | 图号 | |
| | 齿数 | |
| 公差组 | 检验项目 | 公差（或极限偏差）值 |
| Ⅰ | | |
| Ⅱ | | |
| Ⅲ | | |

技术要求

$\sqrt{\phantom{x}}(\sqrt{\phantom{x}})$

标　题　栏

图 3-20　蜗轮图样

## 任务 4　壳体零件的测绘

### 3.4.1　壳体零件的图形表达

由于壳体零件的形状比较复杂，因此一般都需要较多视图才能表达清楚，通常要用 3 个以上的基本视图。另外许多壳体零件还需配备剖视图、剖面图以及局部视图、局部放大图、斜视图等，究竟采用哪些视图，则要视其情况而定。

壳体零件的内部形状通常采用剖视图和剖面图来表达。但由于壳体零件的外形也相当复杂，因此表达时，也要画出零件的外部视图。在画剖视图时，多采用全剖视图、局部剖视图和斜剖视图，而剖视图中再取剖视的表达方式，也比其他类型的零件应用得多。

#### 1. 主视图的选择

壳体零件的主视图选择，一般按零件的工作位置以及能较多地反映其各组成部分的形状特征和相对位置关系的原则来确定。

主视图的安装位置，应尽量与壳体零件在机器或部件上的工作位置一致。壳体零件由于常常需要多道加工工序才能完成，其加工位置经常变化，因而很难按加工位置来确定主视图的安放位置。按工作位置来选择主视图，还有助于绘制装配图。

### 2．其他视图的选择

选择其他视图时，应围绕主视图来进行。主视图确定后，根据形状分析法，对壳体零件各组成部分逐一分析，考虑需要几个视图，以及采用什么方法才能把它们的形状和相对位置关系表达出来。测绘时应边分析、边考虑、边补充，灵活应用各种表达方法，力求做到视图数量最少。

## 3.4.2 壳体零件测绘实例

下面以钢铁厂送料机构的齿轮变速器箱体为例，综合介绍壳体零件测绘的全过程。

### 1．了解和分析壳体零件

绘制时，首先要了解和分析壳体零件的结构特点、用途，与其他零件的关系，所用材料和加工方法等。检查和判断壳体零件是否失效，其尺寸和形状是否产生变化。

齿轮变速器箱体内共有3根轴，其中输入轴为蜗杆轴，输出轴为圆锥齿轮轴，与蜗杆啮合的中间轴为蜗轮轴。通过蜗杆与蜗轮啮合将动力传递给中间轴，再经过圆锥齿轮的啮合传动来实现送料机构的变速目的。可以将变速器箱体分解成以下三部分。

① 支撑部分。基本上以圆筒体结构形式表现在箱壁的凸台上。在伸出箱壁的所有凸台上，均设有安装端盖的螺孔。

② 安装部分。即箱体的底板，在底板上设有螺栓安装孔。由于底板面积较大，为使其与安装基面接触良好并减少加工面积，地面设有凹坑。

③ 连接部分。主要表面为变速器箱体内部呈方框形的结构。在箱壁上设有安装箱的螺孔等。

### 2．确定表达方案

（1）主视图的选择

根据以上分析，箱体的主视图应按其工作位置及形状特征确定。因此主视图采用了局部剖视，如图 3-21 所示的 A—A 剖视。在主视图上，展示了输入轴轴孔 $\phi 35$ mm（即图 3-21 中 $\phi 34.994$）和 $\phi 40$ mm（即图 3-21 中 $\phi 39.994$），输出轴轴孔 $\phi 48$ mm（即图 3-21 左视图中 $\phi 48.012$），以及与蜗杆啮合的蜗轮轴轴孔三者之间的相对位置及各组成部分的连接关系。

（2）其他视图的选择

为了表达左侧箱壁上两个相连凸台的形状，反映输入轴与输出轴之间的相对位置关系，选用了一个左视图。在左视图上，采用局部剖视来表达箱体顶面的 4×M5 安装螺孔和箱体后面凸台上的 M8 螺孔，这样既可避免虚线太多，又便于标注尺寸。

在俯视图上反映了箱体外形和内腔形状，4 个底板安装孔及箱体，4 个安装螺孔相互之间的位置关系。B—B 阶梯剖，反映了蜗轮轴孔的形状和另外两根轴孔的相对位置，以及蜗轮轴孔所在凸台的形状和安装端盖的螺孔等。这样仅用 4 个视图就全面表达了该箱体的形状。

（3）画零件草图

根据选定的视图表达方案，徒手绘制箱体草图，如图 3-21 所示。

（4）画尺寸界线和尺寸线

根据前面所述方法，将零件上所需标注的所有尺寸，画出全部尺寸界线和尺寸线。

（5）测量尺寸并标注在草图上

测出全部尺寸并标注在零件草图上。例如可用钢直尺直接测量箱体的长、宽、高等外形尺寸。分别测得长度方向的尺寸有箱壁间距 114 mm，箱体两侧和底板凹坑尺寸 136 mm，总长 180 mm；

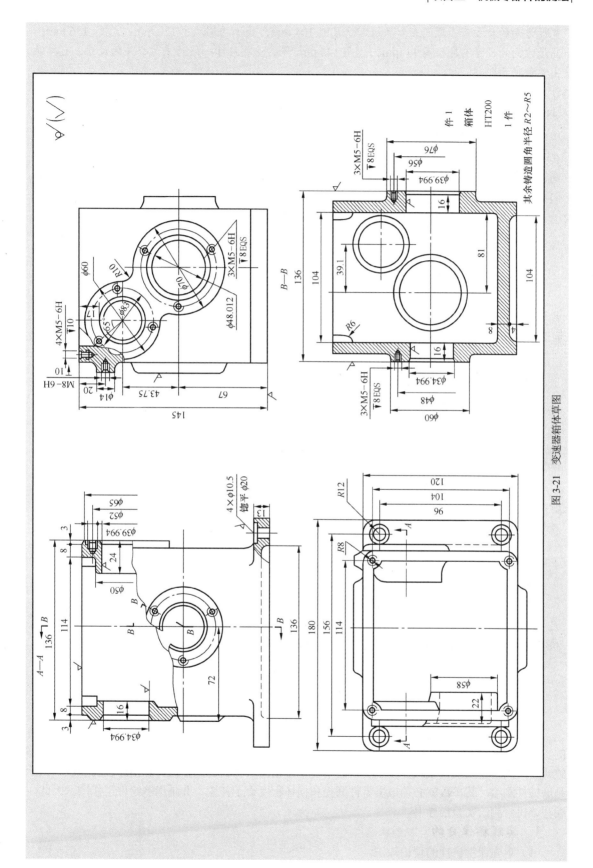

图 3-21　变速器箱箱体草图

宽度方向的尺寸有箱壁间距和底板凹坑尺寸 104 mm，箱体两侧尺寸 120 mm，总宽 136 mm；高度方向的尺寸有底板高 13 mm，总高 145 mm 等。这些尺寸一般为未注公差的尺寸，直接注出整数尺寸即可。

用游标卡尺及内径千分尺测量三根轴的轴孔直径，其中输入轴孔直径为 $\phi34.994$ mm 和 $\phi39.994$ mm，蜗轮轴孔直径为 $\phi34.994$ mm 和 $\phi39.994$ mm，输出轴孔直径为 $\phi48.012$ mm；用平台、检验心轴和高度游标卡尺测得 $\phi48.012$ mm 孔在高度方向的定位尺寸为 67 mm，与 $\phi34.994$ mm 蜗轮轴孔的中心距在高度方向为 43.75 mm，宽度方向中心距为 39.1 mm，宽度方向的定位尺寸为 81 mm；用内、外长钳和直尺测得地板安装孔径为 $\phi20$ mm 和 $\phi10.5$ mm，孔间距在长度方向为 156 mm，宽度方向为 96 mm；各螺孔直径和深度测量后标注在草图上。

铸造圆角半径用圆角规测出后，标注在草图上。

（6）圆整尺寸

略。

（7）编写技术要求

① 公差配合及表面粗糙度。为保证箱体孔与轴承外圈的配合精度，按轴承公差的要求查表确定轴承孔公差选用为 $\phi35K7^{+0.007}_{-0.018}$ mm，$\phi40K7^{+0.007}_{-0.018}$ mm 和 $\phi48H7^{+0.025}_{0}$ mm。为保证传动轴正常运转，查表确定轴孔中心距公差，如图 3-22 所示左视图上（ $43.75\pm0.025$ ）mm。

3 根轴上共 5 个轴孔，其表面粗糙度均为 $Ra\,6.3$ μm，其余各面的表面粗糙度如图 3-22 所示。

② 几何公差。5 个轴孔的圆柱度公差按 7 级查表确定，其公差值为 0.007 mm。

各个轴孔对其公共轴线的同轴度公差也按 7 级查表为 $\phi0.020$ mm（同轴度测量难时常转换成跳动）。

输入轴轴孔 $\phi35$ mm 和 $\phi40$ mm 的公共轴线与输出轴轴孔 $\phi48$ mm 的轴线平行度公差按 7 级查表定为 0.050 mm。

蜗轮轴孔 $\phi35$ mm 和 $\phi40$ mm 的公共轴线与输出轴轴孔 $\phi48$ mm 的轴线垂直度公差按 7 级查表定为 0.040 mm。底面的平面度公差确定为 0.1 mm。输出轴轴孔 $\phi48$ mm 对底面的平行度公差按 7 级查表为 0.050 mm。

（8）填写标题栏和技术要求

填写标题栏和技术要求后，就完成了草图的绘制。

（9）根据草图绘制壳体零件图

草图绘制完成后，还要对草图进行全面检查和校核。对测量所得尺寸，尤其是失效部位的尺寸，要根据国家有关技术标准、壳体零件的使用要求、装配关系等具体情况综合确定。经过检查、校核和修改后，即可绘制壳体零件工作图。该变速器箱体的零件图如图 3-22 所示。

# 实践指导

培养学生测绘技能是机类、非机类专业课教学目标之一，学生测绘能力从一方面反映出学生的实践能力。设备维护和修理时，失效件测绘是一项非常复杂、技术性强的工作，因此必须要细致认真。测绘是在没有或缺少技术资料的情况下，根据实物的已知参数计算出原设计参数。由于是磨损件测绘，其参数就必须根据零件磨损和损坏程度给予补偿，并画出测绘件工作图。因此，编写该机修测绘实验指导书。

## 1. 实践操作目的

（1）巩固课堂讲授的理论知识。

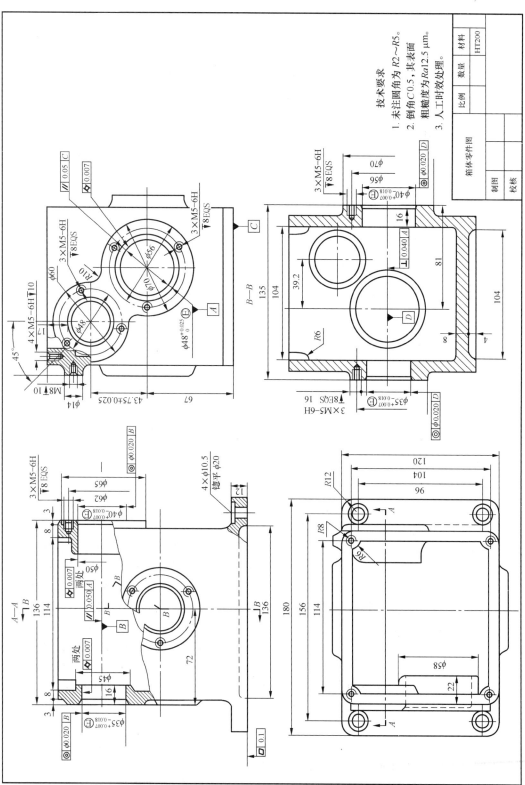

图 3-22　变速器箱体零件图

（2）熟悉实验设备，掌握实验的基本技能。

（3）培养认真细致、一丝不苟的工作作风。

为了实现上述目的要教育学生提高认识，克服重理论轻实践的思想。把实验当成是学好一门课程不可缺少的环节，当成是理论联系实际的开端，当成是今后从事技术工作的基础。对教师来讲，指导实验要紧扣每个实验的具体要求，抓住重点，循循善诱，培养学生实际动手能力。

**2．实践操作要求**

（1）测绘时使用普通量具加直尺、内外卡钳、游标卡尺等。

（2）工作图上应注明材料、尺寸公差、几何公差、热处理、表面粗糙度、精度等级等技术要求。

（3）磨损、损坏件应进行原因分析，提出合理改进措施。

（4）有的技术条件可以根据相关技术资料或同类零件用类比法给出。

**3．实践操作规定**

（1）认真阅读实验指导书中的有关内容，明确本次实验的目的、原理和步骤。教师在实验前要进行检查和提问。

（2）实验室中除本次实验所用的设备、仪器和工具外，其他东西不得乱动。

（3）对设备、仪器和工具的性能不熟悉时，不要盲目操作，要注意安全。

（4）听从教师指导，仔细观察、测量和记录，独立完成实验，认真写出实验报告。

（5）实验中如设备、仪器出现故障，应立即停止操作，并告指导教师处理。

（6）实验完毕，应将设备、工具等擦拭干净，恢复原位。

**4．测绘工作注意事项**

（1）首先画出零件测绘草图，再测量尺寸。

（2）正确选择测量基准，尽量避免尺寸换算与尺寸分段测量。

（3）选择未磨损或磨损轻微位置为测量部位，做好测量示意图及原始记录。

（4）配合关系的须做配合尺寸测量。

（5）有数据尽量多点测量。

**5．画测绘图须知**

齿轮、蜗轮：一般用两个视图，也可用一个视图和一个局部视图或多个剖面图表达。轮齿部分画法：在垂直于齿轮轴线的投影面的视图中画三个圆（齿顶圆、分度圆、齿根圆），在平行于齿轮轴线投影面的视图中与三个圆相对应：齿顶圆用粗实线，分度圆用细点画线绘制；齿根圆用细实线绘制，一般省略不画；当取剖视后，齿根线用粗实线绘制；齿顶线和齿根线之间的区域按不剖画。为表明齿形，可用粗实线画出一个或两个齿，或用适当比例在基本视图的外面画出齿形的局部放大图，斜齿的主视图采用只画出端面上的齿形，在端面后斜齿的所有投影线在相应的俯视图中用三条细实线表示轮齿的方向。

花键：在平行于花键轴线的投影面的视图中，大径用粗实线、小径用细实线绘制，并用剖面图（垂直于轴线方向剖）画出一部分或全部齿形；内花键在平行于轴线的投影面的视图中，大径及小径用粗实线绘制，并用局部剖面图（垂直于轴线方向剖）画出一部分或全部齿形；其倒角部分省略不画，花键尾部画成与轴线成30°，也可按实际情况画出。工作长度的终止端和尾部长度用细实线画成与轴线垂直，注意与螺纹画法区分。

蜗杆及曲轴：属于轴类零件，一般是由数段回转体组成；常有螺纹、退刀槽、销孔、键槽、砂轮越程槽、挡圈槽、中心孔结构。常用加工位置选择主视图，配合适当的剖视、剖面、局部放大图。曲轴是轴类零件较复杂的零件，一般要采用两个视图和多个剖面图来表示。

# | 学习反馈表 |

| | | 项目三 机械零部件的测绘 | |
|---|---|---|---|
| 知识与技能点 | 轴套类零件测绘的视图表达及尺寸标注 | □掌握 □理解 □混淆 | |
| | 轴套类零件材料和技术要求的确定 | □掌握 □很难 □简单 □抽象 | |
| | 齿轮的测绘方法与步骤 | □掌握 □很难 □简单 □抽象 | |
| | 齿轮技术条件的确定 | □掌握 □很难 □简单 □抽象 | |
| | 蜗轮、蜗杆几何尺寸的测量 | □掌握 □很难 □简单 □抽象 | |
| | 蜗杆传动主要参数的确定 | □掌握 □很难 □简单 □抽象 | |
| | 壳体零件的测绘 | □掌握 □很难 □简单 □抽象 | |
| | 思考题与习题 | □掌握 □很难 □简单 □抽象 | |
| 学习情况 | 基本概念 | □难懂 □理解 □易忘 □抽象 □简单 □太多 | |
| | 学习方法 | □听讲 □自学 □实验 □工厂 □讨论 □笔记 | |
| | 学习兴趣 | □浓厚 □一般 □淡薄 □厌倦 □无 | |
| | 学习态度 | □端正 □一般 □被迫 □主动 | |
| | 学习氛围 | □愉快 □轻松 □互动 □压抑 □无 | |
| | 课堂纪律 | □良好 □一般 □差 □早退 □迟到 □旷课 | |
| | 课前课后 | □预习 □复习 □无 □没时间 | |
| | 实践环节 | □太少 □太多 □无 □不会 □简单 | |
| | 学习效果自我评价 | □很满意 □满意 □一般 □不满意 | |
| 建议与意见 | | | |

注：学生根据实际情况在相应的方框中画"√"或"×"，在空白处填上相应的建议或意见。

# | 思考题与习题 |

## 一、名词解释

1. 齿轮测绘　　　　2. 修理测绘　　　　3. 变位齿轮

## 二、填空题

1. 测绘过程主要包括＿＿＿＿＿＿和＿＿＿＿＿＿两项基本工作内容。

2. 螺纹参数已标准化，测绘时只要测量出螺纹＿＿＿＿＿＿、＿＿＿＿＿＿和＿＿＿＿＿＿就可确定出螺纹的其他参数。

3. 测量齿轮的公法线时，量具的测量面应与齿轮两个渐开线齿面相切在＿＿＿＿＿＿附近，如果切点偏于齿根圆方向，则应将跨齿数适当＿＿＿＿＿＿，如果切点偏于齿顶圆方向，则应将跨齿数适当＿＿＿＿＿＿。

4. 能直接从量具或量仪上读出被测量数值的测量方法称为＿＿＿＿＿＿。

## 三、选择题（将正确答案的题号填入题中空格）

1. 零件上的加工圆角、铸造圆角和曲线中的小圆弧，其半径尺寸可用＿＿＿＿＿＿进行测量。

　　A. 卡尺　　　　　B. 百分表　　　　　C. 正弦尺　　　　　D. 圆角规

2. 螺纹规是用来测量普通螺纹的＿＿＿＿＿＿的量具。

　　A. 牙型和螺距　　　B. 大径和中径　　　C. 尺寸和表面粗糙度

## 四、简答题

1. 简述阿基米德蜗杆的测绘方法与步骤。

2．简述直齿圆柱齿轮的测绘方法与步骤。

## 五、计算题

1．如图 3-23 所示的直齿圆柱齿轮，已知 $D = 30\ mm$、$H_1 = 28.75\ mm$、$H_2 = 20.875\ mm$、齿数 $z = 23$，求齿顶圆直径 $d_a$、齿根圆直径 $d_f$ 和模数 $m$ 各是多少。

2．按图 3-24 方式测量圆弧面的半径尺寸 $R$。已知两等径检验棒的直径 $d$ 为 15 mm，所垫量块的厚度 $H$ 为 8 mm，用百分尺量得两检验棒外沿的距离 $M$ 为 183 mm，求圆弧半径的尺寸。

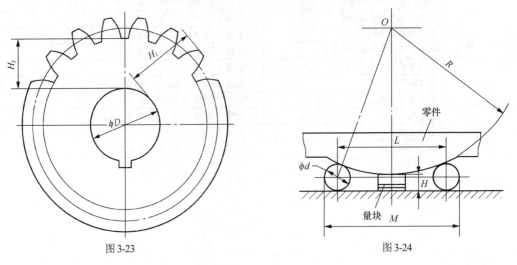

图 3-23　　　　　　　　　　　　　　　　　　图 3-24

3．使用量块和圆棒，采用图 3-25 所示的方法测量内圆弧半径尺寸 $R$。已知两圆棒直径 $d$ 为 15 mm，量块厚度 $S$ 为 33 mm，量得两圆棒上母线到圆弧下母线的距离 $H$ 为 18 mm，求这个内圆弧半径尺寸。

4．在平台上用图 3-26 所示方法测量零件外圆弧面的半径 $R$。已知两钢球直径 $d$ 为 10 mm，用卡尺量得尺寸 $M$ 为 290 mm，求圆弧半径尺寸。

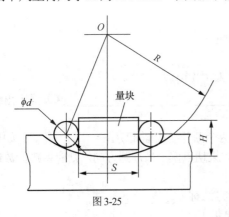

图 3-25

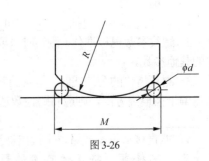

图 3-26

# 项目四
# 机械零部件的修理

## 学思融合

深海蛟龙号载人潜水器首席装配钳工技师顾秋亮爱琢磨、善钻研，喜欢啃工作的"硬骨头"，解决了许多技术难题，成功带领全组人员多次完成了潜水器的组装和海试。大国工匠顾秋亮是一线工匠们的代表。他们对技术创新的执着，对技艺完美的追求，感染我们，也值得全社会尊重。我们只要爱岗敬业、开拓创新，在平凡的工作岗位也可以做出不平凡的成绩。

## 项目导入

机械零件使用中难免会因为磨损、变形、氧化、刮伤等原因而失效，需要采用合理的、先进的工艺对零件进行修复。零件修复是机械设备维修的一个重要组成部分，是修理工作的基础。应用各种维修新技术、新工艺是提高机械维修质量、缩短修理周期、降低修理成本、延长使用寿命的重要措施，尤其对贵重、大型零件及加工周期长、精度要求高的零件意义重大。

## 学习目标

1. 熟悉机械零件修复工艺的特点和选用方法。
2. 了解常用机械零件修复工艺的概念和工艺特点。
3. 掌握机械零件修复方法的工艺过程、注意事项和应用范围。
4. 掌握典型机械设备零部件的修理方法和技术要求。
5. 熟悉机械设备零部件修理中常用工具和设备的使用方法。
6. 了解机械设备维修新技术、新工艺和新材料的应用情况。
7. 培养学生运用具体问题具体分析的方法论来分析和解决生产实际问题的能力。

## 任务 1　机械零件修复工艺概述

机械设备在使用过程中，由于其零部件会逐渐产生磨损、变形、断裂、蚀损等失效形式，设备的精度、性能和生产率就要下降，导致设备发生故障、事故甚至报废，需要及时进行维护和修理。在修复性维修中，一切措施都是为了以最短的时间、最少的费用来有效地消除故障，以提高设备的有效利用率，而采用修复工艺措施使失效的机械零件再生，能有效地达到此目的。

### 4.1.1 零件修复的优点

修复失效零件主要具有以下优点。

（1）减少备件储备，从而减少资金的占用，能取得节约的效果。

（2）减少更换件制造，有利于缩短设备停修时间，提高设备利用率。

（3）减少制造工时，节约原材料，大大降低修理费用。

（4）利用新技术修复失效零件还可提高零件的某些性能，延长零件使用寿命。尤其是对于大型零件、贵重零件和加工周期长、精度要求高的零件，意义就更为重要。

随着新材料、新工艺、新技术的不断发展，零件的修复已不仅仅是恢复原样，很多工艺方法还可以提高零件的性能和延长零件的使用寿命。如电镀、堆焊或涂敷耐磨材料、等离子喷涂与喷焊、粘接和一些表面强化处理等工艺方法，只将少量的高性能材料覆盖于零件表面，成本并不高，却大大提高了零件的耐磨性。因此，在机械设备修理中充分利用修复技术，选择合理的修复工艺，可以缩短修理时间，节省修理费用，显著提高企业的经济效益。

### 4.1.2 修复工艺的选择

用来修复机械零件的工艺很多，常用的修复工艺如图 4-1 所示。当前在机械修理行业已经广泛地采用了很多新工艺、新技术来修复零件，取得了明显的效果。因此，大力推广和应用先进的修复技术，是设备维修界的一项重要任务。

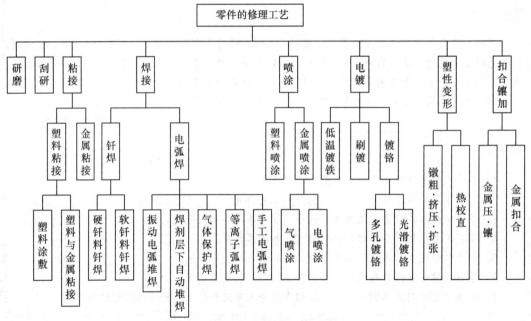

图 4-1　零件的修复工艺

选择机械零件修复工艺时应考虑以下七个方面因素。

#### 1．修复工艺对零件材质的适应性

任何一种修复工艺都不能完全适应各种材料，表 4-1 可供选择时参考。

表 4-1　　　　　　　　　　　各种修复工艺对常用材料的适应性

| 序号 | 修 理 工 艺 | 低碳钢 | 中碳钢 | 高碳钢 | 合金结构钢 | 不锈钢 | 灰铸铁 | 铜合金 | 铝 |
|---|---|---|---|---|---|---|---|---|---|
| 1 | 镀铬 | + | + | + | + | + | + | | |
| 2 | 镀铁 | + | + | + | + | + | + | | |

| 序号 | 修 理 工 艺 | 低碳钢 | 中碳钢 | 高碳钢 | 合金结构钢 | 不锈钢 | 灰铸铁 | 铜合金 | 铝 |
|---|---|---|---|---|---|---|---|---|---|
| 3 | 气焊 | + | + | | + | – | | | |
| 4 | 手工电弧堆焊 | + | + | – | + | + | | | |
| 5 | 焊剂层下电弧堆焊 | + | + | | | | | | |
| 6 | 振动电弧堆焊 | + | + | + | + | + | + | | |
| 7 | 钎焊 | + | + | + | + | + | + | + | – |
| 8 | 金属喷涂 | + | + | + | + | + | + | + | + |
| 9 | 塑料粘补 | + | + | + | + | + | + | + | + |
| 10 | 塑性变形 | + | + | | | | | + | + |
| 11 | 金属扣合 | | | | | | + | | |

注："+"为修理效果良好；"–"为修理效果不好。

### 2．各种修复工艺能达到的修补层厚度

不同厚度零件需要的修复层厚度不一样。因此，必须了解各种修复工艺所能达到的修补层厚度。图 4-2 所示为几种主要修复工艺能达到的修补层厚度。

零件的结构工艺性

### 3．被修零件构造对工艺选择的影响

轴上螺纹损坏时可车成直径小一级的螺纹，但要考虑拧入螺母是否受到邻近轴径尺寸较大的限制。镶螺纹套法修理螺纹孔、扩孔镶套法修理孔径时，孔壁厚度与邻近螺纹孔的距离尺寸是主要限制因素。

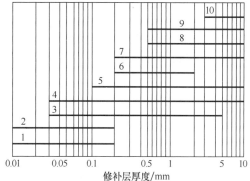

图 4-2　主要修复工艺能达到的修补层厚度

1—镀铬；2—滚花；3—钎焊；4—振动电弧堆焊；5—手工电弧堆焊；6—镀铁；

7—粘补；8—熔剂层下电弧堆焊；9—金属喷涂；10—镶加零件

### 4．零件修理后的强度

修补层的强度，修补层与零件的结合强度，以及零件修理后的强度，是修理质量的重要指标。表 4-2 可供选择零件修复工艺时参考。

表 4-2　　　　　　　　　　　　　各种修补层的力学性能

| 序号 | 修理工艺 | 修补层本身抗拉强度/MPa | 修补层与45钢的结合强度/MPa | 零件修理后疲劳强度降低的百分数/% | 硬　　度 |
|---|---|---|---|---|---|
| 1 | 镀铬 | 400～600 | 300 | 25～30 | 600～1000HV |
| 2 | 低温镀铁 | | 450 | 25～30 | 45～65HRC |
| 3 | 手工电弧堆焊 | 300～450 | 300～450 | 36～40 | 210～420HBW |
| 4 | 焊剂层下电弧堆焊 | 350～500 | 350～500 | 36～40 | 170～200HBW |
| 5 | 振动电弧堆焊 | 620 | 560 | 与45钢相近 | 25～60HRC |
| 6 | 银焊 | 400 | 400 | | |
| 7 | 铜焊 | 287 | 287 | | |
| 8 | 锰青铜钎焊 | 350～450 | 350～450 | | 217HBW |
| 9 | 金属喷涂 | 80～110 | 40～95 | 45～50 | 200～240HBW |
| 10 | 环氧树脂粘补 | | 热粘20～40 | | 80～120HBW |
| | | | 冷粘10～20 | | 80～120HBW |

**5．修复工艺过程对零件物理性能的影响**

修补层物理性能，如硬度、加工性、耐磨性及密实性等，在选择修复工艺时必须考虑。例如，硬度高，则加工困难；硬度低，一般磨损较快；硬度不均，加工表面不光滑。耐磨性不仅与表面硬度有关，还与金相组织、磨合情况及表面吸附润滑油的能力有关。例如，采用多孔镀铬、多孔镀铁、振动电弧堆焊、金属喷涂等修复工艺均能获得多孔隙的覆盖层。这些孔隙中能存储润滑油，从而改善了润滑条件，使得机械零件即使在短时间缺油的情况下也不会发生表面研伤现象。对修补可能发生液体、气体渗漏的零件则要求修补的密实性，不允许出现砂眼、气孔、裂纹等缺陷。

例如，镀铬层硬度最高，也最耐磨，但磨合性较差。金属喷涂、振动电弧堆焊、镀铁等耐磨性与磨合性都很好。

修补层不同，疲劳强度也不同。设置45钢的疲劳强度为100%，各种修补层的疲劳强度如下：

（1）热喷涂：86%；

（2）电弧焊：79%；

（3）镀铬：75%；

（4）镀铁：71%；

（5）振动电弧堆焊：62%。

**6．修复工艺对零件精度的影响**

对精度有一定要求的零件，主要考虑修复中的受热变形。修复时大部分零件温度都比常温高。电镀、金属喷涂、电火花镀敷及振动电弧堆焊等，零件温度低于100℃，热变形很小，对金相组织几乎没有影响。软焊料钎焊温度在250～400℃，对零件的热影响也较小。硬焊料钎焊时，零件要预热或加热到较高温度，如达到800℃以上时就会使零件退火，热变形增大。

其次还应考虑修复后的刚度，如镶加、粘接、机械加工等修复法会改变零件的刚度，从而影响修理后的精度。

**7．从经济性考虑**

例如，一些简单零件，修复还不如更换经济。

由此可见，选择零件修复工艺时，不能只从一个方面考虑，而要从几个方面综合考虑。一方面要根据修理零件的技术要求，另一方面考虑修复工艺的特点，还要结合本企业现有的修复条件和技术水平等，力求做到工艺合理、经济性好、生产可行，这样才能得到最佳的修复工艺方案。

砂轮机操作与维护　　　台式钻床操作与维护

一些典型零件和典型表面的修复工艺选择方法举例详见表4-3～表4-6。

表4-3　　轴的修复工艺选择

| 序号 | 零件磨损部分 | 修理方法 | |
|---|---|---|---|
| | | 达到设计尺寸 | 达到修配尺寸 |
| 1 | 滑动轴承的轴颈及外圆柱面 | 镀铬、镀铁、金属喷涂堆焊并加工至设计尺寸 | 车削或磨削提高几何形状精度 |
| 2 | 装滚动轴承的轴颈及静配合面 | 镀铬、镀铁、堆焊、滚花、化学镀铜（0.05 mm以下） | |
| 3 | 轴上键槽 | 堆焊修理键槽，转位新铣键槽 | 键槽加宽，不大于原宽度的1/7，重新配键 |
| 4 | 花键 | 堆焊重铣或镀铁后磨（最好用振动电弧堆焊） | |
| 5 | 轴上螺纹 | 堆焊，重车螺纹 | 车成小一级螺纹 |
| 6 | 外圆锥面 | | 磨到较小尺寸 |
| 7 | 圆锥孔 | | 磨到较大尺寸 |
| 8 | 轴上销孔 | | 铰大一些 |
| 9 | 扁头、方头及球面 | 堆焊 | 加工修整几何形状 |
| 10 | 一端损坏 | 切削损坏的一段，焊接一段，加工至设计尺寸 | |
| 11 | 弯曲 | 校正并进行低温稳化处理 | |

表4-4　　　　　　　　　　　　　　　孔的修复工艺选择

| 序号 | 零件磨损部分 | 修理方法 | |
| --- | --- | --- | --- |
| | | 达到设计尺寸 | 达到修配尺寸 |
| 1 | 孔径 | 堆焊、电镀、粘补 | 镗孔 |
| 2 | 键槽 | 堆焊处理，转位另插键槽 | 加宽键槽 |
| 3 | 螺纹孔 | 镶螺纹套，改变零件位置，转位重钻孔 | 加大螺纹孔至大一级的螺纹 |
| 4 | 圆锥孔 | 镗孔后镶套 | 刮研或磨削修整形状 |
| 5 | 销孔 | 移位重钻，铰销孔 | 铰孔 |
| 6 | 凹坑、球面窝及小槽 | 铣掉重镶 | 扩大修整形状 |
| 7 | 平面组成的导槽 | 镶垫板、堆焊、粘补 | 加大槽形 |

表4-5　　　　　　　　　　　　　　　齿轮的修复工艺选择

| 序号 | 零件磨损部分 | 修理方法 | |
| --- | --- | --- | --- |
| | | 达到设计尺寸 | 达到修配尺寸 |
| 1 | 轮齿 | ① 利用花键孔，镶新轮圆插齿；<br>② 齿轮局部断裂，堆焊加工成形；<br>③ 内孔镀铁后磨 | 大齿轮加工成负变位齿轮<br>（硬度低，可加工者） |
| 2 | 齿角 | ① 对成形状的齿轮掉头倒角使用；<br>② 堆焊齿角后加工 | 锉磨齿角 |
| 3 | 孔径 | 镶套，镀铁，镀镍，堆焊 | 磨孔配轴 |
| 4 | 键槽 | 堆焊加工或转位另开键槽 | 加宽键槽、另配键 |
| 5 | 离合器爪 | 堆焊后加工 | |

表4-6　　　　　　　　　　　　　　其他典型零件的修复工艺选择

| 序号 | 零件名称 | 磨损部分 | 修理方法 | |
| --- | --- | --- | --- | --- |
| | | | 达到标称尺寸 | 达到装配尺寸 |
| 1 | 导轨、滑板 | 滑动面研伤 | 粘或镶板后加工 | 电弧冷焊补、钎焊、粘补、刮、磨削 |
| 2 | 丝杠 | 螺纹磨损<br>轴颈磨损 | ① 掉头使用；<br>② 切除损坏的非螺纹部分，焊接一段后重车；<br>③ 堆焊轴颈后加工 | ① 校直后车削螺纹进行稳化处理、另配螺母；<br>② 轴颈部分车削或磨削 |
| 3 | 滑移拨叉 | 拨叉侧面磨损 | 铜焊、堆焊后加工 | |
| 4 | 楔铁 | 滑动面磨损 | | 铜焊接长、粘接及钎焊巴氏合金、镀铁 |
| 5 | 活塞 | 外径磨损镗缸后与汽缸的间隙增大、活塞环槽磨宽 | 移位、车活塞环槽 | 喷涂金属，重点部分浇注巴氏合金，按分级处理尺寸车宽活塞环槽 |
| 6 | 阀座 | 结合面磨损 | | 车削及研磨结合面 |
| 7 | 制动轮 | 轮面磨损 | 堆焊后加工 | 车削至最小尺寸 |
| 8 | 杠杆及连杆 | 孔磨损 | 镶套、堆焊、焊堵后重加工孔 | 扩孔 |

# 任务2　机械修复法

　　利用机械连接，如螺纹连接、键、销、铆接、过盈连接和机械变形等各种机械方法，使磨损、断裂、缺损的零件得以修复的方法称为机械修复法。例如，镶补、局部修换、金属扣合等，这些方法可利用现有设备和技术，适应多种损坏形式，不受高温影响，受材质和修补层厚度的限制少，工艺易行，质量易于保证，有的还可以为以后的修理创造条件，因此应用很广。缺点是受到零件结构和强度、刚度的限制，工艺较复杂，被修件硬度高时难以加工，精度要求高时难以保证。

　　零件修复中，机械加工是最基本、最重要的方法。多数失效零件需要经过机械加工来消除缺陷，最终达到配合精度和表面粗糙度等要求。它不仅可以作为一种独立的工艺手段获得修理尺寸，直接修复零件，而且还是其他修理方法的修前工艺准备和最后加工必不可少的手段。修复旧件的机械加工与新制件加工相比较有不同的特点：它的加工对象是成品；旧件除工作表面磨损外，往往会有变形；一般加工余量小；原来的加工基准多数已经破坏，给装夹定位带来困难；加工表面性能已定，一般不能用工序来调整，只能以加工方法来适应它；多为单件生产，加工表面多样，组织生产比较困难等。了解这些特点，有利于确保修理质量。

要使修理后的零件符合制造图样规定的技术要求，修理时不能只考虑加工表面本身的形状精度要求，而且还要保证加工表面与其他未修表面之间的相互位置精度要求，并使加工余量尽可能小。必要时，需要设计专用的夹具。因此要根据具体情况，合理选择零件的修理基准和采用适当的加工方法来加以解决。

加工后零件表面粗糙度对零件的使用性能和寿命均有影响，如对零件工作精度及保持稳定性、疲劳强度、零件之间配合性质、抗腐蚀性等的影响。对承受冲击和交变载荷、重载、高速的零件更要注意表面质量，同时还要注意轴类零件的圆角半径，以免形成应力集中。另外，对高速运转的零件修复时还要保证其应有的静平衡和动平衡要求。

### 4.2.1　修理尺寸法

对机械设备的动配合副中较复杂的零件修理时可不考虑原来的设计尺寸，而采用切削加工或其他加工方法恢复其磨损部位的形状精度、位置精度、表面粗糙度和其他技术条件，从而得到一个新尺寸（这个新尺寸，对轴来说比原来设计尺寸小，对孔来说则比原来设计尺寸大），这个尺寸即称为修理尺寸。而与此相配合的零件则按这个修理尺寸制作新件或修复，保证原有的配合关系不变，这种方法便称为修理尺寸法。

例如，轴、传动螺纹、键槽和滑动导轨等结构都可以采用这种方法修复。但必须注意，修理后零件的强度和刚度仍应符合要求，必要时要进行验算，否则不宜使用该法修理。对于表面热处理的零件，修后仍应具有足够的硬度，以保证零件修理后的使用寿命。

修理尺寸法的应用极为普遍，为了得到一定的互换性，便于组织备件的生产和供应，大多数修理尺寸均已标准化，各种主要修理零件都规定有它的各级修理尺寸。例如，内燃机的汽缸套的修理尺寸，通常规定了几个标准尺寸，以适应尺寸分级的活塞备件。

| 认识锉刀的种类 | 锉削的基本操作要领 | 平面锉削方法 | 外圆弧面的锉削方法 | 内圆弧面的锉削方法 |
| 錾削的基本操作要领 | 油槽的錾削方法 | 直槽的錾削方法 | 锯条的安装 | 锯削时的起锯方法 |

### 4.2.2　镶加零件法

配合零件磨损后，在结构和强度允许的条件下，增加一个零件来补偿由于磨损及修复而去掉的部分，以恢复原有零件精度，这样的方法称为镶加零件修复法。常用的有扩孔镶套、加垫等方法。

手锯的握法和锯削姿势

如图 4-3 所示，在零件裂纹附近局部镶加补强板，一般采用钢板加强，螺栓连接。脆性材料裂纹应钻止裂孔，通常在裂纹末端钻直径为 $\phi 3 \sim \phi 6\,\mathrm{mm}$ 的孔。

图 4-4 所示为镶套修复法。对损坏的孔，可镗大镶套，孔尺寸应镗大，保证有足够刚度，套的外径应保证与孔有适当过盈量，套的内径可事先按照轴径配合要求加工好，也可留有加工余量，镶入后再加工至要求的尺寸。对损坏的螺纹孔可将旧螺纹孔扩大，再切削螺纹，然后加工一个内外均有螺纹的螺纹套拧入螺孔中，螺纹套内螺纹即可恢复原尺寸。对损坏的轴颈也可用镶套法修复。

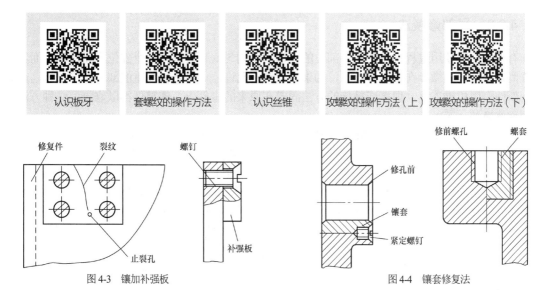

| 认识板牙 | 套螺纹的操作方法 | 认识丝锥 | 攻螺纹的操作方法（上） | 攻螺纹的操作方法（下） |

图 4-3 镶加补强板

图 4-4 镶套修复法

镶加零件修复法在维修中应用很广，镶加件磨损后可以更换。有些机械设备的某些结构，在设计和制造时就应用了这一原理。对一些形状复杂或贵重零件，在容易磨损的部位，预先镶装上零件，以便磨损后只需更换镶加件，即可达到修复的目的。

在车床上，丝杠、光杠、操纵杠与支架配合的孔磨损后，可将支架上的孔镗大，然后压入轴套。轴套磨损后可再进行更换。

汽车发动机的整体式汽缸，磨损到极限尺寸后，一般都采用镶加零件法修理。

箱体零件的轴承座孔，磨损超过极限尺寸时，也可以将孔镗大，用镶加一个铸铁或低碳钢套的方法进行修理。

磨削的种类及其应用　铰孔的基本原理　扩孔的基本原理

图 4-5 所示为机床导轨的凹坑，可采用镶加铸铁塞的方法进行修理。先在凹坑处钻孔、铰孔，然后制作铸铁塞，该塞子应能与铰出的孔过盈配合。将塞子压入孔后，再进行导轨精加工。如果塞子与孔配合良好，加工后的结合面非常光整平滑。严重磨损的机床导轨，可采用镶加淬火钢镶块的方法进行修复，如图 4-6 所示。

钻头引偏及其纠正　钻床和钻削加工

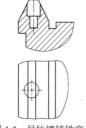

图 4-5 导轨镶铸铁塞

图 4-6 床身镶加淬火钢导轨镶块

应用这种修复方法时应注意：镶加零件的材料和热处理，一般应与基体零件相同，必要时选用比基体性能更好的材料。

为了防止松动，镶加零件与基体零件配合要有适当的过盈量，必要时可采用在端部加胶黏剂、止动销、紧定螺钉、骑缝螺钉或点焊固定等方法定位。

### 4.2.3 局部修换法

有些零件在使用过程中，往往各部位的磨损量不均匀，有时只有某个部位磨损严重，而其余部位尚好或磨损轻微。在这种情况下，如果零件结构允许，可将磨损严重的部位切除，将这部分重制新件，用机械连接、焊接或粘接的方法固定在原来的零件上，使零件得以修复，这种方法称为局部修换法。

图 4-7（a）所示为将双联齿轮中磨损严重的小齿轮的轮齿切去，重制一个小齿圈，用键连接，并用骑缝螺钉固定的局部修换。图 4-7（b）所示为在保留的轮毂上，铆接重制的齿圈的局部修换。图 4-7（c）所示为局部修换牙嵌式离合器，以粘接法固定，该法应用很广泛。

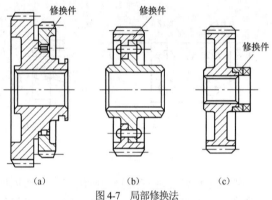

图 4-7　局部修换法

### 4.2.4 塑性变形法

塑性材料零件磨损后，为了恢复零件表面原有的尺寸精度和形状精度，可采用塑性变形法修复，如滚花、镦粗法、挤压法、扩张法、热校直法等。

### 4.2.5 换位修复法

有些零件局部磨损可采用掉头转向的方法。例如，长丝杠局部磨损后可掉头使用；单向传力齿轮翻转180°，利用未磨损面将它换一个方向安装后继续使用。但必须结构对称或稍微加工即可实现时才能进行掉头转向。

如图 4-8 所示，轴上键槽重新开制新槽。如图 4-9 所示，连接螺孔也可以转过一个角度，在旧孔之间重新钻孔。

锉削工件

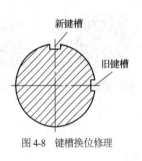

图 4-8　键槽换位修理

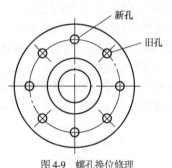

图 4-9　螺孔换位修理

## 任务 3　焊接修复法

利用焊接技术修复失效零件的方法称为焊接修复法。用于修补零件缺陷时称为补焊。用于恢复零件几何形状及尺寸，或使其表面获得具有特殊性能的熔敷金属时称为堆焊。焊接修复法在设备维修中占有很重要的地位,应用非常广泛。

焊接修复法的优点:结合强度高;可以修复大部分金属零件因各种原因(如磨损、缺损、断裂、裂纹、凹坑等)引起的损坏;可局部修换,也能切割分解零件,用于校正形状,对零件预热和热处理;修复质量好、生产效率高;成本低,灵活性大,多数工艺简便易行,不受零件尺寸、形状和场地以及修补层厚度的限制,便于野外抢修。但焊接方法也有不足之处,主要是热影响区大,容易产生焊接变形和应力,以及裂纹、气孔、夹渣等缺陷。对于

焊接变形与防止

焊接接头的形式和应用

埋弧自动焊的施焊原理

气体保护焊的施焊原理

手工电弧焊

焊接设备及辅具

重要零件焊接后应进行退火处理,以消除内应力。另外焊接修复法也不宜修复较高精度、细长、薄壳类零件。

## 4.3.1 钢制零件的焊修

机械零件所用的钢材料种类繁多,其可焊性差异很大。一般而言,钢中含碳量越高、合金元素种类和数量越多,可焊性就越差。一般低碳钢、中碳钢、低合金钢均有良好的可焊性,焊修这些钢制零件时,主要考虑焊修时的受热变形问题。但一些中碳钢、合金结构钢、合金工具钢制件均经过热处理,硬度较高、精度要求也高,焊修时残余应力大,易产生裂纹、气孔和变形,为保证精度要求,必须采取相应的技术措施。例如,选择合适的焊条,焊前彻底清除油污、锈蚀及其他杂质,焊前预热,焊接时尽量采用小电流、短弧,熄弧后马上用锤头敲击焊缝以减小焊缝内应力,用对称、交叉、短段、分层方法焊接以及焊后热处理等均可提高焊接质量。

## 4.3.2 铸铁零件的焊修

铸铁在机械设备中的应用非常广泛。灰铸铁主要用于制造各种支座、壳体等基础件,球墨铸铁已在部分零件中取代铸钢而获得应用。

### 1．铸铁焊修时存在的问题

(1)铸铁含碳量高,焊接时易产生白口,既脆又硬,焊后加工困难,而且容易产生裂纹;铸铁中磷、硫含量较高,也给焊接带来一定困难。

(2)焊接时,焊缝易产生气孔或咬边。

(3)铸铁件原有气孔、砂眼、缩松等缺陷也易造成焊接缺陷。

(4)焊接时,如果工艺措施和保护方法不当,易造成铸铁件其他部位变形过大或电弧划伤而使工件报废。

因此,采用焊修法最主要的还是提高焊缝和熔合区的可切削性,提高焊补处的防裂性能、渗透性能和提高接头的强度。

### 2．焊接分类

铸铁件的焊修分为热焊法、冷焊法,以及加热减应区补焊法。

(1)热焊法

铸铁热焊是焊前将工件高温预热,焊后再加热、保温、缓冷。用气焊或电焊效果均好,焊后易加工,焊缝强度高、耐水压、密封性能好,尤其适用于铸铁件毛坯缺陷的修复。但由于成本高、能耗大、工艺复杂、劳动条件差,因而应用受到限制。

（2）冷焊法

铸铁冷焊是在常温或局部低温预热状态下进行的，具有成本较低、生产率高、焊后变形小、劳动条件好等优点，因此得到广泛的应用。缺点是易产生白口和裂纹，对工人的操作技术要求高。

（3）加热减应区补焊法

选择零件的适当部位进行加热使之膨胀，然后对零件的损坏处补焊，以减少焊接应力与变形，这个部位就叫作减应区，这种方法就叫作加热减应区补焊法。

加热减应区补焊法的关键在于正确选择减应区。减应区加热或冷却不应影响焊缝的膨胀和收缩，它应选在零件棱角、边缘或加强肋等强度较高的部位。

### 3．冷焊工艺

铸铁冷焊多采用手工电弧焊，其工艺过程简要介绍如下。

（1）焊前准备

先将焊接部位彻底清整干净，对于未完全断开的工件要找出全部裂纹及端点位置，钻出止裂孔，如果看不清裂纹，可以将可能有裂纹的部位用煤油浸湿，再用氧乙炔火焰将表面油质烧掉，用白粉笔涂上白粉，裂纹内部的油慢慢渗出时，白粉上即可显示出裂纹的痕迹。此外，也可采用王水腐蚀法、手砂轮打磨法等确定裂纹的位置。

再将部位开出坡口，为使断口合拢复原，可先点焊连接，再开坡口。由于铸件组织较疏松，可能吸有油质，因此焊前要用氧乙炔火焰火烤脱脂，并在低温（50～60℃）均匀预热后进行焊接。焊接时要根据工件的作用及要求选用合适的焊条，常用的国产铸铁冷焊焊条见表 4-7，其中使用较广泛的还是镍基铸铁焊条。

表 4-7　　　　　　　　　　　　　常用的国产铸铁冷焊焊条

| 焊条名称 | 统一牌号 | 焊芯材料 | 药皮类型 | 焊缝金属 | 主要用途 |
|---|---|---|---|---|---|
| 氧化型钢芯铸铁焊条 | Z100 | 碳钢 | 氧化型 | 碳钢 | 一般非铸铁件的非加工面焊补 |
| 高钒铸铁焊条 | Z116 | 碳钢或高钒钢 | 低氢型 | 高钒钢 | 高强度铸铁件焊补 |
| 高钒铸铁焊条 | Z117 | 碳钢或高钒钢 | 低氢型 | 高钒钢 | 高强度铸铁件焊补 |
| 钢芯石墨化型铸铁焊条 | Z208 | 碳钢 | 石墨型 | 灰铸铁 | 一般灰铸铁件焊补 |
| 钢芯球墨铸铁焊条 | Z238 | 碳钢 | 石墨型（加球化剂） | 球墨铸铁 | 球墨铸铁件焊补 |
| 纯镍铸铁焊条 | Z308 | 纯镍 | 石墨型 | 镍 | 重要灰铸铁薄壁件和加工面焊补 |
| 镍铁铸铁焊条 | Z408 | 镍铁合金 | 石墨型 | 镍铁合金 | 重要高强度灰铸铁件及球墨铸铁件焊补 |
| 镍铜铸铁焊条 | Z508 | 镍铁合金 | 石墨型 | 镍铜合金 | 强度要求不高的灰铸铁件加工面焊补 |
| 铜铁铸铁焊条 | Z607 | 紫铜 | 低氢型 | 铜铁混合物 | 一般灰铸铁非加工面焊补 |
| 铜包钢芯铸铁焊条 | Z612 | 铁皮包铜芯或铜包铁芯 | 钛钙型 | 铜铁混合物 | 一般灰铸铁非加工面焊补 |

（2）施焊

焊接场地应无风、暖和。采用小电流、快速焊，光点焊定位，用对称分散的顺序、分段、短段、分层交叉、断续、逆向等操作方法，每焊一小段熄弧后马上锤击焊缝周围，使焊件应力松弛，并且焊缝温度下降到 60℃左右不烫手时，再焊下一道焊缝，最后焊止裂孔。经打磨铲修后，修补缺陷，便可使用或进行机械加工。

为了提高焊修可靠性，可拧入螺栓以加强焊缝，如图 4-10 所示。用紫铜或石墨模芯可焊后不加工，难焊的齿形按样板加工。大型厚壁铸件可加热扣合件，扣合件热压后焊死在工件上，再补焊裂纹，如图 4-11 所示。还可焊接加强板，加强板先用锥销等固定，再焊牢固，如图 4-12 所示。

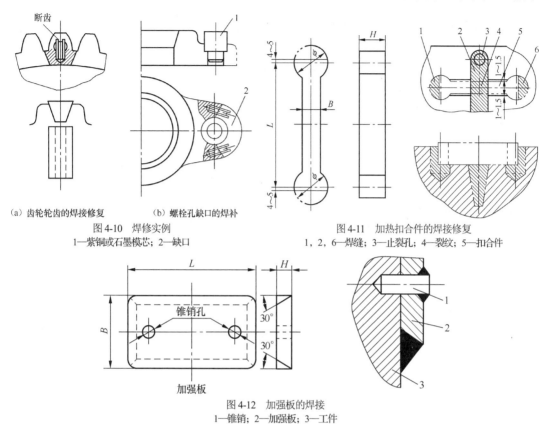

（a）齿轮轮齿的焊接修复　　（b）螺栓孔缺口的焊补

图 4-10　焊修实例
1—紫铜或石墨模芯；2—缺口

图 4-11　加热扣合件的焊接修复
1，2，6—焊缝；3—止裂孔；4—裂纹；5—扣合件

图 4-12　加强板的焊接
1—锥销；2—加强板；3—工件

铸铁件常用的焊修方法见表 4-8。

表 4-8　　　　　　　　　　铸铁件常用的焊修方法

| 焊补方法 | | 要　点 | 优　点 | 缺　点 | 适用范围 |
|---|---|---|---|---|---|
| 气焊 | 热焊 | 焊前预热至 650～700℃，保温缓冷 | 焊缝强度高，裂纹、气孔少，不易产生白口，易于修复加工，价格低些 | 工艺复杂，加热时间长，容易变形，准备工序的成本高，修复周期长 | 焊补非边角部位，焊缝质量要求高的场合 |
| | 冷焊 | 不预热，焊接过程中采用加热减应法 | 不易产生白口，焊缝质量好，基体温度低，成本低，易于修复加工 | 要求焊工技术水平高，对结构复杂的零件难以进行全方位焊补 | 适于焊补边角部位 |
| 电弧焊 | 冷焊 | 用铜铁焊条冷焊 | 焊件变形小，焊缝强度高，焊条便宜，劳动强度低 | 易产生白口组织，切削加工性差 | 用于焊后不需加工的凝结零件，应用广泛 |
| | | 用镍基焊条冷焊 | 焊件变形小，焊缝强度高，焊条便宜，劳动强度低，切削加工性能极好 | 要求严格 | 用于零件的重要部位，薄壁件修补，焊后需加工 |
| | | 用纯铁芯焊条或低碳钢芯铁粉型焊条冷焊 | 焊接工艺性好，焊接成本低 | 易产生白口组织，切削加工性差 | 用于非加工面的焊接 |
| | | 用高钒焊条冷焊 | 焊缝强度高，加工性能好 | 要求严格 | 用于焊补强度要求较高的厚件及其他部件 |
| | 热焊 | 用钢芯石墨化焊条，预热 400～500℃ | 焊缝强度与基体相近 | 工艺较复杂，切削加工性不稳定 | 用于大型铸件，缺陷在中心部位、而四周刚度大的场合 |
| | | 用铸铁芯焊条预热、保温、缓冷 | 焊后易于加工，焊缝性能与基体相近 | 工艺复杂，易变形 | 应用范围广泛 |

### 4.3.3　有色金属零件的焊修

机修中常用的有色金属材料有铜及铜合金、铝合金等，与黑色金属相比，其可焊性差。由于它们的导热性好、线膨胀系数大、熔点低，高温时脆性较大、强度低，很容易氧化，因此焊接比较复杂、困难，要求具有较高的操作技术，并采取必要的技术措施来保证焊修质量。

铜及铜合金的焊修工艺要点如下。

（1）焊修时首先要做好焊前准备，对焊丝和工件进行表面处理，并开出坡口。

（2）施焊时要对工件预热，一般温度为300～700℃，注意焊修速度，按照焊接规范进行操作，及时锤击焊缝。

（3）气焊时一般选择中性焰，手工电弧焊则要考虑焊修方法。

（4）焊修后需要进行热处理。

### 4.3.4　钎焊修复法

采用比基体金属熔点低的金属材料作钎料，将钎料放在焊件连接处，一同加热到高于钎料熔点、低于基体金属熔点的温度，利用液态钎料润湿基体金属，填充接头间隙并与基体金属相互扩散实现连接焊件的焊接方法称为钎焊。

#### 1．钎焊种类

（1）硬钎焊

用熔点高于450℃的钎料进行钎焊称为硬钎焊，如铜焊、银焊等。硬钎料还有铝、锰、镍等及其合金。

（2）软钎焊

用熔点低于450℃的钎料进行钎焊称为软钎焊，也称为低温钎焊，如锡焊等。软钎料还有铅、铋、镉、锌等及其合金。

#### 2．特点及应用

钎焊较少受基体金属可焊性的限制，加热温度较低，热源较容易解决而不需特殊焊接设备，容易操作。但钎焊较其他焊接方法焊缝强度低，适于强度要求不高的零件的裂纹和断裂的修复，尤其适用于低速运动零件的研伤、划伤等局部缺陷的补修。

#### 3．应用举例

**例4-1**　某机床导轨面产生划伤和研伤，采用锡铋合金钎焊，其工艺过程如下。

（1）锡铋合金焊条的制作（成分为质量分数）

在铁制容器内投入55%（熔点为232℃）的锡和45%的铋（熔点为271℃），加热至完全熔融，然后迅速注入角钢槽内，冷却凝固后便成锡铋合金焊条。

（2）焊剂的配制（成分为质量分数）

将氯化锌12%、氯化亚铁21%、蒸馏水67%放入玻璃瓶内，用玻璃棒搅拌至完全溶解后即可使用。

（3）焊前准备

焊前准备包括以下四个方面的工作。

① 先用煤油或汽油等将待焊补部位擦洗干净，用氧乙炔火焰烧除油污。

② 用稀盐酸加去污粉，再用细钢丝刷反复刷擦，直至露出金属光泽，用脱脂棉沾丙酮擦洗干净。

③ 迅速用脱脂棉沾上 1 号镀铜液涂在待焊补部位，同时用干净的细钢丝刷刷擦，再涂、再刷，直到染上一层均匀的淡红色。[1 号镀铜液（成分为质量分数）是在 30% 的浓盐酸中加入 4% 的锌，完全溶解后再加入 4% 的硫酸铜和 62% 的蒸馏水搅拌均匀，配制而成的。]

④ 用同样的方法涂擦 2 号镀铜液，反复几次，直到染成暗红色为止。镀铜液自然晾干后，用细钢丝刷刷净，无脱落现象即可。[2 号镀铜液（成分为质量分数）是以 75% 的硫酸铜加 25% 的蒸馏水配制而成的。]

（4）施焊

将焊剂涂在焊补部位及烙铁上，用已加热的 300～500 W 电烙铁或紫铜烙铁切下少量焊条涂于施焊部位，用侧刃轻轻压住，趁焊条在熔化状态时，迅速地在镀铜面上往复移动涂擦，并注意赶出细缝及小四坑中的气体。

（5）焊后检查和处理

当导轨研伤完全被焊条填满并凝固之后，用刮刀以 45° 交叉形式仔细修刮。若有气孔、焊接不牢等缺陷，再补焊后修刮至要求。

最后清理钎焊导轨面，并在焊缝上涂敷一层全损耗系统用油防腐蚀。

## 4.3.5　堆焊修复法

采用堆焊法修复机械零件时，不仅可以恢复其尺寸，而且可以通过堆焊材料改善零件的表面性能，使其更为耐用，从而取得显著的经济效果。常用的堆焊方法有手工堆焊和自动堆焊两类。

### 1. 手工堆焊

手工堆焊是利用电弧或氧乙炔火焰来熔化基体金属和焊条，采用手工操作进行的堆焊方法。由于手工电弧堆焊的设备简单、灵活、成本低，因此应用最广泛。它的缺点是生产率低、稀释率较高，不易获得均匀而薄的堆焊层，劳动条件较差。

手工堆焊方法适用于工件数量少且没有其他堆焊设备的条件下，或工件外形不规则、不利于机械堆焊的场合。

（1）手工堆焊工艺要点

① 正确选用合适的焊条。根据需要选用合适的焊条，应避免成本过高和工艺复杂化。

② 防止堆焊层硬度不符合要求。焊缝被基体金属稀释是堆焊层硬度不够的主要原因，可采取适当减小堆焊电流或采取多层焊的方法来提高硬度。此外，还要注意控制好堆焊后的冷却速度。

③ 提高堆焊效率。应在保证质量的前提下，提高熔敷率。如适当加大焊条直径和堆焊电流、采用填丝焊法以及多条焊等。

④ 防止裂纹。可采取改善热循环和堆焊过渡层的方法来防止产生裂纹。

（2）应用举例

**例 4-2**　用堆焊法修复齿轮。

齿轮最常见的损坏方式是轮齿表面磨损或由于接触疲劳而产生严重的点状剥蚀，可用堆焊法修复，其工艺过程如下。

① 退火。堆焊前进行退火主要是为了减少齿轮内部的残余应力，降低硬度，为堆焊后的齿轮的机加工和热处理做准备。退火温度随齿轮材料的不同而异，可从热处理手册中查得。

② 清洗。为了减少堆焊缺陷，焊前必须对齿轮表面的油污、锈蚀和氧化物进行认真清洗。

③ 施焊。对于渗碳齿轮，可以用 20Cr 及 40Cr 钢丝，以碳化焰或中性焰进行气焊堆焊；也可以用 65Mn 焊条进行电焊堆焊。对于用中碳钢制成的整体淬火齿轮，可用 40 钢钢丝，以中性焰进行气焊堆焊。

采用自熔合金粉末进行喷焊，不经热处理也可获得表面高硬度，且表面平整、光滑，加工余量很小。

④ 机械加工。可用于车床加工外圆和端面，然后铣齿或滚齿。如果件数少，也可用钳工修整。

⑤ 热处理。对于中碳钢齿轮，800℃淬火后，再300℃回火。渗碳齿轮应在900℃渗碳，保温 10～12 h，随炉缓冷，然后加热到820～840℃在水或油中淬火，再用180～200℃回火。个别轮齿损坏严重时，除用镶齿法修复外，也可用堆焊法进行修补。这时为了防止高温对其他部位的影响，可将齿轮浸在水中，仅将施焊部分露出水面。

### 2．自动堆焊

自动堆焊与手工堆焊相比，具有堆焊层质量好、生产效率高、成本低、劳动条件好等优点，但需专用的焊接设备。

（1）埋弧自动堆焊

埋弧自动堆焊又称焊剂层下自动堆焊，其特点是生产效率高、劳动条件好等。堆焊时所用的焊接材料包括焊丝和焊剂，二者须配合使用以调节焊缝成分。埋弧自动堆焊工艺与一般埋弧焊工艺基本相同，堆焊时要注意控制稀释率和提高熔敷率。

埋弧自动堆焊适用于修复磨损量大、外形比较简单的零件，如各种轴类、轧辊、车轮轮缘和履带车辆上的支重轮等。

**例 4-3**　埋弧自动堆焊法修复曲轴。

埋弧自动堆焊法特别适用于大型曲轴的修复。其修复工艺过程如下。

① 焊前准备。与振动堆焊基本相同，只是预热温度稍高，约为300℃。

② 焊丝和焊剂。一般选用 $\phi$0.15～2.0 mm 的 50CrVA、30CrMnSiA、45 或 50 钢丝。采用国产焊剂 431 与其配套使用。当选用的焊丝含碳量较低时，应在焊剂中适当添加石墨。

③ 堆焊。一般拖拉机曲轴的埋弧焊可采用如下规范。

（a）堆焊速度：460～560 mm/min；

（b）送丝速度：2.1～2.3 m/min；

（c）堆焊螺距：3.6～4 mm/r；

（d）电　　感：0.1～0.2 mH；

（e）工作电压：21～23 V；

（f）工作电流：150～190 A。

（2）振动电弧堆焊

振动电弧堆焊的主要特点是堆焊层薄而均匀，耐磨性好，工件变形小、熔深浅、热影响区窄，生产效率高，劳动条件好，成本低等。

振动电弧堆焊的工作原理如图 4-13 所示，将工件夹持在专用机床上，并以一定的速度旋转，堆焊机头沿工件轴向移动。焊丝以一定频率和振幅振动而产生电脉冲。图中焊嘴 2 受交流电磁铁 4 和调节弹簧 9 的作用而产生振动。堆焊时需不断向焊嘴供给冷却液（一般为 4%～6% 碳酸钠水溶液），以防止焊丝和焊嘴熔化粘结或在焊嘴上结渣。

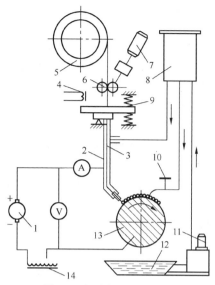

图 4-13  振动电弧堆焊示意图

1—电源；2—焊嘴；3—焊丝；4—交流电磁铁；5—焊丝盘；6—送丝轮；7—送丝电动机；8—水箱；9—调节弹簧；
10—冷却液供给开关；11—水泵；12—冷却液沉淀箱；13—工件；14—电感线圈

**例 4-4**  振动电弧堆焊修复曲轴。

曲轴修复工艺过程如下。

（1）焊前准备

① 清除全部油污和锈迹。

② 用各种方法检查曲轴有无裂纹，发现有裂纹先处理后堆焊。检验是否有弯曲或扭曲，若变形超限要先进行校正。

③ 用碳棒等堵塞各油孔。

④ 预热曲轴到 150～200℃。

（2）堆焊

曲轴各轴颈的堆焊顺序对焊后的变形量有很大影响，应先堆焊连杆轴颈。

（3）焊后处理

钻通各轴颈油孔并在曲轴磨床上进行磨削加工，然后进行探伤并检查各部尺寸是否合格。

# 任务 4  热喷涂修复法

用高温热源将喷涂材料加热至熔化或呈塑性状态，同时用高速气流使其雾化，喷射到经过预处理的工件表面上形成一层覆盖层的过程称为喷涂。将喷涂层继续加热，使之达到熔融状态而与基体形成冶金结合，获得牢固的工作层称为喷焊或喷熔。这两种工艺总称为热喷涂。热喷涂工艺如图 4-14 所示。

涂层颗粒在喷涂过程中的经历为：加热熔融，形成熔滴→熔滴雾化，加速飞行→撞击基体，变形展平→凝固沉积，加速冷却。

热喷涂技术不仅可以恢复零件的尺寸，而且可以改善和提高零件表面的某些性能，例如，使其具有耐磨性、耐腐蚀性、抗氧化性、导电性、绝缘性、密封性、隔热性等。

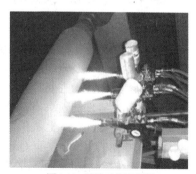

图 4-14  喷涂工艺示意图

### 4.4.1　热喷涂的分类及特点

热喷涂技术按所用热源不同，可分为氧乙炔火焰喷涂与喷焊、电弧喷涂、等离子喷涂与喷焊、爆炸喷涂和高频感应喷涂等多种方法。喷涂材料有丝状和粉末状两种。喷涂过程依不同的热喷涂工艺和设备而有差别。影响热喷涂涂层组织、性能和缺陷（孔隙、应力应变等）的相关因素很多，主要有材料种类、颗粒温度、飞行速度、凝固程度、粒度以及喷枪结构、热源种类、焰流气氛和送料方式等。

热喷涂技术的特点如下。

（1）适用材料广，喷涂材料广。喷涂的材料可以是金属、合金，也可以是非金属。同样，基体的材料可以是金属、合金，也可以是非金属。

（2）涂层的厚度不受严格限制，可以从几十微米到几毫米。而且涂层组织多孔，易存油，润滑性和耐磨性都较好。

（3）喷涂时工件表面温度低（一般为 70～80℃），不会引起零件变形和金相组织改变。

（4）可赋予零件以某些特殊的表面性能，达到节约贵重材料、提高产品质量、满足多种工程技术和高新技术的需要。

（5）设备不复杂，工艺简便，可现场作业。

（6）对失效零件修复的成本低、周期短、生产效率高。

缺点是喷涂层结合强度有限，喷涂前工件表面需经毛糙处理，会降低零件的强度和刚度；而且多孔组织也易发生腐蚀；不宜用于窄小零件表面和受冲击载荷的零件修复。

电弧喷涂的最高温度为 6649℃，等离子喷涂与喷焊的最高温度为 11093℃，可见对快速加热和提高粒子速度来说，等离子喷涂与喷焊最佳，电弧喷涂次之，氧乙炔火焰喷涂与喷焊最差。但由于电弧喷涂和等离子喷涂与喷焊都需要专用的成套设备，成本高，而氧乙炔火焰喷涂与喷焊具有设备投资少、成本低、工艺简便等优点，因此氧乙炔火焰喷涂与喷焊技术的应用最为广泛。

### 4.4.2　热喷涂在设备维修中的应用

热喷涂技术在机械设备维修中应用广泛。对于大型复杂的零件，如机床主轴、曲轴、凸轮轴轴颈、电动机转子轴，以及机床导轨和溜板等，采用热喷涂修复其磨损的尺寸，既不产生变形又延长使用寿命；大型铸件的缺陷，采用热喷涂进行修复，加工后其强度和耐磨性可接近原有性能；在轴承上喷合金层，可代替铸造的轴承合金层；在导轨上用氧乙炔火焰喷涂一层工程塑料，可提高导轨的耐磨性和减摩性；还可以根据需要喷制防护层等，例如，Zn、Al 或 Zn-Al 合金是用于钢铁最多的涂层。由于防腐效果是靠牺牲阳极自身来实现的，故防腐蚀寿命由喷涂层的厚度决定。不过，暴露试验证明，由于表面氧化膜的生成，Zn、Al 的溶解速度是十分缓慢的。

### 4.4.3　氧乙炔火焰喷涂和喷焊

在设备维修中最常用的就是氧乙炔火焰喷涂和喷焊。氧乙炔火焰喷涂时使用氧气与乙炔比例约为 1：1 的中性焰，温度约 3100℃，其设备与一般的气焊设备大体相似，主要包括喷枪、氧气和乙炔供给装置以及辅助装置等。

喷枪是热喷涂的主要工具，目前国产喷枪分为中小型和大型两种规格。中小型喷枪主要用于中小型和精密零件的喷涂和喷焊，适应性强。大型喷枪主要用于对大型零件的喷焊，生产效率高。中小型喷枪的结构基本上是在气焊枪结构上加一套送粉装置，大型喷枪是在枪内设置了专门的送粉通道。喷枪的主要型号有 QSH-4、SPH-E 等。

供氧一般采用瓶装氧气，乙炔最好也选用瓶装乙炔。例如，使用乙炔发生器，以产气量为 $3m^3/h$ 的中压型为宜。

辅助装置包括喷涂机床、保温炉、烘箱、喷砂机、电火花拉毛机等。

喷涂材料绝大多数采用粉末，此外还可使用丝材。喷涂粉末分为结合层粉末和工作层粉末两类。结合层粉末目前多为镍铝复合粉，有镍包铝、铝包镍两种。工作层粉末主要有镍基、铁基和铜基三大类。常见喷涂粉末的牌号和性能见表 4-9。近年来还研制了一次性喷涂粉末，并有两层粉末的特性，使喷涂工艺简化。

表 4-9　　　　　　　　　　国产喷涂粉末的性能及用途

| 类别 | 牌号 | 化学成分/% | | | | | | | 硬度 HBW | 应用范围 |
|---|---|---|---|---|---|---|---|---|---|---|
| | | $w_{Cr}$ | $w_{Si}$ | $w_{B}$ | $w_{Al}$ | $w_{Sn}$ | $w_{Ni}$ | $w_{Fe}$ | $w_{Cu}$ | | |
| 镍基 | 粉 111 | 15 | — | — | — | — | 其余 | 7.0 | — | 150 | 加工性好，用于轴承座、轴类、活塞套类表面 |
| | 粉 112 | 15 | 1.0 | — | 4.0 | — | 其余 | 7.0 | — | 200 | 耐腐蚀性好，用于轴承表面、泵、轴 |
| | 粉 113 | 10 | 2.5 | 1.5 | — | — | 其余 | 5.0 | — | 250 | 耐磨性好，用于机床主轴、凸轮表面等 |
| 铁基 | 粉 313 | 15 | 1.0 | 1.5 | — | — | — | 其余 | — | 250 | 涂层致密，用于轴类保护涂层、柱塞、机壳表面 |
| | 粉 314 | 18 | 1.0 | 1.5 | — | — | 9 | 其余 | — | 250 | 耐磨性较好，用于轴类 |
| 铜基 | 粉 411 | — | — | — | 10 | — | 5 | — | 其余 | 150 | 易加工，用于轴承、机床导轨等 |
| | 粉 412 | — | — | — | — | 10 | — | — | 其余 | 120 | 易加工，用于轴承、机床导轨等 |
| 结合层粉末 | 粉 511 | — | — | — | 20 | — | 其余 | — | — | 137 | 具有自粘接作用，用于打底层 |
| | 粉 512 | — | 2.0 | — | 8 | — | 其余 | — | — | | 具有自粘接作用，用于打底层 |

喷涂粉末的选用应根据工件的使用条件和失效形式、粉末特性等来考虑。对于薄涂层工件可只喷结合层粉末即可，对于厚涂层工件则应先喷结合层粉末，然后再喷工作层粉末。

### 1．氧乙炔火焰喷涂

氧乙炔火焰喷涂工艺如下。

（1）喷前准备

喷前准备包括工件清洗、表面预加工、表面粗化和预热等工序。

① 工件清洗。清洗的主要对象是工件待喷区域及其附近表面的油污、锈蚀和氧化皮层。

② 表面预加工。表面预加工的目的是去除工件表面的疲劳层、渗碳硬化层、镀层和表面损伤，修整不均匀的磨损表面和预留涂层厚度，预加工量主要由所需涂层厚度决定。预加工时，应注意保证过渡圆角的平滑过渡。表面预加工的常用方法有车削和磨削等。

③ 表面粗化。表面粗化是将待喷表面粗化处理，以提高喷涂层与基体的结合强度。常用的方法有喷砂和电火花拉毛等，另外还可以采用机械加工法，包括车削、磨削、滚花等。采用车削的粗化处理，通常是加工出螺距为 0.3～0.7 mm，深 0.3～0.5 mm 的螺纹。

④ 预热。预热的目的是除去表面吸附的水分，减少冷却时的收缩应力和提高结合强度。可直接用喷枪以微碳化焰进行预热，预热温度以不超过 200℃为宜。

（2）喷涂结合层

对预处理后的工件应立即喷涂结合层，喷涂结合层可提高工作层与工件之间的结合强度。在工件较薄、喷砂处理易变形的情况下，尤为适用。

结合层的厚度一般为 0.10～0.15 mm，喷涂距离为 180～200 mm。若厚度太厚，会降低工作层的结合强度，并造成喷涂工作层厚度减少，且经济性也不好。

（3）喷涂工作层

结合层喷好后应立即喷工作层。喷涂层的质量主要取决于送粉量和喷涂距离。送粉量应适中，过大会使涂层内生粉增多而降低涂层质量，过小又会降低生产率。喷涂距离以 150～200 mm 为宜，距离太近会使粉末加热时间不足和工件温升过高，距离太远又会使合金粉末到达工件表面时的速度和温度下降。工件表面的线速度为 20～30 m/min。

喷涂过程中应注意粉末的喷射方向要与喷涂表面垂直。

（4）喷涂后处理

喷涂后应注意缓冷。由于喷涂层组织疏松多孔，有些情况下为了防腐可涂上防腐液，一般用油漆、环氧树脂等涂料刷于涂层表面即可。要求耐磨的喷涂层，加工后应放入 200℃的机油中浸泡半小时。

当喷涂层的尺寸精度和表面粗糙度不能满足要求时，可采用车削或磨削的方法对其进行精加工。

## 2．氧乙炔火焰喷焊

氧乙炔火焰喷焊焊料与基体之间的结合主要是原子扩散型冶金结合，结合强度是喷涂结合强度的 10 倍左右，氧乙炔火焰喷焊对工件的热影响介于喷涂与堆焊之间。

（1）氧乙炔火焰喷焊的特点

① 基体不熔化，焊层不被稀释，可保持喷焊合金的原有性能。

② 可根据工件需要得到理想的强化表面。

③ 喷焊层与基体之间结合非常牢固，喷焊层表面光洁，厚度可控制。

④ 设备简单，工艺简便，适应于各种钢、铸铁及铜合金工件的表面强化。

（2）氧乙炔火焰喷焊工艺

氧乙炔火焰喷焊工艺与喷涂大体相似，包括喷前准备、喷粉和重熔、喷焊后处理等。

① 喷前准备。包括工件清洗、表面预加工和预热等几道工序。

表面预加工的目的是除去工件表面的疲劳层、渗碳硬化层、镀层和腐蚀层等，预加工的表面粗糙度值可适当大些。

预热的目的是为了活化喷焊表面，除去表面吸附的水分，改善喷焊层与基体的结合强度。预热的温度比喷涂的要高，但也不宜过高，以免使基体金属氧化。一般碳钢工件的预热温度为250℃，淬火倾向大的钢材为 300℃左右。预热火焰宜用微碳化焰，预热后最好立即在工件表面喷一层0.1 mm 厚的合金粉，这样可有效防止氧化。

② 喷粉和重熔。喷焊时喷粉和重熔紧密衔接，按操作顺序分为一步法和二步法两种。

一步法就是喷粉和重熔一步完成的操作方法；二步法就是喷粉和重熔分两步进行（即先喷后熔）。一步法适用于小零件，或零件虽大，但需喷焊的面积小的场合。二步法适用于回转件（如轴类）和大面积的喷焊，易实现机械化作业，生产效率高。

③ 喷焊后处理。为了避免工件喷焊后产生变形和裂纹，应根据具体情况采用不同的冷却措施。一般要求的工件喷焊后，放入石棉灰中缓冷，要求高的工件可放入 750～800℃的炉中随炉冷却。

## 3．应用实例

例 4-5　某生产设备在工作过程中，由于其主轴轴颈（轴两端 200 mm×150 mm）产生严重磨损及烧伤，轴颈单边磨损深度达 0.5 mm 以上，须更换新轴或修复已磨损的轴。而换新轴不仅费用高，且制造及安装周期长，现决定采用热喷涂工艺修复该主轴。修复工艺过程如下。

（1）涂层设计

① 涂层材料的选择。在选择喷涂材料时，应考虑工件的工况、喷涂方法及修复成本，还应考虑涂层厚度。涂层越厚，涂层内应力就越大，因此涂层产生开裂与脱落的倾向就越大。在涂层设计时，除考虑工作涂层的性能外，还需要考虑涂层与基体金属的结合强度。一般需在工作涂层与基体之间施加一层结合底层。目前常用的底层材料主要有镍铝复合粉（或丝）。

② 涂层厚度的确定。涂层厚度包括结合底层厚度和工作层厚度，底层厚度为 0.10 mm 左右。喷涂时涂层厚度可直接通过测量控制，此时考虑基体金属与涂层的热膨胀。

（2）喷涂工艺

喷涂工艺包括表面预处理、预热、喷涂等部分。

① 表面预处理。

（a）清除油污。用汽油、丙酮等清除待修复表面的油污。

（b）探伤检查。用着色法检查轴颈表面是否有疲劳裂纹或其他缺陷。

（c）校调。在车床上对主轴进行校调，检查两轴颈的尺寸及磨损情况，并检查各轴颈的形状精度及位置精度。纠正其形状和位置误差。

（d）车削除去疲劳层。当车削除去疲劳层后单边涂层厚度不足 0.6 mm 时，单边继续车削到 0.6 mm，以保证涂层有足够的强度。

（e）用铜皮遮盖不需要喷涂的部分。

（f）粗化处理。粗化处理采用车螺纹加镍拉毛的方式，以进一步提高涂层与基体的结合强度，车螺纹时螺距 0.8 mm，深 0.3 mm，车刀尖角 90°，尖角圆弧弦长 1 mm。

② 预热。

主轴喷涂部位采用氧乙炔中性焰预热，预热温度控制在 100℃左右。

③ 喷涂。

（a）喷涂底层涂层材料（NiAl）。喷涂底层材料，其厚度约 0.1 mm，并用钢丝刷除去表面浮灰粉。

（b）喷涂工作层（2Cr13）。喷涂工作层时，每次只能喷涂 0.3 mm 左右，下次喷涂前必须用钢丝刷除去表面浮灰粉，最终喷涂后轴颈的尺寸为轴颈工作尺寸、加工余量及热膨胀量的三者之和，即 $\phi$201.45 mm 左右。喷涂时工艺参数选择：氧气压力为 0.6 MPa，乙炔压力为 0.09 MPa，压缩空气压力为 0.5 MPa，工件线速度为 0.417 m/s，喷枪移动速度 5～7 mm/r，喷涂距离为 120 mm 左右。

（3）喷涂后处理

① 涂层冷却。喷涂结束后，涂层可采用空冷，在空冷过程中，主轴需继续转动直到涂层冷却到室温为止，以防止轴产生弯曲现象。

② 涂层加工工艺。由于主轴轴颈的加工技术要求高，原设计尺寸精度为 $\phi$200js6，表面粗糙度 Ra 0.40 μm，加之涂层本身的加工特性，宜采用磨削加工至要求。

### 4.4.4　电弧喷涂

电弧喷涂技术由于生产率较高，涂层厚度也较大（可达 1～3 mm），目前在热喷涂技术中应用也非常广泛。

电弧喷涂是以电弧为热源，将金属丝熔化并用高速气流使其雾化，使熔融金属粒子高速喷到工件表面而形成喷涂层的一种工艺方法。图 4-15 所示为电弧喷涂工作原理示意图。

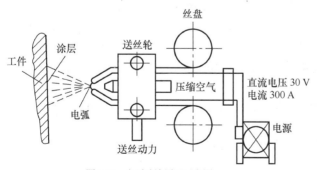

热喷涂修复零件

图 4-15　电弧喷涂原理示意图

喷涂时，两根彼此绝缘的金属丝用送丝装置通过送丝轮匀速地分别送进电弧喷涂枪中的导电嘴内，导电嘴分别接电源的正、负极。当两根金属丝端部相互接触时，在端部之间短路并产生电弧，使金属丝瞬间受热熔化，压缩空气把熔融金属雾化成微熔滴，并以高速喷射到工件表面，在工件表面堆积成电弧喷涂层。

电弧喷涂主要用于修复各种外圆表面，如各种曲轴的轴颈表面等。内圆表面和平面也可使用电弧喷涂。

**例 4-6** 利用电弧喷涂技术对轴颈表面有划痕的某发动机曲轴进行修复，其修复工艺过程如下。

（1）喷涂前准备

待喷涂曲轴的清洗、检查、磨削方法与前述堆焊法相同。为了使喷涂层与基体获得良好的结合，首先对待修复轴颈进行喷砂粗化处理，喷砂工艺参数为：喷砂压力取 0.65 MPa，喷砂角度 85°，喷砂距离为 180～200 mm。然后堵塞油孔并用铜皮对所要喷涂轴颈的邻近轴颈进行遮蔽保护。选用合适的电弧喷涂设备。

（2）喷涂

① 喷涂结合层。先用镍铝复合丝喷涂打底层，然后选用 $\phi 2$ mm 的 3Cr13 喷涂丝进行电弧喷涂，喷涂工艺参数为：电压 38～40 V，电流 110～130 A，压缩空气压力 0.65 MPa。为获得致密的涂层，在喷涂时要连续喷涂，中间不应有较长时间的停顿，否则会影响结合强度。喷涂厚度一般以留出 0.8～1 mm 的加工余量为宜。

② 喷涂工作层。根据曲轴的实际工况条件及喷漆材料的特性，选用既耐腐蚀又具有良好耐磨性的铝青铜为涂层制备材料，经过喷涂、喷涂表面的预热与涂层的制备和涂层的后期处理等工序，曲轴修复所需费用不及更换新曲轴费用的一半。

（3）喷涂后处理

喷涂后要检查喷涂层与轴颈基体是否结合紧密，如不够紧密，则除掉涂层重喷。如检查合格，可对曲轴进行磨削加工。磨削进给量以 0.05～0.10 mm 为宜。磨削后，用砂条对油道孔研磨，经清洗后将其浸入 80～100℃的润滑油中煮 8～10 h，待润滑油充分渗入涂层后，即可装配使用。

高速电弧喷涂技术是在传统电弧喷涂的基础上，采用气体动力学原理优化设计喷枪结构，通过产生高速气体射流强烈雾化和加速熔化粒子，形成高度致密喷涂层的新型电弧喷涂技术。高速电弧喷涂技术广泛应用于防腐、修复和机械产品再制造等领域，可用于船舶、桥梁、矿井支架和设备、锅炉管道的防腐处理，热轧辊柱塞、造纸、烘缸、模具修复，机械制造中零件尺寸超差的恢复、零件表面强化、零件的特殊制备以及模具的快速制造，可部分取代电镀工艺等。如大功率柴油机连杆轴颈严重拉伤时，选用铝青铜为底层，3Cr13 为工作层，对曲轴进行修复，并经机械加工达到规定的尺寸精度，使用效果良好。与普通电弧喷涂、火焰喷涂相比，高速电弧喷涂具有以下特点。

（1）涂层的结合强度显著提高。喷涂不锈钢丝时，其涂层与基体的结合强度高达 50MPa。普通电弧喷涂结合强度一般为 20MPa～40MPa，一般火焰喷涂的结合强度小于 20MPa。

（2）涂层的孔隙率低。普通电弧喷涂的孔隙率为 8%～15%，火焰喷涂的孔隙率一般大于 6%，而高速电弧喷涂的孔隙率仅为 2%～3%。

（3）粒子速度提高，雾化效果明显改善。高速电弧喷涂时其雾化粒子直径一般为 15μm（不锈钢），比常规电弧喷涂的粒子直径（一般为 20μm～40μm）小很多。

（4）涂层的内部组织均匀致密，表面粗糙度低。由于采用高速气流雾化，产生了高温、高速、均匀细小的喷涂粒子，所以沉积到基体表面上形成的涂层致密、均匀。

### 4.4.5 激光熔覆表面处理技术

激光熔覆技术是 20 世纪 70 年代随着大功率激光器的发展而兴起的一种表面强化技术，激光熔敷表面技术是在激光束作用下将合金粉末或陶瓷粉末与基体表面迅速加热并熔化，光束移开后自激冷却形成稀释率极低、与基体材料呈冶金结合的表面涂层，从而显著改善基体表面耐磨、耐蚀、耐热、抗氧化及电气特性等的一种表面强化方法。

以激光熔覆技术为基础，加上现代先进制造、快速成形等技术理念，则发展成为激光再制造技术。它是以金属粉末为材料，在具有零件原型的 CAD/CAM 软件支持下，CNC（计算机数控）控制激光头、送粉嘴和机床按指定空间轨迹运动，光束与粉末同步输送，形成 1 支金属笔，在修复部位逐层熔敷，最后生成与原型零件近形的三维实体，之后对其进行机械加工。

目前激光熔覆用材料与常规热喷涂技术用材料基本一致，多为粉末型的 Ni 基、Fe 基、Co 基、WC、陶瓷等材料，可根据基材性能选用不同的修复材料。激光修复层与基体是冶金结合，层内组织均匀细致，与热喷涂层相比消除了气孔、裂纹、夹渣等缺陷。显然激光修复后显微组织和性能优于热喷涂工艺修复结果。

激光熔覆具有以下优点：① 现场施工工期短；② 能保证轴颈原设计尺寸；③ 熔覆层结合强度高，耐磨性好；④ 适合于深沟槽和大面积严重损伤缺陷修复，质量可靠；⑤ 随行车现场机加工，加工后精度高，表面质量好。

同时激光熔覆也具有以下缺点：① 设备现场安装调试复杂；② 必须在连续盘车状态下进行熔覆加工。

激光熔覆的应用主要在两个方面，即耐腐蚀（包括耐高温腐蚀）和耐磨损，应用的范围很广泛，例如内燃机的阀门和阀座的密封面，水、气或蒸汽分离器的激光熔覆等。

同时提高材料的耐磨性和耐腐蚀性，可以采用 Co 基合金（如 Co-Cr-Mo-Si 系）进行激光熔覆。基体中物相成分范围中 Co3Mo2Si 硬质金属间相的存在可保证耐磨性能，而 Cr 则提供了耐腐蚀性。

# 任务 5　电镀修复法

电镀是利用电解的方法，使金属或合金沉积在零件表面上形成金属镀层的工艺方法。电镀修复法不仅可以用于修复失效零件的尺寸，而且可以提高零件表面的耐磨性、硬度和耐腐蚀性以及其他用途。因此，电镀是修复机械零件的最有效方法之一，在机械设备维修领域中应用非常广泛。目前常用的电镀修复法有镀铬、镀铁和电刷镀技术等。

## 4.5.1　镀铬

### 1．镀铬层的特点

镀铬层的特点是：硬度高（800～1000 HV，高于渗碳钢、渗氮钢），摩擦系数小（为钢和铸铁的 50%），耐磨性高（高于无镀铬层的 2～50 倍），热导率比钢和铸铁约高 40%；具有较高的化学稳定性，能长时间保持光泽，耐腐蚀性强；镀铬层与基体金属有很高的结合强度。镀铬层的主要缺点是性脆，它只能承受均匀分布的载荷，受冲击易破裂。而且随着镀层厚度增加，镀层强度、疲劳强度也随之降低。镀铬层可分为平滑镀铬层和多孔性镀铬层两类。平滑镀铬层具有很高的密实性和较高的反射能力，但其表面不易存储润滑油，一般用于修复无相对运动的配合零件尺寸，如锻模、冲压模、测量工具等。而多孔性镀铬层的表面形成无数网状沟纹和点状孔隙，能储存足够的润滑油以改善摩擦条件，可修复具有相对运动的各种零件尺寸，如比压大、温度高、滑动速度大和润滑不充分的零件及切削机床的主轴、镗杆等。

### 2．镀铬层的应用范围

镀铬层应用广泛，可用来修复零件尺寸和强化零件表面，例如，补偿零件磨损失去的尺寸。但是，补偿尺寸不宜过大，通常镀铬层厚度控制在 0.3 mm 以内为宜。镀铬层还可用来装饰和防护表面。许多钢制品表面镀铬，既可装饰又可防腐蚀。此时镀铬层的厚度通常很小（几微米）。但是，在镀防腐装饰性铬层之前应先镀铜或镍作底层。

此外，镀铬层还有其他用途。例如，在塑料和橡胶制品的压模上镀铬，改善模具的脱模性能等。

### 3. 镀铬工艺

镀铬的一般工艺过程如下。

（1）镀前表面处理

① 机械准备加工。为了得到正确的几何形状和消除表面缺陷并达到表面粗糙度要求，工件要进行准备加工和消除锈蚀，以获得均匀的镀层。例如，对机床主轴，镀前一般要加以磨削。

② 绝缘处理。不需镀覆的表面要做绝缘处理。通常先刷绝缘性清漆，再包扎乙烯塑胶带，工件的孔眼则用铅堵牢。

③ 除去油脂和氧化膜。可用有机溶剂、碱溶液等将工件表面清洗干净，然后进行弱酸蚀，以清除工件表面上的氧化膜，使表面显露出金属的结晶组织，增强镀层与基体金属的结合强度。

（2）施镀

装上挂具吊入镀槽进行电镀，根据镀铬层种类和要求选定电镀规范，按时间控制镀层厚度。设备修理中常用的电解液成分是 $CrO_3$ 150～250 g/L；$H_2SO_4$ 0.75～2.5 g/L。工作温度（温差±1℃）为 55～60℃。

（3）镀后检查和处理

镀后检查镀层质量，观察镀层表面是否镀满及色泽是否符合要求，测量镀层的厚度和均匀性。如果镀层厚度不合要求，可重新补镀。如果镀层有起泡、剥落、色泽不符合要求等缺陷时，可用 10%盐酸化学溶解或用阳极腐蚀法去除原镀铬层，重新镀铬。

对镀铬厚度超过 0.1 mm 的较重要零件应进行热处理，以提高镀层的韧性和结合强度。一般温度采用 180～250℃，时间是 2～3 h，在热的矿物油或空气中进行。最后根据零件技术要求进行磨削加工，必要时进行抛光。镀层薄时，可直接镀到尺寸要求。

此外，除应用镀铬的一般工艺外，目前还采用了一些新的镀铬工艺，如快速镀铬、无槽镀铬、喷流镀铬、三价铬镀铬、快速自调镀铬等。

### 4. 电镀溶液基本成分

电镀溶液有固定的成分和含量要求，使之达到一定的化学平衡，具有所要求的电化学性能，才能获得良好的镀层。通常镀液由如下成分构成。

（1）主盐

主盐为沉积金属的盐类，有单盐，如硫酸铜、硫酸镍等；有络盐，如锌酸钠、氰锌酸钠等。

（2）配合剂

配合剂与沉积金属离子形成配合物，改变镀液的电化学性质和金属离子沉积的过程，对镀层质量有很大影响，是镀液的重要成分。常用配合剂有氰化物、氢氧化物、焦磷酸盐、酒石酸盐、氨三乙酸、柠檬酸等。

（3）导电盐

其作用是提高镀液的导电能力，降低槽端电压，提高工艺电流密度。例如，镀镍液中加入硫酸钠。导电盐不参加电极反应，酸或碱类也可以作为导电物质。

（4）缓冲剂

在弱酸或弱碱性镀液中，pH 值是重要的工艺参量。加入缓冲剂（例如，氯化钾镀锌溶液中的硼酸），使镀液具有自行调节 pH 值的能力，以便在施镀过程中保持 pH 值稳定。缓冲剂要有足够量才有较好的效果，一般加入 30～40 g/L。

（5）活化剂

在电镀过程中金属离子被不断消耗，多数镀液依靠可溶性阳极来补充，使金属的阴极析出量与阳极溶解量相等，保持镀液成分平衡。加入活化剂能维持阳极活性状态，不会发生钝化，保持正常溶解反应。例如，镀镍液中必须加入氯离子，以防止镍阳极钝化。

（6）镀液稳定剂

许多金属盐容易发生水解，而许多金属的氢氧化物是不溶性的。生成金属的氢氧化物沉淀，使溶液中的金属离子大量减少，电镀过程电流无法增大，镀层容易烧焦。

（7）特殊添加剂

为改善镀液性能和提高镀层质量，常需要加入某种特殊添加剂。其加入量较少，一般每升只有几克，但效果显著。这类添加剂种类繁多，按其作用分别如下。

① 光亮剂——可提高镀层的光亮度。

② 晶粒细化剂——能改变镀层的结晶状况，细化晶粒，使镀层致密。例如，锌酸盐镀锌液中，添加环氧氯丙烷与胺类的缩合物之类的添加剂，镀层就可以从海绵状变得致密而光亮。

③ 整平剂——可改善镀液微观分散能力，使基体显微粗糙变平整。

④ 润滑剂——可以减低金属与溶液的界面张力，使镀层与基体更好地附着，减少针孔。

⑤ 应力消除剂——可降低镀层应力。

⑥ 镀层硬化剂——可提高镀层硬度。

⑦ 掩蔽剂——可消除微量杂质的影响。

以上添加剂应按要求选择应用，有的添加剂兼有几种作用。这些添加剂主要是有机化合物，无机化合物也配合使用。

## 4.5.2 镀铁

按照电解液的温度不同分为高温镀铁和低温镀铁。电解液的温度在90℃以上的镀铁工艺，称为高温镀铁。所获得的镀层硬度不高，且与基体结合不可靠。在50℃以下至室温的电解液中镀铁的工艺，称为低温镀铁。

目前一般均采用低温镀铁。它具有可控制镀层硬度（30～65HRC）、提高耐磨性、沉积速度快（0.60～1 mm/h）、镀铁层厚度可达2 mm、成本低、污染小等优点，因而是一种很有发展前途的修复工艺。

镀铁层可用于修复在有润滑的一般机械磨损条件下工作的动配合副的磨损表面以及静配合副的磨损表面，以恢复尺寸。但是，镀铁层不宜用于修复在高温或腐蚀环境、承受较大冲击载荷、干摩擦或磨料磨损条件下工作的零件。镀铁层还可用于补救零件加工尺寸的超差。

当磨损量较大，又需耐腐蚀时，可用镀铁层作底层或中间层补偿磨损的尺寸，然后再镀耐腐蚀性好的镀层。

## 4.5.3 局部电镀

在设备大修理过程中，经常遇到大的壳体轴承松动现象。如果采用镗孔扩大孔径后镶套的方法，费时费工；用轴承外环镀铬的方法，则给以后更换轴承带来麻烦。

若在现场利用零件建立一个临时电镀槽进行局部电镀，即可直接修复孔的尺寸，如图4-16所示。对于长大的轴类零件，也可采用局部电镀法直接修复轴上的局部轴颈尺寸。

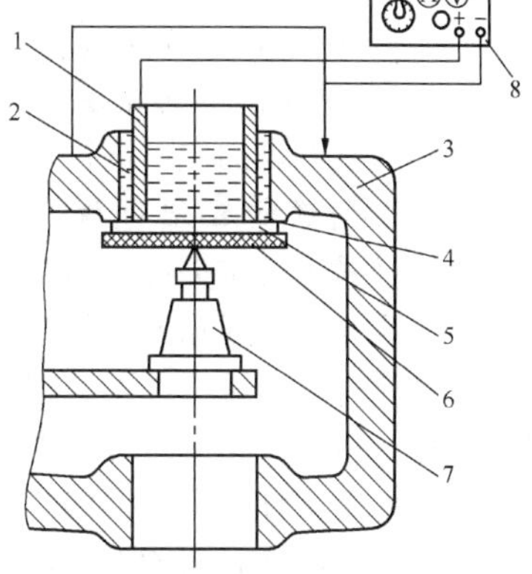

## 4.5.4 电刷镀

电刷镀是在镀槽电镀基础上发展起来的新技术，在20世纪80年代初获得了迅速发展。过去用过很多名称，如涂

图4-16 局部电镀槽的构成

1—纯镍阳极空心圈；2—电解液；3—被镀箱体；
4—聚氯乙烯薄膜；5—泡沫塑料；6—层压板车；
7—千斤顶；8—电源设备

镀、快速笔涂、刷镀、无槽电镀等，现按国家标准称为电刷镀。电刷镀是依靠一个与阳极接触的垫或刷提供电镀需要的电解液的电镀方法。电镀时，垫或刷在被镀的工件（阴极）上移动而得到需要的镀层。

### 1. 电刷镀的工作原理

图4-17所示为电刷镀的工作原理示意图。电刷镀时工件与专用直流电源的负极连接，刷镀笔与电源正极连接。刷镀笔上的阳极包裹着棉花和棉纱布，蘸上刷镀专用的电解液，与工件待镀表面接触并做相对运动。接通电源后，电解液中的金属离子在电场作用下向工件表面迁移，从工件表面获得电子后还原成金属离子，结晶沉积在工件表面上形成金属镀层。随着时间延长，镀层逐渐增厚，直至达到所需要的厚度。镀液可不断地蘸用，也可用注液管、液压泵不断地滴入。

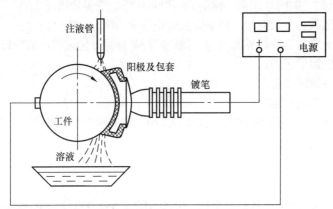

电刷镀修复法

图4-17 电刷镀工作原理示意图

### 2. 电刷镀技术的特点

（1）设备简单，工艺灵活，操作简便。工件尺寸形状不受限制，尤其是可以在现场不解体即可进行修复，凡镀笔可触及的表面，不论盲孔、深孔、键槽均可修复，给设备维修或机加工超差件的修旧利废带来极大的方便。

（2）结合强度高，比槽镀高，比喷涂更高。

（3）沉积速度快，一般为槽镀的5～50倍，辅助时间少，生产效率高。

（4）工件加热温度低，通常小于70℃，不会引起变形和金相组织变化。

（5）镀层厚度可精确控制，镀后一般不需机械加工，可直接使用。

（6）操作安全，对环境污染小，不含有毒物质，储运无防火要求。

（7）适应材料广，常用金属材料基本上都可用电刷镀修复。

焊接层、喷涂层、镀铬层等的返修也可应用电刷镀技术。淬火层、氮化层不必进行软化处理，不用破坏原工件表面便可进行电刷镀。

### 3. 电刷镀的应用范围

电刷镀技术近年来推广很快，在设备维修领域其应用范围主要有以下七个方面。

（1）恢复磨损或超差零件的名义尺寸和几何形状。尤其适用于精密结构或一般结构的精密部分及大型零件、贵重零件不慎超差，引进设备特殊零件等的修复。常用于滚动轴承、滑动轴承及其配合面、键槽及花键、各种密封配合表面、主轴、曲轴、油缸、各种机体、模具等。

（2）修复零件的局部损伤。例如，划伤、凹坑、腐蚀等，修补槽镀缺陷。

（3）改善零件表面的性能。例如，提高耐磨性、作新件防护层、氧化处理、改善钎焊性、防渗碳、防氮化，作其他工艺的过渡层（如喷涂、高合金钢槽镀等）。

（4）修复电气元件。例如，印制电路板、触点、接头、开关及微电子元件等。

（5）用于去除零件表面部分金属层。例如，刻字、去毛刺、动平衡去重等。

（6）通常槽镀难以完成的项目，如盲孔、超大件、难拆难运件等。

（7）对文物和装饰品进行维修或装饰。

**4. 电刷镀溶液**

电刷镀溶液根据用途分为表面准备溶液、沉积金属溶液、去除金属用的溶液和特殊用途溶液，常用的表面准备溶液的性能和用途见表 4-10，常用电刷镀溶液的性能和用途见表 4-11。

表 4-10　　　　　　　　　　　**常用的表面准备溶液的性能和用途**

| 名称 | 代号 | 主要性能 | 适用范围 |
| --- | --- | --- | --- |
| 电净液 | SGY-1 | 无色透明，pH=12～13，碱性，有较强的去污能力和轻度的去锈能力，腐蚀性小，可长期存放 | 用于各种金属表面的电化学除油 |
| 1 号活化液 | SHY-1 | 无色透明，pH=0.8～1，酸性，有去除金属氧化膜作用，对基体金属腐蚀小，作用温和 | 用于不锈钢、高碳钢、铬镍合金、铸铁等的活化处理 |
| 2 号活化液 | SHY-2 | 无色透明，pH=0.6～0.8，酸性，有良好导电性，去除金属氧化物和铁锈能力较强 | 用于中碳钢、中碳合金钢、高碳合金钢、铝及铝合金、灰铸铁、不锈钢等的活化处理 |
| 3 号活化液 | SHY-3 | 浅绿色透明，pH=4.5～5.5，酸性，导电性较差。对用其他活化液活化后残留的石墨或碳墨具有强的去除能力 | 用于去除经 1 号活化液或 2 号活化液活化的碳钢、铸铁等表面残留的石墨（或碳墨）或不锈钢表面的污物 |

表 4-11　　　　　　　　　　　**常用电刷镀溶液的性能和用途**

| 名称 | 代号 | 主要性能 | 适用范围 |
| --- | --- | --- | --- |
| 特殊镍 | SDY101 | 深绿色，pH=0.9～1，镀层致密，耐磨性好，与大多数金属都具有良好的结合强度 | 用于铸铁、合金钢、镍、铬及铜、铝等的过渡层和耐磨表面层 |
| 快速镍 | SDY102 | 蓝绿色，pH=7.5，沉积速度快，镀层有一定的孔隙和良好的耐磨性 | 用于恢复尺寸和作耐磨层 |
| 低应力镍 | SDY103 | 深绿色，pH=3～3.5，镀层致密孔隙少，具有较大压应力 | 用于组合镀层的"夹心层"和防护层 |
| 镍钨合金 | SDY104 | 深绿色，pH=0.9～1，镀层致密，耐磨性好，与大多数金属都具有良好的结合力 | 用于耐磨工作层，但不能沉积过厚，一般限制在 0.03～0.07 mm |
| 快速铜 | SDY401 | 深蓝色，pH=1.2～1.4，沉积速度快，但不能直接在钢铁零件上刷镀，镀前需用镍打底层 | 用于较厚镀层及恢复尺寸 |
| 碱性铜 | SDY403 | 紫色，pH=9～10，镀层致密，在铝、钢、铁等金属上具有良好的结合强度 | 用于过渡层和改善表面性能，如改善钎焊性、防渗碳、防氮化等 |

**5. 电刷镀设备**

电刷镀设备主要由专用直流电源、镀笔及供液、集液装置等组成。

（1）专用直流电源

电刷镀专用直流电源不同于其他种类电镀使用的电源，由整流电路、正负极性转换装置、过载保护电路及安培计（或镀层厚度计）等几部分组成。目前已研制成功的 SD 型刷镀电源应用广泛，它具有使用可靠、操作方便、精度高等特点。电源的主电路供给无级调节的直流电压和电流，控制线路中具有快速过流保护装置、安培小时计及各种开关仪表等。

① 整流电路。用于提供平稳直流输出，输出电压可无级调节，一般为 0～30 V，输出电流为 0～150 A。

② 正负极性转换装置。用于满足电刷镀过程中各工序的需要，可任意选择阳极或阴极的电解操作。

③ 过载保护电路。在刷镀过程中，当电流超过额定值后，过载保护电路快速切断主电源，以保证电源和零件不会因短路而烧坏。

④ 安培计。用于在动态下计量电刷镀消耗的电量，从而能精确地控制镀层厚度。

（2）镀笔

镀笔是电刷镀的重要工具，主要由阳极、绝缘手柄和散热装置组成，常见结构如图 4-18 所示。

根据需要电刷镀的零件大小与尺度的不同，可以选用不同类型的镀笔。

① 阳极材料。刷镀阳极材料要求具有良好的导电性，能持续通过高的电流密度，不污染镀液，易于加工等。通常使用高纯细结构的石墨、铂-铱合金及不锈钢等不溶性阳极。

② 阳极形状。根据被镀零件的表面形状，阳极可以加工成不同形状，如圆柱、圆棒、月牙、长方、半圆、平板和方条等，其表面积通常为被镀面的1/3。

③ 阳极的包裹。不论采用何种结构形状的阳极，都必须用适当材料进行包裹，形成包套以储存镀液（包括电镀液、酸洗液及脱脂液），过滤阳极表面所溶下的石墨粒子，并防止阳极与被镀件直接接触短路。同时，又对阳极表面腐蚀下来的石墨微粒和其他杂质起过滤作用。常用的阳极包裹材料主要是选用纤维长、层次整齐的医用脱脂棉，涤棉套管材料要求有良好的耐磨性、吸水性，不会污染镀液，可选用涤纶或人造毛材料等。包裹要紧密均匀、可靠，使用时不松脱。包裹时厚度要适当，过厚或太薄都不好，过厚将会使电阻增大，刷镀效率降低；太薄则镀液储存量太少，不利于热的扩散，造成过热，影响镀层质量。最佳包裹厚度要根据不同阳极而定。

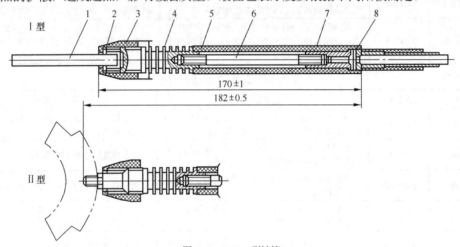

图4-18  SDB-1型镀笔

1—阳极；2—O形密封圈；3—锁紧螺母；4—散热片；5—尼龙手柄；6—导电螺栓；7—尾座；8—电缆插头

④ 绝缘手柄。绝缘手柄套在紫铜导电杆外面，常用塑料或胶木制作。导电杆一头连接散热片，另一头与电源电缆接头连接。

⑤ 散热片。由于刷镀过程中产生大量热量，故镀笔上需要安装散热片。通常散热片选用不锈钢制作，尺寸较大的镀笔亦可选用铝合金制作。

⑥ 镀笔的使用和保养。电刷镀过程中应专笔专用，且不可混用。镀笔和阳极在使用过程中切勿被油脂等污染。阳极包套一旦发现磨穿，应及时更换，以免阴阳两极直接接触发生短路。用毕镀笔，应及时拆下阳极，用水冲洗干净，并按镀种分别存放保管，不能混淆。

（3）供液、集液装置

刷镀时，根据被镀零件的大小，可以采用不同的方式给镀笔供液，如蘸取式、浇淋式和泵液式，关键是要连续供液，以保证金属离子的电沉积能正常进行。流淌下来的溶液一般采用塑料桶、塑料盘等容器收集，以供循环使用。

## 6．电刷镀工艺

刷镀工艺过程如下。

（1）镀前准备

清整工件表面至光洁平整，如脱脂、除锈、去掉飞边和毛刺等。预制键槽和油孔的塞堵。例如，需机械加工时，应在满足修整加工目的的前提下，去掉的金属越少越好（以节省镀液），磨得

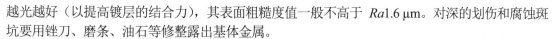

越光越好（以提高镀层的结合力），其表面粗糙度值一般不高于 $Ra1.6\ \mu m$。对深的划伤和腐蚀斑坑要用锉刀、磨条、油石等修整露出基体金属。

（2）电净处理

在上述清理的基础上，还必须用电净液进一步通电处理工件表面。通电使电净液成分离解，形成气泡，撕破工件表面油膜，达到脱脂的目的。

电净时镀件一般接于电源负极，但对疲劳强度要求甚严的工件（如有色金属和易氢脆的超高强度钢），则应接于电源正极，旨在减少氢脆。

电净时的工作电压和时间应根据工件的材质和表面形状而定。电净的标准是，冲水时水膜均匀摊开。

（3）活化处理

电净之后紧接着是活化处理。其实质是除去工件表面的氧化膜、钝化膜或析出的碳元素微粒黑膜，使工件表面露出纯净的金属层，为提高镀层与基体之间的结合力创造条件。

活化时，工件必须接于电源正极，用刷镀笔蘸活化液反复在刷镀表面刷抹。低碳钢处理后，表面应呈均匀银灰色，无花斑。

中碳钢和高碳钢的活化过程是：先用 2 号活化液（SHY-2）活化至表面呈灰黑色，再用 3 号活化液（SHY-3）活化至表面呈均匀银灰色。活化后，工件表面用清水彻底冲洗干净。

（4）镀过渡层

活化处理后，紧接着就刷镀过渡层。过渡层的作用主要是提高镀层与基体的结合强度及稳定性。

常用的过渡层镀液有特殊镍（SDY101）、碱铜（SDY403）或低氢脆性镉镀液。碱铜适用于改善可焊性或需防渗碳、防渗氮，以及需要良好电气性能的工件，碱铜过渡层的厚度限于 0.01～0.05 mm；低氢脆性镉作底层，适用于对氢特别敏感的镀铬层与基体的结合强度，又可避免渗氢变脆的危险。其余一般采用特殊镍作过渡层，为了节约成本，通常只需刷镀 2 $\mu m$ 厚即可。

（5）镀工作层

根据情况选择工作层并刷镀到所需厚度。由于单一金属的镀层随厚度的增加，内应力也增大，结晶变粗，强度降低，因此电刷镀时单一镀层厚度不能过大，否则镀层内残余应力过大可能使镀层产生裂纹或剥离。根据实践经验，单一刷镀层的最大允许厚度列于表 4-12 中，供电刷镀时参考。

表 4-12　　　　　　　　　　　　单一刷镀层的最大允许厚度　　　　　　　　　　　　单位：mm

| 刷镀液种类 | 平面 | 外圆面 | 内孔面 |
|---|---|---|---|
| 特殊镍 | 0.03 | 0.06 | 0.03 |
| 快速镍 | 0.03 | 0.06 | 0.05 |
| 低应力镍 | 0.30 | 0.50 | 0.25 |
| 镍钨合金 | 0.03 | 0.06 | 0.05 |
| 快速铜 | 0.30 | 0.50 | 0.25 |
| 碱性铜 | 0.03 | 0.05 | 0.03 |

当需要刷镀大厚度的镀层时，可采用分层刷镀的方法。这种镀层是由两种乃至多种性能的镀层按照一定的要求组合而成的，因而称为组合镀层。采用组合镀层具有提高生产率，节约贵重金属，提高经济性等效果。但是，组合镀层的最外一层必须是所选用的工作镀层，这样才能满足工件表面要求。

（6）镀后检查和处理

电刷镀后，用自来水彻底清洗干净工件上的残留镀液并用压缩空气吹干或用理发吹风机干燥，检查镀层色泽及有无起皮、脱层等缺陷，测量镀层厚度，需要时送机械加工。若工件不再加工或直接使用，应涂上防锈油或防锈液。

### 7．应用实例

**例4-7** 某一圆周运动的齿轮材料为合金钢，热处理后的硬度为240～285HBW，齿轮中间是一轴承安装孔，孔直径的设计尺寸为$\phi160^{+0.04}_{0}$mm，长55 mm。该零件在使用中经检查发现：孔直径尺寸均匀磨损至$\phi160.08$ mm，并有少量划伤。此时可采用电刷镀工艺修复。其修复工艺过程如下。

（1）镀前准备。用细砂纸打磨损伤表面，在去除毛刺和氧化物后，用有机溶剂彻底清洗待镀表面及镀液流淌的部位，至水膜均匀摊开，然后用清水冲净。

（2）电净处理。将工件夹持在车床卡盘上进行电净处理。工件接负极，选用SDB-l刷型镀笔，电压10 V，工件与镀笔的相对速度为12～18 m/min，时间为10～30 s，镀液流淌部位也应电净处理。电净后用水清洗，刷镀表面应达到完全湿润，不得有挂水现象。

（3）活化处理。用2号活化液，工件接正极，电压10 V，时间为10～30 s，刷镀笔型号同前。活化处理后用清水冲洗零件。

（4）镀层设计。由于孔是安装轴承用的，磨损量较小，对耐磨性要求不高，可采用特殊镍打底，快速镍增补尺寸并作为工作层。为使零件刷镀后免去加工工序，可采用电刷镀方法将孔直径镀到其制造公差的中间值，即$\phi160.02$ mm，此时单边镀层厚度为0.03 mm。用特殊镍镀液，先无电擦拭10～20 s，然后把工件接电源负极，电压10 V，工件与镀笔的相对速度为12～18 m/min。

（5）镀过渡层。用特殊镍镀液，先无电擦拭5～8s，然后把工件接电源负极，电压10 V，工件与镀笔的相对速度为12～20 m/min，镀层厚度为1～2 μm。

（6）镀工作层。刷镀过渡层后，迅速刷镀快速镍，直至所要求的尺寸。

（7）镀后检查和处理。用清水冲洗干净，干燥后，测量检查刷镀后孔径尺寸、孔表面是否光滑，合格后涂防锈液。

### 4.5.5 纳米复合电刷镀

复合电镀是在电镀溶液中加入适量的金属或非金属化合物的固态微粒，并使其与金属原子一起均匀地沉积，形成具有某些特殊性能电镀层的一种电镀技术。

复合电镀工艺与槽镀大体相同，不同之处主要在于复合电镀液的制备和电镀规范上。

复合电镀层具有优良的耐磨性，因此应用很广泛。加有减摩性微粒（尼龙）的复合层具有良好的减摩性，摩擦系数低，已用于修复和强化设备零件上。例如，修复发动机气门、摇臂轴、活塞等零件的磨损表面。

### 1．纳米复合电刷镀技术

复合电刷镀技术是通过在单金属镀液或合金镀液中添加固体颗粒，使基质金属和固体颗粒共沉积获得复合镀层的一种工艺方法。根据复合镀层基质金属和固体颗粒的不同，可以制备出具有高硬度、高耐磨性和良好的自润滑性、耐热性、耐蚀性等功能特性的复合镀层。纳米颗粒的加入会给镀层带来很多优异的性能。纳米复合电刷镀技术是表面处理新技术，它是纳米材料与复合电刷镀技术的结合，不但保持了原有电刷镀的特点，而且还拓宽了电刷镀技术的应用范围，获得更广、更好、更强的应用效果。近几年国内如张伟、徐滨士等人研制了含纳米粉末的电刷镀复合镀层，可有效改善镀层的生长，减少内应力，提高镀层的显微硬度，含纳米金刚石粉的复合镀层在高温、高负荷下具有优良的抗磨损性能，其耐磨性是纯镍镀层的4倍。清华大学研制的$Co\text{-}Cr_2O_3$电刷镀复合镀层具有较好的硬度，其磨损量比3Cr2W8V模具钢低一半多，可使连杆锻模寿命提高61%。成都飞机公司研制的Ni-SiC电镀复合镀层具有优良的耐蚀抗磨性能。蒋斌等人通过研究

制备 $n\text{-}Al_2O_3/Ni$ 复合刷镀层，发现当 $n\text{-}Al_2O_3$ 的含量小于 30 g/L 时，镀层的硬度与 $n\text{-}Al_2O_3$ 含量成正比；当 $n\text{-}Al_2O_3$ 含量超过 30 g/L 时，二者成反比；对 $n\text{-}Al_2O_3/Ni$、$n\text{-}SiO_2$ 和 $n\text{-}ZrO_2/Ni$ 纳米复合刷镀层在不同的试验温度下研究表明，当温度超过 400℃，摩擦系数较同温度下的纯镍镀层高。Lidia Benea 等人通过电化学腐蚀和疲劳腐蚀测试，得出纳米 SiC-Ni 复合刷镀层比纯 Ni 镀层有更加优越的耐腐蚀性。美国 Amerpfous Tectmofogies 国际公司制备的纳米复合刷镀层，具有优异的耐磨性和耐蚀性。日本的 Mazda 汽车公司在发动机增压器转子上组装形状复杂、耐磨和质量轻的 Al-SiAI/SiCp MMC 纳米刷镀层。M. Gell 在喷气涡轮发动机应用的文章中预言了纳米复合刷镀层极有希望成为下一代高性能结构刷镀层。

利用纳米复合电刷镀技术可以有效降低零件表面的摩擦系数，提高零件表面的耐磨性和高温耐磨性，提高零件表面的抗疲劳性能，实现零件的再制造并改善提升表面性能。纳米复合电刷镀技术适用于对轴类件、叶片、大型模具等损伤部位进行高性能材料修复，缸套、活塞环槽、齿轮、机床导轨、溜板、工作台、尾座等零件的表面硬度提高，轧辊、电厂风机转子等零件的表面强化，赋予零件耐磨、耐腐蚀、耐高温等性能，并提高其尺寸、形状和位置精度等。

### 2．纳米复合电刷镀液的配制

纳米复合电刷镀液的主要配方包括：硫酸镍、柠檬酸铵、醋酸铵、草酸铵、氨水、表面活性剂、分散剂、纳米粉末等成分。

（1）首先将纳米粉末与少量快速镍镀液混合、搅拌，使纳米粉末充分润湿。

（2）将复合刷镀液与已加入表面活性剂的快速镍镀液相混合，添加至规定体积。

（3）复合刷镀液配制完后置于超声设备中超声分散 1 h 后待用。

### 3．影响刷镀层性能的主要工艺参数

刷镀层主要应用于零件修复，镀层的结合强度、显微硬度、耐磨性能和抗疲劳性能等是最重要的性能指标。影响镀层质量的电刷镀工艺参数较多，主要有纳米颗粒的含量、刷镀电压、镀笔与工件的相对运动速度、镀液温度等。

（1）镀液中纳米颗粒的含量

加入刷镀溶液中的纳米颗粒含量通常在几克到几十克之间，若加入量过少，则难以保证获得纳米复合镀层；若加入量过多，由于镀层的包覆能力有限，镀层中纳米粉末含量的增加很少，并使镀液中纳米粉末团聚更加严重，而难以获得满意的镀层。

（2）刷镀电压

电刷镀工作电压的高低，直接影响溶液的沉积速度和质量。当电压偏高时电刷镀电流相应提高，使镀层沉积速度加快，易造成组织疏松、粗糙；当电压偏低时，不仅沉积速度太慢，而且同样会使镀层质量下降。所以，应按照每种镀液确定的工作电压范围灵活使用。例如，当工件被镀面积小时，工作电压宜低些；镀笔与工件相对运动速度较慢时，电压应低些；反之应高些。刚开始刷镀时，若镀液与工件温度较低，则起镀电压应低些；反之应高些。一般刷镀电压选择为 7～14 V。

（3）镀笔与工件的相对运动速度

电刷镀时，镀笔与工件之间所做的相对运动有利于细化晶粒、强化镀层，提高镀层的力学性能。速度太慢时，镀笔与工件接触部位发热量大，镀层易发热，局部还原时间长，组织易粗糙，若镀液供给不充分，还会造成组织疏松；速度太快时，会降低电流效率和沉积速度，形成的镀层虽然致密，但应力大，易脱落。相对速度通常选用 6～14 m/min。

（4）镀液温度

在电刷镀过程中，工件的理想温度是 15～35℃，最低不能低于 10℃，最高不宜超过 50℃。镀液温度应保持在 25～50℃，这不仅能使溶液性能（如 pH 值、电导率、溶液成分、耗电系数、表面张力等）保持相对稳定，且能使镀液的沉积速度、均镀能力和深镀能力及电流效率等始终处

于最佳状态，所得到的镀层内应力小、结合强度高。为了防止镀笔过热，在电刷镀层厚时，应同时准备多支镀笔轮换使用，并定时将镀笔放入冷镀液中浸泡，使温度降低。镀笔的散热器部位应保持清洁，散热器表面钝化或堵塞时，都会影响散热效果，应及时清理干净。

### 4．纳米复合电刷镀工艺流程

电刷镀制备纳米复合刷镀层通常可分为预处理和镀层制备两个阶段。预处理主要是对基体金属表面进行处理，其目的是使基体金属与刷镀层紧密结合。除了对基体表面进行除油和除锈，利用电化学法可进一步进行处理。纳米复合电刷镀设备及材料如图4-19所示。

  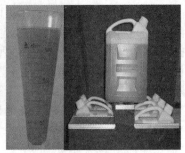

（a）电源 （b）镀笔 （c）纳米电刷镀液

图4-19　纳米复合电刷镀设备及材料

纳米复合电刷镀的工艺流程如下。

镀前表面准备—电净液电净—自来水冲洗—1号活化液活化—自来水冲洗—2号活化液活化—自来水冲洗—特殊镍镀液刷镀打底层—纳米复合刷镀液刷镀工作层—镀后处理。

将配制好的纳米复合刷镀液进行超声波震荡1 h，使纳米粉末能够均匀悬浮于复合刷镀液中。电刷镀的电净过程实质是电化学的除油过程。电净后需采用自来水彻底冲洗，确保试样表面无水珠和干斑。1号活化液具有较强的去除金属表面氧化膜和疲劳层的能力，从而保证镀层与基体金属有较好的结合强度，用2号活化液进一步活化，以提高镀层和基体的结合强度。在刷镀打底层前，应在工件表面进行3～5 s的无电擦拭，其作用是在被镀的试样表面事先布置金属离子，阻止空气与活化后的表面直接接触，防止被氧化；同时使被镀工件表面的pH值趋于一致，增强表面的润湿性，并利用机械摩擦和化学作用去除工序间的微量氧化物。

（1）电净液配方如下。

① 氢氧化钠（NaOH）：25 g/L；

② 碳酸钠（$Na_2CO_3$）：21.7 g/L；

③ 磷酸三钠（$Na_3PO_4$）：50 g/L；

④ 氯化钠（NaCl）：2.5 g/L。

（2）1号活化液配方如下。

① 硫酸（$H_2SO_4$）：90g/L；

② 硫酸铵［$(NH_4)_2SO_4$］：100g/L；

③ 磷酸（$H_3PO_4$）：5g/L；

④ 磷酸铵［$(NH_4)_3PO_4$］：5g/L；

⑤ 氟硅酸（$H_2SiF_6$）：5g/L。

（3）2号活化液配方如下。

① 柠檬酸三钠（$Na_3C_6H_5O_7 \cdot 2H_2O$）：141.2 g/L；

② 柠檬酸（$H_3C_6H_5O_7$）：94.2 g/L；

③ 氯化镍（$NiCl_2 \cdot 6H_2O$）：3 g/L。

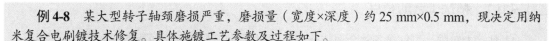

**例4-8**　某大型转子轴颈磨损严重，磨损量（宽度×深度）约25 mm×0.5 mm，现决定用纳米复合电刷镀技术修复。具体施镀工艺参数及过程如下。

（1）镀前准备。用细砂纸打磨工件损伤表面，去除工件表面的疲劳层和氧化膜，再用丙酮脱脂处理后，用清水冲净。

（2）电净处理。用1号电净液，工件接电源正极，电压8～12 V，工件与镀笔的相对运动速度8～12 m/min，时间10～30 s。用清水清洗后，工件表面不挂水珠，水膜均匀摊开。

（3）活化处理。用2号活化液，工件接电源正极，电压8～12 V，工件与镀笔的相对运动速度8～12 m/min，时间10～30 s。用清水清洗后，工件表面不挂水珠，水膜均匀摊开。

（4）镀过渡层。用特殊镍镀液打底层。先无电擦拭表面5 s，工件接电源负极，电压8～20 V，工件与镀笔的相对运动速度8～20 m/min，厚度1～2 μm。用清水冲洗，去除残留镀液。

（5）镀工作层。先无电擦拭零件表面5 s，然后通电，工件接电源负极，电压10～12 V，刷镀n-$Al_2O_3$/Ni纳米复合镀层，刷镀至要求的厚度后，用清水冲洗，彻底去除残留液。

（6）镀后处理。用暖风吹干工件表面，然后涂上防护油。

### 4.5.6　电镀修复与其他修复技术的比较

各种修复技术都具有优点和不足，一般而言一种技术都不能完全取代另一种技术，而是应用于不同的范围。表4-13所示为电镀修复技术与热喷涂、堆焊修复技术的比较。

表4-13　　　　　　　　　　　　　电镀修复与其他修复技术的比较

| 项目 | 电镀法 | 堆焊法 | 热喷涂法 |
| --- | --- | --- | --- |
| 工件尺寸 | 受镀槽限制 | 无限制 | 无限制 |
| 工件形状 | 范围较广 | 不能用于小孔 | 不能用于小孔 |
| 粘结性 | 较好 | 好 | 一般较低 |
| 基体 | 导电体 | 钢、铁、超合金 | 一般固体物品 |
| 涂覆材料 | 金属、合金、某些复合材料、非金属材料经化学镀后也可 | 钢、铁、超合金 | 一般固体物品 |
| 涂覆厚度/mm | 0.001～1 | 3～30 | 0.1～3 |
| 孔隙率 | 极小 | 无 | 1%～15% |
| 热输入 | 无 | 很高 | 较低 |
| 表面预处理要求 | 高 | 低 | 高 |
| 基体变形 | 无 | 大 | 小 |
| 表面粗糙度 | 很小 | 极大 | 较小 |
| 沉积速率/kg/h | 0.25～0.5 | 1～70 | 1～70 |

例如，某液压油缸的活塞杆磨损后采用纳米电刷镀技术修复，全程只需半天时间，节约了时间和拆卸人力。而采用传统维修工艺，需要先把液压油缸的活塞杆拆下，再送到修理厂，修好后再安装调试，流程相当烦琐。

采用纳米电刷镀技术修好后的活塞杆硬度和耐磨性与全新活塞杆使用效果一样，并能达到镜面效果。

而采用冷焊修复法，存在收边困难、修复面易腐蚀的缺陷；采用热喷涂修复法，存在结合强度差、易崩皮的缺陷。

## 任务6　粘接修复法

采用胶黏剂等对失效零件进行修补或连接，以恢复零件使用功能的方法称为粘接（又称胶接）修复法。近年来粘接技术发展很快，在机电设备维修中已得到越来越广泛的应用。

### 4.6.1　粘接工艺的特点

① 粘接力较强，可粘接各种金属或非金属材料，且可达到较高的强度要求。

② 粘接的工艺温度不高，不会引起基体金属金相组织的变化和热变形，不会产生裂纹等缺陷。因而可以粘补铸铁件、铝合金件和薄壁件、细小件等。

③ 粘接时不破坏原件强度，不易产生局部应力集中。与铆接、螺纹连接、焊接相比，减轻结构质量20%～25%，表面美观平整。

④ 工艺简便，成本低，工期短，便于现场修复。

⑤ 胶缝有密封、耐磨、耐腐蚀和绝缘等性能，有的还具有隔热、防潮、防振减振性能。两种金属间的胶层还可防止电化学腐蚀。

其缺点是：不耐高温（一般只有150℃，最高300℃，无机胶除外）；抗冲击、抗剥离、抗老化的性能差；粘接强度不高（与焊接、铆接比）；粘接质量的检查较为困难。所以，要充分了解粘接工艺特点，合理选择胶黏剂和粘接方法，扬长避短，使其在修理工作中充分发挥作用。

### 4.6.2　常用的粘接方法

#### 1．热熔粘接法

该法利用电热、热气或摩擦热将粘合面加热熔融，然后送合加上足够的压力，直到冷却凝固为止。主要用于热塑性塑料之间的粘接，大多数热塑性塑料表面加热到150～230℃即可进行粘接。

#### 2．溶剂粘接法

非结晶性无定形的热塑性塑料，接头加单纯溶剂或含塑料的溶液，使表面熔融从而达到粘接目的。

#### 3．胶黏剂粘接法

利用胶黏剂将两种材料或两个零件粘合在一起，达到所需的连接强度。该法应用最广，可以粘接各种材料，如金属与金属、金属与非金属、非金属与非金属等。

胶黏剂品种繁多，分类方法很多。按胶黏剂的基本成分可分为有机胶黏剂和无机胶黏剂；按原料来源分为天然胶黏剂和合成胶黏剂；按粘接接头的强度特性分为结构胶黏剂和非结构胶黏剂；按胶黏剂状态分为液态胶黏剂和固体胶黏剂；胶黏剂的形态有粉状、棒状、薄膜、糊状及液体等；按热性能分为热塑性胶黏剂与热固性胶黏剂等。

其中，有机合成胶是现代工程技术中主要采用的胶黏剂。

天然胶黏剂组成简单，合成胶黏剂大都由多种成分配合而成。它通常由具有黏性和弹性的天然材料或高分子材料为基料，加入固化剂、增塑剂、增韧剂、稀释剂、填充剂、偶联剂、溶剂、防老剂等添加剂。这些添加剂成分是否需要加入，应视胶黏剂的性质和使用要求而定。合成胶黏剂又可分为热塑性（如丙烯酸酯、纤维素聚酚氧、聚酸亚铁）、热固性（如酚醛、环氧、聚酯、聚氨酯）、橡胶（如氯丁、丁腈）以及混合型（如酚醛-丁腈、环氧-聚硫、酚醛-尼龙）。

其中，环氧树脂胶黏剂对各种金属材料和非金属材料都具有较强的粘接能力，并具有良好的耐水性、耐有机溶剂性、耐酸碱与耐腐蚀性，收缩性小，电绝缘性能好，所以应用最为广泛。

表4-14中列出了机械设备修理中常用的几种胶黏剂。

表4-14　　　　　　　　　　　　　机械设备修理中常用的胶黏剂

| 类别 | 牌号 | 主要成分 | 主要性能 | 用处 |
|---|---|---|---|---|
| 通用胶 | HY-914 | 环氧树脂，703固化剂 | 双组分，室温快速固化，中强度 | 60℃以下金属和非金属材料粘补 |
| | 农机2号 | 环氧树脂，二乙烯三胺 | 双组分，室温固化，中强度 | 120℃以下各种材料 |
| | KH-520 | 环氧树脂，703固化剂 | 双组分，室温固化，中强度 | 60℃以下各种材料 |
| | JW-1 | 环氧树脂，聚酰胺 | 三组分，60℃2h固化，中强度 | 60℃以下各种材料 |
| | 502 | $\alpha$-氰基丙烯酸乙酯 | 单组分，室温快速固化，低强度 | 70℃以下受力不大的各种材料 |

续表

| 类别 | 牌号 | 主要成分 | 主要性能 | 用处 |
|---|---|---|---|---|
| 密封胶 | Y-150 厌氧胶 | 甲基丙烯酸 | 单组分，隔绝空气后固化，低强度 | 100℃以下螺纹堵头和平面配合处紧固密封堵漏 |
| | 7302 液体密封胶 | 聚酯树脂 | 半干性，密封耐压 3.92 MPa | 200℃以下各种机械设备平面螺纹连接部位的密封 |
| | W-1 密封耐压胶 | 聚醚环氧树脂 | 不干性，密封耐压 0.98 MPa | |
| 结构胶 | J-19C | 环氧树脂，双氰胺 | 单组分，高温加压固化，高强度 | 120℃以下受力大的部位 |
| | J-04 | 钡酚醛树脂丁腈橡胶 | 单组分，高温加压固化，高强度 | 250℃以下受力大的部位 |
| | 204（JF-1） | 酚醛-缩醛有机硅酸 | 单组分，高温加压固化，高强度 | 200℃以下受力大的部位 |

### 4.6.3 粘接工艺过程

#### 1．胶黏剂的选用

选用胶黏剂时主要考虑被粘接件的材料、受力情况及使用的环境，并综合考虑被粘接件的形状、结构和工艺上的可能性，同时应成本低、效果好。

#### 2．接头设计

粘接接头受力情况可归纳为四种主要类型，即剪切力、拉伸力、剥离力、不均匀扯离力，如图 4-20 所示。

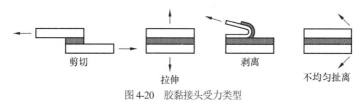

剪切　　　拉伸　　　剥离　　　不均匀扯离

图 4-20　胶黏接头受力类型

在设计接头时，应遵循下列基本原则。

（1）粘接接头承受或大部分承受剪切力。

（2）尽可能避免剥离和不均匀扯离力的作用。

（3）尽可能增大粘接面积，提高接头承载能力。

（4）尽可能简单实用，经济可靠。对于受冲击或承受较大作用力的零件，可采取适当的加固措施，例如，焊接、铆接、螺纹连接等形式。

#### 3．表面处理

其目的是获得清洁、粗糙、活性的表面，以保证粘接接头牢固。它是整个粘接工艺中最重要的工序，关系到粘接的成败。

表面清洗可先用干布、棉纱等除尘，清除厚油脂，再以丙酮、汽油、三氯乙烯等有机溶剂擦拭，或用碱液处理脱脂去油。用锉削、打磨、粗车、喷砂、电火花拉毛等方法除锈及氧化层，并可粗化表面。其中喷砂的效果最好。金属件的表面粗糙度以 $Ra12.5\ \mu m$ 为宜。经机械处理后，再将表面清洗干净，干燥后待用。

必要时还可通过化学处理使表面层获得均匀、致密的氧化膜，以保证粘接表面与胶黏剂形成牢固的结合。化学处理一般采用酸洗、阳极处理等方法。钢、铁与天然橡胶进行粘接时，若在钢、铁表面进行镀铜处理，可大大提高粘接强度。

#### 4．粘接工艺

（1）配胶

不需配制的成品胶使用时摇匀或搅匀，多组分的胶配制时要按规定的配比和调制程序现用现配，在使用期内用完。配制时要搅拌均匀，并注意避免混入空气，以免胶层内出现气泡。

（2）涂胶

应根据胶黏剂的不同形态，选用不同的涂布方法。如对于液态胶可采用刷涂、刮涂、喷涂和用滚筒布胶等方法。涂胶时应注意保证胶层无气泡、均匀而不缺胶。涂胶量和涂胶次数因胶的种类不同而异，胶层厚度宜薄。对于大多数胶黏剂，胶层厚度控制在 0.05～0.2 mm 为宜。

（3）晾置

含有溶剂的胶黏剂，涂胶后应晾置一定时间，以使胶层中的溶剂充分挥发，否则固化后胶层内产生气泡，降低粘接强度。晾置时间的长短、温度的高低都因胶而异，按规定掌握。

（4）固化

晾置好的两个被粘接件可用来进行合拢、装配和加热、加压固化。除常温固化胶外，其他胶几乎均需加热固化。即使是室温固化的胶黏剂，提高温度也对粘接效果有益。固化时应缓慢升温和降温。升温至胶黏剂的流动温度时，应在此温度保温 20～30 min，使胶液在粘接面充分扩散、浸润，然后再升至所需温度。

固化温度、压力和时间，应按胶黏剂的类型而定。加温时可使用恒温箱、红外线灯、电炉等，近年来还开发了电感应加热等新技术。

（5）质量检验

粘接件的质量检验有破坏性检验和无损检验两种。破坏性检验是测定粘接件的破坏强度。在实际生产中常用无损检验，一般通过观察外观和敲击听声音的方法进行检验，其准确性在很大程度上取决于检验人员的经验。近年来，一些先进技术如声阻法、激光全息摄影、X 光检验等也用于粘接件的无损检验，取得了很好的效果。

（6）粘接后的加工

有的粘接件粘接后还要通过机械加工或钳工加工至技术要求。加工前应进行必要的倒角、打磨，加工时应控制切削力和切削温度。

## 5．粘接技术在设备修理中的应用

由于粘接工艺的优点使其在设备修理中的应用日益广泛。应用时可根据零件的失效形式及粘接工艺的特点，具体确定粘接修复的方法。

（1）机床导轨磨损的修复。机床导轨严重磨损后，通常在修理时需要经过刨削、磨削或刮研等修理工艺，但这样做会破坏机床原有的尺寸链。现在可以采用合成有机胶黏剂，将工程塑料薄板如聚四氟乙烯板、1010 尼龙板等粘接在铸铁导轨上，这样可以提高导轨的耐磨性，同时可以改善导轨

认识钻削加工　　　磨床和磨削加工

的防爬行性和抗咬焊性。若机床导轨面出现拉伤、研伤等局部损伤，可采用胶黏剂直接填补修复。例如，采用 502 瞬干胶加还原铁粉（或氧化铝粉、二硫化钼等）粘补导轨的研伤处。

（2）零件动、静配合磨损部位的修复。机械零部件如轴颈磨损、轴承座孔磨损、机床楔铁配合面的磨损等均可用粘接工艺修复，比镀铬、热喷涂等修复工艺简便。

（3）零件裂纹和破损部位的修复。零件产生裂纹或断裂时，采用焊接法修复常常会引起零件产生内应力和热变形，尤其是一些易燃易爆的危险场合更不宜采用。而采用粘接修复法则安全可靠，简便易行。零件的裂纹、孔洞、断裂或缺损等均可用粘接工艺修复。

（4）填补铸件的砂眼和气孔。采用粘接技术修补铸造缺陷，简便易行，省工省时，修复效果好，且颜色可保持与铸件基体一致。

在操作时要认真清理干净待填补部位，在涂胶时可用电吹风均匀在胶层上加热，以去掉胶黏剂中混入的气体和使胶黏剂顺利流入填补的缝隙里。

（5）用于连接表面的密封堵漏和紧固防松。例如，防止油泵泵体与泵盖结合面的渗油现象，可将结合面处清理干净后涂一层液态密封胶，晾置后在中间再加一层纸垫，将泵体和泵盖结合，

拧紧螺栓即可。

（6）用于连接表面的防腐。采用表面有机涂层防腐是目前行之有效的防腐蚀措施之一，粘接修复法可广泛用于零件腐蚀部位的修复和预保护涂层，如化工管道、储液罐等表面的防腐。

（7）也可用于简单零件粘接组合成复杂件，代替铸造、焊接等，从而缩短加工周期。

（8）用环氧树脂胶代替锡焊、点焊，省锡节电。

图 4-21 列举了一些粘接修复实例，作为参考。

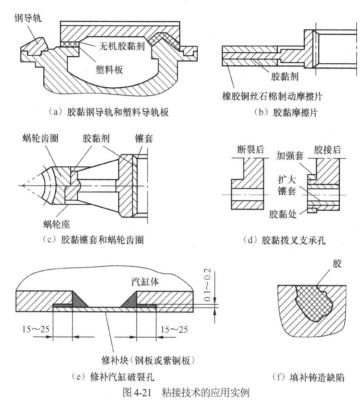

（a）胶黏钢导轨和塑料导轨板　　　　（b）胶黏摩擦片

（c）胶黏镶套和蜗轮齿圈　　　　（d）胶黏拨叉支承孔

（e）修补汽缸破裂孔　　　　（f）填补铸造缺陷

图 4-21　粘接技术的应用实例

### 4.6.4　刮涂复印成型机床导轨耐磨涂层

在机床制造及修理的过程中，为减少机床导轨的刮研工作量，改善滑动导轨的运动特性，降低机床爬行的故障，一般采用刮涂复印成型法制备导轨耐磨涂层。

#### 1．刮涂复印成型的工艺过程

刮涂复印成型的工艺过程如图 4-22 所示。

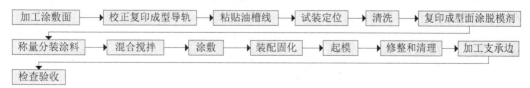

图 4-22　刮涂复印成型工艺

#### 2．操作要领

（1）加工涂敷面。涂敷面的加工按照"涂层导轨的设计"要求进行。对于有定位作用的支承边，加工时必须考虑与其配对导轨面的接触精度，必要时应配置支承边；对于利用耐磨涂层补偿尺寸的情况，可采取粘贴支承边或垫片作为支承的工艺方法。

（2）校正复印成型导轨。复印成型导轨面的精度是形成涂层导轨面的精度基准。若采用旧机床制备导轨耐磨涂层，必须先将复印成型导轨面加工至要求的精度。无论是新机床还是旧机床，施工前要将复印成型导轨按照机床安装要求调整并紧固好。对于导轨运动速度高、必须考虑补偿热变形对导轨精度影响的情况，应根据对复印成型后涂层导轨面平直度的要求相应地调整复印成型面。

复印成型导轨调整完毕后，根据调整记录，选择复印位置。若复印成型导轨面比涂层导轨长，应选择精度较好的一段作为复印成型面；若所选择的复印成型面上有油孔或油沟，则必须用填封材料填平。

（3）粘贴油槽线。涂层导轨面一般需要开设润滑油槽。此时，除了在固化好的涂层表面用机械加工的方法加工出油槽外，也可以复印涂层时一次成型。成型前在复印成型导轨面上粘贴油槽线，按设计图纸要求，在复印成型导轨面复印位置上画出油槽位置线，然后用瞬干胶把按油槽形状裁剪好的油槽线粘贴在复印成型的导轨面上。粘贴时两根油槽线的接头处不应留出空隙，油槽线边缘挤出的多余胶液要用清洗剂擦净。全部油槽线粘贴完成后应重新检查一遍，若有松脱之处，应重新粘牢。

（4）试装定位。其目的是检查已加工好的导轨涂敷面与复印成型面之间的配合情况。首先检查定位支承边与复印成型面是否接触，然后测量涂敷面与复印成型面之间的距离（即涂层厚度），同时检查复印成型面上所粘贴的油槽线高度是否合适，有无接触到复印成型面。对于工作台与床身之间无严格相对位置要求的导轨副（例如龙门刨床涂层导轨），支承也可起定位作用，必要时可在工作台侧端面加导向卡具以引导工作台准确降落在预定位置上；对于工作台与床身之间有严格相对位置要求的导轨副（如车床刀架涂层导轨），需采用辅助工具定位，试装定位时需调整辅助工具上的定位螺钉，使其达到相对位置要求，然后固定。试装定位后，在复印位置两端标出定位线或装上导向工具，再将工作台吊起。

（5）复印成型面涂脱模剂。复印成型导轨面上凡是可能与涂料接触的地方都必须涂脱模剂，刷涂至少 1～2 遍液态脱模剂的效果最好，刷涂时注意脱模剂的厚度应均匀一致。

（6）清洗。一般情况下，经过加工的涂敷面放置不应超过 24h，应随即安排施工。施工前用清洗剂彻底清洗干净，直到无油污为止。

（7）称量分装。根据涂层的厚度计算导轨耐磨涂层材料的用量。当环境温度高于 25℃时，每次混合搅拌的涂料应不超过 4kg，因为涂料两组分材料混合时，固化反应已经开始，固化反应为放热反应，涂料中心部位温度过高，易引起心部爆聚变硬。为了避免施工时由于忙乱发生差错，应事先将涂料及相应量的固化剂严格按照配合比例称量并分装好。

（8）混合搅拌。在加入固化剂搅拌混合前，首先应检查各项准备工作是否准备充分，如搅拌器、刮板、清洗工作，现场使用工具，如吊装工具是否已准备好，现场的施工人员是否安排妥当等。确认各项工作准备就绪后，开始混合涂层材料，整个混合搅拌时间应控制在 20～30min。

（9）涂敷。先用少量的底层涂层材料打底，使其与被涂敷的基体材料充分浸润，然后将底层涂层材料加厚至整个涂层厚度的 2/3 左右，随即在涂面层涂层材料时使其略高于定位支承面 2mm 左右，用刮板将表面刮出光滑的弧面。

（10）装配固化。将已涂敷好的导轨起吊、翻转并迅速准确而平稳地扣合在复印成型导轨面预定位置上，翻转时不得碰撞或接触图层面，扣合后立即检查定位。当涂层已靠近复印成型导轨面时，必须缓慢平稳下落。涂层与复印面接触后，任何情况下均不得重新掀起涂层面，以免空气进入涂层中形成空洞、夹层。为了保证涂层致密、无缺陷和便于挤出多余涂料，可在工作台导轨上适当加压重物。但为了避免因工作台导轨刚性不足而产生变形，在多余涂料挤出后应立即撤除外加重量。

当环境温度高于 20℃时，固化 24h 即可起模；当环境温度低于 15℃时，应采取适当的加温措施，如用 1000W 的碘钨灯从工作台面烘烤，碘钨灯离工作台面 400～500mm，每间隔 1000mm 布置一碘钨灯。烘烤时工作台面的温度不应超过 50℃，12h 后即可起模。

（11）起模。达到起模的固化时间后即可起模。起模时先用千斤顶将工作台顶起，使工作台的涂敷面与复印成型面分离，然后用吊车起吊。起吊翻转时应注意保护涂层面不受碰撞。

（12）修整和清理。用锯条、锉刀等去除涂层导轨两端和边缘复印时挤出的多余材料，清理和修整时避免涂层边缘受到剥离的力量，以免涂层边缘脱落。

起模后出现涂层表面有直径大于 2mm 的空洞或缺陷时，先用清洗剂清洗干净，再调配少量的面层涂层材料修补，固化后刮研平整即可。

（13）加工支承边。将支承边的高度减小 0.5～1mm。加工支承边必须使用带双刃的刀具，以免涂层边缘不整齐。

（14）检查验收。固化好的涂层导轨应达到如下要求。

① 涂层外观平整光滑，没有任何软点或表面缺陷，不存在直径大于 2mm 的空洞。

② 涂层与基体金属必须粘贴牢固，不得有涂层与基体脱粘现象。

③ 涂层表面的油槽必须畅通，油槽底部不应露出金属基面。

④ 涂层面应高出支承边 0.5mm 以上。

# 任务7　刮研修复法

刮研是利用刮刀、基准工具、检测器具和显示剂，以手工操作的方式，边刮研加工，边研点测量，使工件达到规定的尺寸精度、几何精度和表面粗糙度等要求的一种精加工工艺。

## 4.7.1　刮研技术的特点

刮研技术具有以下优点。

（1）可以按照实际使用要求将导轨或工件平面的几何形状刮成中凹或中凸等各种特殊形状，以解决机械加工不易解决的问题，消除由一般机械加工所遗留的误差。

（2）刮研是手工作业，不受工件形状、尺寸和位置的限制。

（3）刮研中切削力小，产生热量小，不易引起工件受力变形和热变形。

（4）刮研表面接触点分布均匀，接触精度高，如采用宽刮法还可以形成油楔，润滑性好，耐磨性高。

（5）手工刮研掉的金属层可以小到几微米以下，能够达到很高的精度要求。

刮研法的明显缺点是工效低，劳动强度大。但尽管如此，在机械设备修理中，刮研法仍占有重要地位。例如，导轨和相对滑行面之间，轴和滑动轴承之间，导轨和导轨之间，部件与部件的固定配合面，两相配零件的密封表面等，都可以通过刮研而获得良好的接触率，增加运动副的承载能力和耐磨性，提高导轨和导轨之间的位置精度；增加连接部件间的连接刚性；使密封表面的密封性提高。因此，刮研法广泛地应用在机械制造及修理中。对于尚未具备导轨磨床的中小型企业，需要对机床导轨进行修理时，仍然采用刮研修复法。

## 4.7.2　刮研工具和检测器具

刮研工作中常用的工具和检测器具有刮刀、平尺、角尺、平板、角度垫铁、检验平板、检验桥板、水平仪、光学平直仪（自准直仪）、塞尺和各种量具等。

### 1．刮刀

刮刀是刮研的主要工具。为适应不同形状的刮研表面，刮刀分为平面刮刀和内孔刮刀两种。平面刮刀主要用来刮研平面，内孔刮刀主要用来刮研内孔，如刮研滑动轴承、剖分式轴承或轮套等。

刮刀一般采用碳素工具钢或轴承钢制作。在刮研表面较硬的工件时，也可采用硬质合金刀片镶在 45 钢的刀杆上的刮刀。刮刀经过锻造、焊接，在砂轮上进行粗磨刀坯，然后进行热处理。刮刀淬火时，温度不能过高。淬硬后的刮刀，再在砂轮上进行刃磨。但砂轮上磨出的刃口还不很平整，需要时可在油石上进行精磨。刮研过程中，为了保持锋利的刃口，要经常进行刃磨。

### 2. 基准工具

基准工具是用以检查刮研面的准确性、研点多少的工具。各种导轨面、轴承相对滑动表面都要用基准工具来检验。常用于检查研点的基准工具有以下两种。

（1）检验平板

由耐磨性较好、变形较小的铸铁经铸造、粗刨、时效处理、精刨、粗刮、精刮制作而成。一般用于检验较宽的平面。

（2）检验平尺

用来检验狭长的平面。桥形平尺和平行平尺均属检验平尺，其中平行平尺的截面有工字形和矩形两种。由于平行平尺的上下两个工作面都经过刮研且互相平行，因此还可用于检验狭长平面的相互位置精度。

角形平尺也属于检验平尺，它的形成相交角度的两个面经过精刮后符合所需的标准角度，如55°、60°等。用于检验两个组成角度的刮研面，如用于机床燕尾导轨的检验等。

各种检验平尺用完后，应清洗干净，涂油防锈，妥善放置和保管好。可垂直吊挂起来，以防止变形。

内孔刮研质量的检验工具一般是与之相配的轴，或定制的一根基准轴，如检验心轴等。

### 3. 显示剂

显示剂是用来反映工件待刮表面与基准工具互研后，保留在其上面的高点或接触面积的一种涂料。

（1）显示剂种类

常用的显示剂有红丹粉、普鲁士蓝油、松节油等。

① 红丹粉有铁丹（氧化铁呈红色）和铅丹（氧化铅呈橘黄色）两种，用全损耗系统用油调和而成，多用于黑色金属刮研。

② 普鲁士蓝油是由普鲁士蓝粉和全损耗系统用油调和而成，用于刮研铜、铝工件。

③ 烟墨油是由烟墨和全损耗系统用油调和而成，用于刮研有色金属。

④ 松节油用于平板刮研，接触研点白色发光。

⑤ 酒精用于校对平板，涂于超级平板上，研出的点子精细、发亮。

⑥ 油墨与普鲁士蓝油用法相同，用于精密轴承的刮研。

（2）使用方法

显示剂使用正确与否，直接影响刮研表面质量。使用显示剂时，应注意避免砂粒、切屑和其他杂质混入而拉伤工件表面。显示剂容器必须有盖，且涂抹用品必须保持干净，这样才能保证涂布效果。

粗刮时，显示剂可调得稀些，均匀地涂在研具表面上，涂层可稍厚些。这样显示的点子较大，便于刮研。精刮时，显示剂应调得干些，涂在研件表面上要薄而均匀，研出的点子细小，便于提高刮研精度。

### 4. 刮研精度的检查

（1）用贴合面的研点数表示

刮研精度的检查一般以工件表面上的研点数来表示。无论是平面刮研还是内孔刮研，工件经过刮研后，表面上研点的多少和均匀与否直接反映了平面的直线度和平面度，以及内孔面的形状精度。一般规定用边长为 25 mm×25 mm 的方框罩在被检测面上，根据方框内显示的研点数的多少来表示刮研质量。在整个平面内任何位置上进行抽检，都应达到规定的点子数。

| 刮削的基本操作方法<br>——手刮法 | 刮削的基本操作方法<br>——挺刮法 | 刮削及刮刀 | 刮削的显点<br>（上） | 刮削的显点<br>（下） |

各类机械中的各种配合面的刮研质量标准大多数不相同，对于固定结合面或设备床身、机座的结合面，为了增加刚度，减少振动，一般在每刮方（即 25 mm×25 mm 面积）内有 2～10 点；对于设备工作台表面、机床的导轨及导向面、密封结合面等，一般在每刮方内有 10～16 点；对于高精度平面，如精密机床导轨、测量平尺、1 级平板等，每刮方内应有 16～25 点；而 0 级平板、高精度机床导轨及精密量具等超精密平面，其研点数在每刮方内应有 25 点以上。

各种平面接触精度的研点数见表 4-15。

表 4-15　　　　　　　　　　　　各种平面接触精度的研点数

| 平面种类 | 每 25 mm×25 mm 内研点数 | 应　　用 |
|---|---|---|
| 一般平面 | 2～5 | 较粗糙零件的固定结合面 |
| | 5～8 | 一般结合面 |
| | 8～12 | 一般基准面、机床导向面、密封结合面 |
| | 12～16 | 机床导轨及导向面、工具基准面、量具接触面 |
| 精密平面 | 16～20 | 精密机床导轨、直尺 |
| | 20～25 | 1 级平板、精密量具 |
| 超精密平面 | >25 | 0 级平板、高精度机床导轨、精密量具 |

在内孔刮研中，接触得比较多的是对滑动轴承内孔的刮研，其不同接触精度的研点数见表 4-16。

表 4-16　　　　　　　　　　　　滑动轴承的研点数

| 轴承直径/mm | 机床或精密机械主轴轴承 | | | 锻压设备、通用机械的轴承 | | 动力机械、冶金设备的轴承 | |
|---|---|---|---|---|---|---|---|
| | 高精度 | 精密 | 普通 | 重要 | 普通 | 重要 | 普通 |
| | 每 25 mm×25 mm 内的研点数 | | | | | | |
| ≤120 | 25 | 20 | 16 | 12 | 8 | 8 | 5 |
| >120 | — | 16 | 10 | 8 | 6 | 6 | 2 |

（2）用框式水平仪检查精度

工件平面大范围内的平面度误差和机床导轨面的直线度误差等，一般用框式水平仪进行检查。也有用百分表和其他测量工具配合来检查刮研平面的中凸、中凹或直线度等。

有些工件除了用框式水平仪检查研点数以外，还要用塞尺检查配合面之间的间隙大小。

### 4.7.3　平面刮研

#### 1.　刮研前的准备工作

刮研前，工件应平稳放置，防止刮研时工件移动或变形。刮研小工件时，可用虎钳或辅助夹具夹持。待刮研工件应先去除毛刺和表面油污，锐边倒角，去掉铸件上的残砂，防止刮研过程中伤手和拖研时拉毛工件表面。

#### 2.　刮研的工艺过程

平面刮研的常用方法有两种：一种是手推式刮研，另一种是挺刮式刮研。工件的刮研过程如下。

（1）粗刮

用粗刮刀进行刮研，并使刀迹连成一片。第一遍粗刮时，可按着刨刀刀纹或导轨纵向的 45°

方向进行，第二遍刮研则按上一遍的垂直方向进行（即 90°交叉刮），连续推刮工件表面。在整个刮研面上刮研深度应均匀，不允许出现中间高、四周低的现象。当粗刮到每刮方内的研点数有 2～3 点时，就可进行细刮。

（2）细刮

用细刮刀进行刮研，在粗刮的基础上进一步增加接触点。刮研时，刀迹宽度应在 6～8 mm，长 10～25 mm，刮深 0.01～0.02 mm。按一定方向依次刮研。刀迹按点子分布且可连刀刮。刮第二遍时应与上一遍交叉 45°～60°的方向进行。在刮研中，应将高点的周围部分也刮去，以使周围的次高点容易显示出来，可节省刮研时间。同时要防止刮刀倾斜，在回程时将刮研面拉出深痕。细刮后的点子一般在每刮方内有 12～15 点即可。

（3）精刮

在细刮后，为进一步提高工件的表面质量，需要进行精刮。刮研时，要用小型刮刀或将刀口磨成弧形，刀迹宽度 3～5 mm，长 3～6 mm，每刀均应落在点子上。点子可分为三种类型刮研，刮去最大最亮的点子，挑开中等点子，小点子留下不刮。这样连续刮几遍，点子会越来越多。在刮到最后两三遍时，交叉刀迹大小要一致，排列应整齐，以增加刮研面美观。精刮后的表面要求在每刮方内的研点数应有 20～25 点。

（4）刮花

刮花可增加刮研面的美观，或能使滑动表面之间形成良好的润滑条件，并且还可以根据花纹的消失来判断平面的磨损程度。一般常见的花纹有斜花纹、鱼鳞花纹和半月形花纹等，如图 4-23 所示。

| （a）斜花纹 | （b）鱼鳞花纹 | （c）半月花纹 |

图 4-23　刮花的花纹

在平面刮研时工件的研点方法应随工件的形状不同和面积大小而异。对中小型工件，一般是基准平板固定，工件待刮面在平板上拖研。当工件面积等于或略超过平板时，则拖研时工件超出平板的部分不得大于工件长度的 1/4，否则容易出现假点子；对大型工件，一般是将平板或平尺在工件被刮研面上拖研；对重量不对称的工件，拖研时应单边配重或采取支托的办法解决，才能反映出正确的研点。

平面的刮研工序

当刮研面上有孔或螺纹孔时，应控制刮刀不将孔口刮低。一般要求螺纹孔周围的刮研面要稍高些。如果刮研面上有窄边框时，应掌握刮刀的刮研方向与窄边夹角小于 30°，以防止将窄边刮低。

### 4.7.4　内孔刮研

内孔刮研的原理和平面刮研一样。但内孔刮研时，刮刀在内孔面上做螺旋运动，且以配合轴或检验心轴作研点工具。将显示剂薄而均匀地涂布在轴的表面上，然后将轴在轴孔中来回转动显示研点。

#### 1.　内孔刮研的方法

图 4-24（a）所示为一种内孔刮研方法。右手握刀柄，左手用四指横握刀身。刮研时右手做半圆转动，左手顺着内孔方向作后拉或前推刀杆的螺旋运动。

另一种刮研内孔的方法如图 4-24（b）所示。刮刀柄搁在右手臂上，双手握住刀身。刮研时左右手的动作与前一种方法一样。

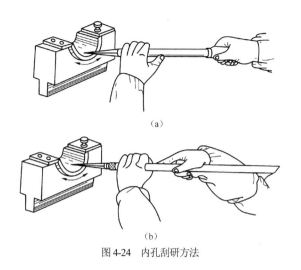

曲面的刮研要点

图 4-24 内孔刮研方法

### 2．刮研时刮刀的位置与刮研的关系

当用三角刮刀或匙形刮刀刮内孔时，要及时改变刮刀与刮研面所成的夹角。刮研中刮刀的位置大致有以下三种情况。

（1）有较大的负前角

如图 4-25（a）所示，由于刮研时切屑较薄，故刮研表面粗糙度较低。一般在刮研硬度稍高的铜合金轴承或在最后修整时采用。而刮研硬度较低的锡基轴承时，则不宜采用这种位置，否则易产生啃刀现象。

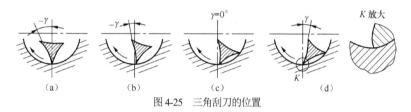

图 4-25 三角刮刀的位置

（2）有较小的负前角

如图 4-25（b）所示，由于刮研的切屑极薄，能将显示出的高点较顺利地刮去，并能把圆孔表面集中的点子改变成均匀分布的点子。但在刮研硬度较低的轴承时，应注意用较小的压力。

（3）前角为零或不大的正前角

如图 4-25（c）、图 4-25（d）所示，这时刮研的切屑较厚，刀痕较深，一般适合粗刮。当内孔刮研的对象是较硬的材料，则应避免采用图 4-25（d）所示的产生正前角的刮刀位置，否则易产生振痕。振痕深时，修整也困难。而对较软的巴氏合金轴承的刮研，用这种位置反而能取得较好的刮研效果。

内孔刮研时，研点应根据轴在轴承内的工作情况合理分布，以取得良好的效果。一般轴承两端的研点应硬而密些，中间的研点可软而稀些，这样容易建立油楔，使轴工作稳定；轴承承载面上的研点应适当密些，以增加其耐磨性，使轴承在负荷情况下保持其几何精度。

## 4.7.5　机床导轨的刮研

机床导轨是机床移动部件的基准。机床有不少几何精度检验的测量基准是导轨。机床导轨的精度直接影响到被加工零件的几何精度和相互位置精度。机床导轨的修理是机床修理工作中最重要的内容之一，其目的是恢复或提高导轨的精度。未经淬硬处理的机床导轨，如果磨损、拉毛、咬伤程度不严重，可以采用刮研修复法进行修理。一般具备导轨磨床的大中型企业，对于与"基准导轨"相配合的零件（如工作台、溜板、滑座等）导轨面以及特殊形状导轨面的修理通常也不采用精磨法，而是采用传统的刮研法。

### 1. 导轨刮研基准的选择

配刮导轨副时，选择刮研基准应考虑：变形小、精度高、刚度好、主要导向的导轨；尽量减少基准转换；便于刮研和测量的表面。

### 2. 导轨刮研顺序的确定

机床导轨随着各自运动部件形式的不同，而构成各种相互关联的导轨副。它们除自身有较高的形状精度要求外，相互之间还有一定的位置精度要求，修理时就要求有正确的刮研顺序。一般可按以下方法确定。

（1）先刮与传动部件有关联的导轨，后刮无关联的导轨。

（2）先刮形状复杂（控制自由度较多）的导轨，后刮简单的导轨。

（3）先刮长的或面积大的导轨，后刮短的或面积小的导轨。

（4）先刮研施工困难的导轨，后刮容易施工的导轨。

对于两件配刮时，一般先刮大工件，配刮小工件；先刮刚度好的，配刮刚度较差的；先刮长导轨，后刮短导轨。要按达到精度稳定、搬动容易、节省工时等因素来确定顺序。

### 3. 导轨刮研的注意事项

（1）要求有适宜的工作环境

工作场地清洁，周围没有严重振源的干扰，环境温度尽可能变化不大。避免阳光的直接照射，因为在阳光照射下机床局部受热，会使机床导轨产生温差而变形，刮研显点会随温度的变化而变化，易造成刮研失误。特别是在刮研较长的床身导轨和精密机床导轨时，上述要求更要严格些。如果能在温度可控制的室内刮研最为理想。

（2）刮研前机床床身要安置好

在机床导轨修理中，床身导轨的修理量最大，刮研时如果床身安置不当，可能产生变形，造成返工。

床身导轨在刮研前应用机床垫铁垫好，并仔细调整，以便在自由状态下尽可能保持最好的水平。垫铁位置应与机床实际安装时的位置一致，这一点对长度较长和精密机床的床身导轨尤为重要。

（3）机床部件的重量对导轨精度有影响

机床各部件自身的几何精度是由机床总装后的精度要求决定的。大型机床各部件重量较大，总装后可能有关部件对导轨自身的原有精度产生一定影响（因变形所引起）。如龙门刨床、龙门铣床、龙门导轨磨床等床身导轨精度将随立柱的装上和拆下而有所变化；横梁导轨精度将随刀架（或磨架）的装上和拆下而有所变化。因此，拆卸前应对有关导轨精度进行测量，记录下来，拆卸后再次测量，经过分析比较，找出变化规律，作为刮研各部件及其导轨时的参考。这样便可以保证总装后各项精度一次达到规定要求，从而避免刮研返工。

对于精密机床的床身导轨，精度要求很高。在精刮时，应把可能影响导轨精度变化的部件预先装上，或采用与该部件形状、重量大致相近的物体代替。例如，在精刮立式齿轮磨床床身导轨时，齿轮箱预先装上；精刮精密外圆磨床床身导轨时，液压操纵箱应预先装上。

（4）导轨磨损严重或有深伤痕的应预先加工

机床导轨磨损严重或伤痕较深（超过 0.5 mm）时，应先对导轨表面进行刨削或车削加工后再进行刮研。另外，有些机床，如龙门刨床、龙门铣床、立式车床等工作台表面冷作硬化层的去除，也应在机床拆修前进行。否则工作台内应力的释放会导致工作台微量变形，可能使刮研好的导轨精度发生变化。所以这些工序一般应安排在精刮导轨之前。

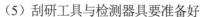

（5）刮研工具与检测器具要准备好

机床导轨刮研前，刮研工具和检测器具应准备好，在刮研过程中，要经常对导轨的精度进行测量。

**4．导轨的刮研工艺**

导轨刮研一般分为粗刮、细刮和精刮几个步骤，并依次进行。导轨的刮研工艺过程大致如下。

（1）首先修复机床部件移动的"基准导轨"。该导轨通常比沿其表面移动的部件导轨长，例如床身导轨、滑座溜板的上导轨、横梁的前导轨和立柱导轨等。

（2）V-平面导轨副，应先修刮 V 形导轨，再修刮平面导轨。

（3）双 V 形、双平面（矩形）等相同形式的组合导轨，应先修刮磨损量较小的那条导轨。

（4）修刮导轨时，如果该部件上有不能调整的基准孔（如丝杠、螺母、工作台、主轴等装配基准孔等），应先修整基准孔后，再根据基准孔来修刮导轨。

（5）与"基准导轨"配合的导轨，如与床身导轨配合的工作台导轨，只需与"基准导轨"进行合研配刮，用显示剂和塞尺检查与"基准导轨"的接触情况，可不必单独做精度检查。

## 任务 8　纳米减摩与自修复法

纳米减摩与自修复技术是一种集润滑与修复功能于一体，有效降低摩擦、减小磨损、避免表面微损伤的动态自修复技术，具有对表面微损伤进行原位动态自修复、预防或抑制设备零部件的失效、修复不需要拆卸部件等特点。纳米减摩与自修复技术不仅可以对设备表面微损伤（如发动机、齿轮、轴承等磨损表面的微损伤）进行自修复，预防设备零部件的失效，大幅延长设备的使用寿命，还可以通过影响和改进传统的润滑方式而节省润滑与燃料成本。该技术是近年发展的一种新型技术，与传统的对失效部件进行静态修复的模式有着本质的区别，它是通过对磨损表面微损伤的不拆卸原位动态修复，达到预防或抑制部件失效的目的。该技术已成为未来维修的主要发展方向之一，特别是纳米材料的发展也为研制先进的表面微损伤原位动态自修复材料和技术提供了新的途径。

减摩、耐磨、自修复问题是精密摩擦副需解决的关键问题，润滑油添加剂技术是延长零件摩擦副寿命的重要手段，纳米减摩自修复添加剂技术是一项新型的原位自修复技术。含有纳米颗粒（如铜粒）的复合添加剂被加入润滑油后，纳米颗粒随润滑油分散于各个摩擦副接触表面，在一定温度、压力、摩擦力作用下，摩擦副表面产生剧烈摩擦和塑性变形，添加剂中的纳米颗粒就会在摩擦表面沉积，并与摩擦表面作用。润滑油中加入纳米添加剂，能够使摩擦副在运动过程中，通过摩擦化学反应，在摩擦表面形成一层具有抗磨减摩作用的液态或固态保护膜，从而使摩擦副在运动过程中得到修复。

润滑油纳米减摩自修复添加剂的种类主要有：纳米层状无机物、纳米硼酸盐、纳米软金属及纳米金属氧化物、纳米氢氧化物等，其中，软金属纳米铜在润滑油中具有良好的摩擦学性能和自修复性能。

纳米减摩与自修复添加剂的使用方法如下。

（1）将机油箱内不能使用的旧油清理干净，如机油可使用，则不需更换机油。

（2）将发动机发动运行，使发动机的油温达到正常温度。

（3）使用修复添加剂前，用力上下摇几下，然后在机油箱中按机油量的 5% 添加纳米添加剂。

（4）发动机不熄火，运行 30min 后使用效果最佳。

（5）经过一段时间的使用，如发现机箱中机油不到正常位置，可添加机油到正常位置。

## 任务 9　轴类零件的修理

### 4.9.1　轴类零件的失效形式

轴类零件是组成各类机械设备的重要零件。它的主要作用是支撑其他零件，承受载荷和传递转矩。轴是最容易磨损或损坏的零件，常见的失效形式、损伤特征、产生原因及修复方法见表 4-17。

表 4-17　　　轴常见的失效形式、损伤特征、产生原因及修复方法

| 失效形式 | | 损伤特征 | 产生原因 | 维修方法 |
|---|---|---|---|---|
| 磨损 | 黏着磨损 | 两表面的微凸体接触，引起局部黏着、撕裂，有明显粘贴痕迹 | 低速重载或高速运转、润滑不良引起胶合 | ① 修理尺寸；<br>② 电镀；<br>③ 金属喷涂；<br>④ 镶套；<br>⑤ 堆焊；<br>⑥ 粘接 |
| | 磨粒磨损 | 表层有条形沟槽刮痕 | 较硬杂质介入 | |
| | 疲劳磨损 | 表面疲劳、剥落、压碎、有坑 | 受变应力作用，润滑不良 | |
| | 腐蚀磨损 | 接触表面滑动方向呈现细磨痕，或点状、丝状磨蚀痕迹，或有小凹坑，伴有黑灰色、红褐色氧化物细颗粒、丝状磨损物产生 | 受氧化性、腐蚀性较强的气、液体作用，受外载荷或振动作用，接触表面间产生微小滑动 | |
| 断裂 | 疲劳断裂 | 可见到断口表层或深处的裂纹痕迹，并有新的发展迹象 | 交变应力作用、局部应力集中、微小裂纹扩展 | ① 焊补；<br>② 焊接断轴；<br>③ 断轴接段；<br>④ 断轴套接 |
| | 脆性断裂 | 断口由裂纹源处向外呈鱼骨状或人字形花纹状扩散 | 温度过低、快速加载、电镀等使氢渗入轴中 | |
| | 韧性断裂 | 断口有塑性变形和挤压变形痕迹，有颈缩现象或纤维扭曲现象 | 过载、材料强度不够、热处理使韧性降低，低温、高温等 | |
| 过量变形 | 弹性变形 | 承载时过量变形，卸载后变形消失，运转时噪声大、运动精度低，变形出现在承载区或整轴上 | 轴的刚度不足、过载或轴系结构不合理 | ① 冷校；<br>② 热校 |
| | 塑性变形 | 整体出现不可恢复的弯、扭曲，与其他零件的接触部位呈局部塑性变形 | 强度不足、过量过载、设计结构不合理、高温导致材料强度降低，甚至发生蠕变 | |

### 4.9.2　轴类零件的修理方法

轴的具体修复内容主要有以下四个方面。

**1．轴颈磨损的修复**

轴颈因磨损而失去原有的尺寸和形状精度，变成椭圆形或圆锥形等，此时常用以下方法修复。

（1）按规定尺寸修复

当轴颈磨损量小于 0.5 mm 时，可用机械加工方法使轴颈恢复正确的几何形状，然后按轴颈的实际尺寸选配新轴衬。这种用镶套进行修复的方法可避免轴颈的变形，在实践中经常使用。

（2）堆焊法修复

几乎所有的堆焊工艺都能用于轴颈的修复。堆焊后不进行机械加工的，堆焊层厚度应保持在 1.5～2.0 mm；若堆焊后仍需进行机械加工，堆焊层的厚度应使轴颈比其名义尺寸大 2～3 mm。堆焊后应进行退火处理。

（3）电镀或喷涂修复

当轴颈磨损量在 0.4 mm 以下时，可镀铬修复，但成本较高，只适于重要的轴。为降低成本，对于不重要的轴应采用低温镀铁修复，此方法效果很好，原材料便宜，成本低，污染小，镀层厚度可达 1.5 mm，有较高的硬度。磨损量不大的也可采用喷涂修复。

（4）粘接修复

把磨损的轴颈车小 1 mm，然后用玻璃纤维蘸上环氧树脂胶，逐层地缠在轴颈上，待固化后加工到规定的尺寸。

**2．中心孔损坏的修复**

修复前，首先除去孔内的油污和铁锈，检查损坏情况，如果损坏不严重，用三角刮刀或油石等进行修整；当损坏严重时，应将轴装在车床上用中心钻加工修复，直至完全符合规定的技术要求。

**3．圆角的修复**

圆角对轴的使用性能影响很大，特别是在交变载荷作用下，常因轴颈直径突变部位的圆角被破坏或圆角半径减小导致轴折断。因此，圆角的修复不可忽视。

圆角的磨伤可用细锉或车削、磨削加工修复。当圆角磨损很大时，需要进行堆焊，退火后车削至原尺寸。圆角修复后，不可有划痕、擦伤或刀迹，圆角半径也不能减小，否则会减弱轴的性能并导致轴的损坏。

### 4．螺纹的修复

当轴表面上的螺纹碰伤、螺母不能拧入时，可用圆板牙或车削加工修整。若螺纹滑牙或掉牙，可先把螺纹全部车削掉，然后进行堆焊，再车削加工修复。

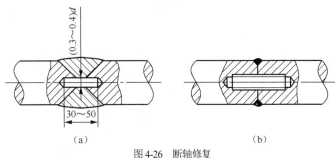

套螺纹

### 5．键槽的修复

当键槽只有小凹痕、毛刺或轻微磨损时，可用细锉、油石或刮刀等进行修整。若键槽磨损较大，可扩大键槽或重新开槽，并配大尺寸的键或阶梯键；也可在原槽位置上旋转 90°或 180°重新按标准开槽。开槽前需先把旧键槽用气焊或电焊填满。

### 6．花键轴的修复

（1）当键齿磨损不大时，先将花键部分退火，进行局部加热，然后用钝錾子对准键齿中间，手锤敲击，并沿键长移动，使键宽增加 0.5～1.0 mm。花键被挤压后，劈成的槽可用电焊焊补，最后进行机械加工和热处理。

（2）采用纵向或横向施焊的自动堆焊方法。纵向堆焊时，把清洗好的花键轴装到堆焊机床上，机床不转动，将振动堆焊机头旋转 90°，并将焊嘴调整到与轴中心线成 45°角的键齿侧面。焊丝伸出端与工件表面的接触点应在键齿的节径上，由床头向尾架方向施焊。横向施焊与一般轴类零件修复时的自动堆焊相同。为保证堆焊质量，焊前应将工件预热。堆焊结束时，应在焊丝离开工件后断电，以免产生端面弧坑。堆焊后要重新进行铣削或磨削加工，达到规定的技术要求。

（3）按照规定的工艺规程进行低温镀铁，镀铁后再进行磨削加工，使其符合规定的技术要求。

### 7．裂纹和折断的修复

轴出现裂纹后若不及时修复，就有折断的危险。

对于轻微裂纹可采用粘接修复：先在裂纹处开槽，然后用环氧树脂填补和粘接，待固化后进行机械加工。

对于承受载荷不大或不重要的轴，其裂纹深度不超过轴直径的10%时，可采用焊补修复。焊补前，必须认真做好清洁工作，并在裂纹处开好坡口。焊补时，先在坡口周围加热，然后再进行焊补。为消除内应力，焊补后需进行退火处理，最后通过机械加工达到规定的技术要求。

对于承受载荷很大或重要的轴，其裂纹深度超过轴直径的10%或存在角度超过10°的扭转变形，应予以调换。

当载荷大或重要的轴出现折断时，应及时调换。一般受力不大或不重要的轴折断时，可用图 4-26 所示的方法进行修复。其中图 4-26（a）所示为用焊接法把断轴两端对接起来。焊接前，先将两轴端面钻好圆柱销孔，插入圆柱销，然后开坡口进行对接。圆柱销直径一般为（0.3～0.4）$d$，$d$ 为断轴外径。图 4-26（b）所示为用双头螺柱代替圆柱销。

图 4-26  断轴修复

若轴的过渡部分折断，可另加工一段新轴代替折断部分，新轴一端车出带有螺纹的尾部，旋入轴端已加工好的螺孔内，然后进行焊接。

有时折断的轴其断面经过修整后，使轴的长度缩短了，此时需要采用接段修理法进行修复，即在轴的断口部位再接上一段轴颈。

**8．弯曲变形的修复**

对弯曲量较小的轴（一般小于长度的 8/1000），可用冷校法进行校正。通常对普通的轴可在车床上校正，也可用千斤顶或螺旋压力机进行校正。这些方法的弯曲量能达到 1 m 长 0.05～0.15 mm，可满足一般低速运行的机械设备要求。对要求较高、需精确校正的轴，或弯曲量较大的轴，则用热校法进行校正。通过加热使轴的温度达到 500～550℃，待冷却后进行校正。加热时间根据轴的直径大小、弯曲量及具体的加热设备确定。热校后应使轴的加热处退火，达到原来的力学性能和技术要求。

**9．其他失效形式的修复**

外圆锥面或圆锥孔磨损，均可用车削或磨削方法加工到较小或较大尺寸，达到修配要求，再另外配相应的零件；轴上销孔磨损时，也可将尺寸铰大一些，另配销子；轴上的扁头、方头及球头磨损可采用堆焊或加工、修整几何形状的方法修复；当轴的一端损坏时，可采用局部修换法进行修理，即切削损坏的一段，再焊上一段新的后，加工到要求的尺寸。

**10．轴在线维修技术**

轴在线维修技术是一种可以实现在线快速维修的方法，可减少或避免拆卸，大幅缩短设备故障停机时间，修复材料使用过程中不会产生金属疲劳磨损，在设备正常维护保养的前提下，可满足其使用寿命。轴在线维修过程如下。

（1）使用氧气-乙炔火焰对轴颈进行烤油，并打磨圆整。

（2）用无水乙醇清洗轴颈。

（3）空试工装无误后，工装内表面刷脱模剂备用。

（4）空试无误后，拆除工装，用无水乙醇擦拭后刷脱模剂备用。

（5）调和碳纳米聚合物材料涂覆在轴修复面及工装修复面上，多涂材料以保证材料密实度。

（6）安装工装到位后，加热轴头，使其固化。

（7）拆卸工装，核实尺寸，加热轴承后安装到位。

（8）修复完成后开机运行。

## 任务 10　齿轮的修理

### 4.10.1　齿轮的失效形式

对因磨损或其他故障而失效的齿轮进行修复，在机械设备维修中非常多见。齿轮的类型很多，用途各异。齿轮常见的失效形式、损伤特征、产生原因和修复方法见表4-18。

表 4-18　　　　　　　齿轮常见的失效形式、损伤特征、产生原因及修复方法

| 失效形式 | 损伤特征 | 产生原因 | 修复方法 |
|---|---|---|---|
| 轮齿折断 | 整体折断一般发生在齿根，局部折断一般发生在轮齿一端 | 齿根处弯曲应力最大且集中，载荷过分集中、多次重复作用、短期过载 | 堆焊、局部更换、栽齿、镶齿 |
| 疲劳点蚀 | 在节线附近的下齿面上出现疲劳点蚀坑并扩展，呈贝壳状，可遍及整个齿面、噪声、磨损、动载加大，在闭式齿轮中经常发生 | 长期受交变接触应力作用，齿面接触强度和硬度不高、表面粗糙度大一些、润滑不良 | 堆焊、更换齿轮、变位切削 |
| 齿面剥落 | 脆性材料、硬齿面齿轮在表层或次表层内产生裂纹，然后扩展，材料呈片状剥离齿面，形成剥落坑 | 齿面受高的交变接触应力，局部过载、材料缺陷、热处理不当、黏度过低、轮齿表面质量差 | 堆焊、更换齿轮、变位切削 |
| 齿面胶合 | 齿面金属在一定压力下直接接触发生黏着，并随相对运动从齿面上撕落，按形成条件分为热胶合和冷胶合 | 热胶合产生于高速重载，引起局部瞬时高温，导致油膜破裂，使齿面局部粘焊；冷胶合发生于低速重载，局部压力过高、油膜压溃 | 更换齿轮、变位切削、加强润滑 |

| 失效形式 | 损伤特征 | 产生原因 | 修复方法 |
|---|---|---|---|
| 齿面磨损 | 轮齿接触表面沿滑动方向有均匀重叠条痕，多见于开式齿轮，导致失去齿形、齿厚减薄而断齿 | 铁屑、尘粒等进入轮齿的啮合部位引起磨粒磨损 | 堆焊、调整换位、更换齿轮、换向、塑性变形、变位切削、加强润滑 |
| 塑性变形 | 齿面产生塑性流动，破坏了正确的齿形曲线 | 齿轮材料较软、承受载荷较大、齿面间摩擦力较大 | 更换齿轮、变位切削、加强润滑 |

## 4.10.2  齿轮的修理方法

### 1. 调整换位法

对于单向运转受力的齿轮，轮齿常为单面损坏，只要结构允许，可直接用调整换位法修复。所谓调整换位就是将已磨损的齿轮变换一个方位，利用齿轮未磨损或磨损轻的部位继续工作。

对于结构对称的齿轮，当单面磨损后可直接翻转180°，重新安装使用，这是齿轮修复的通用办法。但是，对圆锥齿轮或具有正反转的齿轮不能采用这种方法。

若齿轮精度不高，并由齿圈和轮毂组合的结构（铆合或压合），其轮齿单面磨损时，可先除去铆钉，拉出齿圈，翻转180°换位后再进行铆合或压合，即可使用。

结构左右不对称的齿轮，可将影响安装的不对称部分去掉，并在另一端用焊、铆或其他方法添加相应结构后，再翻转180°安装使用；也可在另一端加调整垫片，把齿轮调整到正确位置，而无须添加结构。

对于单面进入啮合位置的变速齿轮，若发生齿端碰缺，可将原有的换挡拨叉槽车削去掉，然后把新制的拨叉槽用铆或焊的方法装到齿轮的反面。

### 2. 栽齿修复法

对于低速、平稳载荷且要求不高的较大齿轮，单个齿折断后可将断齿根部锉平，根据齿根高度及齿宽情况，在其上面栽上一排与齿轮材质相似的螺钉，包括钻孔、攻螺纹、拧螺钉，并以堆焊连接各螺钉，然后再按齿形样板加工出齿形。

### 3. 镶齿修复法

对于受载不大但要求较高的齿轮，单个齿折断，可用镶单个齿的方法修复。如果齿轮有几个齿连续损坏，可用镶齿轮块的方法修复。若多联齿轮、塔形齿轮中有个别齿轮损坏，用齿圈替代法修复。重型机械的齿轮通常把齿圈以过盈配合的方式装在轮芯上，成为组合式结构。当这种齿轮的轮齿磨损超限时，可把坏齿圈拆下，换上新的齿圈。

### 4. 堆焊修复法

当齿轮的轮齿崩坏，齿端、齿面磨损超限，或存在严重表层剥落时，可以使用堆焊法进行修复。齿轮堆焊的一般工艺为：焊前退火、焊前清洗、施焊、焊缝检查、焊后机械加工与热处理、精加工、最终检查及修整。

（1）轮齿局部堆焊

当齿轮的个别齿断齿、崩牙，遭到严重损坏时，可以用电弧堆焊法进行局部堆焊。为防止齿轮过热、避免热影响，可把齿轮浸入水中，只将被焊齿露出水面，在水中进行堆焊。轮齿端面磨损超限，可采用熔剂层下粉末焊丝自动堆焊。

（2）齿面多层堆焊

当齿轮少数齿面磨损严重时，可用齿面多层堆焊。施焊时，从齿根逐步焊到齿顶，每层重叠量为2/5～1/2，焊一层经稍冷后再焊下一层。如果有几个齿面需堆焊，应间隔进行。

对于堆焊后的齿轮，要经过加工处理以后才能使用。最常用的加工方法有以下两种。

① 磨合法。按应有的齿形进行堆焊，以齿形样板随时检验堆焊层厚度，基本上不堆焊出加工余量，然后通过手工修磨处理，除去大的凸出点，最后在运转中依靠磨合磨出光洁表面。这种方

法工艺简单、维修成本低，但配对齿轮磨损较大、精度低。它适用于转速很低的开式齿轮修复。

② 切削加工法。齿轮在堆焊时留有一定的加工余量，然后在机床上进行切削加工。此种方法能获得较高的精度，生产效率也较高。

### 5．塑性变形法

它是用一定的模具和装置并以挤压或滚压的方法将齿轮轮缘部分的金属向齿的方向挤压，使磨损的齿加厚，如图4-27所示。

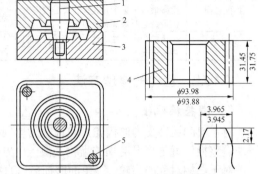

图4-27　用塑性变形法修复齿轮
1—销子；2—上模；3—下模；4—被修复的齿轮；5—导向杆

将齿轮加热到800～900℃放入在图4-27所示下模3中，然后将上模2沿导向杆5装入，用手锤在上模四周均匀敲打，使上下模具互相靠紧。将销子1对准齿轮中心以防止轮缘金属经挤压进入齿轮轴孔的内部。在上模2上施加压力，齿轮轮缘金属即被挤压流向齿的部分，使齿厚增大。

齿轮经过模压后，再通过机械加工铣齿，最后按规定进行热处理。图中4为修复的齿轮，尺寸线以上的数字为修复后的尺寸，尺寸线以下的数字为修复前的尺寸。

塑性变形法只适用于修复模数较小的齿轮。由于受模具尺寸的限制，齿轮的直径也不宜过大。需修复的齿轮不应有损伤、缺口、剥蚀、裂纹以及用此法修复不了的其他缺陷；材料要有足够的塑性，并能成形；结构要有一定的金属储备量，使磨损区的齿轮得到扩大，且磨损量应在齿轮和结构的允许范围内。

### 6．变位切削法

齿轮磨损后可利用变位切削，将大齿轮的磨损部分切去，另外配换一个新的小齿轮与大齿轮相配，齿轮传动即能恢复。大齿轮经过负变位切削后，它的齿根强度虽降低，但仍比小齿轮高，只要验算轮齿的弯曲强度在允许的范围内便可使用。

若两齿轮的中心距不能改变时，与经过负变位切削后的大齿轮相啮合的新小齿轮必须采用正变位切削。它们的变位系数大小相等，符号相反，形成高度变位，使中心距与变位前的中心距相等。

如果两传动轴的位置可调整，新的小齿轮不用变位，仍采用原来的标准齿轮。若小齿轮装在电动机轴上，可移动电动机来调整中心距。

采用变位切削法修复齿轮，必须进行如下相关方面的验算。

（1）根据大齿轮的磨损程度，确定切削位置，即大齿轮切削最小的径向深度。

（2）当大齿轮齿数小于40时，需验算是否会有根切现象；若大于40，一般不会发生根切，可不验算。

（3）当小齿轮齿数小于25时，需验算齿顶是否变尖；若大于25，一般很少使齿顶变尖，可不验算。

（4）必须验算轮齿齿形有无干涉现象。

（5）对闭式传动的大齿轮经负变位切削后，应验算轮齿表面的接触疲劳强度，而开式传动可不验算。

（6）当大齿轮的齿数小于40时，需验算弯曲强度；而大于或等于40时，因强度减少不大，可不验算。

变位切削法适用于大传动比、大模数的齿轮传动因齿面磨损超限而失效，成对更换不合算，采取对大齿轮进行负变位修复而得到保留，只须配换一个新的正变位小齿轮，使传动得到恢复。它可减少材料消耗，缩短修复时间。

### 7．金属涂敷法

对于模数较小的齿轮齿面磨损，不便于用堆焊等工艺修复，可采用金属涂敷法。

这种方法的实质是在齿面上涂以金属粉或合金粉层，然后进行热处理或者机械加工，从而使零件的原来尺寸得到恢复，并获得耐磨及其他特性的覆盖层。

涂敷时所用的粉末材料，主要有铁粉、铜粉、钴粉、钼粉、镍粉、堆焊合金粉、镍-硼合金粉等，修复时根据齿轮的工作条件及性能要求选择确定。涂敷的方法主要有喷涂、压制、沉积和复合等。

此外，铸铁齿轮的轮缘或轮辐产生裂纹或断裂时，常用气焊、铸铁焊条或焊粉将裂纹处焊好；用补夹板的方法加强轮缘或轮辐；用加热的扣合件在冷却过程中产生冷缩将损坏的轮缘或轮辐锁紧。

齿轮键槽损坏，可用插、刨或钳工把原来的键槽尺寸扩大 10%～15%，同时配制相应尺寸的键进行修复。如果损坏的键槽不能用上述方法修复，可转位在与旧键槽成 90°的表面上重新开一个键槽，同时将旧键槽堆焊补平；若待修复齿轮的轮毂较厚，也可将轮毂孔以齿顶圆定心进行镗大，然后在镗好的孔中镶套，再切制标准键槽；但镗孔后轮毂壁厚小于 5 mm 的齿轮不宜用此法修复。

齿轮孔径磨损后，可用镶套、镀铬、镀镍、镀铁、电刷镀、堆焊等工艺方法修复。

## 任务 11　蜗轮蜗杆的修理

### 4.11.1　蜗杆传动的失效形式

蜗杆传动的失效形式与齿轮传动相同，有齿面点蚀、胶合、磨损、轮齿折断及塑性变形，其中尤以胶合和磨损更易发生。由于蜗杆传动相对滑动速度大，效率低，并且蜗杆齿是连续的螺旋线，材料强度高，所以失效总是出现在蜗轮上。在闭式传动中，蜗轮多因齿面胶合或点蚀失效；在开式传动中，蜗轮多因齿面磨损和轮齿折断而失效。

### 4.11.2　蜗轮蜗杆副的修理

#### 1．更换新的蜗杆副

如图 4-28 所示，机床的分度蜗杆副装配在工作台 1 上，除蜗杆副本身的精度必须达到要求外，分度蜗轮 2 与上回转工作台 1 的环形导轨还需满足同轴度要求。在

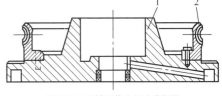

图 4-28　回转工作台及分度蜗轮
1—工作台；2—分度蜗轮

更换新蜗轮时，为了消除由于安装蜗轮螺钉的拉紧力对导轨引起的变形，蜗轮齿坯应首先在工作台导轨的几何精度修复以前装配好，待几何精度修复后，再以下环形导轨为基准对蜗轮进行加工。

#### 2．采用珩磨法修复蜗轮

珩磨法是将与原蜗杆尺寸完全相同的珩磨蜗杆装配在原蜗杆的位置上，利用机床传动使珩磨蜗杆转动，对机床工作台分度蜗轮进行珩磨。珩磨蜗杆是将 120 号金刚砂用环氧树脂粘接在珩磨蜗杆坯件上，待粘接结实后再加工成形。珩磨蜗杆的安装精度，应保证蜗杆回转中心线对蜗轮啮合的中间平面的平行及与啮合中心平面重合。啮合中心平面的检查可用着色检验接触痕迹的方法。

## 任务 12　壳体零件的修理

壳体零件是机械设备的基础件之一。由它将一些轴、套、齿轮等零件组装在一起，使其保持正确的相对位置，彼此能按一定的传动关系协调地运动，构成机械设备的一个重要部件。因此壳体零件的修复对机械设备的精度、性能和寿命都有直接的影响。壳体零件的结构形状一般都比较复杂，壁薄且不均匀，内部呈腔形，在壁上既有许多精度较高的孔和平面需要加工，又有许多精

度较低的紧固孔需要加工。下面简要介绍几种壳体零件的修复工艺要点。

**1．汽缸体**

（1）汽缸体裂纹的修复

① 产生裂纹的部位和原因。汽缸体的裂纹一般发生在水套薄壁、进排气门垫座之间、燃烧室与气门座之间、两汽缸之间、水道孔及缸盖螺钉固定孔等部位。产生裂纹的原因主要有以下四方面。

（a）急剧的冷热变化形成内应力。

（b）冬季忘记放水而冻裂。

（c）气门座附近局部高温产生热裂纹。

（d）装配时因过盈量过大引起裂纹。

② 常用修复方法。常用的修复方法主要有焊补、粘补、栽铜螺钉填满裂纹、用螺钉把补板固定在汽缸体上等。

（2）汽缸体和汽缸盖变形的修复

① 变形的危害和原因。变形不仅破坏了几何形状，而且使配合表面的相对位置偏差增大，例如，破坏了加工基准面的精度，破坏了主轴承座孔的同轴度、主轴承座孔与凸轮轴承孔中心线的平行度、汽缸中心线与主轴承孔的垂直度等。另外还引起密封不良、漏水、漏气，甚至冲坏汽缸衬垫。变形产生的原因主要有：制造过程中产生的内应力和负荷外力相互作用、使用过程中缸体过热、拆装过程中未按规定进行等。

② 变形的修复。如果汽缸体和汽缸盖的变形超过技术规定范围，则应根据具体情况进行修复，主要方法如下。

（a）汽缸体平面螺孔附近凸起，用油石或细锉修平。

（b）汽缸体和汽缸盖平面不平，可用铣、刨、磨等加工修复，也可刮研、研磨。

（c）汽缸盖翘曲，可进行加温，然后在压力机上校正或敲击校正，最好不用铣、刨、磨等加工修复。

（3）汽缸磨损的修复

① 磨损的原因和危害。磨损通常是由腐蚀、高温和与活塞环的摩擦造成的，主要发生在活塞环运动的区域内。磨损后会出现压缩不良、启动困难、功率下降和机油消耗量增加等现象，甚至发生缸套与活塞的非正常撞击。

② 磨损的修复。汽缸磨损后，可采用修理尺寸法，即用镗削和磨削的方法，将缸径扩大到某一尺寸，然后选配与汽缸相符合的活塞和活塞环，恢复正确的几何形状和配合间隙。当缸径超过标准直径直至最大限度尺寸时，可用镶套法修复，也可用镀铬法修复。

（4）汽缸其他损伤的修复

主轴承座孔同轴度偏差较大时，需进行镗削修整，其尺寸应根据轴瓦瓦背镀层厚度确定；当同轴度偏差较小时，可用加厚的合金轴瓦进行一次镗削，弥补座孔的偏差；对于单个磨损严重的主轴承座孔，可将座孔镗大，配上钢制半圆环，用沉头螺钉固定，镗削到规定尺寸；座孔轻度磨损时，可使用刷镀方法修复，但要保证镀层与基体的结合强度和镀层厚度均匀一致，并不得超出规定的圆柱度要求。

**2．变速器箱体**

变速器箱体可能产生的主要缺陷有：箱体变形、裂纹、轴承孔磨损等。造成这些缺陷的原因是：箱体在制造加工中出现的内应力和外载荷、切削热和夹紧力；装配不好，间隙调整没按规定执行；使用过程中的超载、超速、润滑不良等。

当箱体上平面翘曲较小时，可将箱体倒置于研磨平台上进行研磨修平；若翘曲较大，应采用磨削或铣削加工来修平，此时应以孔的轴心线为基准找平，保证加工后的平面与轴心线的平行度。

当孔的中心距之间的平行度误差超差时，可用镗孔镶套的方法修复，以恢复各轴孔之间的相互位置精度。

若箱体有裂纹，应进行焊补，但要尽量减少箱体的变形和产生的白口组织。

若箱体的轴承孔磨损，可用修理尺寸法和镶套法修复。当套筒壁厚为 7～8 mm 时，压入镶套之后应再次镗孔，直至符合规定的技术要求。此外，也可采用喷涂或刷镀等方法进行修复。

# 任务 13　曲轴连杆机构的修理

## 4.13.1　曲轴的修理

曲轴是机械设备中一种重要的动力传递零件，它的制造工艺比较复杂，造价较高，因此修复曲轴是维修中的一项重要工作。

曲轴的主要失效形式是：曲轴的弯曲、轴颈的磨损、表面疲劳裂纹和螺纹的损坏等。

### 1．曲轴弯曲校正

将曲轴置于压力机上，用 V 形铁支撑两端主轴颈，并在曲轴弯曲的反方向对其施压，产生弯曲变形。若曲轴弯曲程度较大，为防止折断，校正应分几次进行。经过冷压校的曲轴，因弹性后效作用还会使其重新弯曲，最好施行自然时效处理或人工时效处理，消除冷压产生的内应力，防止出现新的弯曲变形。

### 2．轴颈磨损修复

主轴颈的磨损主要是失去圆度和圆柱度等形状精度，最大磨损部位是在靠近连杆轴颈的一侧。连杆轴颈磨损成椭圆形的最大磨损部位是在各轴颈的内侧面，即靠近曲轴中心线的一侧。连杆轴颈的锥形磨损，最大部位是机械杂质偏积的一侧。

曲轴轴颈磨损后，特别是圆度和圆柱度误差超过标准时需要进行修理。没有超过极限尺寸（最大收缩量不超过 2 mm）的磨损曲轴，可按修理尺寸进行磨削，同时换用相应尺寸的轴承，否则应采用电镀、堆焊、喷涂等工艺恢复到标准尺寸。

为利于成套供应轴承，主轴颈与连杆轴颈一般应分别修磨成同一级修理尺寸。特殊情况，如个别轴颈烧蚀并发生在大修后不久，则可单独将这一轴颈修磨到另一等级。曲轴磨削可在专用曲轴磨床上进行，并遵守磨削曲轴的规范。在没有曲轴磨床的情况下，也可用曲轴修磨机或在普通车床上修复，此时需配置相应的夹具和附加装置。

磨损后的曲轴轴颈还可采用焊接剖分式轴套的方法进行修复，如图 4-29 所示。

先把已加工的轴套 2 切分开，然后焊接到曲轴磨损的轴颈 1 上，并将两个半套也焊在一起，再用通用的方法加工到公称尺寸。

不同直径的曲轴和不同的磨损量，所采用的剖分式轴套的壁厚也不一样。当曲轴的轴颈直径为 $\phi50～\phi100$ mm 时，剖分式轴套的厚度可取 4～6 mm；当轴颈直径为 $\phi150～$

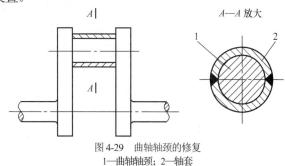

图 4-29　曲轴轴颈的修复
1—曲轴轴颈；2—轴套

$\phi200$ mm 时，剖分式轴套的厚度为 8～12 mm。剖分式轴套在曲轴的轴颈上焊接时，应先将半轴套铆焊在曲轴上，然后再焊接其切口，轴套的切口可开 V 形坡口。为了防止曲轴在焊接过程中产生变形或过热，应使用小的焊接电流，分段焊接切口、多层焊、对称焊。焊后需将焊缝退火，消除应力，再进行机械加工。

曲轴的这种修复方法使用效果很好，并可节省大量的资金，广泛用于空压机、水泵等机械设备的维修。

**3．曲轴裂纹修复**

曲轴裂纹一般出现在主轴颈或连杆轴颈与曲柄臂相连的过渡圆角处或轴颈的油孔边缘。若发现连杆轴颈上有较细的裂纹，经修磨后裂纹能消除，则可继续使用。一旦发现有横向裂纹，则必须予以调换，不可修复。

### 4.13.2　连杆的修理

连杆是承载较复杂作用力的重要部件。连杆螺栓是该部件的重要零件，一旦发生故障，可能导致设备的严重损坏。连杆常见的故障有：连杆大端变形、螺栓孔及其端面磨损、小头孔磨损等。出现这些现象时，应及时修复。

**1．连杆大端变形的修复**

连杆大端变形如图 4-30 所示。产生大端变形的原因主要是：大端薄壁瓦瓦口余面高度过大、使用厚壁瓦的连杆大端两侧垫片厚度不一致或安装不正确。在上述状态下，拧紧连杆螺栓后便产生大端变形，螺栓孔的精度也随之降低。因此，在修复大端时应同时检修螺栓孔。

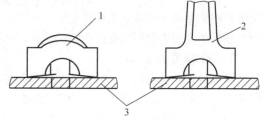

图 4-30　连杆大端变形示意图
1—瓦盖；2—连杆体；3—平板

**2．修复大端孔**

将连杆体和大端盖的两结合面铣去少许，使结合面垂直于杆体中心线，然后把大端盖组装在连杆体上。在保证大小孔中心距尺寸精度的前提下，重新镗大孔达到规定尺寸及精度。

**3．检修两螺栓孔**

如两螺栓孔的圆度、圆柱度、平行度和孔端面对其轴线的垂直度不符合规定的技术要求，应镗孔或铰孔修复。采用铰孔修复时，孔的端面可用人工修刮达到精度要求。按修复后孔的实际尺寸配制新螺栓。

## ｜学习反馈表｜

| 项目四　机械零部件的修理 | | |
|---|---|---|
| 知识与技能点 | 零件修复的种类及零件修复工艺的选择 | □掌握　□很难　□简单　□抽象 |
| | 机械修复法的概念及工艺特点 | □掌握　□很难　□简单　□抽象 |
| | 焊接修复法的工艺特点及工艺方法 | □掌握　□很难　□简单　□抽象 |
| | 钢制零件的焊修 | □掌握　□很难　□简单　□抽象 |
| | 铸铁零件的焊修 | □掌握　□很难　□简单　□抽象 |
| | 有色金属零件的焊修 | □掌握　□很难　□简单　□抽象 |
| | 热喷涂修复法的分类及工艺特点 | □掌握　□很难　□简单　□抽象 |
| | 氧乙炔火焰喷涂和喷焊工艺 | □掌握　□很难　□简单　□抽象 |
| | 电弧喷涂工艺 | □掌握　□很难　□简单　□抽象 |
| | 电镀修复法的概念及工艺特点 | □掌握　□很难　□简单　□抽象 |
| | 镀铬的特点、应用范围及工艺过程 | □掌握　□很难　□简单　□抽象 |
| | 镀铁的特点、应用范围及工艺过程 | □掌握　□很难　□简单　□抽象 |
| | 电刷镀的工作原理、特点、应用范围、设备、工艺过程 | □掌握　□很难　□简单　□抽象 |
| | 粘接修复法的特点、工艺过程及应用范围 | □掌握　□很难　□简单　□抽象 |
| | 刮研修复法的特点、刮研工具和检测器具、刮研精度的检测 | □掌握　□很难　□简单　□抽象 |
| | 机床导轨的刮研工艺 | □掌握　□很难　□简单　□抽象 |
| | 轴类零件的失效形式 | □掌握　□很难　□简单　□抽象 |
| | 轴类零件的修复方法 | □掌握　□很难　□简单　□抽象 |
| | 齿轮的失效形式 | □掌握　□很难　□简单　□抽象 |

| 项目四　机械零部件的修理 | | |
|---|---|---|
| 知识与技能点 | 齿轮的修复方法 | □掌握 □很难 □简单 □抽象 |
| | 蜗杆传动的失效形式 | □掌握 □很难 □简单 □抽象 |
| | 蜗轮蜗杆副的修理 | □掌握 □很难 □简单 □抽象 |
| | 壳体零件的修理 | □掌握 □很难 □简单 □抽象 |
| | 曲轴连杆机构的修理 | □掌握 □很难 □简单 □抽象 |
| | 思考题与习题 | □掌握 □很难 □简单 □抽象 |
| 学习情况 | 基本概念 | □难懂 □理解 □易忘 □抽象 □简单 □太多 |
| | 学习方法 | □听讲 □自学 □实验 □工厂 □讨论 □笔记 |
| | 学习兴趣 | □浓厚 □一般 □淡薄 □厌倦 □无 |
| | 学习态度 | □端正 □一般 □被迫 □主动 |
| | 学习氛围 | □愉快 □轻松 □互动 □压抑 □无 |
| | 课堂纪律 | □良好 □一般 □差 □早退 □迟到 □旷课 |
| | 课前课后 | □预习 □复习 □无 □没时间 |
| | 实践环节 | □太少 □太多 □无 □不会 □简单 |
| | 学习效果自我评价 | □很满意 □满意 □一般 □不满意 |
| 建议与意见 | | |

注：学生根据实际情况在相应的方框中画"√"或"×"，在空白处填上相应的建议或意见。

# | 思考题与习题 |

## 一、名词解释

1. 扩孔镶套法　　2. 电镀　　3. 低温镀铁　　4. 冷焊修复法　　5. 热喷涂修复法

## 二、填空题

1. 利用＿＿＿＿、＿＿＿＿、＿＿＿＿等各种机械方法，使失效零件得以修复的方法称机械修复法。

2. 采用镶加零件法修复失效零件时，镶加零件的材料和热处理，一般应与基体＿＿＿＿；必要时应选用比基体＿＿＿＿材料。

3. 金属扣合法的波形键，应选用＿＿＿＿、＿＿＿＿倾向大的奥氏体镍铬钢制造。

4. 强密扣合法和优级扣合法的缀缝栓，应选用＿＿＿＿材料制造，以便于铆紧。

5. 焊接修复法可以迅速地修复一般零件的＿＿＿＿、＿＿＿＿、＿＿＿＿等多种缺陷。

6. 对于磨损严重的重要零件，可在磨损的部位堆焊上一层金属。常见的堆焊方式有＿＿＿＿和＿＿＿＿两类。

7. 零件进行堆焊修复后，为减小焊层的应力和硬度不均现象，应进行＿＿＿＿处理。

8. 胶黏剂主要分＿＿＿＿胶黏剂和＿＿＿＿胶黏剂两大类。

9. 有机胶黏剂一般总是由几种材料组成，配制时应注意＿＿＿＿的准确，否则将直接影响粘接质量。

10. 粘接表面的处理方法有＿＿＿＿、＿＿＿＿和＿＿＿＿等几种。

11. 一般液态胶黏剂可采用＿＿＿＿、＿＿＿＿、＿＿＿＿和＿＿＿＿等涂胶方法。

12. 胶层应涂布＿＿＿＿，注意保证胶层＿＿＿＿和避免出现＿＿＿＿、＿＿＿＿现象。

13. 电镀修复法可修复零件的＿＿＿＿，并提高零件表面的＿＿＿＿、＿＿＿＿及＿＿＿＿等。

14. 采用镀铬法修复零件的镀铬层＿＿＿＿高、耐＿＿＿＿、耐＿＿＿＿、耐＿＿＿＿。

15. 采用镀铬法修复失效零件的尺寸时，平滑镀铬层适于修复＿＿＿＿的配合零件，多孔性镀铬层适于修复＿＿＿＿的各种零件。

16. 对于机械设备壳体轴承松动，一般可用＿＿＿＿或＿＿＿＿的方法修复，但前者费工费时，后者给以后更换轴承带来麻烦。若采用＿＿＿＿或＿＿＿＿的方法，可直接修复孔的尺寸。

17. 进行金属刷镀时，可通过调整_____、_____和_____获得所需的镀层厚度。

18. 刷镀笔上的阳极形状应与工件表面形状耦合，一般常做成_____、_____、_____和_____等形状。

19. 常用的喷涂种类有_____、_____、_____等。

20. 用来喷涂的材料可以是_____，也可以是_____。同样基体的材料可以是_____，也可以是_____。

21. 失效零件经喷涂后，涂层的组织_____，并能_____，因而_____和_____性能都较好。

22. 机床导轨若发生局部研伤，常用的修复方法有：采用_____或_____的方法补焊；使用_____粘接；对研伤部位进行_____或_____。

23. 刮削修复机床导轨时，一般应以_____为刮研基准。

三、判断题（正确的在题后的括号里画"√"，错误的画"×"）

1. 采用机械修复法修复失效零件时，对于镶加、局部修换的零件，应采取过盈、粘接等措施将其固定。 （　　）

2. 双联齿轮往往是其中小齿轮磨损严重，可将其轮齿切去，重制一个小齿圈，进行局部修换，并加以固定。 （　　）

3. 对于铸件的裂纹，在修复前一定要在裂纹的末端钻出止裂孔，否则即便是采用了局部加强法或金属扣合法修复，裂纹仍可能扩展。 （　　）

4. 振动电弧堆焊的焊层质量好，焊后可不进行机械加工。 （　　）

5. 在振动电堆弧焊中，为减少工件受热，采用交流焊接电源。 （　　）

6. KH-501、KH-502 瞬干胶主要用于金属或非金属的大面积粘接。 （　　）

7. 粘接接头的粘接长度越长，承载能力越大。 （　　）

8. 涂布的胶层宜薄不宜厚。 （　　）

9. 即使是室温固化的胶黏剂，提高固化温度对粘接效果也有好处。 （　　）

10. 多孔性镀铬层不易储存润滑油，平滑镀铬层能储存足够的润滑油，以改善摩擦条件。 （　　）

11. 利用喷涂修复失效零件时，涂层的厚度不得大于 0.05 mm。 （　　）

12. 利用喷涂修复失效零件，其涂层与基体的结合强度比振动电堆焊焊层与基体的结合强度高。 （　　）

13. 修复大型平板时应先刮削中间，再刮削四边。 （　　）

四、简答题

1. 什么是修理尺寸法？应用这种方法修复失效零件时，应注意什么？

2. 简述用焊接法修复铸件裂纹的工作过程。

3. 在铸件上的裂纹看不清楚时，用什么办法可以方便地找出全部裂纹？

4. 简述粘接工艺的主要特点。

5. 粘接工艺过程主要包含哪些工作内容？

6. 合理选用胶黏剂主要考虑哪几个方面？

7. 简述调胶时所加各种添加剂的作用。

8. 什么是低温镀铁？简述其工艺特点。

9. 简述电刷镀的原理及其工艺特点。

10. 简述电刷镀的工艺过程及在设备维修中的应用。

11. 简述热喷涂修复法的工艺特点。

# 项目五
# 机械设备零部件的装配

## 学思融合

　　全国劳动模范、中国第二重型机械集团公司首席技能大师胡应华牵头承担并圆满完成了 8 万吨大型模锻压机、"亚洲第一锤"——100 吨/米无砧座对击锤、"轧机之王"——宝钢 5 米轧机等数十项国家重大装备的装配工作，练就了一身重型成套设备装配的绝技绝活，探索了一套精湛的装配技艺技法。三十九年来，胡应华始终坚守一线，攻坚克难，无怨无悔，默默奉献，在平凡岗位创造了非凡业绩，用自己的忠诚和汗水谱写出了"重装大师"的华美乐章。

## 项目导入

　　机械设备通常由若干零部件组成，哪个先装，哪个后装，用什么方式安装，调试的顺序、参数等因素，都会直接影响设备最终的工作情况。因此，我们在生产过程中要十分注重理论与实践相结合，大胆进行技术改进和质量控制攻关，创新装配组织模式和改进装配工艺流程，以达到提高工作效率的目的。

## 学习目标

1. 熟悉并掌握典型机械零部件的结构和工作原理。
2. 理解典型机械零部件的装配技术要求。
3. 掌握典型机械零部件的装配调试工艺方法与步骤。
4. 熟悉常用装配工具和量具的应用。
5. 培养学生爱岗敬业、担当尽责的精神和团队协作能力。

## 任务 1　机械设备零部件装配概述

　　装配是整个机械设备检修过程中的最后一个环节。装配工作对机械设备的质量影响很大。若装配不当，即使所有零件加工合格，也不一定能够装配出合格的机械设备；反之，当零件制造质量不十分良好时，只要装配中采用合适的工艺方案，也能使机械设备达到规定的要求，因此，装配质量对保证机械设备质量起了极其重要的作用。

认识机械装配

### 5.1.1 装配工作内容

机械设备装配是设备检修的最后阶段，装配过程中不是将合格零件简单地连接起来，而是要通过一系列工艺措施，才能最终达到产品质量要求。常见的装配工作主要有以下四项。

**1．清洗**

清洗的目的是去除零件表面或部件中的油污及机械杂质。

**2．连接**

连接的方式一般有两种，可拆连接和不可拆连接。可拆连接在装配后可以很容易拆卸而不致损坏任何零件，且拆卸后仍重新装配在一起，例如螺纹连接、键连接等。不可拆连接，装配后一般不再拆卸，如果拆卸就会损坏其中的某些零件，例如焊接、铆接等。

**3．调整**

调整包括校正、配作、平衡等。

（1）校正。它是指产品中相关零部件间相互位置找正，并通过各种调整方法，保证达到装配精度要求等。

（2）配作。它是指两个零件装配后确定其相互位置的加工，如配钻、配铰，或为改善两个零件表面结合精度的加工，如配刮及配磨等。配作是与校正调整工作结合进行的。

（3）平衡。为防止使用中出现振动，装配时，应对其旋转零部件进行平衡。包括静平衡和动平衡两种方法。

**4．检验和试验**

机械产品装配完后，应根据有关技术标准和规定，对产品进行较全面的检验和试验工作，合格后才准出厂。

除上述装配工作外，油漆、包装等也属于装配工作。

### 5.1.2 装配基本概念及步骤

**1．装配、部装、总装**

（1）装配。根据规定的要求，把不同的部件组合成一个可以操作的整体的过程称为装配。

（2）部装。将若干零件装配成部件的过程叫部装。

（3）总装。把若干个零件和部件装配成最终产品的过程叫总装。

**2．装配工作步骤**

装配工作的一般步骤：研究和熟悉产品装配图及技术要求，了解产品结构、工作原理、零件的作用及相互连接关系→准备所用工具→确定装配方法、顺序→对装配的零件进行清洗，去掉油污、毛刺→组件装配→部件装配→总装配→调整、检验、试车→油漆、涂油、装箱。

**3．机械的组成**

一台机械产品往往由若干个零件所组成，为了便于组织装配工作，必须将产品分解为若干个可以独立进行装配的装配单元，以便按照单元次序进行装配并有利于缩短装配周期。装配单元通常可划分为 5 个等级。

（1）零件

零件是组成机械和参加装配的最基本单元。大部分零件都是预先装成合件、组件和部件再进入总装。

（2）合件

合件是比零件大一级的装配单元，下列情况皆属合件。

① 两个以上零件，是由不可拆卸的连接方法（如铆、焊、热压装配等）连接在一起的。

② 少数零件组合后还需要合并加工。例如，齿轮减速器箱体与箱盖、柴油机连杆与连杆盖，都是组合后镗孔的，零件之间对号入座，不能互换。

③ 以一个基准零件和少数零件组合在一起。

（3）组件

组件是一个或几个合件与若干个零件的组合。

（4）部件

部件由一个基准件和若干个组件、合件和零件组成。

装配原理及过程仿真

（5）机械产品

机械产品是由上述全部装配单元组成的整体。

**4．装配过程**

装配过程分为组件装配、部件装配和总装配。

（1）组件装配

组件装配就是将若干个零件装配在一个基础零件上而构成组件的过程。组件可作为基本单元进入装配。例如，齿轮减速器中的大轴组件就是由大轴及其轴上的各个零件构成的一个组件，其装配顺序如图5-1所示。

① 将各零件修毛刺、洗净、上油。

② 将键配好，压入大轴键槽。

③ 压装齿轮。

④ 装上垫套，压装右端轴承。

⑤ 压装左端轴承。

⑥ 在透盖内孔油毡槽内放入毡圈，然后套进轴上。

组件装配完毕。

（2）部件装配

部件装配就是将若干个零件、组件装配在另一个基础零件上而构成部件的过程。部件是装配中比较独立的部分。

（3）总装配

总装配就是将若干个零件、组件、部件装配在产品的基础零件上而构成产品的过程。

图5-2所示为一台中等复杂程度的圆柱齿轮减速器。可以把轴、齿轮、键、左右轴承、垫套、透盖、毡圈的组合视为大轴组装（图5-1）。而整台减速器则可视为若干其他零件、组件装配在箱体这个基础零件上的部装。减速器经过调试合格后，再和其他部件、组件和零件组合后装配在一起，就组成了一台完整机器，这就是总装配。

**5．装配精度**

装配精度是指产品装配后几何参数实际达到的精度，包括以下四部分。

（1）尺寸精度。它是指零部件的距离精度和配合精度。例如，卧式车床前、后两顶尖对床身导轨的等高度。

（2）位置精度。它是指相关零件的平行度、垂直度和同轴度等方面的要求。例如，台式钻床主轴对工作台台面的垂直度。

（3）相对运动精度。它是指产品中有相对运动的零部件间在运动方向上和相对速度上的精度。例如，滚齿机滚刀与工作台的传动精度。

（4）接触精度。它是指两配合表面、接触表面和连接表面间达到规定的接触面积大小和接触点分布情况。例如，齿轮啮合、锥体配合以及导轨之间的接触精度。

减速器拆卸及装配

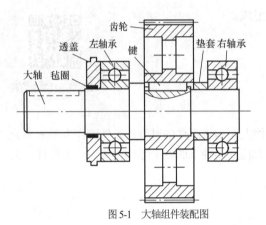

图 5-1　大轴组件装配图

图 5-2　减速器

### 6．装配精度与零件精度及装配方法的关系

机械及其部件都是由零件所组成的，装配精度与相关零部件制造误差的累积有关，特别是关键零件的加工精度。例如，卧式车床尾座移动对床鞍移动的平行度，就主要取决于床身导轨面 A 与 B 的平行度。又如车床主轴锥孔轴心线和尾座套筒锥孔轴心线的等高度，即主要取决于主轴箱、尾座及座板的尺寸精度。

装配精度也取决于装配方法，在单件小批生产及装配精度要求较高时装配方法尤为重要。例如，车床主轴锥孔轴心线和尾座套筒锥孔轴心线的等高度要求是很高的，如果靠提高尺寸精度来保证是不经济的，甚至在技术上也是很困难的。比较合理的办法是在装配中通过检测，对某个零部件进行适当的修配来保证装配精度。

总之，机械的装配精度不但取决于零件的精度，而且取决于装配方法。

# 任务 2　装配尺寸链及装配方法

装配尺寸链是产品或部件在装配过程中，由相关零件的有关尺寸（表面或轴线间距离）或相互位置关系（平行度、垂直度或同轴度等）所组成的尺寸链。其基本特征是具有封闭性，即由一个封闭环和若干个组成环所构成的尺寸链呈封闭图形。

装配尺寸链按照各环的几何特征和所处的空间位置大致可分为线性尺寸链、角度尺寸链、平面尺寸链和空间尺寸链，常见的是前两种。

## 5.2.1　装配尺寸链的建立

应用装配尺寸链分析和解决装配精度问题，首先是查明和建立尺寸链，即确定封闭环，并以封闭环为依据查明各组成环，然后确定保证装配精度的工艺方法和进行必要的计算。查明和建立装配尺寸链的步骤如下。

### 1．确定封闭环

在装配过程中，要求保证的装配精度就是封闭环。

### 2．查明组成环，画装配尺寸链图

从封闭环任意一端开始，沿着装配精度要求的位置方向，将与装配精度有关的各零件尺寸依次首尾相连，直到与封闭环另一端相接为止，形成一个封闭形的尺寸图，图上的各个尺寸即是组成环。

### 3．判别组成环的性质

画出装配尺寸链图后，判别组成环的性质——增、减环。

在建立装配尺寸链时，除满足封闭性、相关性原则外，还应符合下列要求。

（1）组成环数最少原则

从工艺角度出发，在结构已经确定的情况下，标注零件尺寸时，应使一个零件仅有一个尺寸进入尺寸链，即组成环数目等于有关零件数目。

（2）按封闭环的不同位置和方向，分别建立装配尺寸链

尺寸链各组成环之间的关系，可用尺寸链方程表示。封闭环的基本尺寸为增环与减环的公称尺寸之差。例如，$\overrightarrow{A_1}$、$\overrightarrow{A_2}$ 为增环公称尺寸，$\overrightarrow{A_3}$、$\overrightarrow{A_4}$、$\overrightarrow{A_5}$ 为减环公称尺寸，则封闭环的公称尺寸为

$$A_{\Sigma} = (\overrightarrow{A_1} + \overrightarrow{A_2}) - (\overrightarrow{A_3} + \overrightarrow{A_4} + \overrightarrow{A_5}) \tag{5-1}$$

在 $n$ 环尺寸链中，由 $n–1$ 个尺寸组成，组成环中增环数为 $m$ 个，减环数为 $n−(m+1)$ 个，则

$$A_{\Sigma} = \sum_{i=1}^{m} \overrightarrow{A_i} - \sum_{i=m+1}^{n-1} \overrightarrow{A_i} \tag{5-2}$$

例如，常见的蜗杆副结构，为保证正常啮合，蜗杆副两轴线的距离（啮合间隙）、蜗杆轴线与蜗轮中间平面的对称度均有一定要求，这是两个不同位置方向的装配精度，因此需要在两个不同方向分别建立装配尺寸链。装配尺寸链的计算顺序如图 5-3 所示。

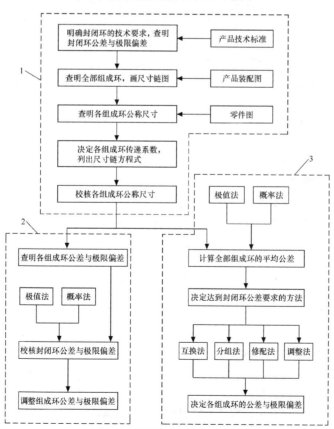

图 5-3　装配尺寸链的计算顺序
1—公称尺寸计算；2—公差设计计算；3—公差校核计算

### 5.2.2　装配尺寸链的计算类型

#### 1．正计算法

已知组成环的公称尺寸及偏差，代入公式，求出封闭环的公称尺寸及偏差，计算比较简单。

#### 2．反计算法

已知封闭环的公称尺寸及偏差，求各组成环的公称尺寸及偏差。下面介绍利用"协调环"解算装配尺寸链的基本步骤。

在组成环中，选择一个比较容易加工或在加工中受到限制较少的组成环作为"协调环"，其计算过程是先按经济精度确定其他环的公差及偏差，然后利用公式算出"协调环"的公差及偏差。具体步骤见互换装配法例题。

#### 3．中间计算法

已知封闭环及组成环的公称尺寸及偏差，求另一组成环的公称尺寸及偏差，计算也较简便。

无论哪一种情况，其解算方法都有两种，即极值法和概率法。

### 5.2.3　装配尺寸链的计算方法

#### 1．尺寸链所表示的基本关系

在尺寸链中各组成尺寸之间的相互影响关系，也就是"组成环"和"封闭环"之间的影响关系，在任何情况下，组成环误差将累积在封闭环上，累积后形成封闭环的误差。由于在组成环中有增环和减环的区别，因此它们对封闭环的影响状况也就不一样，其区别如下。

（1）增环对封闭环误差的积累关系为同向影响，增环误差增大（或减小）可使封闭环尺寸相应地一同增大（或减小），而且使封闭环尺寸向偏大方向偏移。

（2）减环对封闭环误差的积累关系为反向影响，减环误差增大（或减小）可使封闭环尺寸相应地反而减小（或增大），而且使封闭环尺寸向偏小方向偏移。

（3）综合增环尺寸使封闭环向偏大方向偏移、减环尺寸又使封闭环向偏小方向偏移的情况，结果使封闭环尺寸向两个方向扩大，最后使封闭环尺寸的误差$\delta_\Sigma$增大。因此可以看出，无论尺寸链的组成环有多少，无论它的形式和用途怎样，都反映了封闭环和组成环之间的相互影响关系，而这种相互影响关系也正是尺寸链所代表的基本关系。尺寸链所代表的基本关系是用来说明尺寸链的基本原理和本质问题的。

#### 2．封闭环的极限尺寸

封闭环的上极限尺寸等于各增环的上极限尺寸之和减去各减环的下极限尺寸之和，封闭环的下极限尺寸等于各增环的下极限尺寸之和减去各减环的上极限尺寸之和。即

$$A_{\Sigma max}=\sum_{i=1}^{k} \vec{A}_{i\,max} - \sum_{i=k+1}^{m} \overleftarrow{A}_{i\,min} \tag{5-3}$$

$$A_{\Sigma min}=\sum_{i=1}^{k} \vec{A}_{i\,min} - \sum_{i=k+1}^{m} \overleftarrow{A}_{i\,max} \tag{5-4}$$

式中　$m$——组成环数；

　　　$k$——增环数。

#### 3．封闭环的上、下极限偏差

封闭环的上极限偏差应是封闭环上极限尺寸与公称尺寸之差，也等于各增环上极限偏差之和减去各减环下极限偏差之和。封闭环的下极限偏差应是封闭环的下极限尺寸与公称尺寸之差，也等于各增环下极限偏差之和减去各减环上极限偏差之和。即

$$A_{\Sigma Bs}=A_{\Sigma max}-A_{\Sigma}=\sum_{i=1}^{k} \vec{A}_{iBs} - \sum_{i=k+1}^{m} \overleftarrow{A}_{iBx} \tag{5-5}$$

$$A_{\Sigma Bx} = A_{\Sigma min} - A_{\Sigma} = \sum_{i=1}^{k} \overrightarrow{A}_{iBx} - \sum_{i=k+1}^{m} \overleftarrow{A}_{iBs} \tag{5-6}$$

### 4．封闭环的公差

封闭环的公差等于封闭环的上极限尺寸减去下极限尺寸，经化简后即为各组成环公差之和。即

$$T_{\Sigma} = \sum_{i=1}^{m} T_i \tag{5-7}$$

### 5．各组成环和封闭环平均尺寸的计算

有时为了计算方便，往往将某些尺寸的非对称公差带变换成对称公差带的形式，这样公称尺寸就要换算成平均尺寸。如某组成环的平均尺寸按下式计算：

$$A_{iM} = \frac{A_{i\max} + A_{i\min}}{2} \tag{5-8}$$

同理，封闭环的平均尺寸等于各增环的平均尺寸之和减去各减环的平均尺寸之和。即

$$A_{\Sigma M} = \sum_{i=1}^{k} \overrightarrow{A}_{iM} - \sum_{i=k+1}^{m} \overleftarrow{A}_{iM} \tag{5-9}$$

### 6．各组成环和封闭环平均偏差的计算

各组成环的平均偏差等于各环的上极限偏差与下极限偏差之和的一半。如某组成环的平均偏差按下式计算：

$$A_{iBM} = A_{iM} - A_i = \frac{A_{i\max} + A_{i\min}}{2} - A_i$$

$$= \frac{(A_{i\max} - A_i) + (A_{i\min} - A_i)}{2}$$

$$= \frac{A_{iBs} + A_{iBx}}{2} \tag{5-10}$$

同理，封闭环的平均偏差等于各增环的平均偏差之和减去各减环的平均偏差之和。即

$$A_{\Sigma BM} = \sum_{i=1}^{k} \overrightarrow{A}_{iBM} - \sum_{i=k+1}^{m} \overleftarrow{A}_{iBM} \tag{5-11}$$

### 7．尺寸链的计算

尺寸链计算通常可分为：线性尺寸链计算、角度尺寸链计算、平面尺寸链计算和空间尺寸链计算。在这四种计算中，通常以线性尺寸链为基本形式建立计算公式，按极值法［式（5-3）～式（5-6）］计算。（概率法计算参见例5-3计算过程）

概率法和极值法所用的计算公式的区别只在封闭环公差的计算上，其他完全相同。

（1）极值法的封闭环公差

$$T_{\mathrm{O}} = \sum_{i=1}^{n-1} T_i \tag{5-12}$$

式中　$T_{\mathrm{O}}$——封闭环公差；
　　　$T_i$——组成环公差；
　　　$n$——尺寸链的总环数。

（2）概率法封闭环公差

$$T_{\mathrm{O}} = \sqrt{\sum_{i=1}^{n-1} T_i^2} \tag{5-13}$$

式中　$T_{\mathrm{O}}$——封闭环公差；
　　　$T_i$——组成环公差；
　　　$n$——尺寸链的总环数。

### 5.2.4　装配工艺规程

**1．装配工艺规程的内容**

装配工艺规程是指导装配施工的主要技术文件，包括以下内容：

（1）确定所有零件和部件的装配顺序和方法。

（2）确定装配的组织形式。

（3）划分工序并决定工序内容。

（4）确定装配所需的工具和设备。

（5）确定所需的工人技术等级和时间定额。

（6）确定验收方法和检验工具。

**2．制订装配工艺规程的原则**

（1）保证产品装配质量。

（2）合理安排装配工序，减少装配工作量，减轻劳动强度，提高装配效率，缩短装配周期。

（3）尽可能减少生产占地面积。

**3．制订装配工艺规程所需的原始资料**

（1）产品的总装图和部件装配图、零件明细表等。

（2）产品验收技术条件，包括试验工作的内容及方法。

（3）产品生产规模。

（4）现有的工艺装备、车间面积、工人技术水平以及时间定额标准等。

**4．制订装配工艺规程的方法和步骤**

（1）研究分析产品总装配图及装配技术要求，进行结构尺寸和尺寸链的分析计算，以确定达到装配精度的方法。进行结构工艺性分析，将产品分解成独立装配的组件和分组件。

（2）确定装配组织形式。主要根据产品结构特点和生产批量，选择适当的装配组织形式。

（3）根据装配单元确定装配顺序。

（4）划分装配工序，确定工序内容、所需设备、工具、夹具及时间定额等。

**5．制订装配工艺卡片**

大批量生产按每道工序制订装配工艺卡片；成批生产按总装或部装的要求制订装配工艺卡片；单件小批生产按装配图和装配单元系统图进行装配。

### 5.2.5　装配方法

装配方法是指产品达到零件或部件最终配合精度的方法。在长期的装配实践中，人们根据不同的机械、不同的生产类型条件，创造了许多巧妙的装配工艺方法，归纳起来有：调整装配法、修配装配法、选配装配法和互换装配法四种。

**1．调整装配法**

调整装配法就是在装配时，用改变产品中可调整零件的相对位置或选用合适的调整件装配，以达到装配精度的方法。

在成批大量生产中，对于装配精度要求较高而组成环数目较多的尺寸链，可以采用调整装配法进行装配。调整装配法与修配法在补偿原则上相似，只是它们的具体做法不同。调整装配法也是按经济加工精度确定零件公差的。由于每一个组成环公差扩大，结果使一部分装配件超差。故在装配时用改变产品中调整零件的位置或选用合适的调整件以达到装配精度。

调整装配法与修配装配法的区别是，调整装配法不是靠去除金属，而是靠改变补偿件的位置或更换补偿件的方法来保证装配精度。

根据补偿件的调整特征，调整装配法可分为可动调整装配、固定调整装配和误差抵消调整装配三种装配方法。

（1）可动调整装配法

用改变调整件的位置来达到装配精度的方法，叫作可动调整装配法。调整过程中不需要拆卸零件，比较方便。

采用可动调整装配法可以调整由于磨损、热变形、弹性变形等所引起的误差。所以它适用于高精度和组成环在工作中易于变化的尺寸链。

机械制造中采用可动调整装配法的例子较多。例如，图5-4（a）所示为依靠转动螺钉调整轴承外环的位置，以得到合适的间隙；图5-4（b）所示为用调整螺钉通过垫板来保证车床溜板和床身导轨之间的间隙；图5-4（c）所示为通过转动调整螺钉，使斜楔块上、下移动来保证螺母和丝杠之间的合理间隙。

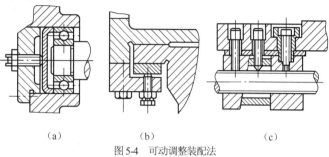

(a)　　　　　　(b)　　　　　　(c)

图5-4　可动调整装配法

（2）固定调整装配法

固定调整装配法是尺寸链中选择一个零件（或加入一个零件）作为调整环，根据装配精度来确定调整件的尺寸，以达到装配精度的方法。常用的调整件有轴套、垫片、垫圈和圆环等。

**例5-1**　图5-5所示为固定调整装配法实例。当齿轮的轴向窜动量有严格要求时，在结构上专门加入一个固定调整件，即尺寸等于 $A_3$ 的垫圈。装配时根据间隙的要求，选择不同厚度的垫圈。调整件预先按一定间隙尺寸制作好，比如分成 5.1 mm，5.2 mm，5.3 mm，…，8.0 mm等，以供选用。

在固定调整装配法中，调整件的分级及各级尺寸的计算是很重要的问题，可应用极值法进行计算。

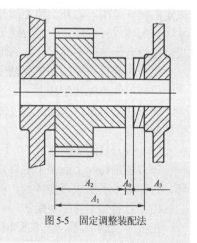

图5-5　固定调整装配法

（3）误差抵消调整装配法

误差抵消调整装配法是通过调整某些相关零件误差的方向，使其互相抵消。这样各相关零件的公差可以扩大，同时又保证了装配精度。

**例5-2**　图5-6所示为用误差抵消调整装配法装配镗模的实例。图中要求装配后二镗套孔的中心距为（100±0.015）mm，如用完全互换装配法制造则要求模板的孔距误差和二镗套内、外圆同轴度误差之总和不得大于±0.015 mm，设模板孔距按（100±0.009）mm，镗套内、外圆的同轴度公差按0.003 mm制造，则无论怎样装配均能满足装配精度要求。但其加工是相当困难的，因而需要采用误差抵消装配法进行装配。

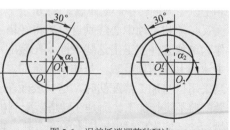

图5-6　误差抵消调整装配法

图 5-6 中 $O_1$、$O_2$ 为镗模板孔中心，$O_1'$、$O_2'$ 为镗套内孔中心。装配前先测量零件的尺寸误差及位置误差，并记上误差的方向，在装配时有意识地将镗套按误差方向转过 $\alpha_1$、$\alpha_2$ 角，则装配后二镗套孔的孔距为

$$O_1'O_2'=O_1O_2-O_1O_1'\cos\alpha_1+O_2O_2'\cos\alpha_2$$

设 $O_1O_2=100.015$ mm，二镗套孔内、外圆同轴度为 0.015 mm，装配时令 $\alpha_1=60°$、$\alpha_2=120°$，则

$$O_1'O_2'=100.015-0.015\cos60°+0.015\cos120°=100（mm）$$

本例实质上是利用镗套同轴度误差来抵消模板的孔距误差，其优点是零件制造精度可以放宽，经济性好，采用误差抵消装配法装配还能得到很高的装配精度。

但每台产品装配时均需测出整体优势误差的大小和方向，并计算出数值，增加了辅助时间，影响生产效率，对工人技术水平要求高。因此，除单件小批生产的工艺装备和精密机床采用此种方法外，一般很少采用。

### 2. 修配装配法

修配装配法是在单件生产和成批生产中，对那些要求很高的多环尺寸链，各组成环先按经济精度加工，在装配时修去指定零件上预留修配量达到装配精度的方法。修配法的特点是各组成环零部件的公差可以扩大，按经济精度加工，从而使得制造容易，成本低。装配时可利用修配件的有限修配量达到较高的装配精度要求，但装配中零件不能互换，装配劳动量大（有时需拆装几次），生产率低，难以组织流水生产，装配精度依赖于工人的技术水平。修配装配法适用于单件和成批生产中精度要求较高的装配。

由于修配装配法的尺寸链中各组成环的尺寸均按经济精度加工，装配时封闭环的误差会超过规定的允许范围。为补偿超差部分的误差，必须修配加工尺寸链中某一组成环。被修配的零件尺寸叫修配环或补偿环。一般应选形状比较简单，修配面小，便于修配加工，便于装卸，并对其他尺寸链没有影响的零件尺寸作修配环。修配环在零件加工时应留有一定的修配量。

生产中通过修配达到装配精度的方法很多，常见的有以下三种。

（1）单件修配装配法

该方法是将零件按经济精度加工后，装配时将预定的修配环用修配加工来改变其尺寸，以保证装配精度。

（2）合并修配装配法

该方法是将两个或多个零件合并在一起进行加工修配。合并加工所得的尺寸可看作一个组成环，这样减少了组成环的环数，就相应减少了修配的劳动量。

（3）自身加工修配装配法

在机床制造中，有一些装配精度要求，是在总装时利用机床本身的加工能力，"自己加工自己"，可以很简捷地达到，这即是自身加工修配装配法。

例如，如图 5-7 所示，在转塔车床上 6 个装配刀架的大孔中心线必须保证和机床主轴回转中心线重合，而 6 个平面又必须和主轴中心线垂直。若将转塔作为单独零件加工出这些表面，在装配中达到上述两项要求，是非常困难的。当采用自身加工修配法时，这些表面在

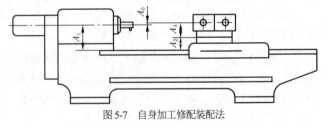

图 5-7　自身加工修配装配法

装配前不进行加工，而是在转塔装配到机床上后，在主轴上装镗杆，使镗刀旋转，转塔做纵向进给运动，依次精镗出转塔上的 6 个孔；再在主轴上装个能径向进给的小刀架，刀具边旋转边径向进给，依次精加工出转塔的 6 个平面。这样可方便地保证上述两项精度要求。

### 3．选配装配法

在成批或大量生产的条件下，对于组成环不多而装配精度要求却很高的尺寸链，若采用完全互换法，则零件的公差将过严，甚至超过了加工工艺的现实可能性。在这种情况下可采用选择装配法。该方法是将组成环的公差放大到经济可行的程度，然后选择合适的零件进行装配，以保证规定的精度要求。

选配装配法有三种：直接选配装配法、分组选配装配法和复合选配装配法。

（1）直接选配装配法

直接选配装配法是由装配工人从许多待装的零件中，凭经验挑选合适的零件通过试凑进行装配的方法。这种方法的优点是简单，零件不必先分组，但装配中挑选零件的时间长，装配质量取决于工人的技术水平，不宜用于节拍要求较严的大批量生产。

（2）分组选配装配法

分组选配装配法是在成批大量生产中，将产品各配合副的零件按实测尺寸分组，装配时按组进行互换装配以达到装配精度的方法。

分组装配在机床装配中用得很少，但在内燃机、轴承等大批大量生产中有一定应用。图5-8（a）所示为活塞与活塞销的连接情况。根据装配技术要求，活塞销孔与活塞销外径在冷态装配时应有 $0.0025 \sim 0.0075\ \text{mm}$ 的过盈量。与此相应的配合公差仅 $0.005\ \text{mm}$。若活塞与活塞销采用完全互换法装配，且销孔与活塞直径公差按"等公差"分配时，则它们的公差只有 $0.0025\ \text{mm}$。生产中采用的办法是先将上述公差值都增大至 4 倍（$d = \phi 28_{-0.010}^{\ 0}\ \text{mm}$，$D = \phi 28_{-0.010}^{\ 0}\ \text{mm}$），这样即可采用高效率的无心磨和金刚镗去分别加工活塞外圆和活塞销孔，然后用精度量仪进行测量，并按尺寸大小分成四组，涂上不同的颜色，以便进行分组装配，具体分组情况见表 5-1。从该表可以看出，各组的公差和配合性质与原来要求相同。

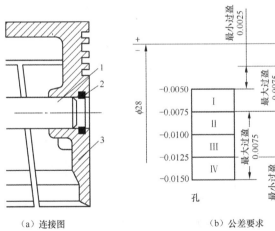

（a）连接图        （b）公差要求

图 5-8  活塞与活塞销连接
1—活塞销；2—挡圈；3—活塞

表 5-1  　　　　　　　　　　　　　　活塞销与活塞销孔直径分组情况  　　　　　　　　　　　　　　单位：mm

| 组别 | 标志颜色 | 活塞销直径 $d$ $\phi 28_{-0.010}^{\ 0}$ | 活塞销孔直径 $D$ $\phi 28_{-0.015}^{-0.005}$ | 配合情况 | |
|---|---|---|---|---|---|
| | | | | 最小过盈 | 最大过盈 |
| Ⅰ | 红 | $\phi 28_{-0.0025}^{\ 0}$ | $\phi 28_{-0.0075}^{-0.0050}$ | 0.0025 | 0.0075 |
| Ⅱ | 白 | $\phi 28_{-0.0050}^{-0.0025}$ | $\phi 28_{-0.0100}^{-0.0075}$ | | |
| Ⅲ | 黄 | $\phi 28_{-0.0075}^{-0.0050}$ | $\phi 28_{-0.0125}^{-0.0100}$ | 0.0025 | 0.0075 |
| Ⅳ | 绿 | $\phi 28_{-0.0100}^{-0.0075}$ | $\phi 28_{-0.0150}^{-0.0125}$ | | |

（3）复合选配装配法

复合选配装配法是直接选配与分组选配的综合装配法，即预先测量分组，装配时再在各对应组内凭工人经验直接选配。这一方法的特点是配合件公差可以不等，装配质量高，且速度较快，能满足一定的节拍要求。发动机装配中，汽缸与活塞的装配多采用这种方法。

采用分组互换装配时应注意以下几点。

① 为了保证分组后各组的配合精度和配合性质符合原设计要求，配合件的公差应当相等，公差增大的方向要相同，增大的倍数要等于以后的分组数。

② 分组数不宜多，多了会增加零件的测量和分组工作量，并使零件的储存、运输及装配等工作复杂化。

③ 分组后各组内相配合零件的数量要相符，形成配套，否则会出现某些尺寸零件的积压浪费现象。

分组互换装配适合于配合精度要求很高和相关零件一般只有两三个的大批量生产中。例如滚动轴承的装配等。

### 4．互换装配法

互换装配法就是在成批或大量生产中，装配时各配合零件不经修配、选择或调整即可达到装配精度的方法。

（1）不完全互换装配法

如果装配精度要求较高，尤其是组成环的数目较多时，若应用极大极小法确定组成环的公差，则组成环的公差将会很小，这样就很难满足零件的经济精度要求。因此，在大批量生产的条件下，就可以考虑不完全互换装配法，即用概率法解算装配尺寸链。

不完全互换装配法与完全互换装配法相比，其优点是零件公差可以放大些，从而使零件加工容易、成本低，也能达到互换性装配的目的。其缺点是将会有一部分产品的装配精度超差。这就需要采取补救措施或进行经济论证。

**例 5-3** 图 5-9 所示齿轮箱部件，装配后要求轴向窜动量为 $0.2 \sim 0.7$ mm，即 $A_0 = （0+0.7+0.2）$ mm。已知其他零件的有关公称尺寸 $A_1 = 122$ mm，$A_2 = 28$ mm，$A_3 = 5$ mm，$A_4 = 140$ mm，$A_5 = 5$ mm，试决定上、下极限偏差。

**解：** ① 画出装配尺寸链，校核各环公称尺寸。

$A_1$、$A_2$ 为增环，$A_3$、$A_4$、$A_5$ 为减环，封闭环为 $A_0$，封闭环的基本尺寸为

$$A_0 = （A_1+A_2）-（A_3+A_4+A_5）$$
$$= （122+28）-（5+140+5）= 0$$

② 确定各组成环尺寸的公差和分布位置。

由于用概率法解算，所以在最终确定各 $T_i$ 值之前，也按等公差计算各环的平均公差值。

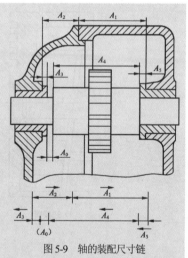

图 5-9 轴的装配尺寸链

$$T_{avi} = \sqrt{\frac{T_0^2}{m}} = \sqrt{\frac{0.5^2}{5}} \approx 0.22（mm）$$

按加工难易的程度，参照上值调整各组成环公差值如下：

$$T_1 = 0.20 \text{ mm}, \quad T_2 = 0.10 \text{ mm}, \quad T_3 = T_5 = 0.05 \text{ mm}$$

按"入体原则"分配公差，取 $A_1 = （122+0.20）$ mm，$\Delta_1 = 0.1$ mm；$A_2 = （28+0.10）$ mm，$\Delta_2 = 0.05$ mm；$A_3 = A_5 = （5-0.05）$ mm，$\Delta_3 = \Delta_5 = -0.025$ mm；$\Delta_0 = 0.45$ mm。

③ 确定协调环公差的分布位置。$A_4$ 是特意留下的一个组成环，它的公差大小应在上面分配封闭环公差时，经济合理地统一决定下来。即：

$$T_4=T_0-T_1-T_2-T_3-T_5=0.50-0.20-0.10-0.05-0.05=0.10（mm）$$

但 $T_4$ 的上、下极限偏差，须满足装配技术条件，因而应通过计算获得，故称其为"协调环"。由于计算结果通常难以满足标准零件及标准量规的尺寸和偏差值，所以有上述尺寸要求的零件不能选作协调环。

协调环 $A_4$ 的上、下极限偏差，可参阅图 5-10 计算。代入

$$\Delta_0 = \sum_{i=1}^{n} \Delta_i - \sum_{j=n+1}^{m} \Delta_j$$

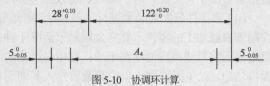

图 5-10 协调环计算

即

$$0.45=0.1+0.05-(-0.025-0.025+\Delta_4)$$

$$\Delta_4=0.1 + 0.05 + 0.05 - 0.45 = -0.25（mm）$$

$$A_{4Bs} = \Delta_4 + \frac{1}{2} T_4 = -0.25 + \frac{1}{2} \times 0.1 = -0.2（mm）$$

$$A_{4Bx} = \Delta_4 - \frac{1}{2} T_4 = -0.25 - \frac{1}{2} \times 0.1 = -0.3（mm）$$

$$A_4 = 140^{-0.2}_{-0.3}\ mm$$

④ 进行验算。

$$T_0=T_1+T_2+T_3+T_4+T_5=0.20+0.10+0.05+0.10+0.05=0.50（mm）$$

可见，计算符合装配精度要求。

（2）完全互换装配法

这种方法的实质是在满足各环经济精度的前提下，依靠控制零件的制造精度来保证的。

在一般情况下，完全互换装配法的装配尺寸链按极大极小法计算，即各组成环的公差之和等于或小于封闭环的公差。

通常，只要当组成环分得的公差满足经济精度要求时，无论何种生产类型都应尽量采用完全互换装配法进行装配。

# 任务3　典型零部件的装配

一部庞大复杂的机械设备都是由许多零件和部件所组成的。按照规定的技术要求，将若干个零件组合成组件，由若干个组件和零件组合成部件，最后由所有的部件和零件组合成整台机械设备的过程，分别称为组装、部装和总装，统称为装配。

机械设备质量的好坏，与装配质量的好坏有密切的关系。机械设备的装配工艺是一个复杂细致的工作，是按技术要求将零部件连接或固定起来，使机械设备的各个零部件保持正确的相对位置和相对关系，以保证机械设备所应具有的各项性能指标。若装配工艺不当，即使有高质量的零件，机械设备的性能也很难达到要求，严重时甚至还可能造成机械设备损坏或人身事故。因此，机械零部件装配必须根据机械设备的性能指标，认真仔细地按照技术规范进行。做好充分周密的准备工作，正确选择并熟悉和遵从装配工艺是机械零部件装配的两个基本要求。

## 5.3.1　零部件装配前的准备工作

（1）研究和熟悉机械设备及各部件总成装配图和有关技术文件与技术资料。了解机械设备及零部件的结构特点，各零部件的作用，各零部件的相互连接关系及其连接方式。对于那些有配合要求、运动精度较高或有其他特殊技术条件的零部件，应引起特别的重视。

（2）根据零部件的结构特点和技术要求，确定合适的装配工艺、方法和程序。准备好必备的工具、量具、夹具及材料。

（3）按清单清理、检测各待装零部件的尺寸精度与制造或修复质量，核查技术要求，凡有不合格者一律不得装配。对于螺柱、键及销等标准件稍有损伤者，应予以更换，不得勉强留用。

（4）零部件装配前必须进行清洗。对于经过钻孔、铰削、镗削等机械加工的零件，要将金属屑末清除干净；润滑油道要用高压空气或高压油吹洗干净；有相对运动的配合表面要保持洁净，以免因脏物或尘粒等杂质侵入其间而加速配合件表面的磨损。

装配工艺结构（上）　　装配工艺结构（下）

### 5.3.2　零部件装配的一般原则和要求

装配时的顺序应与拆卸顺序相反。要根据零部件的结构特点，采用合适的工具或设备，严格仔细按顺序装配，注意零部件之间的相互位置和配合精度要求。

（1）对于过渡配合和过盈配合零件的装配，例如，滚动轴承的内、外圈等，必须采用相应的铜棒、铜套等专门工具和工艺措施进行手工装配，或按技术条件借助设备进行加温加压装配。如果遇有装配困难的情况，应先分析原因，排除故障，提出有效的改进方法，再继续装配，千万不可乱敲乱打鲁莽行事。

（2）对油封件必须使用心棒压入，对配合表面要经过仔细检查和擦净，如果有毛刺应经修整后方可装配；螺柱连接按规定的扭矩值分次序均匀紧固；螺母紧固后，螺柱的露出螺牙不少于两个且应等高。

（3）凡是摩擦表面，装配前均应涂上适量的润滑油，如轴颈、轴承、轴套、活塞、活塞销和缸壁等。各部件的密封垫（纸板、石棉、钢皮、软木垫等）应统一按规格制作。自行制作时，应细心加工，切勿让密封垫覆盖润滑油、水和空气的通道。机械设备中的各种密封管道和部件，装配后不得有渗漏现象。

（4）过盈配合件装配时，应先涂润滑油脂，以利于装配和减少配合表面的初磨损。另外，装配时应根据零件拆卸下来时所做的各种装配记号进行装配，以防装配出错而影响装配进度。

（5）对某些有装配技术要求的零部件，如装配间隙、过盈量、灵活度、啮合印痕等，应边装配边检查，并随时进行调整，以避免装配后返工。

（6）在装配前，要对有平衡要求的旋转零件按要求进行静平衡或动平衡试验，合格后才能装配。这是因为某些旋转零件如皮带轮、飞轮、风扇叶轮、磨床主轴等新配件或修理件，可能会由于金属组织密度不匀、加工误差、本身形状不对称等原因，使零部件的重心与旋转轴线不重合，在高速旋转时，会因此而产生很大的离心力，引起机械设备的振动，加速零件磨损。

（7）每一个部件装配完毕，必须严格仔细地检查和清理，防止有遗漏或错装的零件，特别是对工作环境要求固定装配的零部件要检查。严防将工具、多余零件及杂物留存在箱体之中，确信无疑之后，再进行手动或低速试运行，以防机械设备运转时引起意外事故。

### 5.3.3　螺纹连接的装配

螺纹连接是一种可拆卸的固定连接，具有结构简单、连接可靠、装拆方便等优点，在机械设备中应用非常广泛。

#### 1. 螺纹连接的基本类型

螺纹连接有四种基本类型，即螺栓连

螺纹的主要参数　　螺纹加工的原理　　螺纹的种类及其应用

接、双头螺柱连接、螺钉连接和紧定螺钉连接。前两种需拧紧螺母才能实现连接，后两种不需要螺母。

（1）螺栓连接

被连接件的孔中不切制螺纹，装拆方便。螺栓连接分为普通螺栓连接和铰制孔用螺栓连接两种。图 5-11（a）所示为普通螺栓连接，螺栓与孔之间有间隙，由于加工简便，成本低，所以应用最广。图 5-11（b）所示为铰制孔用螺栓连接，被连接件上孔用高精度铰刀加工而成，螺栓杆与孔之间一般采用过渡配合（H7/m6、H7/n6），主要用于需要螺栓承受横向载荷或需靠螺杆精确固定被连接件相对位置的场合。

（2）双头螺柱连接

使用两端均有螺纹的螺柱，一端旋入并紧定在较厚被连接件的螺纹孔中，另一端穿过较薄被连接件的通孔，如图 5-11（c）所示。拆卸时，只要拧下螺母，就可以使连接零件分开。这种连接适用于被连接件较厚，要求结构紧凑和经常拆装的场合，如剖分式滑动轴承座与轴承盖的连接、汽缸盖的紧固等。

（3）螺钉连接

螺钉直接旋入被连接件的螺纹孔中，如图 5-11（d）所示，其结构较简单，适用于被连接件之一较厚，或另一端不能装螺母的场合。但这种连接不宜经常拆卸，以免破坏被连接件的螺纹孔而导致滑扣。

（4）紧定螺钉连接

将紧定螺钉拧入一个零件的螺纹孔中，其末端顶住另一零件的表面（图 5-12），或顶入相应的凹坑中。常用于固定两个零件的相对位置，并可传递不大的力或转矩。

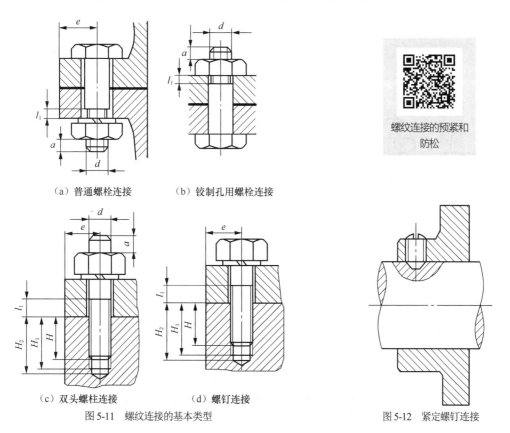

螺纹连接的预紧和防松

（a）普通螺栓连接　　（b）铰制孔用螺栓连接

（c）双头螺柱连接　　（d）螺钉连接

图 5-11　螺纹连接的基本类型　　　　图 5-12　紧定螺钉连接

### 2．螺纹连接装配的基本要求

（1）螺纹连接的预紧

螺纹连接预紧的目的在于增强连接的可靠性和紧密性，以防止受载后被连接件间出现缝隙或发生相对滑移。为了得到可靠、紧固的螺纹连接，装配时必须保证螺纹副具有一定的摩擦力矩，此摩擦力矩是由施加拧紧力矩后使螺纹副产生一定的预紧力而获得。对设备装配技术文件规定有预紧力的螺纹连接，必须用专门方法来保证准确的拧紧力矩。表5-2所示为拧紧碳素钢螺纹件的参考力矩。

| 表5-2 | 拧紧碳素钢螺纹件的标准力矩（40钢） | | | | | | | | |
|---|---|---|---|---|---|---|---|---|---|
| 螺纹尺寸/mm | M8 | M10 | M12 | M14 | M16 | M18 | M20 | M22 | M24 |
| 标准拧紧力矩/（N·m） | 10 | 30 | 35 | 53 | 85 | 120 | 190 | 230 | 270 |

（2）螺纹连接的防松

螺纹连接由于其具有的自锁性，在通常的静载荷情况下，没有自动松脱现象，但在振动或冲击载荷下，会因螺纹工作面间的正压力突然减小，造成因摩擦力矩降低而松动。因此，用于有冲击、振动或交变载荷情况下的螺纹连接，必须有可靠的防松装置。

（3）保证螺纹连接的配合精度

螺纹连接的配合精度由螺纹公差带和旋合长度两个因素确定。

### 3．螺纹连接的装配工艺

（1）常用工具

螺栓连接的常用装拆工具有活扳手、呆扳手、内六角扳手、套筒扳手、棘轮扳手、旋具等。在装拆双头螺栓时，采用专用工具，如图5-13所示。

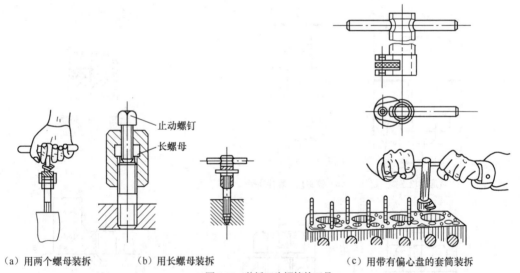

（a）用两个螺母装拆　　　　（b）用长螺母装拆　　　　　　（c）用带有偏心盘的套筒装拆

图5-13　装拆双头螺栓的工具

（2）控制预紧力的方法

通常采用控制螺栓沿轴线的弹性变形量来控制螺纹连接的预紧力，主要有以下三种方法。

① 控制扭矩法。利用专门的装配工具控制拧紧力矩的大小，如测力扳手、定扭矩扳手、电动扳手、风动扳手等。这类工具在拧紧螺栓时，可在读出所需拧紧力矩的数值时终止拧紧，或达到预先设定的拧紧力矩时便自行终止拧紧。如图5-14所示，用测力扳手使预紧力矩达到规定值。其原理是柱体2的方头1插入梅花套筒并套在螺母或螺钉头部，拧紧时，与手柄5相连的弹性扳手柄3产生变形，而与柱体2装在一起的指针4不随弹性扳手柄3绕柱体2的轴线转动，这样指针

尖6与固定在手柄3上的刻度盘7形成相对角度偏移，即刻度盘上显示出拧紧力矩大小。

② 控制伸长量法。通过测量螺栓的伸长量来控制预紧力的大小，如图5-15所示。螺母拧紧前螺栓长 $L_1$，按预紧力要求拧紧后，长度为 $L_2$，测量 $L_1$ 和 $L_2$ 则可知道拧紧力矩是否正确。大型设备装配时的螺柱连接常采用这种方法，如在大型水压机和柴油发动机装配中，其立柱或机体连接螺栓的拧紧通常先确定出螺柱的伸长量，然后采用液压拉力装置或加热的方法使螺柱伸长后，将螺母旋入到计算位置，螺柱冷却至常温（或弹性收缩）后，形成一定的预紧力。常见加热方法有低压感应电加热及蒸汽管缠绕加热等。加热前根据材料的热胀系数计算出所需温度，加热时应注意安全，防止发生触电或烫伤事故。

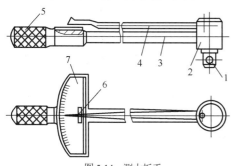

图5-14　测力扳手
1—方头；2—柱体；3—弹性扳手柄；4—指针；
5—手柄；6—指针尖；7—刻度盘

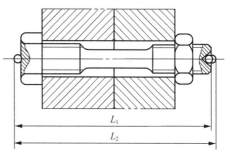

图5-15　螺栓伸长量的测量

③ 控制扭角法。对不便于测量螺柱伸长量的螺纹连接，还可通过控制螺母拧紧时应转过的角度来控制预紧力。其原理与控制螺栓伸长量方法相同，只是将螺栓伸长量转换成螺母与各被连接件贴紧后再拧转的角度。

（3）螺纹连接的防松

如果螺纹连接一旦出现松脱，轻者会影响机械设备的正常运转，重者会造成严重的事故。因此，装配后采取有效的防松措施，才能防止螺纹连接松脱，保证螺纹连接安全可靠。常用的防松装置有摩擦防松装置和机械防松装置两大类。另外，还可以采用破坏螺纹副的不可拆防松，如铆冲防松和粘接防松等方法。

① 摩擦防松装置。主要包括对顶螺母、弹簧垫圈和自锁螺母。

（a）对顶螺母防松。这种装置使用两个螺母，如图5-16所示。先将靠近被连接件的下螺母拧紧至规定位置，用扳手固定其位置，再拧紧其紧邻的上螺母。当拧紧上螺母时，上、下两螺母之间的螺杆会受拉力而伸长，使两个螺母分别与螺杆牙面的两侧产生接触压力和摩擦力，当螺杆附加载荷时，会始终保持其一定的摩擦力，起到防松的作用。这种防松装置由于增加了一只螺母，因而使结构尺寸和成本略有增加，适用于平稳、低速和重载的连接。

（b）弹簧垫圈防松。如图5-17所示，这种防松装置使用的弹簧垫圈，是用弹性较好的65Mn钢材经热处理制成。开有70°～80°的斜口，并上下错开。当拧紧螺母时，垫在工件与螺母之间的弹簧垫圈受压，产生弹性反力，使螺纹副的接触面间产生附加摩擦力，以此防止螺母松动。而且垫圈的楔角分别抵住螺母和工件表面，也有助于防止螺母回松。这种装置容易刮伤螺母和被连接件表面。但其结构简单，使用方便，防松可靠，常用在不经常装拆的部位。

（c）自锁螺母防松。如图5-18所示，螺母一端制成非圆形收口或开缝后径向收口。当螺母拧紧后，收口胀开，利用收口的弹力使旋合螺纹间压紧。这种装置防松可靠，可多次拆装而不降低防松性能，适用于较重要的连接。

② 机械防松装置。这类防松装置是利用机械方法强制地使螺母与螺杆、螺母与被连接件互相锁定，以达到防松的目的。常用的有以下三种。

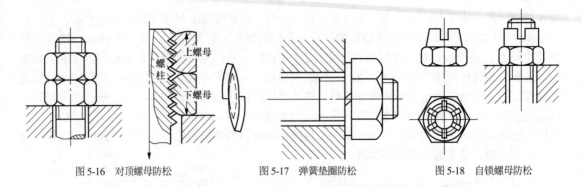

图 5-16 对顶螺母防松　　　图 5-17 弹簧垫圈防松　　　图 5-18 自锁螺母防松

（a）开口销与带槽螺母防松。如图 5-19 所示，这种装置是用开口销把螺母锁在螺栓上，并将开口销尾部扳开与螺母侧面贴紧。它防松可靠，但螺杆上销孔位置不易与螺母最佳锁紧位置的槽口吻合。一般用于受冲击或载荷变化较大的场合。

（b）止动垫圈防松。图 5-20（a）所示为圆螺母止动垫圈防松装置。装配时，先把垫圈的内翅插进螺杆槽中，然后拧紧螺母，再把外翅弯入螺母的外缺口内；图 5-20（b）所示为带耳止动垫圈防止六角螺母回松的装置。这种方法结构简单，使用方便，防松可靠。

（c）串联钢丝防松。这种防松装置如图 5-21 所示，是用低碳钢丝连续穿过一组螺钉头部的径向小孔内，将各螺钉串联起来，使其互相制动来防止回松。它适用于位置较紧凑的成组螺钉连接，防松可靠，但拆装不便。装配时应注意钢丝穿绕的方向，图 5-21（a）所示的钢丝穿绕方向是错误的。

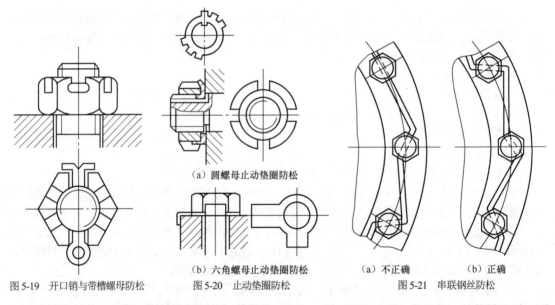

（a）圆螺母止动垫圈防松

（b）六角螺母止动垫圈防松　　（a）不正确　　（b）正确

图 5-19 开口销与带槽螺母防松　　图 5-20 止动垫圈防松　　图 5-21 串联钢丝防松

③ 不可拆防松。如图 5-22 所示，在螺母拧紧后，采用端铆、冲点、焊接、粘接等方法，破坏螺纹副，使螺纹连接不可拆卸。端铆是在螺母拧紧后，把螺柱末端伸出部分铆死。冲点是在螺母拧紧后，利用冲头在螺柱末端与螺母的旋合缝处打冲，利用冲点防松。

这种方法简单可靠，为永久性连接，但拆卸后连接件不能重复使用，适用于不需拆卸的特殊零件。

（4）螺纹连接装配时的注意事项

① 为便于拆装和防止螺纹锈死，在连接的螺纹部分应加润滑油（脂），不锈钢螺纹的连接部分应加润滑剂。

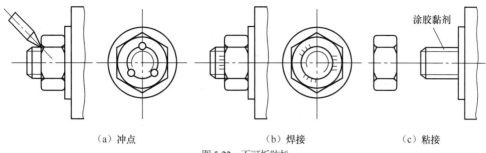

（a）冲点　　　　　　　　　（b）焊接　　　　　　　（c）粘接

图 5-22　不可拆防松

② 螺纹连接中，螺母必须全部拧入螺杆的螺纹中，且螺栓通常应高出螺母外端面 2～3 个螺距。

③ 被连接件应均匀受压，互相紧密贴合，连接牢固。拧紧成组螺栓或螺母时，应根据被连接件形状和螺栓的分布情况，按一定的顺序进行操作，以防止受力不均或工件变形，如图 5-23 所示。

④ 双头螺栓与机体螺纹连接，应有足够的紧固性，连接后的螺栓轴线必须和机体表面垂直。

⑤ 拧紧力矩要适当。太大时，螺栓或螺钉易被拉长，甚至断裂或使机件变形；太小时，不能保证工作时的可靠性。

⑥ 螺纹连接件在工作中受振动或冲击载荷时，要装好防松装置。

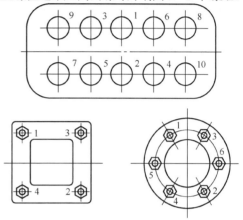

图 5-23　拧紧成组螺母的顺序

### 5.3.4　键连接的装配

键是用来连接轴和轴上的零件，如皮带轮、联轴器、齿轮等，使它们周向固定以便传递扭矩的一种机械零件。它具有结构简单、工作可靠、拆装方便等优点，因此获得了广泛的应用。按键的结构特点和用途，键连接的装配可分为松键连接的装配、紧键连接的装配和花键连接的装配三大类。

#### 1. 松键连接的装配

松键连接是指靠键的两侧面传递扭矩而不承受轴向力的键连接。松键连接的键主要有普通平键、半圆键及导向平键等，如图 5-24（a）～图 5-24（c），所示，松键连接能保证轴上零件与轴有较高的同轴度，对中性良好，主要用于高速精密设备传动变速系统中。

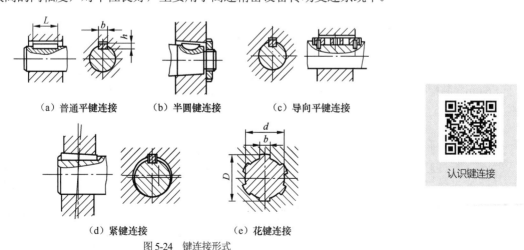

（a）普通平键连接　　　（b）半圆键连接　　　（c）导向平键连接

认识键连接

（d）紧键连接　　　　　（e）花键连接

图 5-24　键连接形式

松键连接的装配要求如下。

（1）清理键及键槽上的毛刺、锐边，以防装配时形成较大的过盈量而影响配合的可靠性。

（2）对重要的键连接，装配前应检查键和槽的加工精度，以及键槽对轴线的对称度和平行度。

（3）用键的头部与轴槽试配，保证其配合。然后锉配键长，在键长方向普通平键与轴槽留有约0.1 mm的间隙，但导向平键不应有间隙。

（4）配合面上加机油后将键压入轴槽，应使键与槽底贴平。装入轮毂件后，半圆键、普通平键、导向平键的上表面和毂槽的底面应留有间隙。

### 2．紧键连接的装配

紧键连接除能传递扭矩外，还可传递一定的轴向力。紧键连接常用的键有楔键、钩头楔键和切向键，图 5-24（d）所示为普通楔键连接。紧键连接的对中性较差，常用于对中性要求不高、转速较低的场合。

紧键连接装配要求如下。

（1）键和轮毂槽的斜度一定要吻合，装配时楔键上、下两个工作面和轴槽、轮毂槽的底部应紧密贴合，而两侧面应留有间隙。切向键的两个斜面斜度应相同，其两侧面与键槽紧密贴合，顶面留有间隙。

（2）钩头楔键装配后，其钩头与轮端面间应留有一定距离，以便于拆卸。

（3）装配时，用涂色法检查接触情况，若接触不好，可用锉刀或刮刀修整键槽底面。

### 3．花键连接的装配

花键连接由于齿数多，具有承载能力大、对中性好、导向性好等优点，但成本较高。花键连接对轴的强度削弱小，因此广泛地应用于大载荷和同轴度要求高的机械设备中，如图 5-24（e）所示。按工作方式，花键有静连接和动连接两种形式。

认识花键连接

花键连接的装配要点如下。

（1）在装配前，首先应彻底清理花键及花键轴的毛刺和锐边，并清洗干净。装配时，在花键轴表面应涂上润滑油，转动花键轴检查啮合情况。

（2）静连接的花键孔与花键轴有少量的过盈量，装配时可用铜棒轻轻敲入，但不得过紧，否则会拉伤配合表面。对于过盈较大的，可将套件加热（80～120℃）后进行装配。

（3）动连接花键应保证精确的间隙配合，其套件在花键轴上应滑动自如，灵活无阻滞，转动套件时不应有明显的间隙。

## 5.3.5　销连接的装配

销有圆柱销、圆锥销、开口销等种类，如图 5-25 所示。圆柱销一般依靠过盈配合固定在孔中，因此对销孔尺寸、形状和表面粗糙度 $Ra$ 值要求较高。被连接件的两孔应同时钻、铰，$Ra$ 值不大于 1.6 μm。装配时，销钉表面可涂机油，用铜棒轻轻敲入。圆柱销不宜多次装拆，否则会降低定位精度或连接的可靠性。

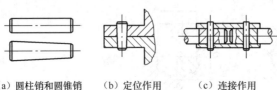

（a）圆柱销和圆锥销　　（b）定位作用　　　（c）连接作用

图 5-25　销及其作用

认识销连接

圆锥销装配时，两连接件的销孔也应一起钻、铰。在钻、铰时按圆锥销小头直径选用钻头

（圆锥销的规格用销小头直径和长度表示）或相应锥度的铰刀。铰孔时用试装法控制孔径，以圆锥销能自由插入 80%～85%为宜。最后用手锤敲入，销钉的大头可稍露出，或与被连接件表面齐平。

销连接的装配要求如下。

（1）圆柱销按配合性质有间隙配合、过渡配合和过盈配合，使用时应按规定选用。

（2）销孔加工一般在相关零件调整好位置后，一起钻削和铰削，其表面粗糙度为 $Ra3.2$～$1.6\,\mu m$。装配定位销时，销子涂上机油后用铜棒垫在销子头部，把销子打入孔中，或用 C 形夹将销子压入。对于盲孔，销子装入前应磨出通气平面，让孔底空气能够排出。

（3）圆锥销装配时，应保证销与销孔的锥度正确，其接触斑点应大于 70%。锥孔铰削深度宜用圆锥销试配，以手推入圆锥销长度的 80%～85%为宜。圆锥销装紧后大端倒角部分应露出锥孔端面。

（4）开尾圆锥销打入孔中后，将小端开口扳开，防止振动时脱出。

（5）销顶端的内、外螺纹应便于拆卸，装配时不得损坏。

（6）过盈配合的圆柱销，一经拆卸就应更换，不宜继续使用。

### 5.3.6　过盈连接件的装配

过盈连接是依靠包容件（孔）和被包容件（轴）的过盈配合，使装配后的两零件表面产生弹性变形，在配合面之间形成横向压力，依靠此压力产生的摩擦力传递转矩和轴向力。其结构简单，对中性好，承载能力强，能承受变动载荷和冲击载荷，但配合面的加工要求较高。

过盈连接按结构形式可分为圆柱面过盈连接、圆锥面过盈连接和其他形式过盈连接。

过盈连接的装配按其过盈量、公称尺寸的大小主要有压入法、热装法、冷装法等。

#### 1．过盈连接的装配要求

（1）检查配合尺寸是否符合规定要求。应有足够、准确的过盈值，实际最小过盈值应等于或稍大于所需的最小过盈值。

（2）配合表面应具有较小的表面粗糙度，一般为 $Ra0.8\,\mu m$，圆锥面过盈连接还要求配合接触面积达到 75%以上，以保证配合稳固性。

（3）配合面必须清洁，不应有毛刺、凹坑、凸起等缺陷，配合前应加油润滑，以免拉伤表面。

（4）锤击时，不可直击零件表面，应采用软垫加以保护。

（5）压入时必须保证孔和轴的轴线一致，不允许有倾斜现象。压入过程必须连续，速度不宜太快，一般为 2～4 mm/s（不应超过 10 mm/s），并准确控制压入行程。

（6）细长件、薄壁件及结构复杂的大型件过盈连接，要进行装配前检查，并按装配工艺规程进行，避免装配质量事故。

#### 2．圆柱面过盈连接的装配

（1）压入法

压入装配法可分为锤击法和压力机压入法两种，适用于过盈量不大的配合。

锤击法可根据零件的大小、过盈量、配合长度和生产批量等因素，用手锤或大锤将零件打入装配，一般适用过渡配合。用压力机压入法需具备螺旋压力机、气动杠杆压力机、液压机等设备，直径较大的就需用大吨位的压力机。压入方法和设备如图 5-26 所示。

（2）热装法

对于过盈量较大的配合一般采用热装的方法（也称热胀法），利用物体受热后膨胀的原理，将包容件加热到一定温度，使孔径增大，然后与常温下的相配件装配，待冷却收缩后，配合件便形成过盈连接紧紧地连接在一起。热装方法适用于配合零件，尤其是过盈配合的零件。

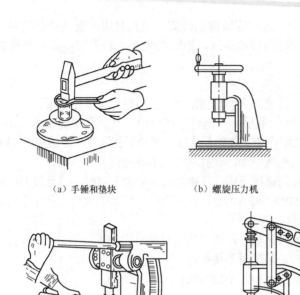

（a）手锤和垫块　　　　（b）螺旋压力机　　　　（c）C形夹头

压入法过盈连接

（d）齿条压力机　　　　（e）气动简易压力机

图 5-26　圆柱面过盈连接的压入方法

　　应根据零件的大小、配合尺寸公差、零件的材料、零件的批量、工厂现有设备状况等条件确定配合件是否采用热装方法。对于大直径的齿轮件中的齿毂与齿圈的装配，一般蜗轮减速机中轮毂与蜗轮圈的装配等，因其属于无键连接传递扭矩，一般都采用热装。对于一般轴与孔的装配，根据其过盈量大小及轴与孔件的材质来确定装配方法。一般过盈量大的应采用热装方法，其过盈量不太大的，如果轴与孔都是钢件，也应优先考虑热装。也可选择压装方法，但压装的质量不及热装。因压装受设备压力限制、人员操作水平及零件加工质量等因素影响，对于一些较小的配合件，如最常见的滚动轴承等，一般采用热装为宜。

　　① 加热温度。加热温度的计算公式为

$$T = \frac{\Delta_1 + \Delta_2}{da} + t \tag{5-14}$$

式中　$T$——加热温度；

　　　$a$——加热件的线膨胀系数；

　　　$\Delta_1$——配合的最大过盈量，mm；

　　　$\Delta_2$——热装时的间隙量，mm，一般取（1~2）$\Delta_1$；

　　　$d$——配合直径，mm；

　　　$t$——室温，一般取 20℃。

热胀法与冷缩法过盈连接

常用金属材料的线膨胀系数如下。

钢、铸钢—0.000011；铸铁—0.000010；黄铜—0.000018；青铜—0.000017；紫铜—0.0000017。

对于碳钢件，加热温度可查阅表 5-3。

表 5-3　　　　　　　　　　　　　　　碳钢件的加热温度 T

| 配合直径/mm | $\Delta_2$/mm | H7/u5 | | H8/t7 | | H7/s6 | | H7/r6 | |
| --- | --- | --- | --- | --- | --- | --- | --- | --- | --- |
| | | $\Delta_1$/mm | T/℃ | $\Delta_1$/mm | T/℃ | $\Delta_1$/mm | T/℃ | $\Delta_1$/mm | T/℃ |
| 80～100 | 0.10 | 0.146 | 295 | 0.178 | 315 | 0.073 | 230 | 0.073 | 215 |
| >100～120 | 0.12 | 0.159 | 275 | 0.158 | 295 | 0.101 | 215 | 0.076 | 195 |
| >120～150 | 0.20 | 0.188 | 315 | 0.192 | 310 | 0.117 | 255 | 0.088 | 235 |
| >150～180 | 0.25 | 0.228 | 305 | 0.212 | 290 | 0.125 | 245 | 0.090 | 220 |
| >180～220 | 0.30 | 0.265 | 305 | 0.226 | 290 | 0.151 | 245 | 0.106 | 220 |
| >220～260 | 0.38 | 0.304 | 300 | 0.242 | 280 | 0.159 | 270 | 0.109 | 220 |
| >260～310 | 0.46 | 0.373 | 300 | 0.270 | 280 | 0.190 | 250 | 0.130 | 230 |
| >310～360 | 0.54 | 0.415 | 295 | 0.292 | 270 | 0.226 | 240 | 0.144 | 220 |
| >360～440 | 0.66 | 0.460 | 310 | 0.351 | 280 | 0.272 | 250 | 0.166 | 230 |
| >440～500 | 0.75 | 0.517 | 290 | 0.393 | 260 | 0.292 | 240 | 0.172 | 210 |

② 常用加热方法。

（a）热浸加热法。该方法加热均匀、方便，常用于尺寸及过盈量较小的连接件。

（b）电感应加热。该方法适用于大型齿圈加热。

（c）电炉加热。在专业厂家大批量生产的情况下，通常使用低温加热炉。

（d）煤气炉或油炉加热。大型件可考虑借用铸造烘热型的加热炉。

（e）火焰加热。该方法简单，但易于过烧，要求具有熟练的操作技术，多用于较小零件的加热。

（3）冷装法

冷装法（也称冷缩法）是利用物体温度下降时体积缩小的原理，将轴件低温冷却，使其尺寸缩小，然后将轴件装入常温的孔中，温度回升后，轴与孔便紧固连接得到过盈连接。

对于过盈量较小的小件可采用干冰冷却，可冷却至 −78℃；对于过盈量较大的大件可采用液氮冷却，可冷却至−195℃。

当孔件较大而轴件较小时，加热孔件不方便，或有些孔件不允许加热时，可以采用冷装法。冷装法与热装法相比变形量小，适用于一些材料特殊或装配精度要求高的零件，但所用工装设备比较复杂，操作也较麻烦，所以应用较少。

**3．圆锥面过盈连接的装配**

利用锥轴和锥孔在轴向相对位移互相压紧而获得过盈连接。

（1）常用的装配方法

① 螺母拉紧圆锥面过盈连接。如图 5-27（a）所示，拧紧螺母，使轴孔之间接触之后获得规定的轴向相对位移而相互压紧。此方法适用于配合锥度为 1：30～1：8 的圆锥面过盈连接。

② 液压装拆圆锥面过盈连接。对于配合锥度为 1：50～1：30 的圆锥面过盈连接，如图 5-27（b）所示，将高压油从油孔经油沟压入配合面，使孔的小径胀大，轴的大径缩小，同时施加一定的轴向力，使之互相压紧。

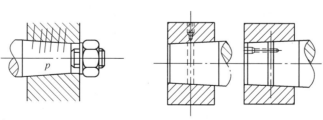

（a）螺栓螺母拉紧　　　　　　　　（b）液压胀形

图 5-27　圆锥面过盈连接装配

利用液压装拆过盈连接时，配合面不易擦伤。但对配合面接触精度要求较高，需要高压油泵等专用设备。这种连接多用于承载较大且需多次装拆的场合，尤其适用于大型零件。

（2）注意事项

利用液压装拆圆锥面过盈连接时，要注意以下五点。

① 严格控制压入行程，以保证规定的过盈量。

② 开始压入时，压入速度要小。此时配合面间有少量油渗出，是正常现象，可继续升压。如油压已达到规定值而行程尚未达到时，应稍停压入，待包容件逐渐扩大后，再压入到规定行程。

③ 达到规定行程后，应先消除径向油压，再消除轴向油压，否则包容件常会弹出而造成事故。拆卸时，也应注意。

④ 拆卸时的油压应比套合时低。每拆卸一次再套合时，压入行程一般稍有增加，增加量与配合面锥度的加工精度有关。

⑤ 套装时，配合面要保持洁净，并涂以经过滤的轻质润滑油。

### 5.3.7 管道连接的装配

#### 1．管道连接的类型

管道由管、管接头、法兰、密封件等组成。常用管道连接形式如图 5-28 所示。图 5-28（a）所示为焊接式管接头，将管子与管接头对中后焊接，其连接强度高，密封好，可用于各压力、温度下的管路；图 5-28（b）所示为扩口式管接头，将管口扩张，压在接头体的锥面上，并用螺母拧紧；图 5-28（c）所示为卡套式管接头，拧紧螺母时，由于接头体尾部锥面作用，使卡套端部变形，其尖刃口嵌入管子外壁表面，紧紧卡住管子；图 5-28（d）所示为高压软管接头，装配时先将管套套在软管上，然后将接头体缓缓拧入管内，将软管紧压在管套的内壁上。图 5-28（e）所示的管端密封面为锥面，用透镜式垫圈与管锥面形成环形接触面而密封。

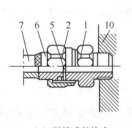
（a）焊接式管接头

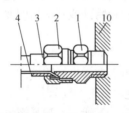
（b）薄壁扩口式管接头

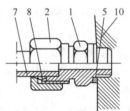
（c）卡套式管接头

认识管道连接

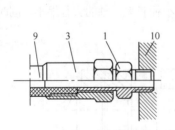
（d）高压软管接头

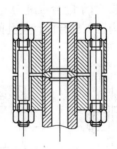
（e）高压锥面螺纹法兰接头

法兰盘式管接头和球形管接头连接

图 5-28　管道连接的形式

1—接头体；2—螺母；3—管套；4—扩口薄壁管；5—密封垫圈；6—管接头；
7—钢管；8—卡套；9—橡胶软管；10—液压元件

## 2. 管道连接的装配工艺

（1）管道的吹扫与清洗

管道装配前应分段进行吹扫与清洗（简称吹洗）。吹洗方法应根据管道的使用要求、工作介质及管道内表面的脏污程度确定。吹洗的顺序一般应按主管、支管、疏排管依次进行。吹洗前应对系统内的仪表加以保护，并将孔板、喷嘴、滤网、节流阀及止回阀阀芯等拆除，妥善保管，待吹洗后复位。不允许吹洗的设备及管道应与吹洗系统隔离。对未能吹洗或吹洗后可能留存脏污、杂质的管道，应用其他方法补充清理。

吹洗时，管道的脏物不得进入设备，设备吹出的脏物一般也不得进入管道。管道吹扫应有足够的流量，吹扫压力不得超过设计压力，流速不低于工作流速，一般不小于 20 m/s。吹洗时除有色金属管道外，应用手锤（不锈钢管道用木锤）敲打管子，对焊缝、死角和管底部等部位应重点敲击，但不得损伤管子。吹洗前应考虑管道支架、吊架的牢固程度，必要时应予以加固。

（2）管道的防锈处理

① 手工或动力工具处理。手工处理可采用手锤、刮刀、铲刀、钢丝刷及砂布（纸）等。动力工具可采用风（电）动工具或各式除锈机械。应用时注意不得使用使金属表面受损或使之变形的工具和手段。

② 干喷射处理。采用该方法时，应采取妥善措施防止粉尘扩散。所用压缩空气应干燥洁净，不得含有水分和油污，并经以下方法检查合格后方可使用：将白布或白漆靶板置于压缩空气流中1min，其表面用肉眼观察应无油、水等污迹。空气过滤器的填料应定期更换，空气缓冲罐内积液应及时排放。

③ 化学处理。金属表面化学处理可采用循环法、浸泡法或喷射法等。酸洗液必须按规定的配方和顺序进行配制，称量应准确，搅拌应均匀。为防止工件出现过蚀和氢脆现象，酸洗操作的温度和时间，应根据工件表面除锈情况在规定范围内进行调节。酸洗液应定期分析、及时补充。经酸洗后的金属表面，必须进行中和钝化处理。

（3）管道的保温

管道保温的目的是维持一定的高温，减少散热；维持一定的低温，减少吸热；以及维持一定的室温，改善劳动环境。

保温材料应具有导热系数小、容重轻、具有一定的机械强度、耐热、耐湿、对金属无腐蚀作用、不易燃烧、来源广泛、价格低廉等特点。常用保温材料有玻璃棉、矿渣棉、石棉、蛭石、膨胀珍珠岩、泡沫混凝土、软木砖和木屑、聚氨酯泡沫塑料、聚苯乙烯泡沫塑料等。

（4）管道的预制

为了方便现场装配，部分管道要在工厂提前预制。管道预制应考虑运输和装配的方便，并留有调整活口。预制管道组合件应具有足够的刚性，不得产生永久变形。预制完毕的管段，应将内部清理干净，封闭管口，严防杂物进入；并应及时编号，妥善保管。

（5）管道工程的验收

施工完毕后，应对现场管道进行复查验收，复查内容如下。

① 管道施工与设计文件是否相符。

② 管道工程质量是否符合本规范要求。

③ 管件及支架、吊架是否正确齐全，螺栓是否紧固。

④ 管道对传动设备是否有附加外力。

⑤ 合金钢管道是否有材质标记。

⑥ 管道系统的安全阀、爆破板等安全设施是否符合要求。

施工单位和建设单位应对高压管道进行资料审查，审查内容如下。

① 高压钢管检查验收记录。

② 高压弯管加工记录。

③ 高压钢管螺纹加工记录。

④ 高压管子、管件、阀门的合格证明书及紧固件的校验报告单。

⑤ 施工单位的高压阀门试验记录。

施工单位和建设单位应共同检查下列工作，并进行签证。

① 管道的预拉伸（压缩）。

② 管道系统强度、严密性试验及其他试验。

③ 管道系统吹洗。

④ 隐蔽工程及系统封闭。

工程交工验收时，施工单位应提交相关技术文件。

管道连接的密封要求
和压力要求

### 3．管道连接的装配技术要求

（1）管子的规格必须根据工作压力和使用场合进行选择。应有足够的强度，内壁光滑、清洁，无砂眼、锈蚀等缺陷。

（2）管道装配后必须具有高度的密封性。管子在连接前需经过水压试验或气压试验，保证没有泄漏现象。为加强密封作用，对螺纹连接处通常用麻丝或聚四氟乙烯等作填料，并在外部涂以红丹粉或白漆，对法兰连接处则在结合面垫上衬垫。

（3）切断管子时，断面应与轴线垂直。弯曲管子时，不应把管子弯扁。

（4）管道通过流体时应保证最小的压力损失。整个管道要尽量短，转弯次数少。较长的管道应有支撑和管夹固定，以免振动。同时，要考虑有伸缩的余地。系统中任何一段管道或元件应能单独拆装。

（5）全部管道装配定位后，应进行耐压强度试验和密封性试验。对于液压系统的管路系统还应进行二次装配，即拆下管道清洗，再装配，以防止污物进入管道。

## 5.3.8 轴的结构及其装配

### 1．轴的结构

轴类零件是组成机器的重要零件，它的功用是支撑传动件（如齿轮、带轮、凸轮、叶轮、离合器等）和传递扭矩及旋转运动。因此，轴的结构具有以下特点。

（1）轴上加工有对传动件进行径向固定或轴向固定的结构，如键槽、轴肩、轴环、环形槽、螺纹、销孔等。

（2）轴上加工有便于装配轴上零件和轴加工制造的结构，如轴端倒角、砂轮越程槽、退刀槽、中心孔等。

（3）为保证轴及其他相关零件能正常工作，轴应具有足够的强度、刚度和精度。

### 2．轴的精度

轴的精度主要包括尺寸精度、几何形状精度、相互位置精度和表面粗糙度。

（1）轴的尺寸精度指轴段、轴径的尺寸精度。轴径尺寸精度差，则与其配合的传动件定心精度就差；轴段尺寸精度差，则轴向定位精度就差。

（2）轴颈的几何形状精度指轴的支撑轴颈的圆度、圆柱度。轴颈圆度误差过大，滑动轴承在运转时会引起振动。轴颈圆柱度误差过大时，会使轴颈和轴承之间油膜厚度不均，轴瓦表面局部负荷过重而加剧磨损。以上各种误差反映在滚动轴承支撑时，将引起滚动轴承的变形而降低装配精度。

（3）轴颈轴线和轴的圆柱面、端面的相互位置精度指对轴颈轴线的径向圆跳动和端面圆跳动。其误差过大，会使旋转零件装配后产生偏心和歪斜，以致运转时造成轴的振动。

（4）表面粗糙度。机械运转的速度和配合精度等级决定轴类零件的表面粗糙度值。一般情况下，支撑轴颈的表面粗糙度为 $Ra0.8\sim0.2\ \mu m$，配合轴颈的表面粗糙度为 $Ra3.2\sim0.8\ \mu m$。

轴的精度一般采用以下方法进行检测。

轴径误差、轴的圆度误差和圆柱度误差用千分尺对轴径测量后直接得出。轴上各圆柱面对轴颈的径向圆跳动误差以及端面对轴颈的垂直度误差按图 5-29 所示方法确定。

### 3．轴、键、传动轮的装配

传动轮（如齿轮、皮带轮、蜗轮等）与轴一般采用键连接传递运动及扭矩，其中又以普通平键连接最为常见，如图 5-30 所示。装配时，选取键长与轴上键槽相配，键底面与键槽底面接触，键两侧采用过渡配合。装配轮毂时，键顶面和轮毂间留有一定间隙，但与键两侧配合不允许松动。

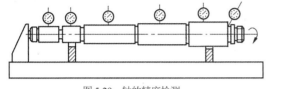
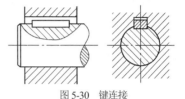

图 5-29　轴的精度检测　　　　　　　　　　　　　图 5-30　键连接

## 5.3.9　轴承的装配

轴承是支撑轴的零件，是机械设备中的重要组成部分。轴承分为滑动轴承和滚动轴承；按承受载荷的方向可分为向心轴承、推力轴承和向心推力轴承等类型。

### 1．滑动轴承的装配

（1）滑动轴承的种类

滑动轴承具有润滑油膜吸振能力强、能承受较大冲击载荷、工作平稳、可靠、无噪声、拆装修理方便等特点，因此在旋转轴的支撑方面获得了广泛的应用。滑动轴承按其相对滑动的摩擦状态不同可分为液体摩擦轴承和非液体摩擦轴承两大类。

① 液体摩擦轴承。运转时轴颈与轴承工作面间被油膜完全隔开，摩擦系数小，轴承承载能力大，抗冲击，旋转精度高，使用寿命长。液体摩擦轴承又分为动压液体摩擦轴承和静压液体摩擦轴承。

② 非液体摩擦轴承。它包括干摩擦轴承、润滑脂轴承、含油轴承、尼龙轴承等。轴和轴承的相对滑动工作面直接接触或部分被油膜隔开，摩擦系数大，旋转精度低，较易磨损。但结构简单，装拆方便，广泛应用于低速、轻载和精度要求不高的场合。

滑动轴承按结构形状不同又可分为整体式滑动轴承、剖分式滑动轴承等多种形式，如图 5-31 所示。

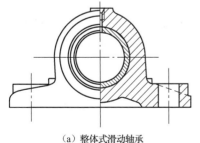
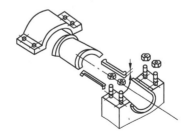

认识滑动轴承

（a）整体式滑动轴承　　　　　　　（b）剖分式滑动轴承

图 5-31　滑动轴承结构形式

（2）滑动轴承的装配要求

滑动轴承的装配工作，应保证轴和轴承工作面之间获得均匀而适当的间隙、良好的位置精度和应有的表面粗糙度值，在启动和停止运转时有良好的接触精度，保证运转过程中结构稳定可靠。

① 滑动轴承在装配前，应去掉零件的毛刺、锐边，接触表面必须光滑清洁。

② 装配轴承座时，应将轴承或轴瓦装在轴承座上并按轴瓦或轴套中心位置校正。同一传动轴上的各轴承中心线应在一条轴线上，其同轴度误差应在规定的范围内。轴承座底面与机体的接触面应均匀紧密地接触，固定连接应可靠，设备运转时，不得有任何松动移位现象。

③ 轴转动时，不允许轴瓦或轴套有任何转动。

④ 在调整轴瓦间隙时，应保证轴瓦工作表面有良好接触精度和合理的间隙。轴承与轴的配合表面接触情况可用涂色法进行检查，研点数应符合要求。

⑤ 装配时，必须保证润滑油能畅通无阻地流入轴承中，并保证轴承中有充足的润滑油存留，以形成油膜。要确保密封装置的质量，不得让润滑油漏到轴承外，并避免灰尘进入轴承。

（3）滑动轴承的装配工艺

① 整体式滑动轴承的装配。如图 5-31（a）所示，轴套和轴承座为过盈配合，可根据轴套尺寸的大小和过盈量的大小，采取相应的装配方法。

（a）压入轴套。轴套尺寸和过盈量较小时，可用手锤加垫板敲入。轴套尺寸和过盈量较大时，宜用压力机或螺旋拉具进行装配。在压入时，轴套应涂上润滑油，油孔和油槽应与机体对准，不得错位。为防止倾斜，可用导向环或导向心轴导向。

（b）轴套定位。压入轴套后，应按图样要求用紧定螺钉或定位销固定轴套位置，以防轴套随轴转动，图 5-32 所示为轴套的定位形式。

（c）轴套孔的修整。轴套压入后，检查轴套和轴的直径，如果因变形不能达到配合间隙要求，可用铰削或刮研的方法修整，使轴套与轴颈之间的接触点达到规定的标准。

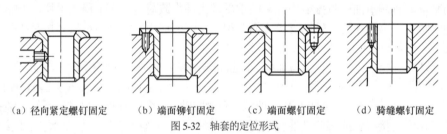

（a）径向紧定螺钉固定　　　（b）端面铆钉固定　　　（c）端面螺钉固定　　　（d）骑缝螺钉固定

图 5-32　轴套的定位形式

② 剖分式滑动轴承的装配。如图 5-31（b）所示，其装配工艺要点如下。

（a）轴瓦与轴承体的装配。应使瓦背与座孔接触良好，以便于摩擦热量的传导散发和均匀承载。上、下轴瓦与轴承盖和轴承座的接触面积不得小于 40%，用涂色法检查，着色要均匀。如不符合要求，对厚壁轴瓦应以轴承座孔为基准，刮研轴瓦背部。同时应保证轴瓦台肩能紧靠轴承座孔的两端面达到 H7/f7 配合要求，如果太紧，应刮轴瓦。薄壁轴瓦的背面不能修刮，只能进行选配。为达到配合的紧固性，厚壁轴瓦或薄壁轴瓦的剖分面都要比轴承座的剖分面高出一些，一般其值 $\Delta h$ = 0.05～0.1 mm，如图 5-33（a）所示。轴瓦装入时，为了避免敲毛剖分面，可在剖分面上垫木板，用手锤轻轻敲入，如图 5-33（b）所示。

（b）轴瓦的定位。用定位销和轴瓦上的凸肩来防止轴瓦在轴承座内做圆周方向转动和轴向移动，如图 5-33（c）所示。

（c）轴瓦的粗刮。上、下轴瓦粗刮时，可用工艺轴进行研点。其直径要比主轴直径小 0.03～0.05 mm。上、下轴瓦分别刮研。当轴瓦表面出现均匀研点时，粗刮结束。

（d）轴瓦的精刮。粗刮后，在上、下轴瓦剖分面间配以适当的调整垫片，装上主轴合研，进行精刮。精刮时，在每次装好轴承盖后，稍微紧一紧螺母，再用锤子在轴承盖的顶部均匀地敲击几下，使轴瓦盖更好地定位，然后再紧固所有螺母。紧固螺母时，要转动主轴，检查其松紧程度。主轴的松紧，可以随着刮研的次数，用改变垫片尺寸的方法来调节。螺母紧固后，主轴能够轻松地转动且无间隙，研点达到要求，精刮即结束。合格轴瓦的研点分布情况如图 5-33（d）所示。刮研合格的轴瓦，配合表面接触要均匀，轴瓦的两端接触点要实，中部 1/3 长度上接触稍虚，且一般应满足如下要求。

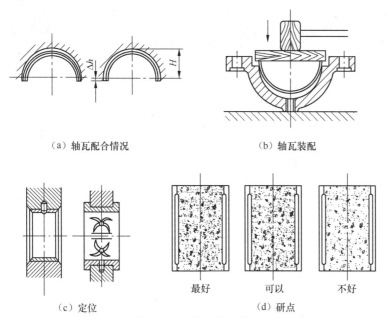

刮研轴瓦

（a）轴瓦配合情况　　　　　　　　（b）轴瓦装配

（c）定位　　　　　　　　（d）研点

图 5-33　剖分式滑动轴承装配

| 高精度机床 | 直径≤120 mm | 20 点/(25 mm × 25 mm) |
|---|---|---|
| | 直径>120 mm | 16 点/(25 mm × 25 mm) |
| 精密机床 | 直径≤120 mm | 16 点/(25 mm × 25 mm) |
| | 直径>120 mm | 12 点/(25 mm × 25 mm) |
| 普通机床 | 直径≤120 mm | 12 点/(25 mm × 25 mm) |
| | 直径>120 mm | 10 点/(25 mm × 25 mm) |

（e）清洗轴瓦。将轴瓦清洗后重新装入。

（f）轴承间隙。动压液体摩擦轴承与主轴的配合间隙，可参考国家标准数据。

③ 轴承座的装配。轴承座与机体不是同一整体时，则需要对轴承座进行装配和找正。轴承座装配时，必须把轴瓦装配在轴承座里，并以轴瓦的中心线来找正轴承座的中心线。一般可用平尺或拉钢丝法来找正其中心线位置，如图 5-34、图 5-35 所示。

（a）用平尺找正时，可将平尺放在轴承座上，平尺的一边与轴瓦口对齐，然后用塞尺检查平尺与各轴承座之间的间隙情况，从而判断各轴承座中心的同轴度。

（b）当轴承座间距较大时，可采用拉钢丝法对轴承座的中心线找正。即在轴承座上装配一根直径为 $\phi0.2 \sim \phi0.5$ mm 的细钢丝，使钢丝张紧并与两端的两个轴承座中心线重合，再以钢丝为基准，找正其他各轴承座。实测中，应考虑钢丝的下挠度对中间各轴承座的影响。

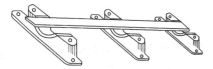

图 5-34　用平尺找正轴承座

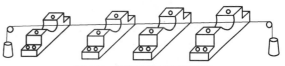

图 5-35　用拉钢丝法找正轴承座

（c）用激光准直仪找正轴承座。当传动精度要求较高时，还可采用激光准直仪对轴承座进行找正。这种方法可以使轴承座中心线与激光束的同轴度误差小于$\phi 0.02$ mm，角度误差小于$\pm 1''$，如图 5-36 所示。

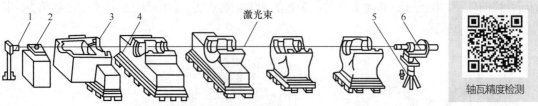

图 5-36　用激光准直仪找正轴承座
1—监视靶；2—三角棱镜；3—光靶；4—轴承座；5—支架；6—激光发射器

### 2．滚动轴承的装配

滚动轴承是一种滚动摩擦轴承，一般由内圈、外圈、滚动体和保持架组成。内、外圈之间有光滑的凹槽滚道，滚动体可沿着滚道滚动。保持架的作用是将相邻的滚动体隔开，并使滚动体沿滚道均匀分布，如图 5-37 所示。

滚动轴承具有摩擦系数小、精度高、轴向尺寸小、维护简单、装拆方便等优点，在各类机器设备上应用极其广泛。滚动轴承是由专业厂大量生产的标准部件，其内径、外径和轴向宽度在出厂时均已确定，因此，滚动轴承的内圈与轴的配合应为基孔

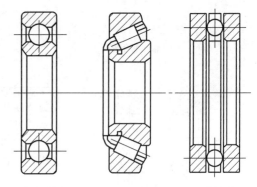

（a）向心球轴承　（b）向心推力滚子轴承　（c）推力球轴承
图 5-37　滚动轴承

制，外圈与轴承孔的配合为基轴制。配合的松紧程度由轴和轴承座孔的尺寸公差来保证。

（1）滚动轴承的装配要点

滚动轴承是一种精密部件，认真做好装配前的准备工作，是保证装配质量的重要环节。

① 装配前应准备好所需工具和量具。

② 对与轴承相配合的轴、轴承座孔等零件表面应认真检查是否符合图样要求，并用汽油或煤油清洗后擦净，涂上机油。

③ 检查轴承型号与图样要求是否一致。

④ 滚动轴承的装配方法应根据轴承的结构、尺寸大小和轴承部件的配合性质确定。装配时的压力应直接加在待配合的套圈端面上，不能通过滚动体传递压力。

（2）滚动轴承的装配方法

常用的装配方法有敲入法、压入法、温差法等。

由于轴承类型的不同，轴承内、外圈装配顺序也不同。滚动轴承在装配过程中，应根据轴承的类型和配合松紧程度来确定装配方法和装配顺序。

在一般情况下，滚动轴承内圈随轴转动，外圈固定不动，因此内圈与轴的配合比外圈与轴承座支撑孔的配合要紧一些。滚动轴承的装配大多为较小的过盈配合，常用手锤或压力机压装。为了使轴承圈受到均匀加压，需用垫套加压。轴承压到轴上时，通过垫套施力于内圈端面，如图 5-38（a）所示；轴承压到支撑孔中时，施力于外圈端面，如图 5-38（b）所示；若同时压到轴上和支撑孔中时，则应同时施力于内、外圈端面，如图 5-38（c）所示。

（3）向心球轴承装配

向心球轴承属于不可分离型轴承，采用压入法装入机件，不允许通过滚动体传递压力。若轴承内圈与轴颈配合较紧，外圈与壳体孔配合较松，则先将轴承压入轴颈，如图 5-38（a）所示；

然后，连同轴一起装入壳体中。外圈与壳体配合较紧，则先将轴承压入壳体孔中，如图 5-38（b）所示。轴装入壳体后，两端要装两个向心球轴承。当一个轴承装好后装第二个轴承时，由于轴已装入壳体内部，可以采用图 5-38（c）所示的方法装入。还可以采用轴承内圈热胀法、外圈冷缩法或壳体加热法以及轴颈冷缩法装配，其加热温度一般在 60～100℃，其冷却温度不得低于−80℃。

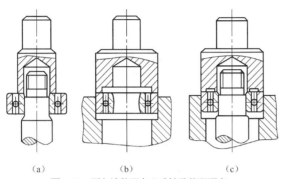

认识滚动轴承

图 5-38　压入法装配向心球轴承装配顺序

（4）滚动轴承间隙的调整

滚动轴承的间隙分为轴向间隙和径向间隙。滚动轴承的间隙具有保证滚动体正常运转、润滑及热膨胀补偿作用。但是滚动轴承的间隙不能太大，也不能太小。间隙太大，会使同时承受负荷的滚动体减少，单个滚动体负荷增大，降低轴承寿命和旋转精度，引起噪声和振动；间隙太小，容易发热，磨损加剧，同样影响轴承寿命。因此，滚动轴承装配时的间隙调整非常重要，滚动轴承的轴向间隙可由表 5-4 查得。

表 5-4　　　　　　　　　　　　　　滚动轴承的轴向间隙　　　　　　　　　　　　　　　单位：mm

| 轴承内径 | 宽度系列 | | |
|---|---|---|---|
| | 轻系列 | 轻和中宽系列 | 中和重系列 |
| <30 | 0.03～0.10 | 0.04～0.11 | 0.04～0.11 |
| 30～50 | 0.04～0.11 | 0.05～0.13 | 0.05～0.13 |
| 50～80 | 0.05～0.13 | 0.06～0.15 | 0.06～0.15 |
| 80～120 | 0.06～0.15 | 0.07～0.18 | 0.07～0.18 |

圆锥滚子轴承和推力轴承内外圈是分开安装的。圆锥滚子轴承的径向间隙 $e$ 与轴向间隙 $c$ 有一定的关系，即 $e = c \cdot \tan\beta$。其中 $\beta$ 为轴承外圈滚道母线对轴线的夹角，一般为 $11° \sim 16°$。因此，调整轴向间隙也即调整了径向间隙。推力轴承有松圈和紧圈之分，松圈的内孔比轴大，与轴能相对转动，应紧靠静止的机件；紧圈的内孔与轴应取较紧的配合，并装在轴上，如图 5-39 所示。推力轴承不存在径向间隙的问题，只需要调整轴向间隙。

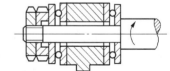

图 5-39　推力轴承松圈与紧圈的装配位置

这两种轴承的轴向间隙通常采用垫片或防松螺母来调整，图 5-40 所示为采用垫片调整轴向间隙的例子。调整时，先将端盖在不用垫片的条件下用螺钉紧固于壳体上。对于图 5-40（a）所示的结构，左端盖垫将推动轴承外圈右移，直至完全将轴承的径向间隙消除为止。这时测量端盖与壳体端面之间的缝隙 $a_1$（最好在互成 120° 三点处测量，取其平均值）。轴向间隙 $c$ 则由 $e = c \cdot \tan\beta$ 求得。根据所需径向间隙 $e$，即可求得垫片厚度 $a = a_1 + c$。对于图 5-40（b）结构，端盖 1 紧贴壳体 2。可来回推拉轴，测得轴承与端盖之间的轴向间隙。根据允许的轴向间隙大小可得到调整垫片的厚度 $a$。

图 5-41 所示为用防松螺母调整轴向间隙的例子。先拧紧螺母至将间隙完全消除为止，再拧松螺母。退回 2c 的距离，然后将螺母锁住。

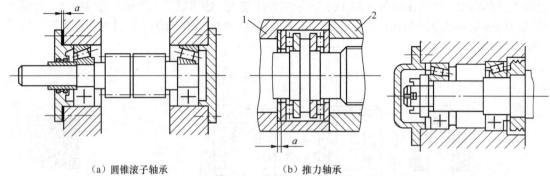

（a）圆锥滚子轴承　　　　　　　（b）推力轴承

图 5-40　滚动轴承的间隙　　　　　　　　　　图 5-41　用防松螺母调整轴向间隙
1—端盖；2—壳体

### 5.3.10　传动机构的装配

传动机构的作用是在两轴之间传递运动和动力，有两轴同轴、平行、垂直或交叉等几种形式。传动机构的类型较多，这里主要介绍带传动、链传动、齿轮传动、蜗轮蜗杆传动的装配工艺。

#### 1．带传动的装配

（1）带传动的形式与特点

带传动是利用带与带轮之间的摩擦力来传递运动和动力的，也有依靠带和带轮上齿的啮合传递运动和动力的。带传动按带的截面形状不同可分为 V 带传动、平带传动和同步带传动，如图 5-42 所示。

带的弹性滑动与打滑

带传动的应用

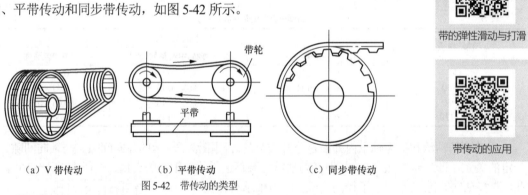

（a）V 带传动　　　　（b）平带传动　　　　（c）同步带传动

图 5-42　带传动的类型

带传动结构简单、工作平稳，由于传动带的弹性和挠性，具有吸振、缓冲作用，过载时的打滑能起安全保护作用，能适应两轴中心距较大的传动；但带传动的传动比不准确，传动效率较低，带的寿命较短，结构不够紧凑。

V 带传动比平带传动应用更为广泛，尤其在两带轮中心距较小或传动力较大时应用较多。根据国家标准（GB/T 11544—2012），我国生产的 V 带共分为 Y、Z、A、B、C、D、E 七种，Y 型 V 带截面尺寸最小，E 型截面尺寸最大，使用最多的是 Z、A、B 三种型号。

（2）带传动机构的装配技术要求

① 带轮装配在轴上应没有歪斜和跳动。通常要求带轮对带轮轴的径向圆跳动应为（0.0025～0.0005）$D$，端面圆跳动应为（0.0005～0.001）$D$，$D$ 为带轮直径。

② 两轮的中间平面应重合，其倾斜角和轴向偏移量不超过 1°，倾角过大会导致带磨损不均匀。

③ 带轮工作表面粗糙度要适当，一般为 $Ra3.2\ \mu m$。表面粗糙度太细带容易打滑，过于粗糙则带磨损加快。

④ 带在带轮上的包角不能太小，对于 V 带传动，带轮包角不能小于 120°。

⑤ 皮带的张紧力要适当。张紧力太小，不能传递一定的功率；张紧力太大，则传动带、轴和轴承都容易磨损，影响使用寿命，同时轴易发生变形，降低效率。张紧力通过调整张紧装置获得。对于 V 带传动，合适的张紧力也可根据经验来判断，用大拇指在 V 带切边中间处，能按下 15 mm 左右为宜。

⑥ 当带的速度 $v>5$ m/s 时，应对带轮进行静平衡试验；当 $v>25$ m/s，还需要进行动平衡试验。

V 带传动、平带传动等带传动形式都是依靠带和带轮之间的摩擦力来传递动力的。为保证其工作时具有适当的张紧力，防止打滑，减小磨损及传动平稳，装配时必须按带传动机构的装配技术要求进行。

（3）带轮的装配要点

带轮与轴的配合一般选用 H7/k6 过渡配合，并用键或螺钉固定以传递动力，如图 5-43 所示。

① 带装配前应检查规格、型号及长度，做好带轮孔、轴的清洁工作，轴上涂上机油，用铜棒、锤子轻轻锤入，最好采用专用的螺旋工具压装。

② 装配后，应检查带轮在轴上的装配精度。检查跳动的方法，较大的皮带轮可用划针盘来检查，较小的皮带轮可用百分表来检查。

③ 两带轮装配后，应使两轮轴线的平行度

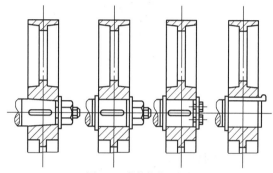

图 5-43　带轮的装配方式

符合要求，两带轮的中心平面的轴向偏移量，平带一般不应超过 1.5 mm，V 形带不应超过 1 mm；两轴的平行度不应大于 0.5/1000。中心距大的可用拉线法，中心距小的可用钢直尺测量。皮带轮的中心距要正确，一般可通过检查并调整皮带的松紧程度，补偿中心距误差。

④ V 带装入带轮时，应先将 V 带套入小带轮中，再将 V 带用旋具拨入大带轮槽中，装配时，不宜用力过猛，以防损坏带轮。装好的 V 带平面不应与带轮槽底接触或凸在轮槽外。

⑤ 皮带轮的拆卸。修理皮带传动装置前，必须把皮带轮从轴上拆下来。一般情况下，不能直接用大锤敲打，而应采用拉卸器。

（4）调整张紧力

由于传动带的材料不是完全的弹性体，带在工作一段时间后会因伸长而松弛，使得张紧力降低。为了保证带传动的承载能力，应定期检查张紧力，如发现张紧力不符合要求，必须重新调整，使其正常工作。

常用的张紧装置有以下三种。

① 定期张紧装置。通过调节中心距使带重新张紧。如图 5-44（a）、图 5-44（b）所示，使用时松开固定螺钉，旋转调节螺钉改变中心距，直到所需位置，然后固定。图 5-44（a）适用于接近水平的布置，图 5-44（b）适用于垂直或接近垂直的传动。

② 自动张紧装置。常用于中小功率的传动，如图 5-44（c）所示，将装有带轮的电动机装配在可以自由转动的摆架上，利用电机和机架的重量自动保持张紧力。

③ 张紧轮张紧。当中心距不能调节时，可采用张紧轮张紧，张紧轮一般装配在松边内侧，使带只受单向弯曲，延长使用寿命。同时张紧轮还应尽量靠近大带轮，以减少对包角的影响，如图 5-44（d）所示；有时为了增加小带轮的包角，张紧轮可放在松边外侧靠近小带轮处，如图 5-44（e）所示，但是带绕行一周受弯曲次数增加，带易于疲劳破坏。

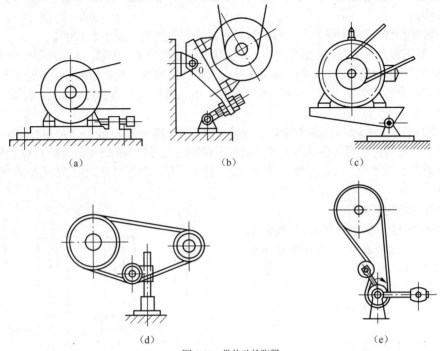

（a）　　　　　　　　　（b）　　　　　　　　　（c）

（d）　　　　　　　　　　　　　　　（e）

图 5-44　带传动的张紧

（5）平带接头的连接

平带的宽度有一定规格，长度按需要截取，并留有一定的余量。平带在装配时对接，其方法主要有粘接（或硫化粘接）、皮带扣、皮带螺栓和金属夹板等。

**2．链传动机构的装配**

链传动是由两个（或两个以上）具有特殊齿形的链轮和连接链轮的链条组成的，由于链传动是啮合传动，可保证一定的平均传动比，同时适用于两轴距离较远的传动，传动较平稳，传动功率较大，特别适合在温度变化大和灰尘较多的场合使用。常用传动链有套筒滚子链和齿形链。

滚子链的结构

带传动和链传动的
张紧原理

（1）链传动机构装配要点

① 两链轮轴线必须平行，否则会加剧链轮和链的磨损，降低传动平稳性，增加噪声。可通过调整两轮轴两端支撑件的位置，进行调整。

② 两链轮的中心平面应重合，轴向偏移量应控制在允许范围内。如无具体规定，一般当两轮中心距小于 500 mm 时，轴向偏移量应控制在 1 mm 以内；两轮中心距大于 500 mm 时，轴向偏移量应控制在 2 mm 以内，可用长钢板尺或钢丝检查。

③ 链轮在轴上固定后，其径向和端面跳动量应符合规定要求。

④ 链轮在轴上的固定方式一般有键连接加紧定螺钉、锥销固定以及轴侧端盖固定。

⑤ 链条的下垂度应符合要求。

⑥ 应定期检查润滑情况，良好的润滑有利于减少磨损，降低摩擦功率损耗，缓和冲击及延长使用寿命，常采用的润滑剂为 HJ20～HJ40 号机械油，温度低时取前者。

（2）链条两端的连接

当两轴的中心距可调节，且两轮在轴端时，链条可以预先接好，再装到链轮上。如果结构不允许，则必须先将链条套在链轮上，然后再进行连接。

### 3．齿轮传动机构的装配

齿轮传动是最常用的传动方式之一，它依靠轮齿间的啮合传递运动和动力，其特点是：能保证准确的传动比，传递功率和速度范围大，传动效率高，结构紧凑，使用寿命长，但齿轮传动对制造和装配要求较高。

齿轮传动的类型较多，有直齿、斜齿、人字齿轮传动；有圆柱齿轮、圆锥齿轮以及齿轮齿条传动等。

（1）齿轮传动机构的装配技术要求

① 齿轮孔与轴的配合符合要求，不得有偏心和歪斜现象。

② 保证齿轮副有正确的安装中心距和适当的齿侧间隙。

③ 齿面接触部位正确，接触面积符合规定要求。

④ 滑移齿轮在轴上滑动自如，不应有啃住或阻滞现象，且轴向定位准确。齿轮的错位量不得超过规定值。

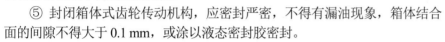

齿轮传动的类型和
特点

⑤ 封闭箱体式齿轮传动机构，应密封严密，不得有漏油现象，箱体结合面的间隙不得大于 0.1 mm，或涂以液态密封胶密封。

⑥ 对于转速高的大齿轮，应进行静平衡测试。

齿轮传动的装配工作包括：将齿轮装在传动轴上，将传动轴装进齿轮箱体，保证齿轮副正常啮合。装配后的基本要求：保证正确的传动比，达到规定的运动精度；齿轮齿面达到规定的接触精度；齿轮副齿轮之间的啮合侧隙应符合规定要求。

渐开线圆柱齿轮传动，多用于传动精度要求高的场合。如果装配后出现不允许的齿圈径向跳动，就会产生较大的运动误差。因此，首先要将齿轮正确地安装到轴颈上，不允许出现偏心和歪斜。对于运动精度要求较高的齿轮传动，在装配一对传动比为 1 或其他整数的齿轮时，可采用圆周定向装配，使误差得到一定程度的补偿，以提高传动精度。例如，用一对齿数均为 22 的齿轮，齿面是在同一台机床上加工的，周节累积误差的分布几乎相同，如图 5-45 所示。假定装入轴向的齿圈径向跳动与加工后的相同，则可将一齿轮的零号齿与另一齿轮的 11 号齿对合装配。这样，齿轮传动的运动误差将大为降低。装配后齿轮传动的长周期误差曲线，如图 5-46 所示。如果齿轮与花键轴连接，则尽量分别将两齿轮周节累积误差曲线中的峰谷靠近来安装齿轮；如果用单键连接，就需要进行选配。在单件小批生产中，只能在定向装配好之后，再加工出键槽。定向装配后，必须在轴与齿轮上打上径向标记，以便正确地装卸。

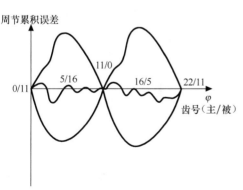

图 5-45　单个齿轮的周节累积误差曲线

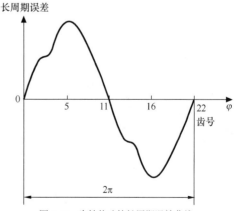

图 5-46　齿轮传动的长周期误差曲线

齿轮传动的接触精度是以齿面接触斑痕的位置和大小来判断的，它与运动精度有一定的关系，即运动精度低的齿轮传动，其接触精度也不高。因此，在装配齿轮副时，常需检查齿面的接触斑痕，以考核其装配是否正确。图 5-47 所示为渐开线圆柱齿轮副装配后常见的接触斑痕分布情况。图 5-47（b）和图 5-47（c）分别为同向偏接触和异向偏接触，说明两齿轮的轴线不平行，中心距超过规定值，一般装配无法纠正。图 5-47（e）所示为沿齿向游离接触，齿圈上各齿面的接触斑痕由一端逐渐移至另一端，说明齿轮端面（基面）与回转轴线不垂直，可卸下齿轮，修整端面予以纠正。另外，还可能沿齿高游离接触，如图 5-47（b）所示，说明齿圈径向跳动过大，可卸下齿轮重新正确安装。

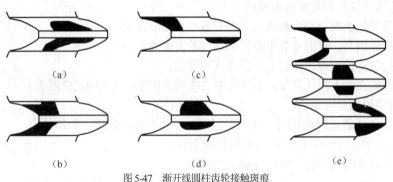

图 5-47　渐开线圆柱齿轮接触斑痕

装配圆柱齿轮时，齿轮副的啮合侧隙是由各种有关零件的加工误差决定的，一般装配无法调整。

（2）圆柱齿轮传动机构的装配要点

齿轮与轴装配时，要根据齿轮与轴的配合性质，采用相应的装配方法，对齿轮、轴进行精度检查，符合技术要求才能装配。装配后，常见的安装误差是偏心、歪斜、端面未靠贴轴肩等，如图 5-48 所示。精度要求高的齿轮副，如图 5-49 所示，应进行径向圆跳动检查[图 5-48（a）]和端面圆跳动检查[图 5-49（b）]。

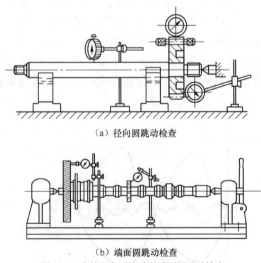

（a）径向圆跳动检查

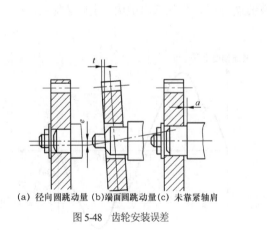

（a）径向圆跳动量（b）端面圆跳动量（c）未靠紧轴肩

图 5-48　齿轮安装误差

（b）端面圆跳动检查

图 5-49　齿轮径向圆跳动和端面圆跳动检查

① 装配前的检查。应对箱体各部位的尺寸精度、形状精度、相互位置精度、表面粗糙度及外观质量进行检查。

（a）箱体上孔系轴线的同轴度检查。图 5-50（a）所示为用检验棒检验孔系同轴度；图 5-50（b）所示为检验棒插入孔系配合百分表检查同轴度。

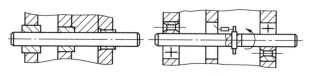

（a）用检验棒检验　　　　（b）用检验棒和百分表检验

图 5-50　同轴度检查

（b）孔距测量。

（c）两孔轴线垂直度、相交度的检查如下。

同一平面内相垂直的两孔垂直度、相交度的检查。垂直度检查方法如图 5-51（a）所示，将百分表装在检验棒 1 上，为防止检验棒 1 轴向窜动，在检验棒 1 上装有定位套筒。旋转检验棒 1，百分表在检验棒 2 上 $L$ 长度的两点读数差，即为两孔在 $L$ 长度内的垂直度误差。图 5-51（b）所示为两孔轴线相交度检查。检验棒 1 的测量端做成叉形槽，检验棒 2 的测量端为台阶形，即为过端和止端。检查时，若过端能通过叉形槽，而止端不能通过，则相交度合格，否则即为不合格。

不在同一平面内垂直两孔轴线的垂直度的检查。如图 5-51（c）所示，箱体用千斤顶 3 支撑在平板上，用 90°角尺 4 找正，将检验棒 2 调整在垂直位置。此时，测量检验棒 1 对平板的平行度误差，即为两孔轴线垂直度误差。

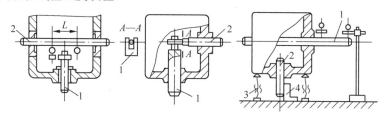

（a）同一平面内垂直度检查　　（b）轴线相交度检查　　（c）不同平面内垂直度检查

图 5-51　两孔轴线垂直度和相交度检查

1，2—检验棒；3—千斤顶；4—90°角尺

（d）轴线至基面尺寸及平行度检查如图 5-52 所示。

（e）轴线与孔端面垂直度检查。图 5-53（a）所示为用带检验圆盘的检验棒插入孔中，用涂色法或塞尺检查。图 5-53（b）所示为用检验棒和百分表检查。

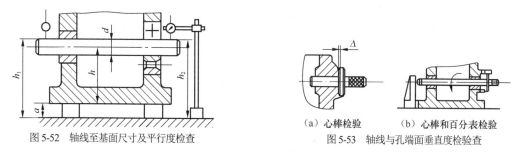

图 5-52　轴线至基面尺寸及平行度检查　　　　（a）心棒检验　　（b）心棒和百分表检验

图 5-53　轴线与孔端面垂直度检验查

② 啮合质量检查。齿轮装配后，应进行啮合质量检查。齿轮的啮合质量包括：适当的齿侧间隙；一定的接触面积；正确的接触部位。

用压铅丝法测量侧隙，如图 5-54 所示。在齿面接近两端处平行放置两条铅丝，宽齿放置 3～4 条铅丝，铅丝直径不超过齿轮侧隙最小间隙的 4 倍，铅丝的长度不应小于 5 个齿距，转动齿轮，测量铅丝被挤压后最薄处的尺寸，即为侧隙。对于传动精度要求较高的齿轮副，其侧隙用百分表检查，如图 5-55 所示。将百分表测头与轮齿的齿面接触，另一齿轮固定。将接触百分表测头的轮齿从一侧啮合转到另一侧啮合，百分表的读数差值，即为直齿轮侧隙。

直齿圆柱齿轮传动间隙的调整 1——偏心套调整法　　直齿圆柱齿轮传动间隙的调整 2——轴向垫片调整法　　斜齿圆柱齿轮传动间隙的调整 1——轴向垫片调整法　　斜齿圆柱齿轮传动间隙的调整 2——轴向压簧调整法

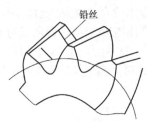

图 5-54　压铅丝检查侧隙

图 5-55　用百分表检查侧隙

如果被测齿轮为斜齿轮或人字齿轮，法面侧隙 $C_n$ 按下式计算：

$$C_n = C_k \cos\beta \cos\alpha_n \qquad (5\text{-}15)$$

式中　$C_k$——端面侧隙，mm；

　　　$\beta$——螺旋角，°；

　　　$\alpha_n$——法面出形角，°。

接触面积和接触部位的正确性用涂色法检查。检查时，转动主动轮，从动轮应轻微制动。对双向工作的齿轮副，正向、反向都应检查。

轮齿上接触印痕的面积，应该在轮齿的高度上接触斑点不少于 30%～60%，在轮齿的宽度上不少于 40%～90%（随齿轮的精度而定）。通过涂色法检查，还可以判断产生误差的原因，如图 5-56 所示。

（a）正确　　　　（b）中心距过大　　　（c）中心距过小　　　（d）轴心线倾斜

图 5-56　圆柱齿轮接触痕迹

③ 齿轮的跑合。对于传递动力为主的齿轮副，要求有较高的接触精度和较小的噪声。装配后进行跑合可提高齿轮副的接触精度并减小噪声。通常采用加载跑合，即在齿轮副输出轴上加一负载力矩，在运转一定时间后，使轮齿接触表面相互磨合，以增加接触面积，改善啮合质量。跑合后的齿轮必须清洗，重新装配。

（3）圆锥齿轮传动机构的装配与调整

装配圆锥齿轮传动机构的步骤和方法，同装配圆柱齿轮传动机构步骤和方法相似，但两齿轮在轴上的定位和啮合精度的调整方法不同。

① 两圆锥齿轮在轴上的轴向定位。如图 5-57 所示，圆锥齿轮 1 的轴向位置，用改变垫片厚度来调整；圆锥齿轮 2 的轴向位置，则可通过调整固定圈位置确定。调好后根据固定圈的位置，配钻定位孔并用螺钉或销固定。

锥齿轮传动间隙的调整——轴向弹簧调整法

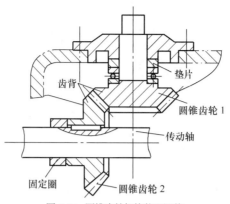

图 5-57　圆锥齿轮机构装配调整

② 啮合精度的调整。在确定两锥齿轮正确啮合的位置时，用涂色法检查其啮合精度。根据齿面着色显示的部位不同，进行调整。

（4）蜗轮蜗杆传动机构的装配与调整

① 蜗轮蜗杆传动机构装配的技术要求。

（a）保证蜗杆轴线与蜗轮轴线相互垂直，距离正确，且蜗杆轴线应在蜗轮轮齿的对称平面内。

（b）蜗杆和蜗轮有适当的啮合侧隙和正确的接触斑点。

② 蜗轮蜗杆传动机构的装配顺序。

（a）将蜗轮装在轴上，装配和检查方法与圆柱齿轮装配相同。

（b）把蜗轮组件装入箱体。

（c）装入蜗杆，蜗杆轴线位置由箱体安装孔保证，蜗轮的轴向位置可通过改变垫圈厚度调整。

③ 装配后的检查与调整。蜗轮副装配后，用涂色法来检查其啮合质量，如图 5-58 所示。图 5-58（a）、图 5-58（b）所示为蜗轮副两轴线不在同一平面内的情况。一般蜗杆位置已固定，则可按图示箭头方向调整蜗轮的轴向位置，使其达到图 5-58（c）所示的要求。其接触面积要求见表 5-5。

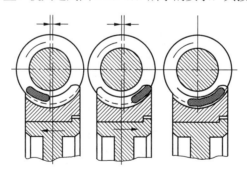

（a）轴线偏左　（b）轴线偏右　（c）对称

图 5-58　蜗轮齿面涂色检查的顺序

表 5-5　　　　　　　　　　　　　　　　蜗轮齿面接触面积

| 精度等级 | 接触长度 | | 精度等级 | 接触长度 | |
| --- | --- | --- | --- | --- | --- |
| | 占齿长 | 占齿宽 | | 占齿长 | 占齿宽 |
| 6 | 75% | 60% | 8 | 50% | 60% |
| 7 | 65% | 60% | 9 | 35% | 50% |

侧隙检查时，采用塞尺或压铅丝的方法比较困难。一般对不太重要的蜗轮副，凭经验用手转动蜗杆，根据其空程角判断侧隙大小。对运动精度要求比较高的蜗轮副，用百分表进行测量，如图 5-59 所示。

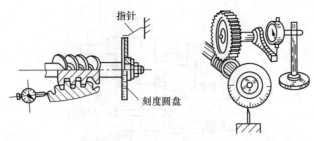

（a）直接测量　　　　　（b）用测量杆测量

图 5-59　蜗轮副侧隙检查

通过测量蜗杆空程角，计算出齿侧间隙。空程角与侧隙有如下近似关系（蜗杆升角影响忽略不计）：

$$\alpha = C_\text{n} \frac{360 \times 60}{\pi Z_1 m \times 1000} \approx 6.9 \frac{C_\text{n}}{Z_1 m} \qquad (5\text{-}16)$$

式中　$\alpha$——空程角，°；

$Z_1$——蜗杆头数；

$m$——模数，mm；

$C_\text{n}$——侧隙，mm。

### 5.3.11　联轴器的装配

联轴器按结构形式不同，可分为锥销套筒式、凸缘式、十字滑块式、弹性圆柱销式、万向联轴器等。

**1．弹性柱销联轴器的装配**

如图 5-60 所示，联轴器装配要点如下。

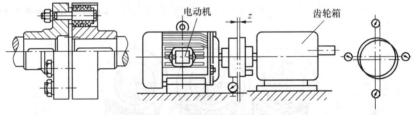

图 5-60　弹性柱销联轴器及装配

（1）先在两轴上装入平键和半联轴器，并固定齿轮箱。按要求检查其径向圆跳动和端面圆跳动。

（2）将百分表固定在半联轴器上，使其测头触及另外半联轴器的外圆表面，找正两个半联轴节之间的同轴度。

（3）移动电动机，使半联轴器上的圆柱销少许进入另外半联轴器的销孔内。

（4）转动轴及半联轴器，并调整两半联轴器间隙使之沿圆周方向均匀分布，然后移动电动机，使两个半联轴器靠紧，固定电动机，再复检同轴度达到要求。

**2．十字滑块联轴器的装配**

十字滑块联轴器装配要点如下。

（1）将两个半联轴器和键分别装在两根被连接的轴上。

（2）用直角尺检查联轴器外圆，在水平方向和垂直方向应均匀接触。

（3）两个半联轴器找正后，再安装十字滑块，并移动轴，使半联轴器和十字滑块间留有较小间隙，保证十字滑块在两半联轴器的槽内能自由滑动。

联轴器的工作原理

### 5.3.12 离合器的装配

#### 1. 摩擦离合器

常见的摩擦离合器如图 5-61 所示。对于片式摩擦离合器要解决摩擦离合器发热和磨损补偿问题，装配时应注意调整好摩擦面间的间隙。对于圆锥式摩擦离合器，要求用涂色法检查圆锥面接触情况，色斑应均匀分布在整个圆锥表面上。

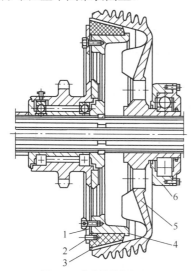

认识离合器

图 5-61 单摩擦锥盘离合器

1—连接圆盘；2—圆柱销；3—摩擦衬块；4—外锥盘；5—内锥盘；6—加压环

#### 2. 牙嵌离合器

如图 5-62 所示，牙嵌离合器由两个带端齿的半离合器组成。端齿有三角形、锯齿形、梯形和矩形等多种。

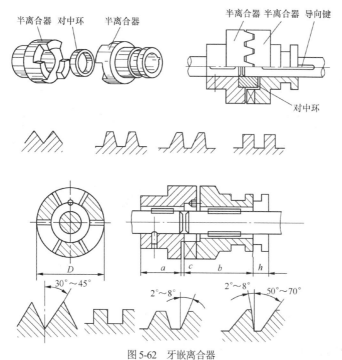

图 5-62 牙嵌离合器

### 3．离合器的装配要求

（1）接合、分离动作灵敏，能传递足够的转矩，工作平稳。

（2）装配时，把固定的一半离合器装在主动轴上，滑动的一半装在从动轴上。保证两半离合器的同轴度，滑动的一半离合器在轴上滑动应自如无阻滞现象，各个啮合齿的间隙相等。

（3）当发生接触斑点不正确的情况时，可通过调整轴承座的位置解决，或采用修刮的方法达到接触精度要求。

## ｜学习反馈表｜

| 项目五　机械设备零部件的装配 | | |
|---|---|---|
| 知识与技能点 | 装配尺寸链的组成及计算方法 | □掌握 □很难 □简单 □抽象 |
| | 机械装配的一般工艺原则和要求 | □掌握 □很难 □简单 □抽象 |
| | 常用装配方法 | □掌握 □很难 □简单 □抽象 |
| | 螺纹连接的装配工艺及要求 | □掌握 □很难 □简单 □抽象 |
| | 键连接的装配工艺及要求 | □掌握 □很难 □简单 □抽象 |
| | 销连接的装配工艺及要求 | □掌握 □很难 □简单 □抽象 |
| | 过盈连接件的装配工艺及要求 | □掌握 □很难 □简单 □抽象 |
| | 管道连接的装配工艺及要求 | □掌握 □很难 □简单 □抽象 |
| | 轴的装配工艺及要求 | □掌握 □很难 □简单 □抽象 |
| | 轴承的装配工艺及要求 | □掌握 □很难 □简单 □抽象 |
| | 传动机构的装配工艺及要求 | □掌握 □很难 □简单 □抽象 |
| | 联轴器的装配工艺及要求 | □掌握 □很难 □简单 □抽象 |
| | 离合器的装配工艺及要求 | □掌握 □很难 □简单 □抽象 |
| 学习情况 | 基本概念 | □难懂 □理解 □易忘 □抽象 □简单 □太多 |
| | 学习方法 | □听讲 □自学 □实验 □工厂 □讨论 □笔记 |
| | 学习兴趣 | □浓厚 □一般 □淡薄 □厌倦 □无 |
| | 学习态度 | □端正 □一般 □被迫 □主动 |
| | 学习氛围 | □愉快 □轻松 □互动 □压抑 □无 |
| | 课堂纪律 | □良好 □一般 □差 □早退 □迟到 □旷课 |
| | 课前课后 | □预习 □复习 □无 □没时间 |
| | 实践环节 | □太少 □太多 □无 □不会 □简单 |
| | 学习效果自我评价 | □很满意 □满意 □一般 □不满意 |
| 建议与意见 | | |

注：学生根据实际情况在相应的方框中画"√"或"×"，在空白处填上相应的建议或意见。

## ｜思考题与习题｜

### 一、填空题

1．常用的机械装配方法主要有_____装配法、_____装配法和_____装配法等。

2．螺纹连接的常用防松方法主要有_____、_____、_____等。

### 二、简答题

1．什么是装配尺寸链？装配尺寸链的计算类型有哪些？

2．装配工艺方法有哪几种？

3．装拆螺栓连接的常用工具有哪些？

4．螺纹连接产生松动的原因是什么？常用的防松方法有哪些？

5．螺纹连接装配时，应注意些什么？

6．简述圆柱面过盈连接装配方法。

7．齿轮传动机构的装配技术要求有哪些？

8．举例说明齿轮传动的接触精度是如何判断的。

9．齿轮传动副侧隙如何检查？

10．滚动轴承的装配方法有哪几种？

11．试述整体式滑动轴承的装配步骤。

12．试述剖分式滑动轴承的装配步骤。

13．常用联轴器有哪些类型？怎样调整联轴器的同轴度？

14．分析图 5-63 中滚动轴承间隙如何调整。

15．说明使用图 5-64 方法测量蜗轮传动副侧隙的过程。

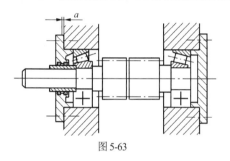

图 5-63

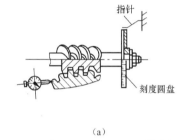

（a）

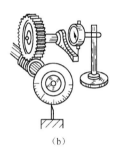

（b）

图 5-64

# 项目六
# 机床类设备的维修

## 学思融合

首届"四川工匠"、四川省装备制造业机器人应用工程实验室副主任胡明华，堪称高端数控设备控制部件的"诊疗名医"。十余年间，他带领团队为企业解决高端数控设备"疑难杂症"，打破了多项数控维修的技术壁垒，提供数控设备维修改造技术服务 500 余次，很多被宣布"死亡"或"瘫痪"的数控设备在他手中"起死回生"。他开拓创新，拥有 14 项发明专利，精益求精、无畏挑战，被业界誉为"数控维修一把刀"。

## 项目导入

机床是制造业的"工业母机"，即生产机器的机器，需要机器设备的地方就需要机床，其应用领域十分广泛，主要包括航空航天、船舶制造、汽车、工程机械、电力设备、工业模具等方面，是体现国家综合实力的主要支柱性产业，代表了工业发展水平。机床一旦发生故障，将会给企业造成巨大的经济损失。因此，加强机床的维护保养和修理就显得尤为重要。

## 学习目标

1. 了解卧式车床修理的技术要求和精度检验标准。
2. 熟悉卧式车床拆卸与装配的一般程序。
3. 掌握卧式车床主要零部件的修理工艺。
4. 熟悉卧式车床试车的内容、方法与步骤。
5. 了解数控机床的安装与调试方法。
6. 熟悉数控机床的维护保养方法。
7. 掌握数控机床主要机械部件的故障诊断与维修方法。
8. 掌握数控机床液压与气动系统的故障诊断与维修方法。
9. 掌握数控机床伺服系统的故障诊断与维修方法。
10. 熟悉数控机床设备维修中的常用工具、检具和量具的使用方法。
11. 融入精益化管理理念，培养和提高学生的职业能力和职业素养。

## 任务1　卧式车床的修理

卧式车床是加工回转类零件的金属切削设备，属于中等复杂程度的机床，在结构上具有一定

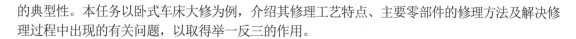

的典型性。本任务以卧式车床大修为例，介绍其修理工艺特点、主要零部件的修理方法及解决修理过程中出现的有关问题，以取得举一反三的作用。

### 6.1.1　车床修理前的准备工作

卧式车床在经过一个大修周期的使用后，由于主要零件的磨损、变形，使机床的精度及主要力学性能大大降低，需要对其进行大修。卧式车床修理前，应根据卧式车床精度标准《卧式车床　精度检验》（GB/T 4020—1997）或机床合格证明书中规定的检验项目和检验方法，仔细研究车床的装配图，分析其装配特点，详细了解其修理技术要求和存在的主要问题，例如，主要零部件的磨损情况，车床的几何精度、加工精度降低的情况，以及车床运转中存在的问题。据此提出预检项目，预检后确定具体的修理项目及修理方案，准备专用工具、检具和测量工具，并且做好工艺技术、备品配件等物质准备，确定修理后的精度检验项目及试车验收要求。

#### 1．卧式车床修复后应满足的要求

卧式车床修复后应同时满足下列四个方面的要求。

（1）达到零件的加工精度及工艺要求。

（2）保证机床的切削性能。

（3）操纵机构应省力、灵活、安全、可靠。

（4）排除机床的热变形、噪声、振动、漏油之类的故障。

在制订具体修理方案时，除满足上述要求外，还应根据企业产品的工艺特点，对使用要求进行具体分析、综合考虑，制订出经济性好又能满足机床性能和加工工艺要求的修理方案。例如，对于日常只加工圆柱类零件的内外孔径、台阶面等而不需加工螺纹的卧式车床，在修复时可删除有关丝杠传动的检修项目，简化修理内容。

#### 2．选择修理基准及修理顺序

机床修理时，合理地选择修理基准和修理顺序，对保证机床的修理精度和提高修理效率有很大意义。一般应根据机床的尺寸链关系确定修理基准和修理顺序。

根据修理基准的选择原则，卧式车床可选择床身导轨面作为修理基准。

在确定修理顺序时，要考虑卧式车床尺寸链各组成环之间的相互关系。卧式车床修理顺序是床身修理、溜板部件修理、主轴箱部件修理、刀架部件修理、进给箱部件修理、溜板箱部件修理、尾座部件修理及总装配。在修理中，根据现场实际条件，可采取几个主要部件的修复和刮研工作交叉进行，还可对主轴、丝杠等修理周期较长的关键零件的加工优先安排。

#### 3．修理需要的测量工具

卧式车床修理需要的常用测量工具见表 6-1。

表 6-1　　　　　　　　　　　卧式车床修理需要的测量工具

| 序号 | 名称 | 规格/mm | 数量 | 用　途 |
|---|---|---|---|---|
| 1 | 检验桥板 | 长 250 | 1 | 测量床身导轨精度 |
| 2 | 角度底座 | 长 200～250 | 1 | 刮研、测量床身导轨 |
| 3 | 角度底座 | 200×250 | 1 | 刮研、测量床身导轨 |
| 4 | 检验心轴 | $\phi80×1500$ | 1 | 测量床身导轨直线度 |
| 5 | 检验心轴 | $\phi30×300$ | 1 | 测量溜板的丝杠孔对导轨的平行度 |
| 6 | 角度底座 | 长 200 | 1 | 刮研溜板燕尾导轨 |
| 7 | 角度底座 | 长 150 | 1 | 刮研溜板箱燕尾导轨 |
| 8 | 检验心轴 | $\phi50×300$ | 1 | 测量开合螺母轴线 |
| 9 | 研磨棒 |  | 1 | 研磨尾座轴孔 |
| 10 | 检验芯轴 | $\phi30×190/255$ | 1 | 测量三支撑同轴度 |
| 11 | 百分表、表座、表架 |  | 1 套 | 测量三支撑同轴度 |

#### 4．车床修理尺寸链分析

在分析卧式车床修理尺寸链时，要根据车床各零件表面间存在的装配关系或相互尺寸关系，查明主要修理尺寸链。图 6-1 所示为卧式车床的主要修理尺寸链，现将尺寸链分析如下。

（1）保证前后顶尖等高度的尺寸链

前后顶尖的等高性是保证加工零件圆柱度的主要尺寸，也是检验床鞍沿床身导轨纵向移动直线度的基准之一。这项尺寸链由下列各环组成：床身导轨基准到主轴轴线高度 $A_1$，尾座垫板厚度 $A_2$，尾座轴线到其安装底面距离 $A_3$，以及尾座轴线与主轴轴线高度差 $A_\Sigma$。其中，$A_\Sigma$ 为封闭环，$A_1$ 为减环，$A_2$、$A_3$ 为增环。各组成环关系为

$$A_\Sigma = A_2 + A_3 - A_1 \qquad (6\text{-}1)$$

车床经过长时期的使用，由于尾座的来回拖动，尾座垫板与车床导轨接触的底面受到磨损，使尺寸链中组成环 $A_2$ 减小，而扩大了封闭环 $A_\Sigma$ 的误差。大修时 $A_\Sigma$ 尺寸的补偿是必须完成的工作之一。

（2）控制主轴轴线对床身导轨平行度的尺寸链

车床主轴轴线与床身导轨的平行度是由垂直面内和水平面内两部分尺寸链控制的。控制主轴轴线在垂直面内与床身导轨间的平行度的尺寸链是由主轴理想轴线到主轴箱安装面（与床身导轨面等高）间距离 $D_2$、床身导轨面与主轴实际轴线间距离 $D_1$ 及主轴理想轴线与主轴实际轴线间距离 $D_\Sigma$ 组成。$D_\Sigma$ 为封闭环，$D_\Sigma$ 的大小为主轴实际轴线与床身导轨在垂直面内的平行度。上述尺寸链中各组成环间关系为

$$D_\Sigma = D_1 - D_2 \qquad (6\text{-}2)$$

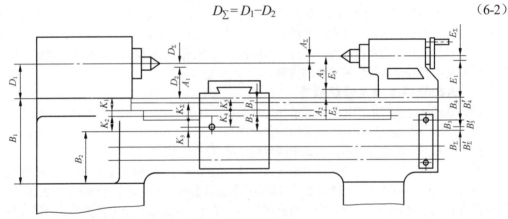

图 6-1　车床修理尺寸链

### 6.1.2　车床的拆卸顺序

以 CA6140 卧式车床为例，介绍卧式车床的修理过程，图 6-2 所示为 CA6140 卧式车床的外形图。

普通车床的结构

车床和车削加工

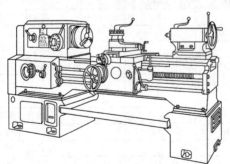

图 6-2　CA6140 卧式车床外形图

基于设备修理的工作过程，首先确定 CA6140 车床拆卸的基本顺序如下。

（1）由电工拆除车床上的电气设备和电气元件，断开影响部件拆卸的电气接线，并注意不要损坏、丢失线头上的线号，将线头用胶带包好。

（2）放出溜板箱和前床身底座油箱和残存在主轴箱、进给箱中的润滑油，拆掉润滑泵。放掉后床身底座中的冷却液，拆掉冷却泵和润滑、冷却附件。

（3）拆除防护罩、油盘，并观察、分析部件间的联系结构。

（4）拆除部件间的联系零件，如联系主轴箱与进给箱的挂轮机构，联系进给箱与溜板箱的丝杠、光杠和操作杠等。

（5）拆除基本部件，如尾座、主轴箱、进给箱、刀架、溜板箱和床鞍等。

（6）将床身与床身底座分解。

（7）最后按先外后内、先上后下的顺序，分别将各部件分解成零件。

## 6.1.3　车床主要部件的修理

### 1. 床身的修理

床身修理的实质是修理床身导轨面。床身导轨是卧式车床上各部件移动和测量的基准，也是各零部件的安装基础。其精度的好坏，直接影响卧式车床的加工精度；其精度保持性对卧式车床的使用寿命有很大影响。机床经过长期的使用运行后，导轨面会有一定程度的磨损，甚至还会出现导轨面的局部损伤，如划痕、拉毛等，这些都会严重影响机床的加工精度。所以在卧式车床的修理时，必须对床身导轨进行修理。

床身的修理方案应根据导轨的损伤程度、生产现场的技术条件及导轨表面的材质确定。若导轨表面整体磨损，可用刮研、磨削、精刨等方法修复；若导轨表面局部损伤，可用焊补、粘补、刷镀等方法修复。确定床身导轨的修理方案包括确定修理方法和修理基准。

（1）导轨磨损后的修理方法，可根据实际情况确定。卧式车床一般采取磨削方法修复，对磨损量较小的导轨或其他特殊情况也可采用刮研的方法。现在发展起来的导轨软带新技术由于其不需要铲刮、研磨即满足导轨的各种精度要求且耐磨，是值得推广应用的一种修理方法。

（2）修复机床导轨应满足以下两个要求，即修复导轨的几何精度和恢复导轨面对主轴箱、进给箱、齿条、托架等部件安装表面的平行度。在修复导轨时，由于齿条安装面 7（图6-3）基本无磨损，有利于保持卧式车床主要零部件原始的相互位置，因此，床身导轨的修理基准可选择齿条安装面。

### 2. 床身导轨的修理工艺

（1）床身导轨的磨削

床身导轨在磨削时产生热量较多，易使导轨发生变形，造成磨削表面的精度不稳定，因而在磨削中应注意磨削的进刀量必须适当，以减少热变形的影响。

床身导轨的磨削可在导轨磨床或龙门刨床(加磨削头)上进行。磨削时将床身置于导轨磨床工作台上的调整垫铁上，以齿条安装面 7（图6-3）为基准进行找正，找正的方法为：将千分表固定在磨头主轴上，其测头触及齿条安装面 7，移动工作台，调整垫铁使千分表读数变化量不大于 0.001 mm；再将 90°角尺的一边紧靠进给箱安装面，测头触及 90°角尺另一边，移动磨头架，通过转动磨头，使千分表读数不变，找正后将床身夹紧，夹紧时要防止床身变形。

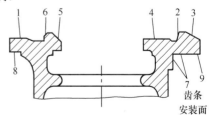

图6-3　车床床身导轨截面图

磨削顺序是首先磨削导轨面 1、4，检查两面等高后，再磨削两压板面 8、9，然后调整砂轮角度，磨削 3、5 面和 2、6 面（图 6-3），磨削过程中应严格控制温升，以手感导轨面不发热为好。

由于卧式车床使用过程中，导轨中间部位磨损最严重，为了补偿磨损和弹性变形，一般应使导轨磨削后导轨面呈中凸状，可采取三种方法磨出：第一种方法为反变形法，即安装时使床身导轨适当产生中凹，磨削完成后床身自动恢复形成中凸；第二种方法是控制吃刀量法，即在磨削过程中使砂轮在床身导轨两端多走刀几次，最后精磨一刀形成中凸；第三种方法是靠加工设备本身形成中凸，即将导轨磨床本身的导轨调成中凸状，使砂轮相对工作台走出凸形轨迹，这样在调整后的机床上磨削导轨时即呈中凸状。

（2）床身导轨的刮研

刮研是导轨修理的最基本方法，刮研的表面精度高，但劳动强度大，技术性强，并且刮研工作量大，其刮研过程如下。

① 机床的安置与测量。按机床说明书中规定的调整垫铁数量和位置，将床身置于调整垫铁上。图 6-4 所示为车床床身的安装，在自然状态下，按图 6-5 所示的方法调整车床床身并测量床身导轨面在垂直平面内的直线度误差和相互的平行度误差，并按一定的比例绘制床身导轨的直线度误差曲线，通过误差曲线了解床身导轨的磨损情况，从而拟订刮研方案。对导轨刮削前首先测量导轨面 2、3 对齿条安装平面的平行度（图 6-5）。

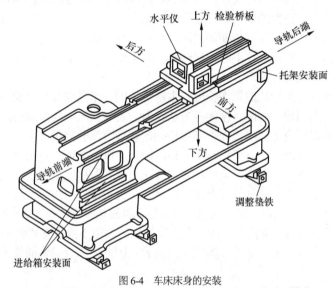

图 6-4 车床床身的安装

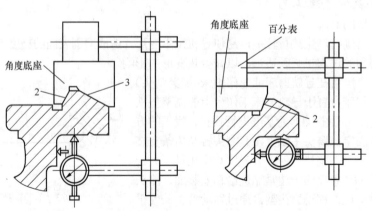

（a）V 形导轨对齿条安装面的平行度的测量　（b）导轨面 2 对齿条安装面的平行度测量

图 6-5 导轨对齿条安装平面平行度测量

② 粗刮表面 1、2、3（图 6-3）。刮研前首先测量导轨面 2、3 对齿条安装面 7 的平行度误差，测量方法如图 6-5 所示，分析该项误差与床身导轨直线度误差之间的相互关系，从而确定刮研量及刮研部位。然后用平尺拖研及刮研表面 2、3。在刮研时，随时测量导轨面 2、3 对齿条安装面 7 之间的平行度误差，并按导轨形状修刮好角度底座。粗刮后导轨全长上直线度误差应不大于 0.1 mm（需呈中凸状），并且接触点应均匀分布，使其在精刮过程中保持连续表面。在 V 形导轨初步刮研至要求后，按图 6-5 所示测量导轨面 1 对齿条安装平面的平行度，在同时考虑此精度的前提下，用平尺拖研并粗刮表面 1，表面 1 的中凸应低于 V 形导轨。

平行度的测量方法及案例

③ 精刮表面 1、2、3（图 6-3）。利用配刮好的床鞍（床鞍可先按床身导轨精度最佳的一段配刮）与粗刮后的床身相互配研，进行精刮导轨面 1、2、3，精刮时按图 6-6 所示测量床身导轨在水平面的直线度。

④ 刮研尾座导轨面 4、5、6（图 6-3）。用平行平尺拖研及刮研表面 4、5、6，粗刮时按图 6-6 和图 6-7 所示测量每条导轨面对床鞍导轨的平行度误差。在表面 4、5、6 粗刮达到全长上平行度误差为 0.05 mm 要求后，用尾座底板作为研具进行精刮，接触点在全部表面上要均匀分布，使导轨面 4、5、6 在刮研后达到修理要求。精刮时测量方法如图 6-6、图 6-7 所示。

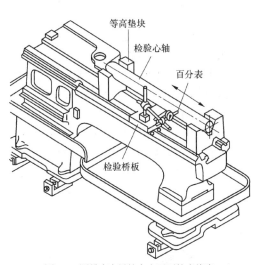

图 6-6　测量床身导轨在水平面的直线度

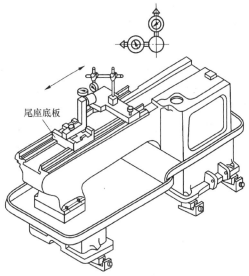

图 6-7　尾座导轨对床鞍导轨的平行度测量

### 3. 溜板部件的修理

溜板部件由床鞍、中滑板和横向进给丝杠螺母副等组成，它主要担负着机床纵、横向进给的切削运动，它自身的精度与床身导轨面之间配合状况良好与否，将直接影响加工零件的精度和表面粗糙度。测量导轨面对床鞍导轨的平行度误差的方法如图 6-8 所示。

（1）溜板部件修理的重点

① 保证床鞍上、下导轨的垂直度要求。修复上、下导轨的垂直度实质上是保证中滑板导轨对主轴轴线的垂直度。

② 补偿因床鞍及床身导轨磨损而改变的尺寸链。由于床身导轨面和床鞍下导轨面的磨损、刮研

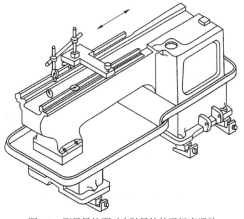

图 6-8　测量导轨面对床鞍导轨的平行度误差

或磨削，必然引起溜板箱和床鞍倾斜下沉，使进给箱、托架与溜板箱上丝杠、光杠孔不同轴，同时也使溜板箱上的纵向进给齿轮啮合侧隙增大，改变了以床身导轨为基准的与溜板部件有关的几组尺寸链精度。

（2）溜板部件的刮研工艺

卧式车床在长期使用后，床鞍及中滑板各导轨面均已磨损，需修复（图6-9）。在修复溜板部件时，应保证床鞍横向进给丝杠孔线与床鞍横向导轨平行，从而保证中滑板平稳、均匀地移动，使切削端面时获得较小的表面粗糙度值。因此，床鞍横向导轨在修刮时，应以横向进给丝杠安装孔为修理基准，然后再以横向导轨面作为转换基准，修复床鞍纵向导轨面，其修理过程如下。

① 刮研中滑板表面1、2。用标准平板作研具，拖研中滑板转盘安装面1和床鞍接触导轨面2。一般先刮好表面2，当用0.03 mm塞尺不能插入时，观察其接触点情况，达到要求后，再以平面2为基准校刮表面1，保证1、2表面的平行度误差不大于0.02 mm。

② 刮研床鞍导轨面5、6。将床鞍放在床身上，用刮好的中滑板为研具拖研表面5，并进行刮削，拖研的长度不宜超出燕尾导轨两端，以提高拖研的稳定性。表面6采用平尺拖研，刮研后应与中滑板导轨面3、4进行配刮角度。在刮研表面5、6时应保证与横向进给丝杠安装孔A的平行度，测量方法如图6-10所示。

③ 刮研中滑板导轨面3。以刮好的床鞍导轨面6与中滑板导轨面3互研，通过刮研达到精度要求。

④ 刮研床鞍横向导轨面7。配置塞铁利用原有塞铁装入中滑板内配刮表面7，刮研时，保证导轨面7与导轨面6的平行度误差，使中滑板在溜板的燕尾导轨全长上移动平稳、均匀，刮研中用图6-11所示方法测量表面7对表面6的平行度。如果由于燕尾导轨的磨损或塞铁磨损严重，塞铁不能用时，需重新配置塞铁，可采取更换新塞铁或对原塞铁进行修理。修理塞铁时可在原塞铁大端焊接一段使之加长，再将塞铁小头截去一段，使塞铁工作段的厚度增加；也可在塞铁的非滑动面上粘一层尼龙板、层压板或玻璃纤维板，恢复其厚度。配置塞铁后应保持大端尚有10～15 mm的调整余量，在修刮塞铁的过程中应进一步配刮导轨面7，以保证燕尾导轨与中滑板的接触精度，要求在任意长度上用0.03 mm塞尺检查，插入深度不大于20 mm。

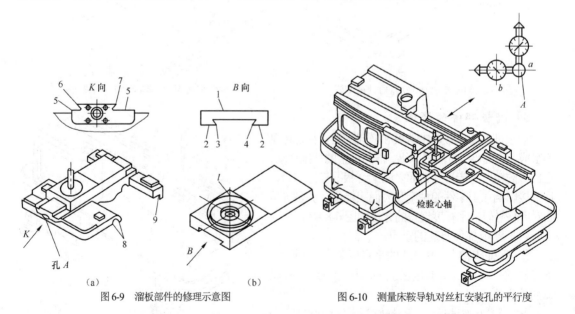

（a） （b）

图6-9 溜板部件的修理示意图　　　　　　图6-10 测量床鞍导轨对丝杠安装孔的平行度

⑤ 修复床鞍上、下导轨的垂直度。将刮好的中滑板在床鞍横向导轨上安装好，检查床鞍上、下导轨垂直度误差，若超过公差，则修刮床鞍纵向导轨面8、9（图6-9），使之达到垂直度要求。

在修复床鞍上、下导轨垂直度误差时，还应测量床鞍上溜板结合面对床身导轨的平行度（图6-12）及该结合面对进给箱结合面的垂直度（图6-13），使之在规定的范围内，以保证溜板箱中的丝杠、光杠孔轴线与床身导轨平行，使其传动平稳。

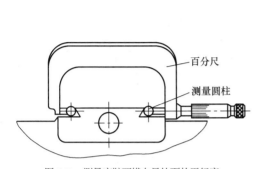
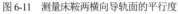

图6-11 测量床鞍两横向导轨面的平行度

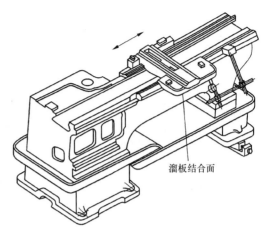

图6-12 测量床鞍上溜板结合面对床身导轨的平行度

校正中滑板导轨面1，按图6-14所示测量中滑板上转盘安装面与床身导轨的平行度误差，测量位置接近床头箱处，此项精度误差将影响车削锥度时工件母线的正确性，若超差则用小平板对表面1刮研至要求。

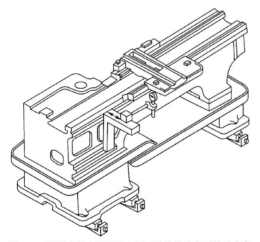

图6-13 测量床鞍上溜板结合面对进给箱结合面的垂直度

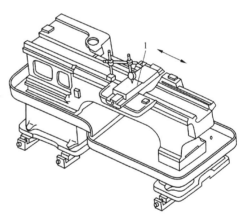

图6-14 测量中滑板上转盘安装面与床身导轨的平行度误差

（3）溜板部件的拼装

① 床鞍与床身的拼装。床鞍与床身的拼装主要是刮研床身的下导轨面8、9（图6-3）及配刮两侧压板。首先按图6-15所示测量床身上、下导轨面的平行度，根据实际误差刮研床身下导轨面8、9，使之达到对床身上导轨面的平行度误差在1000 mm长度上不大于0.02 mm，全长不大于0.04 mm。然后配刮压板，使压板与床身下导轨面的接触精度为6～8点/25 mm×25 mm，刮

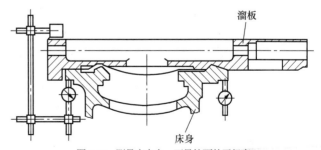

图6-15 测量床身上、下导轨面的平行度

研后调整紧固压板全部螺钉，应满足如下要求：用250～360 N的推力使床鞍在床身全长上移动无

阻滞现象，用 0.03 mm 塞尺检验接触精度，端部插入深度小于 20 mm。

②中滑板与床鞍的拼装。中滑板与床鞍的拼装包括塞铁的安装及横向进给丝杠的安装。塞铁是调整中滑板与床鞍燕尾导轨间隙的调整环节，塞铁安装后应调整其松紧程序，使中滑板在床鞍上横向移动时均匀、平稳。

横向进给丝杠一般磨损较严重，而丝杠的磨损会引起横向进给传动精度降低、刀架窜动、定位不准，影响零件的加工精度和表面粗糙度，一般应予以更换，也可采用修丝杠、配螺母，修轴颈、换（镶）铜套的方式进行修复。

丝杠的安装过程如图 6-16 所示，首先垫好螺母垫片（可估计垫片厚度$\Delta$值并分成多层），再用螺柱将左右螺母及楔块挂住，先不拧紧，然后转动丝杠，使之依次穿过丝杠右螺母、楔形块丝杠左螺母，再将小齿轮（包括键）、法兰盘（包括套）、刻度盘及双锁紧螺母，按顺序安装在丝杠上。旋转丝杠，同时将法兰盘压入床鞍安装孔内，然后锁紧螺母。最后紧固左半螺母 7、右半螺母 10 的连接螺柱。在紧固左、右半螺母时，需调整垫片的厚度$\Delta$值，使调整后达到转动手柄灵活，转动力不大于 80 N，正反向转动手柄空行程不超过回转周的 1/20 r。

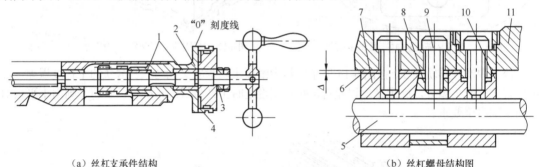

（a）丝杠支承件结构　　　　　　　　　　　　　　　　（b）丝杠螺母结构图

图 6-16　横向进给丝杠安装示意图

1—镶套；2—法兰盘；3—锁紧螺母；4—刻度环；5—横向进给丝杠；
6—垫片；7—左半螺母；8—楔；9—调节螺钉；10—右半螺母；11—刀架下滑座

### 4．主轴箱部件的修理

主轴箱部件由箱体、主轴部件、各传动件、变速机构、离合器机构、操纵机构等部分组成。图6-17 所示主轴箱部件是卧式车床的主运动部件，要求有足够的支撑刚度、可靠的传动性能、灵活的变速操纵机构、较小的热变形、低的振动噪声、高的回转精度等。此部件的性能将直接影响到加工零件的精度及表面粗糙度，此部件修理的重点是主轴部件及摩擦离合器，要特别重视其修理和调整质量。

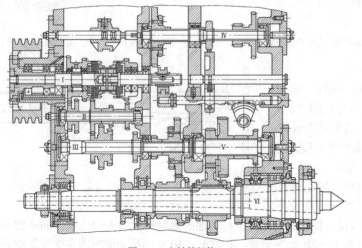

车床主轴箱的齿轮
传动

图 6-17　主轴箱部件

（1）主轴部件的修理

主轴部件是机床的关键部件，它担负着机床的主要切削运动，对被加工工件的精度、表面粗糙度及生产率有着直接的影响，主轴部件的修理是机床大修的重要工作之一。修理的主要内容包括主轴精度的检验、主轴的修复、轴承的选配和预紧以及轴承的配磨等。

（2）主轴箱体的修理

图 6-18 所示为 CA6140 型卧式车床主轴箱体，主轴箱体检修的主要内容是检修箱体前、后轴承孔的精度，要求 $\phi$160H7 主轴前轴承孔及 $\phi$115H7 后轴承孔圆柱度误差不超过 0.012 mm，圆度误差不超过 0.01 mm，两孔的同轴度误差不超过 $\phi$0.015 mm。卧式车床在使用过程中，由于轴承外圈的游动，造成了主轴箱体轴承安装孔的磨损，影响主轴回转精度的稳定性和主轴的刚度。

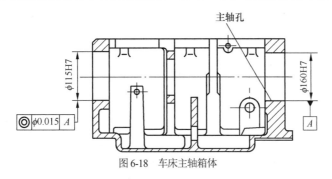

图 6-18　车床主轴箱体

修理前可用内径千分表测量前、后轴承孔的圆度和尺寸，观察孔的表面质量，是否有明显的磨痕、研伤等缺陷，然后在镗床上用镗杆和杠杆千分表测量前、后轴承孔的同轴度（图 6-19）。由于主轴箱前、后轴承孔是标准配合尺寸，不宜研磨或修刮，一般采用镗孔镶套或镀镍修复。若轴承孔圆度、圆柱度超差不大时，可采用镀镍法修复，镀镍前要修正孔的精度，采用无槽镀镍工艺，镀镍后经过精加工恢复此孔与滚动轴承的公差配合要求；若轴承孔圆度、圆柱度误差过大时，则采用镗孔镶套法来修复。

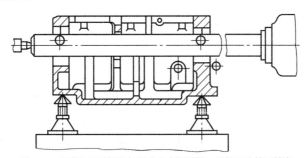

图 6-19　镗床上用镗杆和杠杆千分表测量前、后轴承孔的同轴度

（3）主轴开停及制动机构的修理

主轴开停及制动操纵机构主要包括双向多片摩擦离合器、制动器及其操纵机构，实现主轴的启动、停止、换向。由于卧式车床频繁开停和制动，使部分零件磨损严重，在修理时必须逐项检验各零件的磨损情况，视情况予以更换和修理。

① 在双向多片摩擦离合器中（图 6-20），修复的重点是内、外摩擦片，当机床切削载荷超过调整好的摩擦片传递力矩时，摩擦片之间就产生相对滑动现象，多次反复，其表面就会被研出较深的沟槽。当表面渗碳层被全部磨掉时，摩擦离合器就失去功能，修理时一般更换新的内、外摩擦片。若摩擦片只是翘曲或拉毛，可通过延展校直工艺校平和用平面磨床磨平，然后采取吹砂打毛工艺来修复。

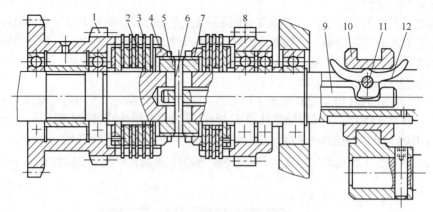

图 6-20  双向多片摩擦离合器
1—双联齿轮；2—内摩擦片；3—外摩擦片；4、7—螺母；5—压套；6—长销；
8—齿轮；9—拉杆；10—滑套；11—销轴；12—元宝形摆块

元宝形摆块 12 及滑套 10 在使用中经常做相对运行，在二者的接触处及元宝形摆块与拉杆 9 接触处产生磨损，一般是更换新件。

② 卧式车床的制动机构如图 6-21 所示，当摩擦离合器脱开时，使主轴迅速制动。由于卧式车床的频繁开停使制动机构中制动钢带 6 和制动轮 7 磨损严重，所以制动带的更换、制动轮的修整、齿条轴 2 凸起部位（图中 b 部位）的焊补是制动机构修理的主要任务。

（4）主轴箱变速操纵机构的修理

主轴箱变速操纵机构中各传动件一般为滑动摩擦，长期使用中各零件易产生磨损，在修理时需注意滑块、滚柱、拔叉、凸轮的磨损状况。必要时可更换部分滑块，以保证齿轮移动灵活、定位可靠。

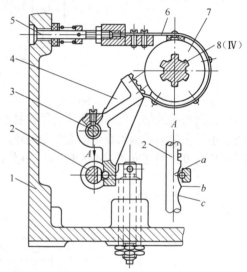

图 6-21  车床的制动机构
1—箱体；2—齿条轴；3—杠杆支撑轴；4—杠杆；
5—调节螺钉；6—制动钢带；7—制动轮；8—花键轴

（5）主轴箱的装配

主轴箱各零部件修理后应进行装配调整，检查各机构、各零件修理或更换后能否达到组装技术要求。组装时按先下后上、先内后外的顺序，逐项进行装配调整，最终达到主轴箱的工作性能及精度要求。主轴箱的装配重点是主轴部件的装配与调整，主轴部件装配后，应在主轴运转达到稳定的温升后调整主轴轴承间隙，使主轴的回转精度达到如下要求。

① 主轴定心轴颈的径向圆跳动误差小于 0.01 mm。

② 主轴轴肩的端面圆跳动误差小于 0.015 mm。

③ 主轴锥孔的径向圆跳动靠近主轴端面处为 0.015 mm，距离端面 300 mm 处为 0.025 mm。

④ 主轴的轴向窜动为 0.01～0.02 mm。

除主轴部件调整外，还应检查并调整使齿轮传动平稳，变速操纵灵敏准确，各级转速与铭牌相符，开停可靠，箱体温升正常，润滑装置工作可靠等。

（6）主轴箱与床身的拼装

主轴箱内各零件装配并调整好后，将主轴箱与床身拼装。然后按图 6-22 所示方法测量床鞍移动对主轴轴线的平行度，通过修刮主轴箱底面，使主轴轴线达到下列要求。

① 床鞍移动对主轴轴线的平行度误差在垂直面内 300 mm 长度上不大于 0.03 mm，在水平面内 300 mm 长度上不大于 0.015 mm。

② 主轴轴线的偏斜方向：只允许心轴外端向上和向前偏斜。

**5．刀架部件的修理**

刀架部件包括转盘、小滑板和方刀架等零件，如图 6-23 所示。刀架部件是安装刀具、直接承受切削力的部件，各结合面之间必须保持正确的配合；同时，刀架的移动应保持一定的直线性，避免影响加工圆锥工件母线的直线度和降低刀架的刚度。因此刀架部件修理的重点是刀架移动导轨的直线度和刀架重复定位精度的修复。刀架部件的修理主要包括小滑板、转盘和方刀架等零件主要工作面的修复，如图 6-24 所示。

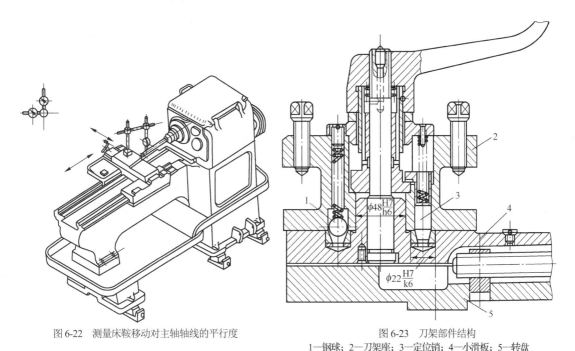

图 6-22　测量床鞍移动对主轴轴线的平行度　　　　图 6-23　刀架部件结构
　　　　　　　　　　　　　　　　　　　　1—钢球；2—刀架座；3—定位销；4—小滑板；5—转盘

（1）小滑板的修理

小滑板导轨面 2 可在平板上拖研修刮；燕尾导轨面 6 采用角形平尺拖研修刮或与已修复的刀架转盘燕尾导轨配刮，保证导轨面的直线度及与丝杠孔的平行度；表面 1 由于定位销的作用留下一圈磨损沟槽，可将表面 1 车削后与方刀架底面 8 进行对研配刮，以保证接触精度；更换小滑板上的刀架转位定位销（图 6-23）锥套，保证它与小滑板安装孔 $\phi$ 22 mm 之间的配合精度；采用镶套或刷镀的方法修复刀架座与方刀架孔（图 6-23）的配合精度，保证 $\phi$ 48 mm 定位圆柱面与小滑板上表面 1 的垂直度。

（2）方刀架的刮研

配刮方刀架与小滑板的接触面 8、1［（图 6-24（a）、图 6-24（c）］，配作方刀架上的定位销，保证定位销与小滑板上定位销锥套孔的接触精度，修复刀架上刀具夹紧螺纹孔。

（3）刀架转盘的修理

刮研燕尾导轨面 3、4、5［图 6-24（b）］，保证各导轨面的直线度和导轨相互之间的平行度。修刮完毕后，将已修复的镶条装上，进行综合检验，镶条调节合适后，小滑板的移动应无阻滞现象。

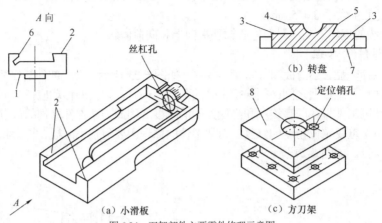

图 6-24　刀架部件主要零件修理示意图

（4）丝杠螺母的修理和装配

调整刀架丝杠及与其相配的螺母都属易损件，一般采用换丝杠配螺母或修复丝杠，重新配螺母的方法进行修复，在安装丝杠和螺母时，为保证丝杠与螺母的同轴度要求，一般采用如下两种方法。

① 设置偏心螺母法。在卧式车床花盘 1 上装专用三角铁 6（图 6-25），将小滑板 3 和转盘 2 用配刮好的塞铁楔紧，一同安装在专用三角铁 6 上，将加工好的实心螺母体 4 压入转盘 2 的螺母安装孔内（实心螺母体 4 与转盘 2 的螺母安装孔为过盈配合）；在卧式车床花盘 1 上调整专用三角铁 6，以小滑板丝杠安装孔 5 找正，并使小滑板导轨与卧式车床主轴轴线平行，加工出实心螺母体 4 的螺纹底孔；然后再卸下实心螺母体 4，在卧式车床四爪卡盘上以螺母底孔找正加工出螺母螺纹，最后再修螺母外径保证与转盘螺母安装孔的配合要求。

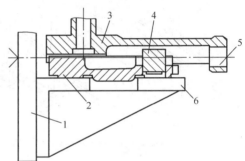

图 6-25　车削刀架螺母螺纹底孔示意图
1—花盘；2—转盘；3—小滑板；4—实心螺母体；
5—丝杠孔；6—三角铁

② 设置丝杠偏心轴套法。将丝杠轴套做成偏心式轴套，在调整过程中转动偏心轴套使丝杠螺母达到灵活转动位置，这时做出轴套上的定位螺钉孔，并加以紧固。

**6．进给箱部件的修理**

进给箱部件的功用是变换加工螺纹的种类和导程，以及获得所需的各种进给量，主要由基本螺距机构、倍增机构、改变加工螺纹种类的移换机构、丝杠与光杠的转换机构以及操纵机构等组成。其主要修复的内容如下。

（1）基本螺距机构、倍增机构及其操纵机构的修理

检查基本螺距机构、倍增机构中各齿轮、操纵机构、轴的弯曲等情况，修理或更换已磨损的齿轮、轴、滑块、压块、斜面锥销等零件。

（2）丝杠连接法兰及推力球轴承的修理

在车削螺纹时，要求丝杠传动平稳，轴向窜动小。丝杠连接轴在装配后轴向窜动量不大于 0.008 mm，若轴向窜动超差，可通过选配推力球轴承和刮研丝杠连接法兰表面来修复。丝杠连接法兰修复如图 6-26（a）所示，用刮研心轴进行研磨修正，使表面 1、2 保持相互平行，并使其对轴孔中心线垂直度误差小于 0.006 mm，装配后按图 6-26（b）所示测量其轴向窜动。

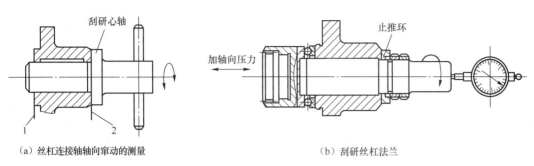

（a）丝杠连接轴轴向窜动的测量　　　　　　　　（b）刮研丝杠法兰

图 6-26　丝杆轴向窜动的测量与修复

（3）托架的调整与支撑孔的修复

床身导轨磨损后，溜板箱下沉，丝杠弯曲，使托架孔磨损。为保证三支撑孔的同度轴，在修复进给箱时，应同时修复托架。托架支撑孔磨损后，一般采用镗孔镶套来修复，使托架的孔中心距、孔轴线至安装底面的距离均与进给箱尺寸一致。

### 7. 溜板箱部件的修理

溜板箱固定安装在沿床身导轨移动的纵向溜板下面。其主要作用是将进给箱传来的运动转换为刀架的直线移动，实现刀架移动的快慢转换，控制刀架运动的接通、断开、换向以及实现过载保护和刀架的手动操纵。溜板箱部件修理的主要工作内容有丝杠传动机构的修理、光杠传动机构的修理、安全离合器和超越离合器的修理以及进给操纵机构的修理。

（1）丝杠传动机构的修理

丝杠传动机构的修理主要包括传动丝杠及开合螺母机构的修理。丝杠一般应根据磨损情况确定修理或更换，修理一般可采用校直和精车的方法；对于开合螺母机构的修理过程如下。

① 溜板箱燕尾导轨的修理。如图 6-27 所示，用平板配刮导轨面 1，用专用角度底座配刮导轨面 2。刮研时要用 90°角尺测量导轨面 1、2 对溜板结合面的垂直度误差，其误差值为在 200 mm 长度上不大于 0.08 mm，导轨面与研具间的接触点达到均匀即可。

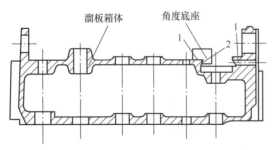

图 6-27　溜板箱燕尾导轨的刮研

② 开合螺母体的修理。由于燕尾导轨的刮研，使开合螺母体的螺母安装孔中心位置产生位移，造成丝杠螺母的同轴度误差增大。当其误差超过 0.05 mm 时，将使安装后的溜板箱移动阻力增加，丝杠旋转时受到侧弯力矩的作用，因此当丝杠螺母的同轴度误差超差时必须设法消除，一般采取在开合螺母体燕尾导轨面上粘贴铸铁板或聚四氟乙烯胶带的方法消除。其补偿量的测量方法如图 6-28（a）所示，测量时将开合螺母体夹持在专用心轴 2 上，然后用千斤顶将溜板箱在测量平台上垫起，调整溜板箱的高度，使溜板箱结合面与 90°角尺直角边贴合，使心轴 1、2 母线与测量平台平行，测量心轴 1 和心轴 2 的高度差 $\Delta$ 值，此测量值 $\Delta$ 的大小即开合螺母体燕尾导轨修复的补偿量（实际补偿量还应加上开合螺母体燕尾导轨的刮研余量）。

消除上述误差后，须将开合螺母体与溜板箱导轨面配刮。刮研时首先车一实心的螺母坯，其外径与螺母体相配，并用螺钉与开合螺母体装配好，然后和溜板箱导轨面配刮，要求两者间的接触精度不低于 10 点/25 mm × 25 mm，用心轴检验螺母体轴线与溜板箱结合面的平行度，其误差控制在 200 mm 测量长度上不大于 0.08 mm，然后配刮调整塞铁。

③ 开合螺母的配做。应根据修理后的丝杠进行配做，其加工是在溜板箱体和螺母体的燕尾导轨修复后进行的。首先将实心螺母坯和刮好的螺母体安装在溜板箱上，并将溜板箱放置在卧式镗床的工作台上；按图 6-28（b）所示的方法找正溜板箱结合面，以光杠孔中心为基准，按孔间距的设计尺寸平移工作台，找出丝杠孔中心位置，在镗床上加工出内螺纹底孔；然后以此孔为基准，在卧式车床上精车内螺纹至要求，最后将开合螺母切开为两个半部分。

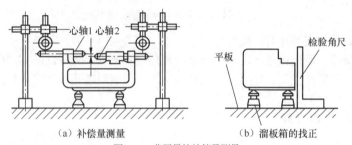

（a）补偿量测量　　　　　　　（b）溜板箱的找正

图 6-28　燕尾导轨补偿量测量

（2）光杠传动机构的修复

光杠传动机构由光杠、传动滑键和传动齿轮组成。光杠的弯曲、光杠键槽及滑键的磨损、齿轮的磨损，将会引起光杠传动不平稳，床鞍纵向工作进给时产生爬行。光杠的弯曲采用校直修复，校直后再修正键槽，使装配在光杠轴上的传动齿轮在全长上移动灵活。滑键、齿轮磨损严重时一般需更换。

（3）安全离合器和超越离合器的修理

超越离合器用于刀架快速运动和工作进给运动的相互转换，安全离合器用于刀架工作进给超载时自动停止，起超载保护作用。

超越离合器经常出现传递力小时易打滑、传递力大时快慢转换脱不开的故障，造成机床不能正常运转，一般可通过加大滚柱直径（传递力小时打滑）或减小滚柱直径（传递力大时快慢转换脱不开）来解决上述问题。

安全离合器的修复重点是左右两半离合器接合面的磨损，一般需要更换，然后调整弹簧压力使之能正常传动。

（4）纵横向进给操纵机构的修理

卧式车床纵横向进给操纵机构的功用是实现床鞍的纵向快慢速运动和中滑板的横向快慢速运动的操纵和转换。由于使用频繁，操纵机构的凸轮槽和操纵圆柱销易产生磨损，使拨动离合器不到位、控制失灵。另外，离合器齿形端面易产生磨损，造成传动打滑。这些磨损件的修理，一般采用更换方法即可。

### 8．尾座部件的修理

尾座部件结构如图 6-29 所示，主要由尾座底板 1、尾座体 2、顶尖套筒 3、尾座丝杠 4、螺母等组成。其主要作用是支撑工件或在尾座顶尖套中装夹刀具来加工工件，要求尾座顶尖套移动轻便，在承受切削载荷时稳定可靠。

尾座体部件的修理主要包括尾座体孔、顶尖套筒、尾座底板、丝杠螺母、夹紧机构的修理，修复的重点是尾座体孔。

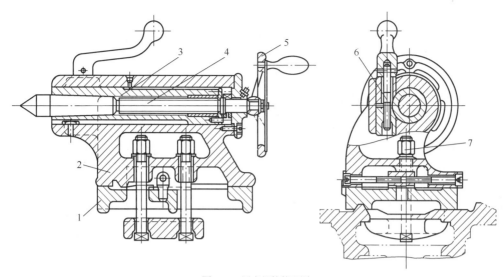

图 6-29 尾座部件装配图
1—尾座底板；2—尾座体；3—顶尖套筒；4—尾座丝杠；5—手轮；6—锁紧机构；7—压紧机构

（1）尾座体孔的修理

一般是先恢复孔的精度，然后根据已修复的孔实际尺寸配尾座顶尖套筒。由于顶尖套筒受径向载荷并经常处于夹紧状态下工作，容易引起尾座体孔的磨损和变形，使尾座体孔孔径呈椭圆形，孔前端呈喇叭形。在修复时，若孔磨损严重，可在镗床上精镗修正，然后研磨至要求，修镗时需考虑尾座部件的刚度，将镗削余量严格控制在最小范围；若磨损较轻时，可采用研磨方法进行修正。研磨时，采用如图 6-30 所示方法，利用可调式研磨棒，以摇臂钻床为动力，在垂直方向研磨，以防止研磨棒的重力影响研磨精度。尾座体孔修复后应达到如下精度要求：圆度、圆柱度误差不大于 0.01 mm，研磨后的尾座体孔与更换或修复后的尾座顶尖套筒配合为 H7/h6。

| 认识研磨工具 | 手工研磨的运动轨迹 | 外圆柱面的研磨 | 内圆柱面的研磨 | 圆锥面的研磨 |

（2）顶尖套筒的修理

尾座体孔修磨后，必须配制相应的顶尖套筒才能保证两者间的配合精度。顶尖套筒的配制可根据尾座孔修复情况而定，当尾座孔磨损严重采用镗修法修正时，可更换新制套筒，并增加外径尺寸，达到与尾座体孔配合要求；当尾座孔磨损较轻采用研磨法修正时，可采用原件经修磨外径及锥孔后整体镀铬，然后再精车外圆，达到与尾座体孔的配合要求。尾座顶尖套筒经修配后，应达到如下精度要求：套筒外径圆度、圆柱度误差小于 0.008 mm；锥孔轴线相对外径的径向圆跳动误差在端部小于 0.01 mm，在 300 mm 处小于 0.02 mm；锥孔修复后端面的轴线位移不超过 5 mm。

（3）尾座底板的修理

由于床身导轨刮研修复以及尾座底板的磨损，必然使尾座孔中心线下沉，导致尾座孔中心线与主轴轴线高度方向的尺寸链产生误差，使卧式车床加工轴类零件时圆柱度超差。

（4）丝杠螺母副及锁紧装置的修理

尾座丝杠螺母磨损后一般采取更换新的丝杠螺母副，也可修丝杠配螺母；尾座顶尖套筒修复后，必须相应修刮紧固块，如图 6-31 所示，使紧固块圆弧面与尾座顶尖套筒圆弧面接触良好。

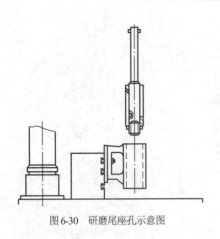

图 6-30　研磨尾座孔示意图

在此范围内
接触点稍淡一些

图 6-31　尾座紧固块示意图

（5）尾座部件与床身的拼装

尾座部件安装时，应通过检验和进一步刮研，使尾座安装后达到如下要求。

① 尾座体与尾座底板的接触面之间用 0.03 mm 塞尺检查时不得插入。

② 主轴锥孔轴线和尾座顶尖套筒锥孔轴线对床身导轨的等高度误差不大于 0.06 mm，且只允许尾座端高，测量方法如图 6-32 所示。

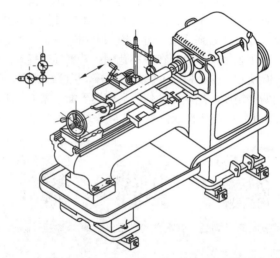

图 6-32　测量主轴锥孔轴线和尾座顶尖套筒锥孔轴线的等高度误差

③ 床鞍移动对尾座顶尖套筒伸出方向的平行度误差在 100 mm 长度上，上母线不大于 0.01 mm，侧母线不大于 0.03 mm，测量方法如图 6-33 所示。

④ 床鞍移动对尾座顶尖套筒锥孔轴线的平行度误差，在 300 mm 测量长度上，上母线和侧母线不大于 0.03 mm，测量方法如图 6-34 所示。

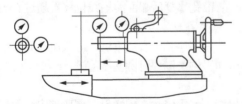

图 6-33　测量床鞍移动对尾座顶尖套筒伸出方向的平行度

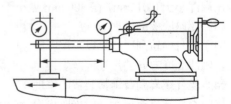

图 6-34　测量床鞍移动对尾座顶尖套筒锥孔轴线的平行度误差

### 6.1.4 车床的装配顺序和方法

（1）床身与床脚的安装

首先在床脚上装置床身，并复验床身导轨面的各项精度要求，因为床身导轨面是机床的装配基准面，又是检验机床各项精度的检验基准，床身必须置于可调的机床垫铁上，垫铁应安放在地脚螺钉孔附近，用水平仪检验机床的安装位置，使床身处于自然水平状态，并使各垫铁均匀受力，保证整个床身搁置稳定。检验床身导轨的几何精度，应达到如下要求。

① 床鞍用导轨直线度：在垂直面内，全长上为 0.03 mm，在任意 500 mm 测量长度上为 0.015 mm，只许中凸；在水平面内，全长上为 0.025 mm。

② 床鞍导轨的平行度全长为 0.04 mm/1000 mm。

③ 床鞍导轨与尾座导轨的平行度：在垂直平面与水平面内全长上均为 0.04 mm；任意 500 mm 测量长度上为 0.03 mm。

④ 床鞍导轨对床身齿条安装基面的平行度：全长上为 0.03 mm，在任意 500 mm 测量长度上为 0.02 mm。

（2）床鞍与床身导轨配刮，安装前、后压板

大型机床床身导轨装调

① 床鞍与床身导轨结合面的刮研要求：表面粗糙度不大于 $Ra$1.6 μm。接触点在两端不小于 12 点/（25 mm×25 mm），中间接触点 8 点/（25 mm×25 mm）以上。床鞍上面的横向导轨和它的下导轨的垂直度要求，应控制在 0.015 mm/300 mm 之内，且使其方向只许后端偏向床头，并保证精车端面的平面度要求（只许中凹）。

② 床鞍硬度要低于床身的硬度，其相差值不小于 20HBW，以保证床身导轨面的磨损较少。

③ 在修刮和安装调整好前、后压板后，应保证床鞍在全部行程上滑动均匀，用 0.04 mm 塞尺检查，插入深度不大于 10 mm。

（3）安装齿条

保证齿条与溜板箱齿轮具有 0.08 mm 的啮合侧隙量。

（4）安装溜板箱、进给箱、丝杠、光杠及托架

保证丝杠两端支撑孔中心线和开合螺母中心线在上下、前后对床身导轨平行，且等距度偏差小于 0.15 mm。调整进给箱丝杠支撑孔中心线、溜板箱开合螺母中心和后托架支撑孔中心三者对床身导轨的等距度偏差，保证上母线公差为 0.01 mm/100 mm，侧母线公差为 0.01 mm/100 mm。然后配作进给箱、溜板箱、后支座的定位销，以确保精度不变。

（5）安装主轴箱

主轴箱以底平面和凸块侧面与床身接触来保证正确安装位置。要求检验心轴上母线公差小于 0.03 mm/300 mm，外端向上抬起，侧母线公差小于 0.015 mm/300 mm，外端偏向操作者位置方向。超差时，通过刮研主轴箱底面或凸块侧面来满足要求。

（6）安装尾座

尾座的安装分两步进行。第一步，以床身导轨为基准，配刮尾座底面，经常测量套筒孔中心与底面平行度，尾座套筒伸出长度 100 mm 时移动溜板，保证底面对尾座套筒锥孔中心线的平行度达到精度要求。第二步，调整主轴锥孔中心线和尾座套筒锥孔中心线对床身导轨的等距离，上母线的公差为 0.06 mm，只许尾座比主轴中心高，若超差，则通过修配尾座底板厚度来满足要求。

（7）安装刀架

保证小刀架移动对主轴轴心线在垂直平面内的平行度，公差为 0.03 mm/100 mm。若超差，通过刮研小刀架转盘与横溜板的结合面来调整。

（8）安装电动机、挂轮架、防护罩及操纵机构

略。

（9）静态检查

车床总装配后，性能试验之前，必须仔细检查车床各部是否安全、可靠，以保证试运转时不出事故。

① 用手转动各传动件，应运转灵活。

② 变速手柄和换向手柄应操纵灵活，定位准确，安全可靠。手轮或手柄操作力小于 80 N。

③ 移动机构的反向空行程应尽量小，直接传动丝杠螺母不得超过 1/30 转。间接传动的丝杠不得超过 1/20 转。

④ 溜板、刀架等滑动导轨在行程范围内移动时，应轻重均匀和平稳。

⑤ 顶尖套在尾座孔中全程伸缩应灵活自如，锁紧机构灵敏，无卡滞现象。

⑥ 开合螺母机构准确、可靠，无阻滞和过松现象。

⑦ 安全离合器应灵活可靠，超负荷时能及时切断运动。

⑧ 挂轮架交换齿轮之间侧隙适当，固定装置可靠。

⑨ 各部分的润滑充分，油路畅通。

⑩ 电气设备启动、停止应安全可靠。

下面对部分部件装配进行简要说明。

安装进给箱、托架、溜板箱，将进给箱、托架按原来的紧固螺钉孔及锥销位置安装到床身上，测量并调整进给箱、托架的光杠支撑孔的同轴度、平行度，达到如下要求：

进给箱与托架的丝杠、光杠孔轴线对床身导轨的平行度在 100 mm 长度上上母线不大于 0.02 mm（只允许前端向上），侧母线不大于 0.01 mm（只许向床身方向偏）。进给箱与托架的丝杠、光杠孔轴线的同轴度上母线、侧母线都不大于 0.01 mm。

检查并调整好进给箱、托架后，再安装溜板箱。由于溜板箱结合面的修刮，使床鞍与溜板箱之间横向传动齿轮副的原中心距离发生变化（图 6-35），安装溜板箱时需调整此中心距，可采用左移或右移箱体，校正横向自动进给齿轮副的啮合间隙为 0.08 mm，使齿轮副在新的装配位置上正常啮合，装上溜板后测量并调整溜板箱、进给箱、托架的光杠三支撑孔的同轴度，达到修理要求后铰床鞍与溜板箱结合面的定位锥销孔、装入锥销，同时，将进给箱、托架与床身结合的锥销孔也微量铰光之后，装入锥销。

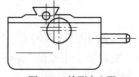

图 6-35　检测中心距

安装齿条时注意调整齿条的安装位置，使其与溜板箱纵向进给齿轮啮合间隙适当，并保证在床鞍行程全长上纵向进给齿轮与齿条的啮合间隙一致。调整完成后重新铰制齿条定位锥销孔并安装齿条。

丝杠和光杠的安装应在溜板箱、进给箱、托架三支撑孔的同轴度校正以后进行。安装丝杠时，可参照图 6-36 测量丝杠轴线和开合螺母中心对床身导轨的平行度，测量时溜板箱的位置一般应将开合螺母放在丝杠的中间为宜，因丝杠在此处的挠度最大，并且应闭合开合螺母，以避免因丝杠自重、弯曲等因素造成的影响，要求丝杠轴线和开合螺母中心对床身导轨的平行度在上母线和侧母线都不大于 0.20 mm。丝杠安装后还应测量丝杠的轴向窜动（图 6-37），使之小于 0.015 mm；左、右移动溜板箱，测量丝杠轴向游隙使之小于 0.02 mm，若上述两项超差，可通过修磨丝杠安装轴法兰端面和调整推力球轴承的间隙予以消除。

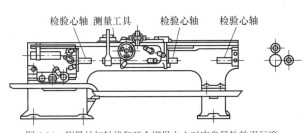

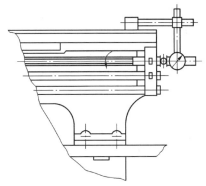

图 6-36　测量丝杠轴线和开合螺母中心对床身导轨的平行度　　　图 6-37　测量丝杠的轴向窜动

## 6.1.5　车床的试车验收

卧式车床经修理后，需进行试车验收，主要包括空运转试验前的准备、空运转试验、负荷试验、几何精度检验和工作精度试验。

**1．空运转试验前的准备**

（1）车床在完成总装后，需清理现场和对车床全面进行清洗。

（2）检查车床各润滑油路，根据润滑图表要求，注入符合规格的润滑油和冷却液，使之达到规定要求。

（3）检查紧固件是否可靠；溜板、尾座滑动面是否接触良好，压板调整是否松紧适宜。

（4）用手转动各传动件，要求运转灵活；各变速、变向手柄应定位可靠，变换灵活；各移动机构手柄转动时应灵活、无阻滞现象，并且反向空行程量小。

**2．空运转试验**

（1）从低速开始依次运转主轴的所有转速挡进行主轴空运转试验，各级转速的运转时间不少于 5 min，最高转速的运转时间不少于半小时。在最高速下运转时，主轴的稳定温度如下：滑动轴承不超过 60℃，温升不超过 30℃；滚动轴承不超过 70℃，温升不超过 40℃；其他机构的轴承温度不超过 50℃。在整个试验过程中润滑系统应畅通，无泄漏现象。

（2）在主轴空运转试验时，变速手柄变速操纵应灵活、定位准确可靠；摩擦离合器在合上时能传递额定功率而不发生过热现象，处于断开位置时，主轴能迅速停止运转；制动闸带松紧程度合适，达到主轴在 300 r/min 转速运转时，制动后主轴转动不超过 2~3 转，非制动状态，制动闸带能完全松开。

（3）检查进给箱各挡变速定位是否可靠，输出的各种进给量与转换手柄标牌指示的数值是否相符；各对齿轮传动副运转是否平稳，应无振动和较大的噪声。

（4）检查床鞍与刀架部件，要求床鞍在床身导轨上，中、小滑板在其燕尾导轨上移动平稳，无松紧、快慢变化的感觉，各丝杠旋转灵活可靠。

（5）溜板箱各操纵手柄操纵灵活，无阻滞现象，互锁准确可靠。纵、横向快速进给运动平稳，快慢转换可靠；丝杠开合螺母控制灵活；安全离合器弹簧调节松紧合适，传力可靠，脱开迅速。

（6）检查尾座部件的顶尖套筒，由套筒孔内端伸出至最大长度时无不正常的间隙和阻滞现象，手轮转动灵活，夹紧装置操作灵活可靠。

（7）调节带传动装置，四根 V 带松紧一致。

（8）电气控制设备准确可靠，电动机转向正确，润滑、冷却系统运行可靠。

**3．负荷试验**

机床负荷试验的目的在于检验机床各种机构的强度，以及在负荷下机床各种机构的工作情况。其内容包括：机床主传动系统最大转矩试验，以及短时间超过最大转矩 25% 的试验；机床最大切削主分力的试验及短时间超过最大切削主分力25%的试验。负荷试验一般在机床上用切削试件方法或用仪器加载方法进行。

### 4．几何精度检验

机床几何精度检验主要按 GB/T 4020—1997 要求的主要检验项目进行，其检验方法及要求的精度指标可参考上述标准。要注意的是在精度检验过程中，不得对影响精度的机构和零件进行调整，否则应复查因调整受影响的有关项目。检验时，凡与主轴轴承温度有关的项目，应在主轴轴承温度达到稳定后方可进行检验。

（1）纵向导轨在垂直平面内直线度的检验

如图 6-38 所示，在溜板上靠近刀架的地方，放一个与纵向导轨平行的水平仪 1。移动溜板，在全部行程上分段检验，每隔 250 mm 记录一次水平仪的读数。然后将水平仪读数依次排列，画出导轨的误差曲线。曲线上任意局部测量长度的两端点相对导轨误差曲线两端点连线的坐标差值，就是导轨的局部误差（在任意 500 mm 测量长度上应≤0.015 mm）。曲线相对其两端点连线的最大坐标值就是导轨全长的直线度误差（$\Delta$≤0.04 mm，且只许向上凸）。

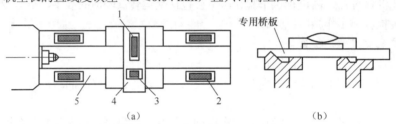

图 6-38　纵向导轨在垂直面内的直线度检查
1, 2, 3—水平仪；4—溜板；5—导轨

也可将水平仪直接放在导轨上进行检验。

（2）横向导轨的平行度的检验

实质上就是检验前、后导轨在垂直平面内的平行度，检验时在溜板上横向放一水平仪 2，等距离移动溜板 4 检验（图 6-38），移动的距离等于局部误差的测量长度（250 mm 或 500 mm），每隔 250 mm（或 500 mm）记录一次水平仪读数。

水平仪在全部测量长度上读数的最大代数差值就是导轨的平行度误差（$\Delta_\mp$≤0.04/1000）。也可将水平仪放在专用桥板上，再将桥板放在前后导轨上进行检验。

（3）溜板移动在水平面内直线度的检验

如图 6-39 所示，将长圆柱检验棒用前、后顶尖顶紧，将指示器 2（如百分表）固定在溜板 3 上，使其测头触及检验棒的侧母线（测头尽可能在两顶尖间轴线和刀尖所确定的平面内），调整尾座，使指示器在检验棒两端的读数相等。移动溜板在全部行程上检验，指示器读数的最大代数差值就是直线度误差（$\Delta$≤0.03 mm）。

（4）主轴锥孔轴线的径向跳动的检验

此项精度一般包含了两个方面：一是主轴锥孔轴线相对于主轴回转轴线的几何偏心引起的径向跳动；二是主轴回转轴线本身的径向跳动。

如图 6-40 所示，检验时将带有锥柄的检验棒 2 插入主轴内锥孔，将固定于机床床身上的百分表测头触及检验棒表面，然后旋转主轴，分别在 $a$ 和 $b$ 两点检查。$a$、$b$ 相距 300 mm。为防止产生检验棒的误差，须拔出检验棒，相对主轴旋转 90° 重新插入主轴锥孔中依次重复检查 3 次。百分表 4 次测量结果的平均值就是径向跳动误差。

如果在 300 mm 处 $b$ 点检查超差，很可能是后轴承装配不正确。应加以调整，使误差在公差范围之内。$a$ 点公差为 0.01 mm，$b$ 点公差为 0.02 mm。$a$、$b$ 两点测量读数不一样，实质上反映了主轴轴线存在角度摆动，即 $a$、$b$ 两点测量结果的差值为主轴回转轴线的角向摆动误差。

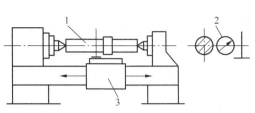

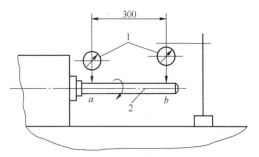

图 6-39 溜板移动在水平面内直线度的检验
1—检验棒；2—指示器；3—溜板

图 6-40 主轴锥孔轴线的径向跳动的检验
1—百分表；2—检验棒

（5）主轴定心轴颈径向跳动的检验

主轴定心轴颈与主轴锥孔一样都是主轴的定位表面，即都是用来定位安装各种夹具的表面，因此，主轴定心轴颈的径向跳动也包含了几何偏心和回转轴线本身两方面的径向跳动。

如图 6-41 所示，检验时将百分表固定在机床上，使百分表测头触及主轴定心轴颈表面，然后旋转主轴，百分表读数的最大差值，就是主轴定心轴颈的径向跳动量，$\Delta_{径} \leqslant 0.01$ mm。

（6）主轴轴向窜动的检验

主轴的轴向窜动量允许误差为 0.01 mm，如果主轴轴向窜动量过大，则加工平面时将直接影响加工表面的平面度，加工螺纹时将影响螺纹的螺距精度。

对于带有锥孔的主轴，可将带锥度的心轴插入锥孔内，在心轴端面中心孔放一钢球，用黄油粘住，旋转主轴，在钢球上用百分表测量，其指针摆动的最大差值即为主轴轴向窜动量。

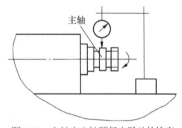

图 6-41 主轴定心轴颈径向跳动的检查

如果主轴不带锥孔，可按图 6-42 所示的方法检验。检验时将钢球 2 放入主轴 1 顶尖孔中，平头百分表 3 顶住钢球，回旋主轴，百分表指针读数的最大差值即为主轴轴向窜动量。

（7）主轴轴肩支撑面的跳动的检验

实际上这就是检验主轴轴肩对主轴中心线的垂直性，它反映主轴端面的跳动，此外它的误差大小也反映出主轴后轴承装配精度是否在公差范围之内。

由于端面跳动量包含着主轴轴向窜动量，因此该项精度的检查应在主轴轴向窜动检验之后进行。检验时如图 6-43 所示，将固定在机床上的百分表 1 测头触及主轴 2 轴肩支撑面靠近边缘的地方，沿主轴轴线加一力，然后旋转主轴检验。百分表读数的最大差值就是轴肩支撑面的跳动误差（$\Delta_1 \leqslant 0.02$ mm）。

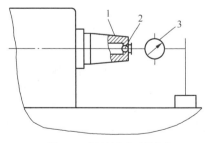

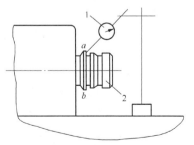

图 6-42 主轴轴向窜动的检验
1—主轴；2—钢球；3—百分表

图 6-43 主轴轴肩支撑面跳动的检验
1—百分表；2—主轴

（8）主轴轴线对溜板移动的平行度的检验

如图 6-44 所示，先把锥柄检验棒 3 插入主轴 1 孔内，百分表 2 固定于溜板 4 上，其测头触及

检验棒的上母线 $a$，即使测头处在垂直平面内，移动溜板，记下百分表最小与最大读数的差值，然后将主轴旋转 180°，亦如上述记下百分表最小与最大读数的差值，两次测量读数值代数和的一半，即为主轴轴线在垂直平面内对溜板移动的平行度误差，要求在 300 mm 长度上小于或等于 0.02 mm，检验棒的自由端只许向上偏。旋转主轴 90°，用上述同样方法测得侧母线 $b$ 与溜板移动的平行度误差，要求在 300 mm 长度上小于或等于 0.015 mm，检验棒的自由端只允许向车刀方向偏。如果该项精度不合格，将产生锥度，从而降低零件加工精度。因此该项精度检查的目的在于保证工件的正确几何形状。

（9）床头和尾座两顶尖的等高度的检验

这实际上是检验主轴中心线与尾座顶尖孔中心线的同轴度。如果不同轴，当用前、后顶尖顶住零件加工外圆时会产生直线度误差。尾座上装铰刀铰孔时也不正确，其孔径会变大。因此规定尾座中心最大允许高出主轴中心 0.06 mm。检查时如图 6-45 所示，检验棒放于前、后顶尖之间，并顶紧，百分表固定于溜板上，其测头触及检验棒的侧母线，移动溜板，如果百分表读数不一致，则应对尾架进行调整，使主轴中心与尾座中心沿侧母线方向同心。然后调换百分表位置，使其触及检验棒的上母线，移动溜板，百分表最大与最小读数的差值，即为主轴中心与尾座顶尖孔中心等高度误差。

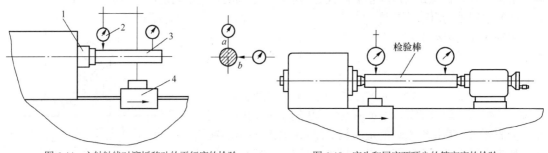

图 6-44　主轴轴线对溜板移动的平行度的检验　　　　图 6-45　床头和尾座两顶尖的等高度的检验
1—主轴；2—百分表；3—检验棒；4—溜板

### 5．工作精度试验

卧式车床工作精度试验是检验卧式车床动态工作性能的主要方法。其试验项目有精车外圆、精车端面、精车螺纹及切断试验。以上这几个试验项目，分别检验卧式车床的径向和轴向刚度性能及传动工作性能。其具体方法如下。

主轴锥孔轴颈的径向圆跳动检测

主轴定心轴颈的径向圆跳动检测

床鞍在水平面内移动的直线度检测

（1）精车外圆试验。用高速钢车刀车 $\phi$（30～50）mm×250 mm 的 45 钢棒料试件，所加工零件的圆度误差不大于 0.01 mm，表面粗糙度 $Ra$ 值不大于 1.6μm。

（2）精车端面试验。用 45°的标准右偏刀加工 $\phi$ 250 mm 的铸铁试件的端面，加工后其平面度误差不大于 0.02 mm，只允许中间凹。

（3）精车螺纹试验。精车螺纹主要是检验机床传动精度。用 60°的高速钢标准螺纹车刀加工 $\phi$ 40 mm×500 mm 的 45 钢棒料试件。加工后要达到螺纹表面无波纹及表面粗糙度 $Ra$ 值不大于 1.6 μm，螺距累积误差在 100 mm 测量长度上不大于 0.060 mm，在 300 mm 测量长度上不大于 0.075 mm。

（4）切断试验。用宽 5 mm 标准切断刀切断 $\phi$ 80 mm×150 mm 的 45 钢棒料试件，要求切断后试件切断底面不应有振痕。

## 6.1.6　车床常见故障及排除

车床经大修以后，在工作时往往会出现故障，车床常见故障及排除方法见表 6-2。

表 6-2 　　　　　　　　　　　　　　　 车床常见故障及排除方法

| 序号 | 故障内容 | 产生原因 | 排除方法 |
|---|---|---|---|
| 1 | 圆柱类工件加工后外径产生锥度 | ① 主轴箱主轴中心线对床鞍移动导轨的平行度超差；<br>② 床身导轨倾斜一项精度超差过多，或装配后发生变形；<br>③ 床身导轨面严重磨损，主要三项精度均已超差；<br>④ 两顶尖支撑工件时产生锥度；<br>⑤ 刀具的影响，刀刃不耐磨；<br>⑥ 由于主轴箱温升过高，引起机床热变形；<br><br>⑦ 地脚螺钉松动（或调整垫铁松动） | ① 重新校正主轴箱主轴中心线的安装位置，使工件在允许的范围之内；<br>② 用调整垫铁来重新校正床身导轨的倾斜精度；<br>③ 刮研导轨或磨削床身导轨；<br><br>④ 调整尾座两侧的横向螺钉；<br>⑤ 修正刀具，正确选择主轴转速和进给量；<br>⑥ 如冷却检验（工件时）精度合格而运转数小时后工件即超差时，可按"主轴箱的修理"中的方法降低油温，并定期换油，检查油泵进油管是否堵塞；<br>⑦ 按调整导轨精度方法调整并紧固地脚螺钉 |
| 2 | 圆柱形工件加工后外径变椭圆及棱圆 | ① 主轴轴承间隙过大；<br>② 主轴轴颈的椭圆度过大；<br><br>③ 主轴轴承磨损；<br>④ 主轴轴承（套）的外径（环）变椭圆，或主轴箱体轴孔变椭圆，或两者的配合间隙过大 | ① 调整主轴轴承的间隙；<br>② 修理后的主轴轴颈没有达到要求，这一情况多数反映在采用滑动轴承的结构上，当滑动轴承有足够的调整余量时可对主轴的轴颈进行修整，以达到圆度要求；<br>③ 刮研轴承，修磨轴颈或更换滚动轴承；<br>④ 对主轴箱体的轴孔进行修整，并保证它与滚动轴承外环的配合精度 |
| 3 | 精车外径时在圆周表面上每隔一定长度距离上重复出现一次波纹 | ① 溜板箱的纵走刀小齿轮啮合不正确；<br><br>② 光杠弯曲，或光杠、丝杠、走刀杠三孔不在同一平面上；<br><br>③ 溜板箱内某一传动齿轮（或蜗轮）损坏或由于节径振摆而引起的啮合不正确；<br>④ 主轴箱、进给箱中轴的弯曲或齿轮损坏 | ① 如波纹之间距离与齿条的齿距相同时，这种波纹是由齿轮与齿条啮合引起的，设法应使齿轮与齿条正常啮合；<br>② 这种情况下只是重复出现有规律的周期波纹（光杠回转一周与进给量的关系）。消除时，将光杠拆下校直，装配时要保证三孔同轴及在同一平面；<br>③ 检查与校正溜板箱内传动齿轮，遇有齿轮（或蜗轮）已损坏时必须更换；<br>④ 校直转动轴，用手转动各轴，在空转时应无轻重变化现象 |
| 4 | 精车外径时在圆周表面上与主轴轴心线平行或成某一角度重复出现有规律的波纹 | ① 主轴上的传动齿轮齿形不良或啮合不良；<br><br><br><br>② 主轴轴承间隙过大或过小；<br>③ 主轴上的带轮外径（皮带槽）振摆过大 | ① 出现这种波纹时，如波纹的头数（或条数）与主轴上的传动齿轮齿数相同，就能确定；一般在主轴轴承调整后，齿轮副的啮合间隙不得太大或太小，在正常情况下侧隙在 0.05 mm 左右；当啮合间隙太大时可用研磨膏研磨齿轮，然后全部拆卸清洗；对于啮合间隙过大的或齿形磨损过度而无法消除该种波纹时，只更换主轴齿轮；<br>② 调整主轴轴承的间隙；<br>③ 消除带轮的偏心摆振，调整它的滚动轴承间隙 |
| 5 | 精车外圆时圆周表面上有混乱的波纹 | ① 主轴滚动轴承的滚道磨损；<br>② 主轴轴向游隙太大；<br>③ 主轴的滚动轴承外环与主轴箱孔有间隙；<br>④ 用卡盘夹持工件切削时，因卡爪呈喇叭孔形状而使工件夹紧不稳；<br><br><br><br><br>⑤ 四方刀架因夹紧刀具而变形，结果其底面与上刀架底板的表面接触不良；<br><br>⑥ 上、下刀架（包括床鞍）的滑动表面之间的间隙过大；<br><br><br><br><br>⑦ 进给箱、溜板箱、托架的三支撑不同轴，转动有卡阻现象；<br>⑧ 使用尾座支持切削时，顶尖套筒不稳定 | ① 更换主轴的滚动轴承；<br>② 调整主轴后端推力球轴承的间隙；<br>③ 修理轴孔达到要求；<br>④ 产生这种现象时可以改变工件的夹持方法，即用尾座支持住进行切削，如乱纹消失，即可肯定由于卡盘法兰的磨损所致，这时可按主轴的定心轴颈及前端螺纹配置新的卡盘法兰，如卡爪呈喇叭孔时，一般加垫铜皮即可解决；<br>⑤ 在夹紧刀具时用涂色法检查方刀架与小滑板结合面接触精度，应保证方刀架在夹紧刀具时仍保持与它均匀全面接触，否则用刮刀修正；<br>⑥ 将所有导轨副的塞铁、压板均调整到合适的配合，使移动平稳、轻便，用 0.04 mm 塞尺检查时插入深度应小于或等于 10 mm，以克服由于床鞍在床身导轨上纵向移动时受齿轮与齿条及切削力的颠覆力矩而沿导轨斜面跳跃一类的缺陷；<br>⑦ 修复床鞍倾斜下沉；<br>⑧ 检查尾座顶尖套筒与轴孔及夹紧装置是否配合合适，如轴孔松动过大而夹紧装置，又失去作用时，修复尾座顶尖套筒达到要求 |

| 序号 | 故障内容 | 产生原因 | 排除方法 |
|---|---|---|---|
| 6 | 精车外径时圆周表面在固定的长度上（固定位置）有一节波纹凸起 | ① 床身导轨在固定的长度位置上碰伤、凸痕；<br>② 齿条表面在某处凸出或齿条之间的接缝不良 | ① 修去碰伤、凸痕等毛刺；<br>② 将两齿条的接缝配合仔细校正，遇到齿条上某一齿特粗或特细时，可以修整至与其他单齿的齿厚相同 |
| 7 | 精车外径时圆周表面上出现有规律性的波纹 | ① 因为电动机旋转不平稳而引起机床振动；<br>② 因为带轮等旋转零件的振幅太大而引起机床振动；<br>③ 车间地基引起机床的振动；<br>④ 刀具与工件之间引起的振动 | ① 校正电动机转子的平衡，有条件时进行动平衡试验；<br>② 校正带轮等旋转零件的振摆，对其外径、带轮三角槽进行光整车削；<br>③ 在可能的情况下，将具有强烈振动来源的机器，如砂轮机（磨床用）等移至离开机床的一定距离，减少振源的影响；<br>④ 设法减少振动，如减少刀杆伸出长度等 |
| 8 | 精车外径时主轴每一转在圆周表面上有一处振痕 | ① 主轴的滚动轴承某几粒滚柱（珠）磨损严重；<br>② 主轴上的传动齿轮节径振摆过大 | ① 将主轴滚动轴承拆卸后用千分尺逐细测量滚柱（珠），如确系某几粒滚柱（珠）磨损严重（或滚柱间尺寸相差很大）时，须更换轴承；<br>② 消除主轴齿轮的节径振摆，严重时要更换齿轮副 |
| 9 | 精车后的工件端面中凸 | ① 溜板移动对主轴箱主轴中心线的平行度超差，要求主轴中心线向前偏；<br>② 床鞍的上、下导轨垂直度超差，该项要求是溜板上导轨的外端必须偏向主轴箱 | ① 校正主轴箱主轴中心线的位置，在保证工件正确合格的前提下，要求主轴中心向前（偏向刀架）；<br>② 经过大修理后的机床出现该项误差时，必须重新刮床鞍下导轨面；只有尚未经过大修理而床鞍上导轨的直线精度磨损严重形成工件端面中凸时，可刮研床鞍的上导轨面 |
| 10 | 精车螺纹表面有波纹 | ① 因机床导轨磨损而使床鞍倾斜下沉，造成丝杠弯曲，与开合螺母的啮合不良（单片啮合）；<br>② 托架支撑轴孔磨损，使丝杠回转中心线不稳定；<br>③ 丝杠的轴向游隙过大；<br>④ 进给箱挂轮轴弯曲、扭曲；<br>⑤ 所有的滑动导轨面（指方刀架中滑板及床鞍）间有间隙；<br>⑥ 方刀架与小滑板的接触面间接触不良；<br>⑦ 切削长螺纹工件时，因工件本身弯曲而引起的表面波纹；<br>⑧ 因电动机、机床本身固有频率（振动区）而引起的振荡 | ① 修理机床导轨、床鞍达到要求；<br>② 托架支撑孔镗孔镶套；<br>③ 调整丝杠的轴向间隙；<br>④ 更换进给箱的挂轮轴；<br>⑤ 调整导轨间隙及塞铁、床鞍压板等，各滑动面间用 0.03 mm 塞尺检查，插入深度应小于等于20 mm。固定结合面应插不进去；<br>⑥ 修刮小滑板底面与方刀架接触面间接触良好；<br>⑦ 工件必须加入适当的随刀托板（跟刀架），使工件不因车刀的切入而引起跳动；<br>⑧ 摸索、掌握该振动区规律 |
| 11 | 方刀架上的压紧手柄压紧后（或刀具在方刀架上固紧后）小刀架手柄转不动 | ① 方刀架的底面不平；<br>② 方刀架与小滑板底面的接触不良；<br>③ 刀具夹紧后方刀架产生变形 | 均用刮研刀架座底面的方法修正 |
| 12 | 用方刀架进刀精车锥孔时呈喇叭形或表面质量不高 | ① 方刀架的移动燕尾导轨不直；<br>② 方刀架移动对主轴中心线不平行；<br>③ 主轴径向回转精度不高 | ①② 参阅"刀架部件的修理"刮研导轨；<br>③ 调整主轴的轴承间隙，按"误差抵消法"提高主轴的回转精度 |
| 13 | 用割槽刀割槽时产生"颤动"或外径重切削时产生"颤动" | ① 主轴轴承的径向间隙过大；<br>② 主轴孔的后轴承端面不垂直；<br>③ 主轴中心线（或与滚动轴承配合的轴颈）的颈向振摆过大；<br>④ 主轴的滚动轴承内环与主轴的锥度配合不良；<br>⑤ 工件夹持中心孔不良 | ① 调整主轴轴承的间隙；<br>② 检查并校正后端面的垂直要求；<br>③ 设法将主轴的颈向振摆调整至最小值，如滚动轴承的振摆无法避免时，可采用角度选配法来减少主轴的振摆；<br>④ 修磨主轴；<br>⑤ 在校正工件毛坯后，修顶尖中心孔 |

续表

| 序号 | 故障内容 | 产生原因 | 排除方法 |
|---|---|---|---|
| 14 | 重切削时主轴转速低于表牌上的转速或发生自动停车 | ① 摩擦离合器调整过松或磨损；<br>② 开关杆手柄接头松动；<br>③ 开关摇杆和接合子磨损；<br>④ 摩擦离合器轴上的弹簧垫圈或锁紧螺母松动；<br>⑤ 主轴箱内集中操纵手柄的销子或滑块磨损，手柄定位弹簧过松而使齿轮脱开；<br>⑥ 电动机传动 V 带调节过松 | ① 调整摩擦离合器，修磨或更换摩擦片；<br>② 打开配电箱盖，紧固接头上螺钉；<br>③ 修焊或更换摇杆、接合子；<br>④ 调整弹簧垫圈及锁紧螺钉；<br>⑤ 更换销子、滑块，将弹簧力量加大；<br>⑥ 调整 V 带的传动松紧程度 |
| 15 | 停车后主轴有自转现象 | ① 摩擦离合器调整过紧，停车后仍未完全脱开；<br>② 制动器过松没有调整好 | ① 调整摩擦离合器；<br>② 调整制动器的制动带 |
| 16 | 溜板箱自动走刀手柄容易脱开 | ① 溜板箱内脱开蜗杆的压力弹簧调节过松；<br>② 蜗杆托架上的控制板与杠杆的倾斜磨损；<br>③ 自动走刀手柄的定位弹簧松动 | ① 调整脱落蜗杆；<br>② 将控制板焊补，并将挂钩处修补；<br>③ 调整弹簧，若定位孔磨损可铆补后重新打孔 |
| 17 | 溜板箱自动走刀手柄在碰到定位挡铁后还脱不开 | ① 溜板箱内的脱落蜗杆压力弹簧调节过紧；<br>② 蜗杆的锁紧螺母紧死，迫使进给箱的移动手柄跳开或挂轮脱开 | ① 调松脱落蜗杆的压力弹簧；<br>② 松开锁紧螺母，调整间隙 |
| 18 | 光杠与丝杠同时传动 | 溜板箱内的负锁保险机构的拨叉磨损、失灵 | 修复负锁机构 |
| 19 | 尾座锥孔内钻头、顶尖等顶不出来 | 尾座丝杠头部磨损 | 焊接加长丝杠顶端 |
| 20 | 主轴箱油窗不注油 | ① 滤油器、油管堵塞；<br>② 液压泵活塞磨损、压力过小或油量过小；<br>③ 进油管漏压 | ① 清洗滤油器，疏通油路；<br>② 修复或更换活塞；<br>③ 拧紧管接头 |

# 任务 2　数控机床的维护保养

数控设备的正确操作和维护保养是正确使用数控设备的关键因素之一。正确的操作使用能够防止机床非正常磨损，避免突发故障；做好日常维护保养，可使设备保持良好的技术状态，延缓劣化进程，及时发现和消灭故障隐患，从而保证安全运行。

数控机床的组成

认识数控机床的机械结构

数控机床在生产中的应用

## 6.2.1　数控设备使用中应注意的问题

### 1. 数控设备的使用环境

为提高数控设备的使用寿命，一般要求要避免阳光的直接照射和其他热辐射，要避免太潮湿、粉尘过多或有腐蚀气体的场所。精密数控设备要远离振动大的设备，如冲床、锻压设备等。

### 2. 良好的电源保证

为了避免电源波动幅度大（大于±10%）和可能的瞬间干扰信号等影响，数控设备一般采用专线供电（如从低压配电室分一路单独供数控机床使用）或增设稳压装置等，都可减少供电质量的影响和电气干扰。

### 3. 制订有效操作规程

在数控机床的使用与管理方面，应制订一系列切合实际、行之有效的操作规程。如润滑、保养、合理使用及规范的交接班制度等，是数控设备使用及管理的主要内容。制订和遵守操作规程是保证数控机床安全运行的重要措施之一。实践证明，众多故障都可由遵守操作规程而减少。

#### 4．数控设备不宜长期封存

购买数控机床以后要充分利用，尤其是投入使用的第一年，使其容易出故障的薄弱环节尽早暴露，得以在保修期内排除。加工中，尽量减少数控机床主轴的启闭，以降低对离合器、齿轮等器件的磨损。没有加工任务时，数控机床也要定期通电，最好是每周通电 1～2 次，每次空运行 1 h 左右，以利用机床本身的发热量来降低机内的湿度，使电子元件不致受潮，同时也能及时发现有无电池电量不足报警，以防止系统设定参数的丢失。

### 6.2.2　维护保养的内容

数控系统维护保养的具体内容，在随机的使用和维修手册中通常都做了规定，现就共同性的问题做如下介绍。

#### 1．严格遵循操作规程

数控系统编程、操作和维修人员必须经过专门的技术培训，熟悉所用数控机床的机械、数控系统、强电设备，液压、气源等部分以及使用环境、加工条件等；能按机床和系统使用说明书的要求正确、合理地使用，尽量避免因操作不当引起的故障。通常，若首次采用数控机床或由不熟练的工人来操作，在使用的第一年内，有 1/3 以上的系统故障是由于操作不当引起的。

应按操作规程要求进行日常维护工作。有些地方需要天天清理，有些部件需要定时加油和定期更换。

#### 2．防止数控装置过热

定期清理数控装置的散热通风系统。应经常检查数控装置上各冷却风扇工作是否正常；应视车间环境状况，每半年或一个季度检查清扫一次。

由于环境温度过高，造成数控装置内温度达到 55℃ 以上时，应及时加装空调装置。在我国南方常会发生这种情况，安装空调装置之后，数控系统的可靠性有比较明显的提高。

#### 3．经常监视数控系统的电网电压

通常，数控系统允许的电网电压范围在额定值的 85%～110%。如果超出此范围，轻则使数控系统不能稳定工作，重则会造成重要电子部件损坏。因此，要经常注意电网电压的波动。对于电网质量比较差的地区，应配置数控系统专用的交流稳压电源装置，将明显降低故障率。

#### 4．系统后备电池的更换

系统参数及用户加工程序由带有掉电保护的静态寄存器保存。系统关机后内存的内容由电池供电保持，因此经常检查电池的工作状态和及时更换后备电池非常重要。当系统开机后若发现电池电压报警灯亮时，应立即更换电池。还应注意，更换电池时，为不遗失系统参数及程序，需在系统开机时更换。电池为高能锂电池，不可充电，正常情况下使用寿命为两年（从出厂日期起）。

#### 5．纸带阅读机的定期维护

纸带阅读机是 CNC 系统信息输入的重要部件，如果读带部分有污物，会使读入的纸带信息出现错误。为此，必须时常对阅读头表面、纸带压板、纸带通道表面等用纱布蘸酒精擦净污物。

#### 6．定期检查和更换直流电动机的电刷

目前一些老的数控机床上使用的大部分是直流电动机，这种电动机电刷的过度磨损会影响其性能甚至造成损坏。所以，必须定期检查电刷。检查步骤如下。

（1）要在数控系统处于断电状态且电动机已经完全冷却的情况下进行检查。

（2）取下橡胶刷帽，用旋具拧下刷盖，取出电刷。

（3）测量电刷长度。例如，磨损到原长的一半左右时必须更换同型号的新电刷。

（4）仔细检查电刷的弧形接触面是否有深沟或裂缝以及电刷弹簧上有无打火痕迹。如果有上述

现象，则必须更换新电刷，并在一个月后再次检查。如果还发生上述现象，则应考虑电动机的工作条件是否过分恶劣或电动机本身是否有问题。

（5）用不含金属粉末及水分的压缩空气导入电刷孔，吹尽粘在刷至孔壁上的电刷粉末。如果难以吹净，可用旋具尖轻轻清理，直至孔壁全部干净为止。但要注意不要碰到换向器表面。

（6）重新装上电刷，拧紧刷盖，如果更换了电刷，要使电动机空运行跑合一段时间，以使电刷表面与换向器表面吻合良好。

如果数控机床闲置不用达半年以上，应将电刷从直流电动机取出，以免由于化学作用使换向器表面腐蚀，引起换向性能变化，甚至损坏整台电动机。

### 7．防止尘埃进入数控装置内

除了进行检修外，应尽量少开电气柜门，因为车间内空气中飘浮的灰尘和金属粉末落在印制电路板和电气插件上容易造成元件间绝缘电阻下降，从而出现故障甚至损坏。

一些已受外部尘埃、油雾污染的电路板和接插件可采用专用电子清洁剂喷洗。

### 8．数控系统长期不用时的维护

当数控机床长期闲置不用时，也应定期对数控系统进行维护保养。首先，应经常给数控系统通电，在机床锁住不动的情况下，让其空运行，在空气湿度较大的梅雨季节应该天天通电，利用电气元件本身发热驱走数控柜内的潮气，以保证电子部件的性能稳定可靠。如果数控机床闲置半年以上不用，应将直流伺服电动机的电刷取出来，以免由于化学腐蚀作用，使换向器表面腐蚀，换向性能变坏，甚至损坏整台电动机。

直流伺服电动机的
结构

## 6.2.3　常用工具

数控系统维修的常用工具有万用表、逻辑测试笔和脉冲信号笔、示波器、PLC 编程器、IC 测试仪、IC 在线测试仪、短路追踪仪、逻辑分析仪。

以上八种测量仪表、仪器，有些是数控系统维修人员必备的；有些则是维修单位在板级维修的基础上提高到片级维修所要配备的。由于数控系统印制电路板价格昂贵，向国外购置或送修又十分不便，一些大的维修单位常配置这类仪器进行元器件级的修理。

维修数控设备除了上述必要的测量仪表、仪器之外，还有一些维修工具也是必不可少的，主要有以下六种。

（1）电烙铁。它是最常用的焊接工具，焊 IC 芯片用 30 W 左右的即可，常采用尖头的长寿命的电烙铁头，使用恒温式更好。电烙铁使用时接地线非常重要，一旦烙铁漏电可能会击穿多个芯片。

（2）吸锡器。将多个引出脚的 IC 芯片从电路板上焊下来，常用的方法是采用吸锡器，目前有手动和电动两种。

（3）旋具。常用的是大、中、小尺寸的一字和十字旋具各一套。

（4）钳类工具。常用的是平头钳、尖嘴钳、斜口钳、剥线钳。

（5）扳手。大小活络扳手、各种尺寸的内六角扳手。

（6）其他工具。如剪刀、镊子、刷子、吹尘器、清洗盘、带鳄鱼钳的连接线等。

## 6.2.4　点检管理

点检管理一般包括专职点检、日常点检、生产点检。

（1）专职点检：负责对机床的关键部位和重要部位按周期进行重点点检和设备状态检测与故障诊断，制订点检计划，做好诊断记录，分析维修结果，提出改善设备维护管理的建议。

（2）日常点检：负责对机床一般部位进行点检处理和检查机床在运行过程中出现的故障。

（3）生产点检：负责对生产运行中的数控机床进行点检，并负责润滑、紧固等工作。

数控机床的点检管理一般包括下述五部分内容。

### 1．安全保护装置

（1）开机前检查机床的各运动部件是否在停机位置。

（2）检查机床的各保险及防护装置是否齐全。

（3）检查各旋钮、手柄是否在规定的位置。

（4）检查工装夹具的安装是否牢固可靠，有无松动位移。

（5）刀具装夹是否可靠以及有无损坏，如砂轮有无裂纹。

（6）工件装夹是否稳定可靠。

### 2．机械及气压、液压仪器仪表

开机后使机床低速运转 3～5 min，然后检查以下各项目。

（1）主轴运转是否正常，有无异声、异味。

（2）各轴向导轨是否正常，有无异常现象发生。

（3）各轴能否正常回归参考点。

（4）空气干燥装置中滤出的水分是否已经放出。

（5）气压、液压系统是否正常，仪表读数是否在正常值范围之内。

### 3．电气防护装置

（1）各种电气开关、行程开关是否正常。

（2）电动机运转是否正常，有无异声。

### 4．加油润滑

（1）设备低速运转时，检查导轨的上油情况是否正常。

（2）按要求的位置及规定的油品加润滑油，注油后，将油盖盖好，然后检查油路是否畅通。

图 6-46 为数控车床的润滑示意图。

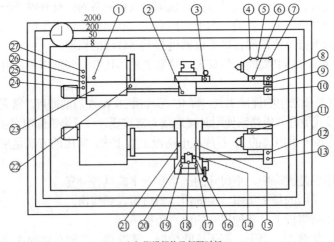

（a）润滑部位及间隔时间

| 润滑部位编号 | ① | ② | ③ | ④～㉓ | ㉔～㉗ |
|---|---|---|---|---|---|
| 润滑方法 | | | | | |
| 润滑油牌号 | N46 | N46 | N46 | N46 | 油脂 |
| 过滤精度/μm | 65 | 15 | 5 | 65 | — |

（b）润滑方法及材料

图 6-46　数控车床润滑示意图

## 5．清洁文明生产

（1）设备外观无灰尘、无油垢，呈现本色。

（2）各润滑面无黑油、无锈蚀，应有洁净的油膜。

（3）丝杠应洁净无黑油，亮泽有油膜。

（4）生产现场应保持整洁有序。

表 6-3 为某加工中心日常维护保养一览表，可供制订有关保养制度时参考。

表 6-3　　　　　　　　　　　加工中心日常维护保养一览表

| 序号 | 检查周期 | 检查部位 | 检查要求（内容） |
|---|---|---|---|
| 1 | 每天 | 导轨润滑油箱 | 检查油量，及时添加润滑油，润滑油泵是否能定时启动泵油及停止 |
| 2 | 每天 | 主轴润滑恒温油箱 | 工作是否正常，油量是否充足，温度范围是否合适 |
| 3 | 每天 | 机床液压系统 | 油箱液压泵有无异常噪声，工作油面高度是否合适，压力表指示是否正常，管路及各管接头有无泄漏 |
| 4 | 每天 | 压缩空气气源压力 | 气动控制系统压力是否在正常范围之内 |
| 5 | 每天 | 气源自动分水滤气器，自动空气干燥器 | 及时清理分水器中滤出的水分，保证自动空气干燥器工作正常 |
| 6 | 每天 | 气液转换器和增压油面 | 油量不够时要及时补充足 |
| 7 | 每天 | $x$、$y$、$z$ 轴导轨面 | 清除切屑和脏物，检查导轨面有无划伤损坏，润滑油是否充足 |
| 8 | 每天 | CNC 输入/输出单元 | 如光电阅读机的清洁，机械润滑是否良好 |
| 9 | 每天 | 各防护装置 | 导轨、机床防护罩等是否安全有效 |
| 10 | 每天 | 电气柜各散热通风装置 | 各电气柜中冷却风扇是否工作正常，风道过滤网有无堵塞；及时清除过滤器 |
| 11 | 每周 | 各电气柜过滤网 | 清除粘附的尘土 |
| 12 | 不定期 | 冷却油箱、水箱 | 随时检查液面高度，即时添加油（或水），太脏时要更换；清洗油箱（水箱）和过滤器 |
| 13 | 不定期 | 废油池 | 及时取走积存在废油池中的废油，以免溢出 |
| 14 | 不定期 | 排屑器 | 经常清理切屑，检查有无卡住等现象 |
| 15 | 半年 | 检查主轴驱动皮带 | 按机床说明书要求调整皮带的松紧程度 |
| 16 | 半年 | 各轴导轨上镶条、压紧滚轮 | 按机床说明书要求调整松紧程度 |
| 17 | 一年 | 检查或更换电动机碳刷 | 检查换向器表面，去除毛刺，吹净碳粉，磨损过短的碳刷及时更换 |
| 18 | 一年 | 液压油路 | 清洗溢流阀、减压阀、油箱；过滤或更换液压油 |
| 19 | 一年 | 主轴润滑恒温油箱 | 清洗过滤器、油箱，更换润滑油 |
| 20 | 一年 | 润滑油泵，过滤器 | 清洗润滑油池，更换过滤器 |
| 21 | 一年 | 滚珠丝杠 | 清洗丝杠上旧的润滑脂，涂上新油脂 |

# 任务3　数控机床精度的检测

数控机床的高加工精度是靠机床本身的精度来保证的。数控机床精度分为几何精度、定位精度和切削精度三类。

## 1．几何精度检验

数控机床的几何精度检验，又称为静态精度检验。几何精度用于综合反映机床的各关键零件及其组装后的几何形状误差。数控机床的几何精度检验和普通机床的几何精度检验在检测内容、检测工具及检测方法上基本类似，只是检测要求更高。

目前，国内检测机床几何精度的常用检测工具有精密水平仪、精密方箱、直角尺、平尺、平行光管、千分表、测微仪、高精度检验棒及一些刚性较好的千分表杆等。每项几何精度的具体检测办法见各机床的检测条件及标准，但检测工具的精度等级必须比所测的几何精度高一个等级，否则测量的结果将是不可信的。

普通立式加工中心几何精度检验的主要项目包括以下几方面。

（1）工作台的平面度。

（2）沿各坐标方向移动的相互垂直度。

（3）沿 $x$ 坐标轴方向移动时工作台面 T 形槽侧面的平行度。

（4）沿 $y$ 坐标轴方向移动时工作台面 T 形槽侧面的平行度。

（5）沿 $z$ 坐标轴方向移动时工作台面 T 形槽侧面的平行度。

主轴精度检测

（6）主轴的轴向窜动。

（7）主轴孔的径向跳动。

（8）主轴回转轴心线对工作台面的垂直度。

（9）主轴箱沿 $z$ 坐标轴方向移动的直线度。

（10）主轴箱沿 $z$ 坐标轴方向移动时主轴轴心线的平行度。

卧式机床要比立式机床多几项与平面转台有关的几何精度。

可以看出，第一类精度要求是机床各运动部件如立柱、溜板、主轴等运动的直线度、平行度、垂直度的要求；第二类是对执行切削运动的主要部件如主轴的自身回转精度及直线运动精度（切削运动中进刀）的要求。因此，这些几何精度综合反映了该机床机械坐标系的几何精度，以及执行切削运动的部件主轴的几何精度。

工作台面及台面上 T 形槽相对机械坐标系的几何精度要求，反映了数控机床加工中的工件坐标系对机械坐标系的几何关系，因为工作台面及定位基准 T 形槽都是工件定位或工件夹具的定位基准，加工工件用的工件坐标系往往都以此为基准。

几何精度检测对机床地基有严格要求，必须在地基及地脚螺栓的固定混凝土完全固化后才能进行。精调时先要把机床的主床身调到较精密的水平面，然后再调其他几何精度。考虑到水泥基础不够稳定，一般要求在使用数个月到半年后再精调一次机床水平。有些几何精度项目是互相联系的，如立式加工中心中 $y$ 轴和 $z$ 轴方向的相互垂直度误差，因此，对数控机床的各项几何精度检测工作应在精调后一气呵成，不允许检测一项调整一项，分别进行，否则会造成由于调整后一项几何精度而把已检测合格的前一项精度调成不合格。

在检测工作中，要注意尽可能消除检测工具和检测方法的误差，如检测主轴回转精度时检验心轴自身的振摆和弯曲等误差；在表架上安装千分表和测微仪时由表架刚性带来的误差；在卧式机床上使用回转测微仪时重力的影响；在测头的抬头位置和低头位置的测量数据误差等。

机床的几何精度在机床处于冷态和热态时是不同的，应按国家标准的规定，即在机床稍预热的状态下进行检测，所以通电以后机床各移动坐标往复运动几次。检测时，让主轴按中等的转速转几分钟之后才能进行检测。

**2．定位精度检验**

数控机床定位精度，是指机床各坐标轴在数控系统控制下运动所能达到的位置精度。数控机床的定位精度又可以理解为机床的运动精度。普通机床由手动进给，定位精度主要取决于读数误差，而数控机床的移动是靠数字程序指令实现的，故定位精度决定于数控系统和机械传动误差。机床各运动部件的运动是在数控装置的控制下完成的，各运动部件在程序指令控制下所能达到的精度直接反映加工零件所能达到的精度，所以，定位精度是一项很重要的检测内容。

定位精度检测的主要内容如下。

① 直线运动定位精度；

② 直线运动重复定位精度；

③ 直线运动各轴机械原点的复归精度；

④ 回转运动的定位精度；

⑤ 回转运动的重复运动定位精度；

光栅的结构

⑥ 回转运动矢动量的检测；

⑦ 回转轴原点的复归精度。

测量直线运动的检测工具有测微仪、成组块规、标准刻度尺、光学读数显微镜和双频激光干涉仪等。标准长度测量以双频激光干涉仪为准。回转运动检测工具有 360 齿精确分度的标准转台或角度多面体、高精度圆光栅及平行光管等。

（1）直线运动定位精度的检测

机床直线运动定位精度检测一般都在机床空载条件下进行。常用检测方法如图 6-47 所示。

按照 ISO（国际标准化组织）标准规定，对数控机床的检测，应以激光测量为准，但目前国内拥有这种仪器的用户较少，因此，大部分数控机床生产厂的出厂检测及用户验收检测还是采用标准尺进行比较测量。这种方法的检测精度与检测技巧有关，较好的情况下可控制到（0.004～0.005 mm）/1000 mm，而激光测量，测量精度可比标准尺检测方法提高一倍。

机床定位精度反映该机床在多次使用过程中都能达到的精度。实际上机床定位时每次都有一定散差，称允许误差。为了反映出多次定位中的全部误差，ISO 标准规定每一个定位测量点按 5 次测量数据算出平均值和散差±3σ。所以，这时的定位精度曲线已不是一条曲线，而是由各定位点平均值连贯起来的一条曲线再加上 3σ 散带构成的定位点散带，如图 6-48 所示。

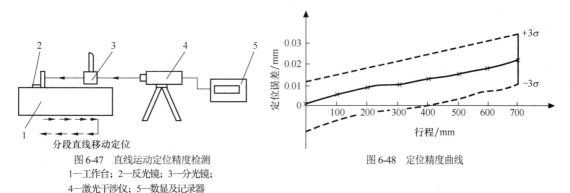

图 6-47　直线运动定位精度检测
1—工作台；2—反光镜；3—分光镜；
4—激光干涉仪；5—数显及记录器

图 6-48　定位精度曲线

此外，机床运行时正、反向定位精度曲线由于综合原因，不可能完全重合，甚至出现图 6-49 所示的几种情况。

① 平行形曲线。即正向曲线和反向曲线在垂直坐标上很均匀地拉开一段距离，这段距离即反映了该坐标的反向间隙。这时可以用数控系统间隙补偿功能修改间隙补偿值来使正、反向曲线接近。

② 交叉形与喇叭形曲线。这两类曲线都是由于被测坐标轴上各段反向间隙不均匀造成的。例如，滚珠丝杠在行程内各段的间隙过盈不一致和导轨副在行程内各段负载不一致等，造成反向间隙在各段内也不均匀。反向间隙不均匀现象较多表现在全行程内运动时，一头松一头紧，结果得到喇叭形的正、反向定位曲线。如果此时又不适当地使用数控系统反向间隙补偿功能，造成反向间隙在全行程内忽紧忽松，就会造成交叉形曲线。

测定的定位精度曲线还与环境温度和轴的工作状态有关。目前大部分数控机床都是半闭环的伺服系统，它不能补偿滚珠丝杠热伸长，热伸长能使在 1 m 行程上相差 0.01～

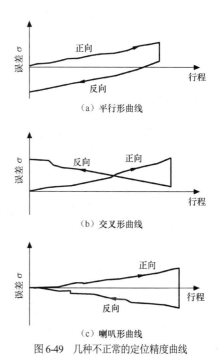

图 6-49　几种不正常的定位精度曲线

0.02 mm。为此，有些机床采用预拉伸丝杠的方法，来减少热伸长的影响。

（2）直线运动重复定位精度的检测

检测用的仪器与检测定位精度所用的仪器相同。一般检测方法是在靠近各坐标行程的中点及两端的任意三个位置进行测量，每个位置用快速移动定位，在相同的条件下重复做 7 次定位，测出停止位置的数值并求出读数的最大差值。以 3 个位置中最大差值的 1/2 附上正负符号，作为该坐标的重复定位精度，它是反映轴运动定位精度稳定性的最基本指标。

（3）直线运动各轴机械原点的复归精度的检测

各轴机械原点的复归精度，实质上是该坐标轴上一个特殊点的重复定位精度，因此，它的测量方法与重复定位精度相同。

（4）直线运动矢动量的测定

矢动量的测定方法是在所测量坐标轴的行程内，预先向正向或反向移动一个距离并以此停止位置为基准，再在同一方向上给予一个移动指令值，使之移动一段距离，然后再向相反方向上移动相同的距离。测量停止位置与基准位置之差（图 6-50）。在靠近行程中点及两端的 3 个位置上分别进行多次（一般为 7 次）测定，求出各位置上的平均值，以所得到平均值中的最大值为矢动量测定值。

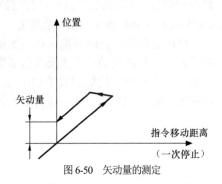

图 6-50　矢动量的测定

坐标轴的矢动量是该坐标轴进给传动链上驱动部件（如伺服电动机、伺服液压电动机和步进电动机等）的反向死区，是各机械运动传动副的反向间隙和弹性变形等误差的综合反映。此误差越大，则定位精度和重复定位精度也越差。

（5）回转运动精度的测定

回转运动各项精度的测定方法与上述各项直线运动精度的测定方法相同，但用于回转精度的测定仪器是标准转台、平行光管（准直仪）等。考虑到实际使用要求，一般对 0°、90°、180°、270°等几个直角等分点做重点测量，要求这些点的精度较其他角度位置精度提高一个等级。

**3．机床切削精度检验**

机床切削精度检测实质是对机床的几何精度与定位精度在切削条件下的一项综合考核。一般来说，进行切削精度检查的加工，可以是单项加工或加工一个标准的综合性试件。

对于加工中心，主要单项精度有如下六项。

① 镗孔精度；

② 端面铣刀铣削平面的精度（$x/y$ 平面）；

③ 镗孔的孔距精度和孔径分散度；

④ 直线铣削精度；

⑤ 斜线铣削精度；

⑥ 圆弧铣削精度。

对于卧式机床，还有箱体掉头镗孔同心度、水平转台回转 90°铣四方加工精度。

镗孔精度试验如图 6-51（a）所示。这项精度与切削时使用的切削用量、刀具材料、切削刀具的几何角度等都有一定的关系，主要是考核机床主轴的运动精度及低速走刀时的平稳性。在现代数控机床中，主轴都装配有高精度带有预负荷的成组滚动轴承，进给伺服系统带有摩擦系数小和灵敏度高的导轨副及高灵敏度的驱动部件，所以这项精度一般都不成问题。

图 6-51（b）表示用精调过的多齿端面铣刀精铣平面的方向，端面铣刀铣削平面精度主要反映 $x$ 轴和 $y$ 轴两轴运动的平面度及主轴中心对 $x$-$y$ 运动平面的垂直度（直接在台阶上表现）。一般精度的数控机床的平面度和台阶差在 0.01 mm 左右。

镗孔的孔距精度和孔径分散度检查按图 6-51（c）所示进行，以快速移动进给定位精镗 4 个孔，测量各孔位置的 $x$ 坐标和 $y$ 坐标的值，以实测值和指令值之差的最大值作为孔距精度测量值。对角线方向的孔距可由各坐标方向的坐标值经计算求得，或各孔插入配合紧密的检验心轴后，用千分尺测量对角线距离。而孔径分散度则由在同一深度上测量各孔 $x$ 坐标方向和 $y$ 坐标方向的直径最大差值求得。一般数控机床 $x$、$y$ 坐标方向的孔距精度为 0.02 mm，对角线方向孔距精度为 0.03 mm，孔径分散度为 0.015 mm。

直线铣削精度的检查，可按图 6-51（d）所示进行。由 $x$ 坐标及 $y$ 坐标分别进给，用立铣刀侧刃精铣工件周边。测量各边的垂直度、对边平行度、邻边垂直度和对边距离尺寸差。这项精度主要考核机床各向导轨运动的几何精度。

斜线铣削精度检查是用立铣刀侧刃来精铣工作周边，如图 6-51（e）所示。它是用同时控制 $x$ 和 $y$ 两个坐标来实现的。所以该精度可以反映两轴直线插补运动品质特性。进行这项精度检查时，有时会发现在加工面上（两直角边上）出现一边密一边稀的很有规律的条纹，这是由于两轴联动时，其中一轴进给速度不均匀造成的。这可以通过修调该轴速度控制和位置控制回路来解决。少数情况下，也可能是负载变化不均匀造成的。导轨低速爬行、机床导轨防护板不均匀摩擦及位置检测反馈元件传动不均匀等也会造成上述条纹。

圆弧铣削精度检测是用立铣刀侧刃精铣图 6-51（f）所示外圆表面，然后在圆度仪上测出圆度曲线。一般加工中心类机床铣削 $\phi200\sim\phi300$ mm 工件时，圆度可达到 0.03 mm 左右，表面粗糙度可达到 $Ra3.2$ μm 左右。

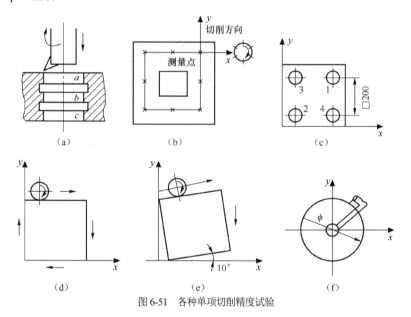

图 6-51 各种单项切削精度试验

在测试件测量中常会遇到如图 6-52 所示的图形。

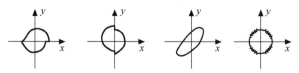

图 6-52 有质量问题的铣圆图形

对于两半错位的图形一般都是由于一个坐标或两个坐标的反向矢动量造成的，这可以通过适当地改变数控系统矢动量的补偿值或修调该坐标的传动链来解决。出现斜椭圆是由于两坐标实际系统误差不一致造成的。此时，可通过适当地调整速度反馈增益、位置环增益加以改善。

常用的数控机床切削精度检测验收内容见表6-4。

表 6-4　　　　　　　　　　　　　数控机床切削精度检测验收内容

| 序号 | 检测内容 | | 检测方法 | 允许误差/mm | 实测误差 |
|---|---|---|---|---|---|
| 1 | 镗孔精度 | 圆度 | | 0.01 | |
| | | 圆柱度 | | 0.01/100 | |
| 2 | 端铣刀铣平面精度 | 平面度 | | 0.01 | |
| | | 阶梯度 | | 0.01 | |
| 3 | 端铣刀铣侧面精度 | 垂直度 | | 0.02/300 | |
| | | 平行度 | | 0.02/300 | |
| 4 | 镗孔孔距精度 | $x$ 轴方向 | | 0.02 | |
| | | $y$ 轴方向 | | | |
| | | 对角线方向 | | 0.03 | |
| | | 孔径偏差 | | 0.01 | |
| 5 | 立铣刀铣削四周面精度 | 直线度 | | 0.01/300 | |
| | | 平行度 | | 0.02/300 | |
| | | 垂直度 | | 0.02/300 | |
| 6 | 两轴联动铣削直线精度 | 直线度 | | 0.015/300 | |
| | | 平行度 | | 0.03/300 | |
| | | 垂直度 | | 0.03/300 | |
| 7 | 立铣刀铣削圆弧精度 | 圆度 | | | |

## 任务4　数控机床的故障分析与检查

### 6.4.1　数控机床故障分类

数控机床由于自身原因不能工作，就是产生了故障。数控机床故障可分为以下五种类别。

**1．系统性故障和随机性故障**

按故障出现的必然性和偶然性，分为系统性故障和随机性故障。系统性故障是指机床和系统在某一特定条件必然出现的故障，随机性故障是指偶然出现的故障。因此，随机性故障的分析与排除比系统性故障困难得多。通常随机性故障往往由于机械结构局部松动、错位，控制系统中元器件出现工作特性漂移，电气元件工作可靠性下降等原因造成，需经反复试验和综合判断才能排除。

**2．诊断显示故障和无诊断显示故障**

以故障出现时有无自诊断显示，可分为有诊断显示故障和无诊断显示故障两种。现今的数控系统都有较丰富的自诊断功能，出现故障时会停机、报警并自动显示相应报警参数号，使维护人员较容易找到故障原因。而无诊断显示故障，往往机床停在某一位置不能动，甚至手动操作也失灵，维护人员只能根据出现故障前后现象来分析判断，排除故障难度较大。另外，诊断显示也有可能是其他原因引起的。例如，因刀库运动误差造成换刀位置不到位、机械手卡在取刀中途位置，而诊断显示为机械手换位置开关未压合报警，这时应调整的是刀库定位误差而不是机械手位置开关。

**3．破坏性故障和非破坏性故障**

以故障有无破坏性，分为破坏性故障和非破坏性故障。对于破坏性故障（如伺服系统失控造成撞车，短路烧坏熔丝等），维护难度大，有一定危险，修后不允许重演这些现象。而非破坏性故障可经多次反复试验至排除，不会对机床造成损害。

**4．机床运动特性质量故障**

这类故障发生后，机床照常运行，也没有任何报警显示。但加工出的工件不合格。针对这些故障，必须在检测仪器配合下，对机械系统、控制系统、伺服系统等采取综合措施。

**5．硬件故障和软件故障**

按发生故障的部位分为硬件故障和软件故障。硬件故障只要通过更换某些元器件，如电器开关等，即可排除。而软件故障是由于编程错误造成的，通过修改程序内容或修订机床参数即可排除。

### 6.4.2　故障原因分析

加工中心出现故障，除少量自诊断功能可以显示故障原因外（如存储器报警、动力电源电压过高报警等），大部分故障是由综合因素引起的，往往不能确定其具体原因，必须做充分的调查。

**1．充分调查故障现场**

机床发生故障后，维护人员应仔细观察寄存器和缓冲工作寄存器尚存内容，了解已执行程序内容，向操作者了解现场情况和现象。

**2．将可能造成故障的原因全部列出**

加工中心上造成故障的原因多种多样，有机械的、电气的、控制系统的等。

**3．逐步选择确定故障产生的原因**

根据故障现象，参考机床有关维护使用手册罗列出诸多因素，经优化选择综合判断，找出确切因素，才能排除故障。

**4．故障的排除**

找到造成故障的确切原因后，就可以"对症下药"，修理、调整和更换有关元器件。

### 6.4.3　数控机床故障检查

数控机床发生故障时，除非出现影响设备或人身安全的紧急情况，否则不要立即关断电源。要充分调查故障现场，从系统的外观、显示器显示的内容、状态报警指示及有无烧灼痕迹等方面进行检查。在确认系统通电无危险的情况下，可按系统复位（RESET）键，观察系统是否有异常，报警是否消失，如能消失，则故障多为随机性，或是操作错误造成的。CNC 系统发生故障，往往是同一现象、同一报警号可以有多种起因，有的故障根源在机床上，但现象却反映在系统上，所以，无论是 CNC 系统、机床电器，还是机械、液压及气动装置等，只要有可能引起该故障的原因，都要尽可能全面地列出来，进行综合判断，确定最有可能的原因，再通过必要的试验，达到确诊和排除故障的目的。为此，当故障发生后，要对故障的现象做详细的记录，这些记录往往为分析故障原因、查找故障源提供重要依据。当机床出现故障时，往往从以下九方面进行调查。

**1．检查机床的运行状态**

（1）机床故障时的运行方式。

（2）MDI/CRT（手动数据输入/系统显示屏）面板显示的内容。

（3）各报警状态指示的信息。

（4）故障时轴的定位误差。

（5）刀具轨迹是否正常。

（6）辅助机能运行状态。

（7）CRT 显示有无报警及相应的报警号。

**2．检查加工程序及操作情况**

（1）是否为新编制的程序。

（2）故障是否发生在子程序部分。

（3）检查程序单和 CNC 内存中的程序。

（4）程序中是否有增量运动指令。

（5）程序段跳步功能是否正确使用。

（6）刀具补偿量及补偿指令是否正确。

（7）故障是否与换刀有关。

（8）故障是否与进给速度有关。

（9）故障是否和螺纹切削有关。

（10）操作者的训练情况。

**3．检查故障的出现率和重复性**

（1）检查故障发生的时间和次数。

（2）检查加工同类工件故障出现的概率。

（3）将引起故障的程序段重复执行多次，观察故障的重复性。

**4．检查系统的输入电压**

（1）输入电压是否有波动，电压值是否在正常范围内。

（2）系统附近是否有使用大电流的装置。

**5．检查环境状况**

（1）CNC 系统周围温度。

（2）电气控制柜的空气过滤器的状况。

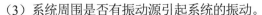

（3）系统周围是否有振动源引起系统的振动。

### 6．检查外部因素

（1）故障发生前是否修理或调整过机床。

（2）故障发生前是否修理或调整过 CNC 系统。

（3）机床附近有无干扰源。

（4）使用者是否调整过 CNC 系统的参数。

（5）CNC 系统以前是否发生过同样的故障。

### 7．检查运行情况

（1）在运行过程中是否改变工作方式。

（2）系统是否处于急停状态。

（3）熔丝是否熔断。

（4）机床是否做好运行准备。

（5）系统是否处于报警状态。

（6）方式选择开关设定是否正确。

（7）速度倍率开关是否设定为零。

（8）机床是否处于锁住状态。

（9）进给保持按钮是否按下。

### 8．检查机床状况

（1）机床是否调整好。

（2）运行过程中是否有振动产生。

（3）刀具状况是否正常。

（4）间隙补偿是否合适。

（5）工件测量是否正确。

（6）电缆是否有破裂和损伤。

（7）信号线和电源线是否分开走线。

### 9．检查接口情况

（1）电源线和 CNC 系统内部电缆是否分开安装。

（2）屏蔽线接线是否正确。

（3）继电器、接触器的线圈和电动机等处是否加装有噪声抑制器。

## 任务5　数控机床机械部件的故障诊断与维修

机床在运行过程中，一旦发生故障，往往会导致不良后果。因此，必须在机床运行过程中，对机床的运行状态及时做出判断并采取相应的措施。在诊断技术上，既有传统的"实用诊断方法"，又有利用先进测试手段的"现代诊断方法"。

### 6.5.1　实用诊断技术的应用

由维修人员的感觉器官对机床进行问、看、听、触、嗅等的诊断，称为"实用诊断技术"。

### 1．问

就是询问机床故障发生的经过，弄清故障是突发的，还是渐发的。一般操作者熟知机床性能，故障发生时又在现场耳闻目睹，所提供的情况对故障的分析是很有帮助的。通常应询问下列情况。

（1）机床开动时有哪些异常现象。

（2）对比故障前后工件的精度和表面粗糙度，以便分析故障产生的原因。

（3）传动系统是否正常，出力是否均匀，背吃刀量和走刀量是否减小等。

（4）润滑油品牌号是否符合规定，用量是否适当。

（5）机床何时进行过保养检修等。

**2．看**

（1）看转速。观察主传动速度的变化，如带传动的线速度变慢，可能是传动带过松或负荷太大；对主传动系统中的齿轮，主要看它是否跳动、摆动；对传动轴主要看它是否弯曲或晃动。

（2）看颜色。如果机床转动部位，特别是主轴和轴承运转不正常，就会发热。长时间升温会使机床外表颜色发生变化，大多呈黄色。油箱里的油也会因温升过高而变稀，颜色变样；有时也会因久不换油、杂质过多或油变质而变成深墨色。

（3）看伤痕。机床零部件碰伤损坏部位很容易发现，若发现裂纹时，应做一记号，隔一段时间后再比较它的变化情况，以便进行综合分析。

（4）看工件。从工件来判别机床的好坏。若车削后的工件表面粗糙度 $Ra$ 数值大，主要是由于主轴与轴承之间的间隙过大，溜板、刀架等压板楔铁有松动以及滚珠丝杠预紧松动等原因所致。若是磨削后的表面粗糙度 $Ra$ 数值大，主要是由于主轴或砂轮动平衡差，机床出现共振以及工作台爬行等原因所引起的。若工件表面出现波纹，则看波纹数是否与机床主轴传动齿轮的齿数相等，如果相等，则表明主轴齿轮啮合不良是故障的主要原因。

（5）看变形。主要观察机床的传动轴、滚珠丝杠是否变形；直径大的带轮和齿轮的端面是否跳动。

（6）看油箱与冷却箱。主要观察油或冷却液是否变质，确定其能否继续使用。

**3．听**

听用以判别机床运转是否正常。一般运行正常的机床，其声响具有一定的音律和节奏，并保持持续的稳定。机械运动发出的正常声响大致可归纳为以下几种。

（1）一般做旋转运动的机件，在运转区间较小或处于封闭系统时，多发出平静的"嘤嘤"声；若处于非封闭系统或运行区较大时，多发出较大的蜂鸣声；各种大型机床则产生低沉而振动声浪很大的轰隆声。

（2）正常运行的齿轮副，一般在低速下无明显的声响；链轮和齿条传动副一般发出平稳的"唧唧"声；直线往复运动的机件，一般发出周期性的"咯噔"声；常见的凸轮顶杆机构、曲柄连杆机构和摆动摇杆机构等，通常都发出周期性的"嘀嗒"声；多数轴承副一般无明显的声响，借助传感器（通常用金属杆或螺钉旋具）可听到较为清晰的"嘤嘤"声。

（3）各种介质的传输设备产生的输送声，一般均随传输介质的特性而异。例如，气体介质多为"呼呼"声；流体介质为"哗哗"声；固体介质发出"沙沙"声或"呵罗呵罗"声响。

掌握正常声响及其变化，并与故障时的声音相对比，是"听觉诊断"的关键。下面介绍几种一般容易出现的异声。

① 摩擦声。声音尖锐而短促，常常是两个接触面相对运动的研磨产生的。如带打滑或主轴轴承及传动丝杠副之间缺少润滑油，均会产生这种异声。

② 泄漏声。声小而长，连续不断，如漏风、漏气和漏液等。

③ 冲击声。声音低而沉闷，如汽缸内的间断冲击声，一般是由于螺栓松动或内部有其他异物碰击。

④ 对比声。用手锤轻轻敲击来鉴别零件是否缺损，有裂纹的零件敲击后发出的声音就不那么清脆。

**4．触**

用手感来判别机床的故障，通常有以下五方面。

（1）温升。人的手指触觉是很灵敏的，能相当可靠地判断各种异常的温升，其误差可准确到 3～5℃。根据经验，当机床温度在 0℃ 左右时，手指感觉冰凉，长时间触摸会产生刺骨的痛感；10℃ 左右时，手感较凉，但可忍受；20℃ 左右时，手感到稍凉，随着接触时间延长，手感潮温；30℃ 左右时，手感微温有舒适感；40℃ 左右时，手感如触摸高烧病人；50℃ 左右时，手感较烫，例如，掌心摸的时间较长可有汗感；60℃ 左右时，手感很烫，但可忍受 10 s 左右；70℃ 左右时，手有灼痛感，且手的接触部位很快出现红色；80℃ 以上时，瞬时接触手感“麻辣火烧”，时间过长，可出现烫伤。为了防止手指烫伤，应注意手的触摸方法，一般先用右手并拢的食指、中指和无名指指背中节部位轻轻触及机件表面，断定对皮肤无损害后，才可用手指肚或手掌触摸。

（2）振动。轻微振动可用手感鉴别，至于振动的大小可找一个固定基点，用一只手去同时触摸便可以比较出振动的大小。

（3）伤痕和波纹。肉眼看不清的伤痕和波纹，若用手指去摸则可很容易地感觉出来。摸的方法是：对圆形零件要沿切向和轴向分别去摸；对平面则要左右、前后均匀去摸。摸时不能用力太大，只轻轻把手指放在被检查面上接触便可。

（4）爬行。用手摸可直观地感觉出来，造成爬行的原因很多，常见的是润滑油不足或选择不当；活塞密封过紧或磨损造成机械摩擦阻力加大；液压系统进入空气或压力不足等。

（5）松或紧。用手转动主轴或摇动手轮，即可感到接触部位的松紧是否均匀适当，从而可判断出这些部位是否完好可用。

**5．嗅**

由于剧烈摩擦或电气元件绝缘破损短路，使附着的油脂或其他可燃物质发生氧化蒸发或燃烧产生油烟气、焦糊气等异味，应用嗅觉诊断的方法可收到较好的效果。

上述实用诊断技术的主要诊断方法，实用简便，相当有效。

## 6.5.2　现代诊断技术的应用

现代诊断技术是利用诊断仪器和数据处理方法对机械装置的故障原因、部位和故障的严重程度进行定性和定量的分析。

**1．油液光谱分析**

通过使用原子吸收光谱仪，对进入润滑油或液压油中磨损的各种金属微粒和外来杂质进行化学成分和浓度分析，进而进行状态监测。

**2．振动检测**

通过安装在机床某些特征点上的传感器，利用振动计来回检测，测量机床上某些测量处的总振级大小，如位移、速度、加速度和幅频特性等，从而对故障进行预测和监测。

**3．噪声谱分析**

通过声波计对齿轮噪声信号频谱中的啮合谐波幅值变化规律进行深入分析，识别和判断齿轮磨损失效故障状态，可做到非接触式测量，但要减少环境噪声的干扰。

**4．故障诊断专家系统的应用**

将诊断所必需的知识、经验和规则等信息编成计算机可以利用的知识库，建立具有一定智能的专家系统。这种系统能对机器状态做常规诊断，解决常见的各种问题，并可自行修正和扩充已有的知识库，不断提高诊断水平。

**5．温度监测**

利用各种测温探头，测量轴承、轴瓦、电动机和齿轮箱等装置的表面温度，具有快速、正确、方便的特点。

### 6．非破坏性检测

根据探伤仪观察内部机体的缺陷。

## 6.5.3　主轴部件的故障诊断与维护

### 1．维护特点

数控机床主轴部件是影响机床加工精度的主要部件。它的回转精度影响工件的加工精度；它的功率大小与回转速度影响加工效率；它的自动变速、准停和换刀等影响机床的自动化程度。因此，要求主轴部件具有与本机床工作性能相适应的高回转精度、刚度、抗振性、耐磨性和低的温升。在结构上，必须很好地解决刀具和工件的装夹、轴承的配置、轴承间隙调整和润滑密封等问题。

数控机床主传动系统的配置方式

数控机床主轴轴承的配置方式

图 6-53 所示为某数控车床主轴部件的结构图。

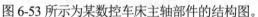

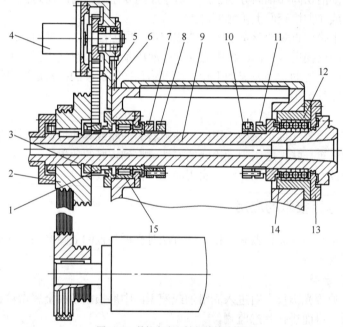

图 6-53　数控车床主轴部件的结构图

1—同步带轮；2—带轮；3、7、8、10、11—螺母；4—主轴脉冲发生器；5—螺钉；6—支架；
9—主轴；12—角接触球轴承；13—前端盖；14—前支撑套；15—圆柱滚子轴承

### 2．主轴润滑

为了保证主轴有良好的润滑，减少摩擦发热，同时又能把主轴组件的热量带走，通常采用循环式润滑系统。用液压泵供油强力润滑，在油箱中使用油温控制器控制油液温度。为了适应主轴转速向更高速化发展的需要，新的润滑冷却方式相继开发出来。这些新型润滑冷却方式不但要减少轴承温升，还要减少轴承内外圈的温差，以保证主轴热变形小。

轴承、车床的润滑

（1）油气润滑方式。这种润滑方式近似于油雾润滑方式，有所不同的是，油气润滑是定时定量地把油雾送进轴承空隙中，这样既实现了油雾润滑，又不至于油雾太多而污染周围空气；油雾润滑则是连续供给油雾。

（2）喷注润滑方式。它用较大流量的恒温油（每个轴承 3～4 L/min）喷注到主轴轴承，以达

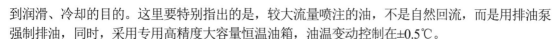

到润滑、冷却的目的。这里要特别指出的是，较大流量喷注的油，不是自然回流，而是用排油泵强制排油，同时，采用专用高精度大容量恒温油箱，油温变动控制在±0.5℃。

### 3. 防泄漏

在密封件中，被密封的介质往往是以穿滑、溶透或扩散的形式越界泄漏到密封连接处的彼侧。造成泄漏的主要原因是流体从密封面上的间隙中溢出，或是由于密封部件内外两侧密封介质的压力差或浓度差，致使流体向压力或浓度低的一侧流动。

图 6-54 所示为卧式加工中心主轴前支撑的密封结构，在前支撑处采用了双层小间隙密封装置。主轴前端车出两组锯齿形护油槽，1 为进油口，在法兰盘 4、5 上开沟槽及泄漏孔，当喷入轴承 2 内的油液流出后被法兰盘 4 内壁挡住，并经其下部的泄油孔 9 和套筒 3 上的回油斜孔 8 流回油箱，少量油液沿主轴 6 流出时,主轴护油槽内的油液在离心力的作用下被甩至法兰盘 4 的沟槽内,经回油斜孔 8 重新流回油箱,达到了防止润滑介质泄漏的目的。

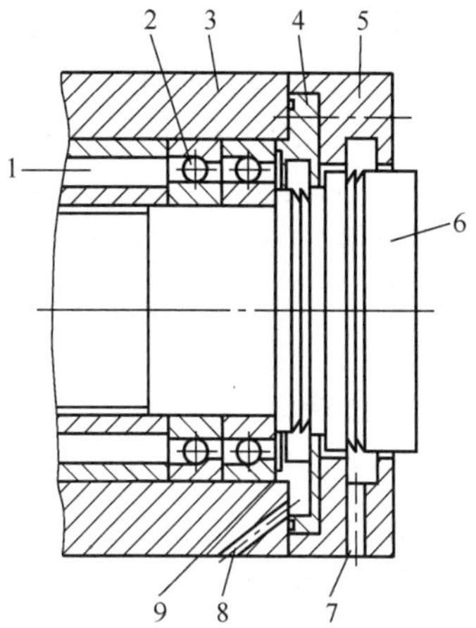

当外部切削液、切屑及灰尘等沿主轴 6 与法兰盘 5 之间的间隙进入时，经法兰盘 5 的沟槽由泄漏孔 7 排出，少量的切削液、切屑及灰尘进入主轴前锯齿沟槽，在主轴 6 高速旋转的离心力作用下仍被甩至法兰盘 5 的沟槽内，由泄漏孔 7 排出，达到了主轴端部密封的目的。

图 6-54 卧式加工中心主轴前支撑的密封结构
1—进油口；2—轴承；3—套筒；4、5—法兰盘；
6—主轴；7—泄漏孔；8—回油斜孔；9—泄油孔

要使间隙密封结构能在一定的压力和温度范围内具有良好的密封防漏性能，必须保证法兰盘 4、5 与主轴及轴承端面的配合间隙符合如下条件。

（1）法兰盘 4 与主轴 6 的配合间隙应控制在 0.1～0.2 mm（单边）。如果间隙偏大，则泄漏量将按间隙的 3 次方扩大；若间隙过小，由于加工及安装误差，容易与主轴局部接触使主轴局部升温并产生噪声。

（2）法兰盘 4 内端面与轴承端面的间隙应控制在 0.15～0.3 mm。小间隙可使压力油直接被挡住并沿法兰盘 4 内端面下部的泄油孔 9 经回油斜孔 8 流回油箱。

（3）法兰盘 5 与主轴的配合间隙应控制在 0.15～0.25 mm（单边）。间隙太大，进入主轴 6 内的切削液及杂物会显著增多；间隙太小，则易与主轴接触。法兰盘 5 沟槽深度应大于 10 mm（单边），泄油孔 7 沟槽深度应大于 6 mm，并位于主轴下端靠近沟槽内壁处。

（4）法兰盘 4 的沟槽深度大于 12 mm（单边），主轴上的锯齿尖而深，一般在 5～8 mm，从而确保具有足够的甩油空间。法兰盘 4 处的主轴锯齿向后倾斜，法兰盘 5 处的主轴锯齿向前倾斜。

（5）法兰盘 4 上的沟槽与主轴 6 上的护油槽对齐，以保证被主轴甩至法兰盘沟槽内腔的油液能可靠地流回油箱。

（6）套筒前端的回油斜孔 8 及法兰盘 4 的泄油孔 9 流量为进油孔口的 2～3 倍，以保证压力油能顺利地流回油箱。

### 4. 主轴部件的维护

（1）熟悉数控机床主轴部件的结构、性能参数，严禁超性能使用。

（2）主轴部件出现不正常现象时，应立即停机排除故障。

（3）操作者应注意观察主轴箱温度，检查主轴润滑恒温油箱，调节温度范围，使油量充足。

（4）使用带传动的主轴系统，需定期观察调整主轴驱动皮带的松紧程度，防止因皮带打滑造成的丢转现象。

（5）由液压系统平衡主轴箱重量的平衡系统，需定期观察液压系统的压力表，当油压低于要求值时，要进行补油。

（6）使用液压拨叉变速的主传动系统，必须在主轴停车后变速。

（7）使用啮合式电磁离合器变速的主传动系统，离合器必须在低于 2 r/min 的转速下变速。

（8）注意保持主轴与刀柄连接部位及刀柄的清洁，防止对主轴的机械碰击。

（9）每年对主轴润滑恒温油箱中的润滑油更换一次，并清洗过滤器。

（10）每年清理润滑油池底一次，并更换液压泵滤油器。

（11）每天检查主轴润滑恒温油箱，使油量充足，工作正常。

（12）防止各种杂质进入润滑油箱，保持油液清洁。

（13）经常检查轴端及各处密封，防止润滑油液的泄漏。

（14）刀具夹紧装置长时间使用后，会使活塞杆和拉杆间的间隙加大。造成拉杆位移量减少，使碟形弹簧张闭伸缩量不够，影响刀具的夹紧，故需及时调整液压缸活塞的位移量。

（15）经常检查压缩空气气压，并调整到标准要求值。有足够的气压，才能使主轴锥孔中的切屑和灰尘清理彻底。

**5．主轴故障诊断**

主轴故障诊断见表 6-5。

表 6-5 　　　　　　　　　　　　　　主轴的故障诊断

| 故障现象 | 故障原因 |
|---|---|
| 主轴发热 | 轴承损伤或不清洁、轴承油脂耗尽或油脂过多、轴承间隙过小 |
| 主轴强力切削停转 | 电动机与主轴传动的皮带过松、皮带表面有油、离合器过松或磨损 |
| 润滑油泄漏 | 润滑油过量、密封件损伤或失效、管件损坏 |
| 主轴噪声（振动） | 润滑油缺失、皮带轮动平衡不佳、皮带过紧、齿轮磨损或啮合间隙过大、轴承损坏、传动轴弯曲 |
| 主轴没有润滑或润滑不足 | 油泵转向不正确、油管未插到油面下 2/3 深处、油管或过滤器堵塞、供油压力不足 |
| 刀具不能夹紧 | 碟形弹簧位移量太小、刀具松夹弹簧上螺母松动 |
| 刀具夹紧后不能松开 | 刀具松夹弹簧压合过紧、液压缸压力和行程不够 |

### 6.5.4　滚珠丝杠螺母副的故障诊断与维护

**1．滚珠丝杠螺母副的特点**

（1）摩擦损失小，传动效率高，可达 90%～96%。

（2）传动灵敏，运动平稳，低速时无爬行。

（3）使用寿命长。

（4）轴向刚度高。

（5）具有传动的可逆性。

（6）不能实现自锁，且速度过高会卡住。

（7）制造工艺复杂，成本高。

**2．滚珠丝杠螺母副的维护**

（1）轴向间隙的调整

为了保证反向传动精度和轴向刚度，必须消除轴向间隙。双螺母滚珠丝杠副消除间隙的方法是，利用两个螺母的相对轴向位移，使两个滚珠螺母中的滚珠分别贴紧在螺纹滚道的两个相反的侧面上。用这种方法预紧消除轴向间隙，应注意预紧力不宜过大，预紧力过大会使空载力矩增加，从而降低传动效率，缩短使用寿命。此外，还要消除丝杠安装部分和驱动部分的间隙。

常用的双螺母丝杠消除间隙的方法如下。

① 垫片调隙式。如图 6-55 所示，通过调整垫片的厚度使左、右螺母产生轴向位移，就可达到消除间隙和产生预紧力的作用。

特点：简单、刚性好、装卸方便、可靠，但调整困难，调整精度不高。

② 螺纹调隙式。如图 6-56 所示，用键限制螺母在螺母座内的转动。调整时，拧动圆螺母将螺母沿轴向移动一定距离，在消除间隙之后用圆螺母将其锁紧。

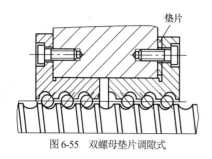

图 6-55　双螺母垫片调隙式

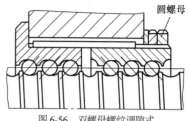

图 6-56　双螺母螺纹调隙式

特点：简单紧凑，调整方便，但调整精度较差，且易于松动。

③ 齿差调隙式。如图 6-57 所示，螺母 1、2 的凸缘上各自有一个圆柱外齿轮，两个齿轮的齿数相差一个齿，两个内齿圈 3、4 与外齿轮齿数分别相同，并用预紧螺钉和销钉固定在螺母座的两端。调整时先将内齿圈取下，根据间隙的大小调整两个螺母 1、2 分别向相同的方向转过一个或多个齿，使两个螺母在轴向移近了相应的距离达到调整间隙和预紧的目的。

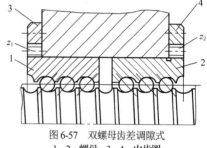

图 6-57　双螺母齿差调隙式
1、2—螺母；3、4—内齿圈

特点：精确调整预紧量，调整方便、可靠，但结构尺寸较大，多用于高精度传动。

（2）支撑轴承的定期检查

应定期检查丝杠支撑与床身的连接是否有松动以及支撑轴承是否损坏等。如有以上问题，要及时紧固松动部位并更换支撑轴承。

（3）滚珠丝杠螺母副的润滑

润滑剂可提高耐磨性及传动效率。润滑剂可分为润滑油和润滑脂两大类。润滑油一般为全损耗系统用油。用润滑油润滑的滚珠丝杠螺母副，可在每次机床工作前加油一次，润滑油经过壳体上的油孔注入螺母的空间内。润滑脂可采用锂基润滑脂。润滑脂一般加在螺纹滚道和安装螺母的壳体空间内，每半年对滚珠丝杠上的润滑脂更换一次，清洗丝杠上的旧润滑脂，涂上新的润滑脂。

（4）滚珠丝杠的防护

滚珠丝杠螺母副和其他滚动摩擦的传动元件一样，应避免硬质灰尘或切屑污物进入，因此，必须有防护装置。如滚珠丝杠螺母副在机床上外露，应采用封闭的防护罩，如采用螺旋弹簧钢带套管、伸缩套管以及折叠式套管等。安装时将防护罩的一端连接在滚珠螺母的端面，另一端固定在滚珠丝杠的支撑座上。如果处于隐蔽的位置，则可采用密封圈防护，密封圈装在螺母的两端。接触式的弹性密封圈是用耐油橡胶或尼龙制成的，其内孔做成与丝杠螺纹滚道相配的形状，接触式密封圈的防尘效果好。但应有接触压力，使摩擦力矩略有增加。非接触式密封圈又称迷宫式密封圈，它用硬质塑料制成，其内孔与丝杠螺纹滚道的形状相反，并稍有间隙，这样可避免摩擦力矩，但防尘效果差。工作中应避免碰击防护装置，防护装置有损坏要及时更换。

滚珠丝杠螺母副的
工作原理

滚珠丝杠螺母副的
分类

消除双螺母丝杠间隙的
方法——螺纹调隙式

### 6.5.5 导轨副的故障诊断与维护

#### 1．导轨的类型和要求

（1）导轨的类型

按运动部件的运动轨迹分为直线运动导轨和圆周运动导轨；按导轨结合面的摩擦性分为滑动导轨、滚动导轨和静压导轨。

滑动导轨分为：

① 普通滑动导轨：金属与金属相摩擦，摩擦系数大，一般在普通机床上；

② 塑料滑动导轨：塑料与金属相摩擦，导轨的滑动性好，在数控机床上广泛采用。

静压导轨根据介质的不同又可分为液压导轨和气压导轨。

认识滑动导轨

（2）导轨的一般要求

① 高的导向精度。导向精度是指机床的运动部件沿着导轨移动的直线性（对于直线导轨）或圆性（对于圆运动导轨）及它与有关基面之间相互位置的准确性。各种机床对于导轨本身的精度都有具体的规定或标准，以保证该导轨的导向精度。精度保持性是指导轨能否长期保持其原始精度。此外，导向精度还与导轨的机构形式以及支撑件材料的稳定性有关。

② 良好的耐磨性。精度丧失的主要因素是导轨的磨损。

③ 足够的刚度。机床各运动部件所受的外力，最后都由导轨面来承受，若导轨受力以后变形过大，不仅破坏了导向精度，而且恶化了其工作条件。导轨的刚度主要取决于导轨类型、机构形式和尺寸的大小、导轨与床身的连接方式、导轨材料和表面加工质量等。数控机床常用加大导轨截面尺寸，或在主导轨外添加辅助导轨等措施来提高刚度。

④ 良好的摩擦特性。导轨的摩擦系数要小，而且动、静摩擦系数应比较接近，以减小摩擦阻力和导轨热变形，使运动平稳，对于数控机床特别要求运动部件在导轨上低速移动时，无爬行的现象。

#### 2．导轨副的故障诊断与维护

（1）导轨副的维护

① 间隙调整。导轨副维护很重要的一项工作是保证导轨面之间具有合理的间隙。间隙过小，则摩擦阻力大，导轨磨损加剧；间隙过大，则运动失去准确性和平稳性，失去导向精度。下面介绍几种间隙调整的方法。

（a）压板调整间隙。图 6-58 所示为矩形导轨上常用的几种压板装置。

压板用螺钉固定在动导轨上，常用钳工配合刮研及选用调整垫片、平镶条等机构，使导轨面与支撑面之间的间隙均匀，达到规定的接触点数。对图 6-58（a）所示的压板结构，如间隙过大，应修磨或刮研 $B$ 面；间隙过小或压板与导轨压得太紧，则可刮研或修磨 $A$ 面。

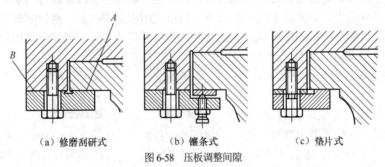

（a）修磨刮研式　　（b）镶条式　　（c）垫片式

图 6-58　压板调整间隙

（b）镶条调整间隙。图 6-59（a）所示为一种全长厚度相等、横截面为平行四边形（用于燕尾形导轨）或矩形的平镶条，通过侧面的螺钉调节和螺母锁紧，以其横向位移来调整间隙。由于收紧力不均匀，故在螺钉的着力点有挠曲。图 6-59（b）所示为一种全长厚度变化的斜镶条及三种用于斜镶条的调节螺钉，以其斜镶条的纵向位移来调整间隙。斜镶条在全长上支撑，其斜度为 1∶40 或 1∶100，由于楔形的增压作用会产生过大的横向压力，因此调整时应细心。

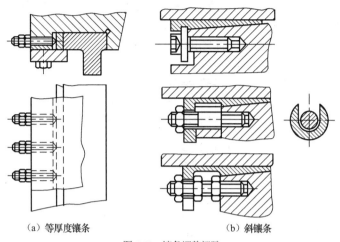

（a）等厚度镶条　　　　　（b）斜镶条

图 6-59　镶条调整间隙

（c）压板镶条调整间隙。如图 6-60 所示，T 形压板用螺钉固定在运动部件上，运动部件内侧和 T 形压板之间放置斜镶条，镶条不是在纵向有斜度，而是在高度方向做成倾斜的。调整时，借助压板上几个推拉螺钉，使镶条上下移动，从而调整间隙。

三角形导轨的上滑动面能自动补偿，下滑动面的间隙调整和矩形导轨的下压板调整底面间隙的方法相同；圆形导轨的间隙不能调整。

② 滚动导轨的预紧。为了提高滚动导轨的刚度，对滚动导轨预紧。预紧可提高接触刚度并消除间隙；在立式滚动导轨上，预紧可防止滚动体脱落和歪斜。常见的预紧方法有以下两种。

（a）采用过盈配合。预加载荷大于外载荷，预紧力产生的过盈量为 2～3 μm，如过大会使牵引力增加。若运动部件较重，其重力可起预加载荷作用，若刚度满足要求，可不施预加载荷。

（b）调整法。利用螺钉、斜块或偏心轮调整来进行预紧。

图 6-61 所示为滚动导轨预紧的方法。

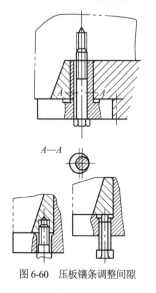

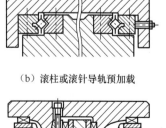
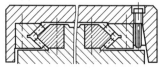
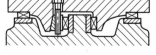

（a）滚柱或滚针导轨自由支承　　（b）滚柱或滚针导轨预加载

（c）交叉式滚柱导轨　　（d）循环式滚动导轨块

图 6-60　压板镶条调整间隙　　　　　　图 6-61　滚动导轨预紧的方法

③ 导轨的润滑。导轨面上进行润滑后，可降低摩擦系数，减少磨损，并且可防止导轨面锈蚀。导轨常用的润滑剂有润滑油和润滑脂，前者用于滑动导轨，而滚动导轨两种都用。

（a）润滑方法。导轨最简单的润滑方式是人工定期加油或用油杯供油。这种方法简单，成本低，但不可靠。一般用于调节辅助导轨及运动速度低、工作不频繁的滚动导轨。

对运动速度较高的导轨大都采用润滑泵，以压力强制润滑。这样不但可连续或间歇供油给导轨进行润滑，而且可利用油的流动冲洗和冷却导轨表面；为实现强制润滑，必须备有专门的供油系统。图6-62所示为某加工中心导轨的润滑系统。

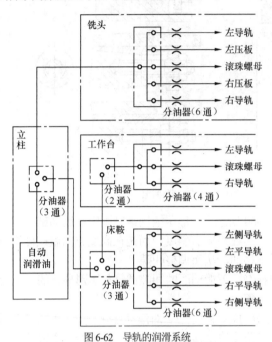

认识开式静压导轨

认识闭式静压导轨

图6-62 导轨的润滑系统

（b）对润滑油的要求。在工作温度变化时，润滑油黏度变化要小，要有良好的润滑性能和足够的油膜刚度，油中杂质尽量少且不侵蚀机件。常用的全损耗系统用油有 L-AN10、L-AN15、L-AN32，L-AN42、L-AN68，精密机床导轨油 L-HG68，汽轮机油 L-TSA32、L-TSA46 等。

④ 导轨的防护。为了防止切屑、磨粒或冷却液散落在导轨面上而引起磨损、擦伤和锈蚀，导轨面上应有可靠的防护装置。常用的刮板式、卷帘式和叠层式防护罩，大多用于长导轨上。在机床使用过程中应防止损坏防护罩，对叠层式防护罩应经常用刷子蘸机油清理移动接缝，以避免碰壳现象的产生。

（2）导轨的故障诊断

导轨的故障诊断见表6-6。

表6-6　　　　　　　　　　　　　　　导轨的故障诊断

| 故障现象 | 故障原因 |
|---|---|
| 导轨研伤 | 地基与床身水平有变化，使局部载荷过大、长期短工件加工局部磨损严重、导轨润滑不良、导轨材质不佳、刮研质量差、导轨维护不良落入脏物 |
| 移动部件不能移动或运动不良 | 导轨面研伤、导轨压板伤、镶条与导轨间隙太小 |
| 加工面在接刀处不平 | 导轨直线度超差、工作台塞铁松动或塞铁弯度过大、机床水平度差使导轨发生弯曲 |

### 6.5.6　刀库及换刀装置的故障诊断与维护

加工中心刀库及自动换刀装置的故障表现在：刀库运动故障、定位误差过大、机械手夹持刀

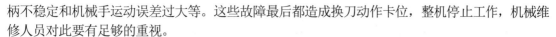

柄不稳定和机械手运动误差过大等。这些故障最后都造成换刀动作卡位，整机停止工作，机械维修人员对此要有足够的重视。

### 1．刀库与换刀机械手的维护要点

（1）严禁把超重、超长的刀具装入刀库，防止在机械手换刀时掉刀或刀具与工件、夹具等发生碰撞。

（2）顺序选刀方式必须注意刀具放置在刀库上的顺序要正确。其他选刀方式也要注意所换刀具号是否与所需刀具一致，防止换错刀具导致事故发生。

（3）用手动方式往刀库上装刀时，要确保装到位、装牢靠。检查刀座上的锁紧是否可靠。

（4）经常检查刀库的回零位置是否正确，检查机床主轴回换刀点位置是否到位，并及时调整，否则不能完成换刀动作。

（5）要注意保持刀具、刀柄和刀套的清洁。

（6）开机时，应先使刀库和机械手空运行，检查各部分工作是否正常，特别是各行程开关和电磁阀能否正常动作。检查机械手液压系统的压力是否正常，刀具在机械手上锁紧是否可靠，发现不正常及时处理。

### 2．刀库与换刀机械手的故障诊断

刀库与换刀机械手的故障诊断见表 6-7。

表 6-7　　　　　　　　　　　刀库与换刀机械手的故障诊断

| 故障现象 | 故障原因 |
| --- | --- |
| 刀库中的刀套不能卡紧刀具 | 刀套上的卡紧螺母松动 |
| 刀库不能旋转 | 连接电动机轴与蜗杆轴的联轴器松动 |
| 刀具从机械手中滑落 | 刀具过重，机械手卡紧销损坏 |
| 换刀时掉刀 | 换刀时主轴箱没有回到换刀点或换刀点发生了漂移，机械手抓刀时没有到位就开始拔刀 |
| 机械手换刀时速度过快或过慢 | 气动机械手气压太高或太低、换刀气路节流口太大或太小 |

# 任务 6　数控机床伺服系统故障诊断与维修

## 6.6.1　主轴伺服系统故障诊断与维修

机床主轴主传动是旋转运动，传递切削力，伺服驱动系统分为直流主轴驱动系统和交流主轴驱动系统两大类，有的数控机床主轴利用通用变频器，驱动三相交流电动机，进行速度控制。数控机床要求主轴伺服驱动系统能够在很宽范围内实现转速连续可调，并且稳定可靠。当机床有螺纹加工功能、c 轴功能、准停功能和恒线速度加工时，主轴电动机需要装配检测元件，对主轴速度和位置进行控制。

主轴驱动变速目前主要有三种形式：① 带有变速齿轮传动方式，可实现分段无级调速，扩大输出转矩，可满足强力切削要求的转矩；② 通过带传动方式，可避免齿轮传动时引起的振动与噪声，适用于低转矩特性要求的小型机床；③ 由调速电动机直接驱动的传动方式，主轴传动部件结构简单紧凑，这种方式主轴输入的转矩小。

### 1．主轴伺服系统的常见故障形式

当主轴伺服系统发生故障时，通常有三种表现形式：① 在操作面板上用指示灯或 CRT 显示报警信息；② 在主轴驱动装置上用指示灯或数码管显示故障状态；③ 主轴工作不正常，但无任何报警信息。

常见数控机床主轴伺服系统的故障有以下六种。

（1）外界干扰

故障现象：主轴在运转过程中出现无规律性的振动或转动。

原因分析：主轴伺服系统受电磁、供电线路或信号传输干扰的影响，主轴速度指令信号或反馈信号受到干扰，主轴伺服系统误动作。

检查方法：令主轴转速指令信号为零，调整零速平衡电位计或漂移补偿量参数值，观察是否是因系统参数变化引起的故障。若调整后仍不能消除该故障，则多为外界干扰信号引起主轴伺服系统误动作。

采取措施：电源进线端加装电源净化装置，动力线和信号线分开，布线要合理，信号线和反馈线按要求屏蔽，接地线要可靠。

（2）主轴过载

故障现象：主轴电动机过热，CNC 装置和主轴驱动装置显示过电流报警等。

原因分析：主轴电动机通风系统不良，动力连线接触不良，机床切削用量过大，主轴频繁正反转等引起电流增加，电能以热能的形式散发出来，主轴驱动系统和 CNC 装置通过检测，显示过载报警。

检查方法：根据 CNC 和主轴驱动装置提示报警信息，检查可能引起故障的各种因素。

采取措施：保持主轴电动机通风系统良好，保持过滤网清洁；检查动力接线端子接触情况；正确使用和操作机床，避免过载。

主轴机械准停装置工作原理　　主轴电气准停装置工作原理

（3）主轴定位抖动

故障现象：主轴在正常加工时没有问题，仅在定位时产生抖动。

原因分析：主轴定位一般分机械、电气和编码器三种准停定位，当定位机械执行机构不到位，检测装置信息有误时会产生抖动。另外，主轴定位要有一个减速过程，如果减速、增益等参数设置不当，磁性传感器的电气准停装置中，发磁体和磁传感器之间的间隙发生变化或磁传感器失灵也会引起故障。

图 6-63 所示为磁传感器主轴准停装置。

检查方法：根据主轴定位的方式，主要检查各定位、减速检测元件的工作状况和安装固定情况，如限位开关、接近开关等。

采取措施：保证定位执行元件运转灵活，检测元件稳定可靠。

（4）主轴转速与进给不匹配

故障现象：当进行螺纹切削、刚性攻螺纹或要求主轴与进给同步配合的加工时，出现进给停止，主轴仍继续运转，或加工螺纹零件出现乱牙现象。

原因分析：当主轴与进给同步配合加工时，要依靠主轴上的脉冲编码器检测反馈信息，若脉冲编码器或连接电缆有问题，会引起上述故障。

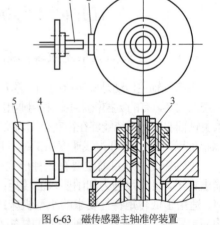

图 6-63　磁传感器主轴准停装置
1—磁传感器；2—发磁体；3—主轴；4—支架；5—主轴箱

检查方法：通过调用 I/O 状态数据，观察编码器信号线的通断状态；取消主轴与进给同步配合，用每分钟进给指令代替每转进给指令来执行程序，可判断故障是否与编码器有关。

采取措施：更换、维修编码器，检查电缆接线情况，特别注意信号线的抗干扰措施。

（5）转速偏离指令值

故障现象：实际主轴转速值超过技术要求规定指令值的范围。

原因分析：

① 电动机负载过大，引起转速降低，或低速极限值设定太小，造成主轴电动机过载。

② 测速反馈信号变化，引起速度控制单元输入变化。

③ 主轴驱动装置故障，导致速度控制单元错误输出。

④ CNC 系统输出的主轴转速模拟量（0～±10 V）没有达到与转速指令相对应的值。

检查方法：

① 空载运转主轴，检测比较实际主轴转速值与指令值，判断故障是否由负载过大引起。

② 检查测速反馈装置及电缆，调节速度反馈量的大小，使实际主轴转速达到指令值。

③ 用备件替换法判断驱动装置的故障部位。

④ 检查信号电缆的连接情况，调整有关参数，使 CNC 系统输出的模拟量与转速指令值相对应。

采取措施：更换、维修损坏的部件，调整相关的参数。

（6）主轴异常噪声及振动

首先要区别异常噪声及振动发生在机械部分还是在电气驱动部分。

① 若在减速过程中发生，一般是驱动装置再生回路发生故障。

② 主轴电动机在自由停车过程中若存在噪声和振动，则多为主轴机械部分故障。

③ 若振动周期与转速有关，应检查主轴机械部分及测速装置。若无关，一般是主轴驱动装置参数未调整好。

（7）主轴电动机不转

CNC 系统至主轴驱动装置一般有速度控制模拟量信号和使能控制信号，一般为 DC+24 V 继电器线圈电压。主轴电动机不转，应重点围绕这两个信号进行检查。

① 检查 CNC 系统是否有速度控制信号输出。

② 检查使能信号是否接通，通过调用 I/O 状态数据，确定主轴的启动条件如润滑、冷却等是否满足。

③ 主轴驱动装置故障。

④ 主轴电动机故障。

## 2．直流主轴伺服系统的日常维护

（1）安装注意事项

① 伺服单元应置于密封的强电柜内。为了不使强电柜内温度过高，应将强电柜内部的温升设计在 15℃ 以下；强电柜的外部空气引入口务必设置过滤器；要注意从排气口侵入的尘埃或烟雾；要注意电缆出入口、门等的密封；冷却风扇的风不要直接吹向伺服单元，以免灰尘等附着在伺服单元上。

伺服系统在数控机床中的作用

② 安装伺服单元时要考虑到容易维修检查和拆卸。

（2）电动机的安装原则

① 安装面要平，且有足够的刚性，要考虑到不会受电动机振动等影响。

② 因为电刷需要定期维修及更换，因此安装位置应尽可能使检修作业容易进行。

③ 出入电动机冷却风口的空气要充分，安装位置要尽可能使冷却部分的检修清洁工作容易进行。

④ 电动机应安装在灰尘少、湿度不高的场所，环境温度应在 40℃ 以下。

⑤ 电动机应安装在切削液和油等物质不能直接溅到的位置上。

（3）使用检查

① 伺服系统启动前的检查按下述步骤进行：检查伺服单元和电动机的信号线、动力线等的连接是否正确、是否松动以及绝缘是否良好；强电柜和电动机是否可靠接地；电动机电刷的安装是否牢靠，电动机安装螺栓是否完全拧紧。

② 使用时的检查注意事项：运行时强电柜门应关闭；检查速度指令值与电动机转速是否一致；负载转矩指示（或电动机电流指示）是否太大；电动机是否发出异常声音和异常振动；轴承温度

是否有急剧上升的不正常现象；在电刷上是否有显著的火花产生的痕迹。

（4）日常维护

① 强电柜的空气过滤器每月要清扫一次。

② 强电柜及伺服单元的冷却风扇应每两年检查一次。

③ 主轴电动机每天应检查旋转速度、异常振动、异常声音、通风状态、轴承温升、机壳温度和异常味道。

④ 主轴电动机每月（至少每3个月）应做电动机电刷的清理和检查、换向器的检查。

⑤ 主轴电动机每半年（至少也要每年一次）需检查测速发电机、轴承；做热管冷却部分的清理和绝缘电阻的测量工作。

### 3．交流主轴伺服系统

交流主轴伺服驱动系统与直流主轴驱动系统相比，具有如下特点。

（1）由于驱动系统必须采用微处理器和现代控制理论进行控制，因此其运行平稳，振动和噪声小。

（2）驱动系统一般都具有再生制动功能，在制动时，既可将电动机能量反馈回电网，起到节能的效果，又可以加快制动速度。

（3）特别是对于全数字式主轴驱动系统，驱动器可直接使用 CNC 的数字量输出信号进行控制，不需要经过 D/A 转换，转速控制精度得到了提高。

（4）与数字式交流伺服驱动一样，在数字式主轴驱动系统中，还可采用参数设定方法对系统进行静态调整与动态优化，系统设定灵活、调整准确。

（5）由于交流主轴电动机无换向器，主轴电动机通常不需要进行维修。

（6）主轴电动机转速的提高不受换向器的限制，最高转速通常比直流主轴电动机更高，可达到每分钟数万转。

交流主轴驱动中采用的主轴定向准停控制方式与直流驱动系统相同。

## 6.6.2　进给伺服系统故障诊断与维修

### 1．常见进给驱动系统

（1）直流进给驱动系统

直流进给驱动——晶闸管调速系统是利用速度调节器对晶闸管的导通角进行控制，通过改变导通角的大小来改变电枢两端的电压，从而达到调速的目的。

（2）交流进给驱动系统

直流进给伺服系统虽有优良的调速功能，但由于所用电动机有电刷和换向器，易磨损，且换向器换向时会产生火花，从而使电动机的最高转速受到限制。另外，直流电动机结构复杂，制造困难，所用铜铁材料消耗大，制造成本高，而交流电动机却没有这些缺点。近 20 年来，随着新型大功率电力器件的出现，新型变频技术、现代控制理论以及微型计算机数字控制技术等在实际应用中取得了突破性的进展，促进了交流进给伺服技术的飞速发展，交流进给伺服系统已全面取代了直流进给伺服系统。由于交流伺服电动机采用交流永磁式同步电动机，因此，交流进给驱动装置从本质上说是一个电子换向的直流电动机驱动装置。

（3）步进驱动系统

步进电动机驱动的开环控制系统中，典型的有 KT400 数控系统及 KT300 步进驱动装置，SINUMERIK 802S 数控系统配 STEPDRIVE 步进驱动装置及 IMP5 五相步进电动机等。

### 2．伺服系统结构形式

伺服系统不同的结构形式，主要体现在检测信号的反馈形式上，以带编码器的伺服电动机为例，主要形式如下。

方式 1：转速反馈与位置反馈信号处理分离，如图 6-64 所示。

方式 2：编码器同时作为转速和位置检测，处理均在数控系统中完成，如图 6-65 所示。

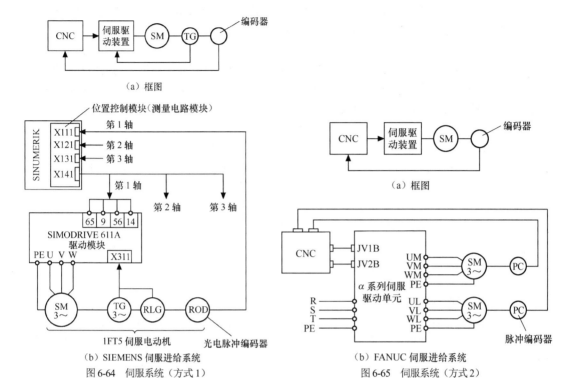

图 6-64 伺服系统（方式 1）

图 6-65 伺服系统（方式 2）

方式 3：编码器同时作为转速和位置检测，处理方式不同，如图 6-66 所示。

方式 4：数字式伺服系统，如图 6-67 所示。

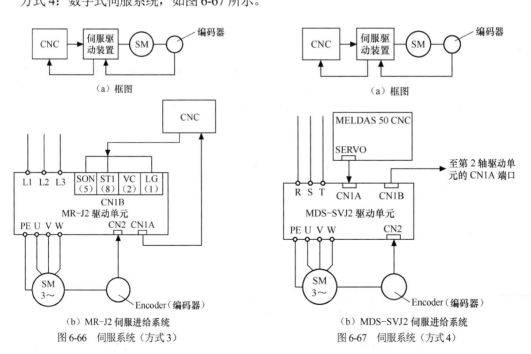

图 6-66 伺服系统（方式 3）

图 6-67 伺服系统（方式 4）

### 3．进给伺服系统故障及诊断方法

进给伺服系统的常见故障有以下九种。

（1）超程

当进给运动超过由软件设定的软限位或由限位开关设定的硬限位时，就会发生超程报警，一般会在CRT上显示报警内容，根据数控系统说明书，即可排除故障，解除报警。

（2）过载

当进给运动的负载过大，频繁正、反向运动以及传动链润滑状态不良时，均会引起过载报警。一般会在CRT上显示伺服电动机过载、过热或过流等报警信息。同时，在强电柜中的进给驱动单元上、指示灯或数码管会提示驱动单元过载、过电流等信息。

（3）窜动

在进给时出现窜动现象：测速信号不稳定，如测速装置故障、测速反馈信号干扰等；速度控制信号不稳定或受到干扰；接线端子接触不良，如螺钉松动等。当窜动发生在正方向运动与反向运动的换向瞬间时，一般是由于进给传动链的反向间隙或伺服系统增益过大所致。

（4）爬行

发生在启动加速段或低速进给时，一般是由于进给传动链的润滑状态不良、伺服系统增益低及外加负载过大等因素所致。尤其要注意的是：伺服电动机和滚珠丝杠连接用的联轴器，由于连接松动或联轴器本身的缺陷，如裂纹等，造成滚珠丝杠转动与伺服电动机的转动不同步，从而使进给运动忽快忽慢，产生爬行现象。

（5）机床出现振动

机床以高速运行时，可能产生振动，这时就会出现过电流报警。机床振动问题一般属于速度问题，所以就应去查找速度环；而机床速度的整个调节过程是由速度调节器来完成的，即凡是与速度有关的问题，应该去查找速度调节器，因此振动问题应查找速度调节器。主要从给定信号、反馈信号及速度调节器本身三方面去查找故障。

（6）伺服电动机不转

数控系统至进给驱动单元除了速度控制信号外，还有使能控制信号，一般为DC+24 V继电器线圈电压。

伺服电动机不转，常用诊断方法如下：

① 检查数控系统是否有速度控制信号输出。

② 检查使能信号是否接通。通过CRT观察I/O状态，分析机床PLC梯形图（或流程图），以确定进给轴的启动条件，如润滑、冷却等是否满足。

③ 对带电磁制动的伺服电动机，应检查电磁制动是否释放。

④ 进给驱动单元故障。

⑤ 伺服电动机故障。

（7）位置误差

当伺服轴运动超过位置公差范围时，数控系统就会产生位置误差过大的报警，包括跟随误差、轮廓误差和定位误差等。主要原因如下。

① 系统设定的公差范围小。

② 伺服系统增益设置不当。

③ 位置检测装置有污染。

④ 进给传动链累积误差过大。

⑤ 主轴箱垂直运动时平衡装置（如平衡液压缸等）不稳。

（8）漂移

当指令值为零时，坐标轴仍移动，从而造成位置误差。通过误差补偿和驱动单元的零速调整来消除。

（9）机械传动部件的间隙与松动

在数控机床的进给传动链中，常常由于传动元件的键槽与键之间的间隙使传动受到破坏，因此，除了在设计时慎重选择键连接机构之外，对加工和装配必须进行严查。在装配滚珠丝杠时应当检查轴承的预紧情况，以防止滚珠丝杠的轴向窜动，因为游隙也是产生明显传动间隙的另一个原因。

### 4．进给伺服系统故障维修实例

**例 6-1**　SIEMENS 系统 Profibus 总线报警的故障维修。

故障现象：一台配套 SIEMENS SINUMERIK 802D 系统的四轴四联动的数控铣床，开机后有时会出现 380500Profibus-DP：驱动 A1（有时是 X、Y 或 Z）出错。但关机片刻后重新开机，机床又可以正常工作。

分析及处理过程：因为该报警时有时无，维修时经过数次开关机试验机床无异常，于是检查总线、总线插头，确认连接牢固、正确，接地可靠。但数日后，故障重新出现。仔细检查 611UE 驱动报警显示为"E-B280"，故障原因为电流检测错误，测量驱动器的输入电压，发现实际输入电压为 406 V。重新调节变压器的输出电压，机床恢复正常，报警从此不再出现。

## 任务 7　数控机床液压与气动系统的故障诊断与维修

### 6.7.1　液压传动系统的故障诊断与维修

#### 1．液压传动系统在数控机床上的应用

液压传动系统在数控机床中占有很重要的位置，加工中心的刀具自动交换系统（ATC）、托盘自动交换系统、主轴箱的平衡、主轴箱齿轮的变挡以及回转工作台的夹紧等一般都采用液压系统来实现。机床液压设备是由机械、液压、电气及仪表等组成的统一体，分析系统的故障之前必须弄清楚整个液压系统的传动原理、结构特点，然后根据故障现象进行分析、判断，确定区域、部位，以至于某个元件。液压系统的工作总是由压力、流量、液流方向来实现的，可按照这些特征找出故障的原因并及时给予排除。造成故障的主要原因一般有三种情况：① 设计不完善或不合理；② 操作安装有误，使元件、部件运转不正常；③ 使用、维护、保养不当。前一种故障必须充分分析研究后进行改装、完善；后两种故障可以用修理及调整的方法解决。

#### 2．液压系统的维护要点

（1）控制油液污染，保持油液清洁

控制油液污染，保持油液清洁是确保液压系统正常工作的重要措施。据统计，液压系统的故障有 80% 是由油液污染引发的，油液污染还会加速液压元件的磨损。

（2）控制油液的温升

控制液压系统中油液的温升是减少能源消耗、提高系统效率的一个重要环节。一台机床的液压系统，若油温变化范围大，将引发以下后果。

① 影响液压泵的吸油能力及容积效率。

② 系统工作不正常，压力、速度不稳定，动作不可靠。

③ 液压元件内外泄漏增加。

④ 加速油液的氧化变质。

（3）控制液压系统泄漏

因为泄漏和吸空是液压系统的常见故障，因此控制液压系统泄漏极为重要。要控制泄漏，首先是提高液压元件零部件的加工精度和元件的装配质量以及管道系统的安装质量；其次是提高密

封件的质量，注意密封件的安装使用与定期更换；最后是加强日常维护。

（4）防止液压系统的振动与噪声

振动会影响液压件的性能，使螺钉松动、管接头松脱，从而引起漏油，因此要防止和排除振动现象。

（5）严格执行日常点检制度

液压系统的故障存在隐蔽性、可变性和难于判断性，因此应对液压系统的工作状态进行点检，把可能产生的故障现象记录在日检维修卡上，并将故障排除在萌芽状态，从而减少故障的发生。

① 定期检查元件和管接头是否有泄漏。

② 定期检查液压泵和液压马达运转时有无常噪声。

③ 定期检查液压缸移动时是否正常平稳。

④ 定期检查液压系统的各点压力是否正常和稳定。

⑤ 定期检查油液的温度是否在允许范围内。

⑥ 定期检查电气控制及换向阀工作是否灵敏可靠。

⑦ 定期检查油箱内油量是否在标线范围内。

⑧ 定期对油箱内的油液进行检验、过滤、更换。

⑨ 定期检查和紧固重要部位的螺钉和接头。

⑩ 定期检查、更换密封件。

⑪ 定期检查、清洗或更换滤芯和液压元件。

⑫ 定期检查清洗油箱和管道。

（6）严格执行定期紧固、清洗、过滤和更换制度

液压设备在工作过程中，由于冲击振动、磨损和污染等因素，会使管件松动，金属件和密封件磨损，因此必须对液压件及油箱等实行定期清洗和维修制度，对油液、密封件执行定期更换制度。

### 3．液压系统的故障及维修

（1）液压系统常见故障

设备调试阶段的故障率较高，存在问题较为复杂，其特征是设计、制造、安装以及管理等问题交织在一起。除机械、电气问题外，一般液压系统常见故障如下。

① 接头连接处泄漏。

② 运动速度不稳定。

③ 阀芯卡死或运动不灵活，造成执行机构动作失灵。

④ 阻尼小孔被堵，造成系统压力不稳定或压力调不上去。

⑤ 阀类元件漏装弹簧或密封件，或管道接错而使动作混乱。

⑥ 设计、选择不当，使系统发热，或动作不协调，位置精度达不到要求。

⑦ 液压件加工质量差，或安装质量差，造成阀类动作不灵活。

⑧ 长期工作，密封件老化，以及易损元件磨损等，造成系统中内外泄漏量增加，系统效率明显下降。

（2）液压泵故障

液压泵主要有齿轮泵、叶片泵等，下面以齿轮泵为例介绍故障及其诊断。

在机器运行过程中，齿轮泵常见的故障有：噪声严重及压力波动；输油量不足；液压泵不正常或有咬死现象。

① 噪声严重及压力波动可能原因及排除方法。

（a）泵的过滤器被污物阻塞不能起滤油作用；用干净的清洗油将过滤器去除污物。

（b）油位不足，吸油位置太高，吸油管露出油面：加油到油标位，降低吸油位置。

（c）泵体与泵盖的两侧没有加纸垫；泵体与泵盖不垂直密封，旋转时吸入空气：泵体与泵盖间加入纸垫；泵体用金刚砂在平板上研磨，使泵体与泵盖垂直度误差不超过 0.005 mm；紧固泵体与泵盖的连接，不得有泄漏现象。

（d）泵的主动轴与电动机联轴器轴线不在同一直线上，有扭曲摩擦：调整泵与电动机联轴器的同轴度，使其误差不超过 0.2 mm。

（e）泵齿轮的啮合精度不够：对研齿轮达到齿轮啮合精度。

（f）泵轴的油封骨架脱落，泵体不密封：更换合格泵轴油封。

② 输油不足的可能原因及排除方法。

（a）轴向间隙与径向间隙过大：由于齿轮泵的齿轮两侧端面在旋转过程中与轴承座圈产生相对运动会造成磨损，轴向间隙和径向间隙过大时必须更换零件。

（b）泵体裂纹与气孔泄漏现象：泵体出现裂纹时需要更换泵体，泵体与泵盖间加入纸垫，紧固各连接处螺钉。

（c）油液黏度太高或油温过高：用 20 号机械油选用适合的温度，一般 20 号全损耗系统用油适用 10～50℃的温度工作，如果三班制工作，应装冷却装置。

（d）电动机反转：纠正电动机旋转方向。

（e）过滤器有污物，管道不畅通：清除污物，更换油液，保持油液清洁。

（f）压力阀失灵：修理或更换压力阀。

③ 液压泵运转不正常或有咬死现象的可能原因及排除方法。

（a）泵轴向间隙及径向间隙过小：轴向、径向间隙过小则应更换零件，调整轴向或径向间隙。

（b）滚针转动不灵活：更换滚针轴承。

（c）盖板和轴的同轴度不好：更换盖板，使其与轴同心。

（d）压力阀失灵：检查压力阀弹簧是否失灵，阀体小孔是否被污物堵塞，滑阀和阀体是否失灵；更换弹簧，清除阀体小孔污物或换滑阀。

（e）泵和电动机间联轴器同轴度不够：调整泵轴与电动机联轴器同轴度，使其误差不超过 0.20 mm。

（f）泵中有杂质：可能在装配时有铁屑遗留，或油液中吸入杂质；用细铜丝网过滤全损耗系统用油，去除污物。

（3）整体多路阀常见故障的可能原因及排除方法

① 工作压力不足。

（a）溢流阀调定压力偏低：调整溢流阀压力。

（b）溢流阀的滑阀卡死：拆开清洗，重新组装。

（c）调压弹簧损坏：更换新产品。

（d）系统管路压力损失太大：更换管路，或在许用压力范围内调整溢流阀压力。

② 工作油量不足。

（a）系统供油不足：检查油源。

（b）阀内泄漏量大，做如下处理：如果油温过高，黏度下降，则应采取降低油温措施；如果油液选择不当，则应更换油液；如果滑阀与阀体配合间隙过大，则应更换新产品。

③ 复位失灵。复位弹簧损坏与变形，更换新产品。

④ 外泄漏。

（a）Y 形圈损坏：更换产品。

（b）油口安装法兰面密封不良：检查相应部位的紧固和密封。

（c）各结合面紧固螺钉、调压螺钉背帽松动或堵塞：紧固相应部件。

（4）电磁换向阀常见故障的可能原因和排除方法

① 滑阀动作不灵活。

（a）滑阀被拉坏：拆开清洗，或修整滑阀与阀孔的毛刺及拉坏表面。

（b）阀体变形：调整安装螺钉的压紧力，安装转矩不得大于规定值。

（c）复位弹簧折断：更换弹簧。

② 电磁线圈烧损。

（a）线圈绝缘不良：更换电磁铁。

（b）电压太低：使用电压应在额定电压的 90% 以上。

（c）工作压力和流量超过规定值：调整工作压力，或采用性能更高的阀。

（d）回油压力过高：检查背压，应在规定值 16 MPa 以下。

（5）液压缸故障及排除方法

① 外部漏油。

（a）活塞杆碰伤拉毛：用极细的砂纸或油石修磨，不能修的，更换新件。

（b）防尘密封圈被挤出和反唇：拆开检查，重新更新。

（c）活塞和活塞杆上的密封件磨损与损伤：更换新密封件。

（d）液压缸安装定心不良，使活塞杆伸出困难：拆下来检查安装位置是否符合要求。

② 活塞杆爬行和蠕动。

（a）液压缸内进入空气或油中有气泡：松开接头，将空气排出。

（b）液压缸的安装位置偏移：在安装时必须检查，使之与主机运动方向平行。

（c）活塞杆全长和局部弯曲：活塞杆全长校正直线度误差应小于或等于 0.03 mm/100 mm 或更换活塞。

（d）缸内锈蚀或拉伤：去除锈蚀和毛刺，严重时更换缸筒。

（6）供油回路的故障维修

故障现象：供油回路不输出压力油。

分析及处理过程：以一种常见的供油装置回路为例，如图 6-68 所示。液压泵为限压式变量叶片泵，换向阀为三位四通 M 形电磁换向阀。启动液压系统，调节溢流阀，压力表指针不动作，说明无压力；启动电磁阀，使其置于右位或左位，液压缸均不动作。电磁换向阀置于中位时，系统没有液压油回油箱。检测溢流阀和液压缸，其工作性能参数均正常。而液压系统没有压力油输出，显然液压泵没有吸进液压油，其原因可能会有：液压泵的转向不对；吸油滤油器严重堵塞或容量过小；油液的黏度过高或温度过低；吸油管路严重漏气；滤油器没有全部浸入油液面以下或油箱液面过低；叶片在转子槽中卡死；液压泵至油箱液面高度大于

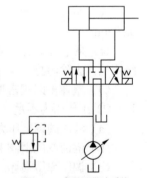

图 6-68 变量泵供油系统

500 mm 等。经检查，泵的转向正确，滤油器工作正常，油液的黏度、温度合适，泵运转时无异常噪声，说明没有过量空气进入系统，泵的安装位置也符合要求。将液压泵解体，检查泵内各运动副，叶片在转子槽中滑动灵活，但发现可移动的定子环卡死于零位附近。变量叶片泵的输出流量与定子相对转子的偏心距成正比。定子卡死于零位，即偏心距为零，因此泵的输出流量为零，系统也就不能工作。

故障原因查明，相应排除方法便好操作。排除步骤是：将叶片泵解体，清洗并正确装配，重新调整泵的上支撑盖和下支撑盖螺钉，使定子、转子和泵体的水平中心线互相重合，使定子在泵体内调整灵活，并无较大的上下窜动，从而避免定子卡死而不能调整的故障。

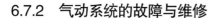

### 6.7.2　气动系统的故障与维修

#### 1．气动系统在数控机床上的应用

系统工作原理与液压系统工作原理类似。由于气动装置的气源容易获得，且结构简单，工作介质不污染环境，工作速度快，动作频率高，因此在数控机床上也得到广泛应用，通常用来完成频繁启动的辅助工作。例如，机床防护门的自动开关，主轴锥孔的吹气，自动吹屑清理定位基准面等。部分小型加工中心依靠气液转换装置实现机械手的动作和主轴松刀。

#### 2．气动系统维护的要点

（1）保证供给洁净的压缩空气

压缩空气中通常都含有水分、油分和粉尘等杂质。水分会使管道、阀和汽缸腐蚀；油分会使橡胶、塑料和密封材料变质；粉尘造成阀体动作失灵。选用合适的过滤器，可以清除压缩空气中的杂质，使用过滤器时应及时排除积存的液体，否则当积存液体接近挡水板时，气流仍可将积存物卷起。

（2）保证空气中含有适量的润滑油

大多数气动执行元件和控制元件都要求适度的润滑。如果润滑不良将会发生以下故障。

① 由于摩擦阻力增大而造成汽缸推力不足，阀心动作失灵。

② 由于密封材料的磨损而造成空气泄漏。

③ 由于生锈造成元件的损伤及动作失灵。

润滑的方法一般采用油雾器进行喷雾润滑，油雾器一般安装在过滤器和减压阀之后。油雾器的供油量一般不宜过多，通常每 $10\ m^3$ 的自由空气供 $1\ mL$ 的油量（即 $40\sim50$ 滴油）。检查润滑是否良好的一个方法是：找一张清洁的白纸放在换向阀的排气口附近，如果阀在工作 $3\sim4$ 个循环后，白纸上只有很浅的斑点时，则表明润滑是良好的。

（3）保持气动系统的密封性

漏气不仅增加了能量的消耗，也会导致供气压力的下降，甚至造成气动元件工作失常。严重的漏气在气动系统停止运行时，由漏气引起的响声很容易发现；轻微的漏气则利用仪表，或用涂抹肥皂水的办法进行检查。

（4）保证气动元件中运动零件的灵敏性

从空气压缩机排出的压缩空气，包含有粒度为 $0.01\sim0.08\ \mu m$ 的压缩机油微粒，在排气温度为 $120\sim220℃$ 的高温下，这些油粒会迅速氧化，氧化后油粒颜色变深，黏性增大，并逐步由液态固化成油泥。这种微米级以下的颗粒，一般过滤器无法滤除。当它们进入到换向阀后便附着在阀芯上，使阀的灵敏度逐步降低，甚至出现动作失灵。为了清除油泥，保证灵敏度，可在气动系统的过滤器之后，安装油雾分离器，将油泥分离出来。此外，定期清洗阀也可以保证阀的灵敏度。

（5）保证气动装置具有合适的工作压力和运动速度

调节工作压力时，压力表应当工作可靠，读数准确。减压阀与节流阀调节好后，必须紧固调压阀盖或锁紧螺母，防止松动。

#### 3．气动系统的点检与定检

（1）管路系统点检

主要内容是对冷凝水和润滑油的管理。冷凝水的排放，一般应当在气动装置运行之前进行。但是当夜间温度低于 $0℃$ 时，为防止冷凝水冻结，气动装置运行结束后，应开启放水阀门排放冷凝水。补充润滑油时，要检查油雾器中油的质量和滴油量是否符合要求。此外，点检还应包括检查供气压力是否正常、有无漏气现象等。

（2）气动元件的定检

主要内容是彻底处理系统的漏气现象。例如，更换密封元件，处理管接头或连接螺钉松动等，定期检验测量仪表、安全阀和压力继电器等。

表 6-8 所示为气动元件的点检内容。

表 6-8　　　　　　　　　　　　　　气动元件的点检内容

| 元件名称 | 点检内容 |
|---|---|
| 汽缸 | ① 活塞杆与端面之间是否漏气；<br>② 活塞杆是否划伤、变形；<br>③ 管接头、配管是否划伤、损坏；<br>④ 汽缸动作时有无异常声音；<br>⑤ 缓冲效果是否合乎要求 |
| 电磁阀 | ① 电磁阀外壳温度是否过高；<br>② 电磁阀动作时，工作是否正常；<br>③ 汽缸行程到末端时，通过检查阀的排气口是否有漏气来确诊电磁阀是否漏气；<br>④ 紧固螺栓及管接头是否松动；<br>⑤ 电压是否正常，电线是否损伤；<br>⑥ 通过检查排气口是否被油润湿，或排气是否会在白纸上留下油雾斑点来判断润滑是否正常 |
| 油雾器 | ① 油杯内油量是否足够，润滑油是否变色、浑浊，油杯底部是否沉积有灰尘和水；<br>② 滴油量是否合适 |
| 调压阀 | ① 压力表读数是否在规定范围内；<br>② 调压阀盖或锁紧螺母是否锁紧；<br>③ 有无漏气 |
| 过滤器 | ① 储水杯中是否积存冷凝水；<br>② 滤芯是否应该清洗或更换；<br>③ 冷凝水排放阀动作是否可靠 |
| 安全阀及压力继电器 | ① 在调定压力下动作是否可靠；<br>② 校验合格后，是否有铅封或锁紧；<br>③ 电线是否损伤，绝缘是否可靠 |

#### 4．气动系统故障维修实例

**例 6-2**　刀柄和主轴的故障维修。

故障现象：TH5840 立式加工中心换刀时，主轴锥孔吹气，把含有铁锈的水分子吹出，并附着在主轴锥孔和刀柄上。刀柄和主轴接触不良。

分析及处理过程：故障产生的原因是压缩空气中含有水分。如采用空气干燥机，使用干燥后的压缩空气问题即可解决。若受条件限制，没有空气干燥机，也可在主轴锥孔吹气的管路上进行两次分水过滤，设置自动放水装置，并对气路中相关零件进行防锈处理，故障即可排除。

**例 6-3**　松刀动作缓慢的故障维修。

故障现象：TH5840 立式加工中心换刀时，主轴松刀动作缓慢。

分析及处理过程：根据气动控制原理进行分析，主轴松刀动作缓慢的原因如下。

（1）气动系统压力太低或流量不足。

（2）机床主轴拉刀系统有故障，如碟形弹簧破损等。

（3）主轴松刀汽缸有故障。

根据分析，首先检查气动系统的压力，压力表显示气压为 0.6 MPa，压力正常。将机床操作转为手动，手动控制主轴松刀，发现系统压力下降明显，汽缸的活塞杆缓慢伸出，故判定汽缸内部漏气。拆下汽缸，打开端盖，压出活塞和活塞环，发现密封环破损，汽缸内壁拉毛。更换新的汽缸后，故障排除。

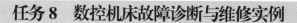

## 任务 8　数控机床故障诊断与维修实例

由于现代数控系统的可靠性越来越高,数控系统本身的故障越来越少,而大部分故障的发生则是非系统本身原因引起的。系统外部的故障主要指由于检测开关、液压元件、气动元件、电气执行元件、机械装置等出现问题而引起的。

数控设备的外部故障可以分为软故障和外部硬件损坏引起的硬故障。软故障是指由于操作、调整处理不当引起的,这类故障多发生在设备使用前期或设备使用人员调整时期。

对于数控系统来说,另一个易出故障的地方为伺服单元。由于各轴的运动是靠伺服单元控制伺服电动机带动滚珠丝杠来实现的。用旋转编码器做速度反馈,用光栅尺做位置反馈。一般易出故障的地方为旋转编码器与伺服单元的驱动模块。也有个别的是由于电源原因而引起的系统混乱,如德国西门子系统 840C 等带计算机硬盘保存数据的系统。

**例 6-4**　机床型号:上重数控卧车 CK61125;系统类型:SINUMERIK810D。

故障现象:系统启动后 PCU50 出现以下报警:

300504　轴 $X$ 驱动 1 电机变频器出错

25000　　轴 $X$ 主动编码器硬件出错

25001　　轴 $X$ 从动编码器硬件出错

300504　轴 $Z$ 驱动 2 电机变频器出错

25000　　轴 $Z$ 主动编码器硬件出错

25000　　轴 $Z$ 从动编码器硬件出错

处理过程(故障分析及采取的措施)如下。

(1)出现以上报警信息后可以判断该机床为 2 轴全闭环系统,$X$、$Z$ 轴的第二测量系统均为直线光栅尺,为了减少报警首先将 $X$ 轴光栅屏蔽,该轴电动机编码器就充当有效(主动)编码器测量系统(即 DB31.DBX1.5 置 1),此时"25001　轴 $X$ 从动编码器硬件出错"报警消失,"25000　轴 $X$ 主动编码器(即电机编码器)硬件出错"仍然存在;用同样的方法再屏蔽 $Z$ 轴光栅尺其结果与 $X$ 轴一样,经过以上分析处理后表面上看 $X$、$Z$ 轴光栅尺均没有问题。

(2)检查系统相关参数没有发现异常,为了全面排除参数的影响,先将 NC(带 LEC)在 PCU50 上做一系列备份,然后将 NCK 全清后再在备份文档里将有效的 NC 数据回装故障依旧,说明这一系列报警与 NC 参数无关。

(3)经过以上两步处理后还存在的故障现象初步判定 CCU 模板存在问题,为了准确判定 CCU 单元是否存在故障,关闭电源后将 CCU 单元上的全部测量回路及 MPI、S7-300、手持盒电缆拔掉甩开,然后再上电观察 CCU 模板上的状态显示"6"正常,说明 CCU 单元也是正常的。

(4)经过第(3)步的处理后就可进一步判断可能是某一测量回路电缆有问题,将 CCU 面板上的 6 根绿颜色电缆逐一插上上电检查的过程中发现 $X$ 轴光栅测量回路的电缆插好后出现了故障,然后按先前第(1)步处理方法只屏蔽 $X$ 轴光栅且电缆脱开,其他电缆连接好后启动系统一切正常,最后再关电检查 $X$ 轴光栅尺电缆发现接头处出现接地短路,经过处理再插好电缆加上光栅测量回路后系统恢复正常。

**例 6-5**　机床型号:昆机数控镗床 TK6111;系统类型:SINUMERIK840D。

故障现象:系统启动后显示正常,B 轴松开几秒钟后显示以下报警信息:

300501　轴 B 驱动 5 测量回路电流绝对值出错

25201　　B 轴驱动故障

出现以上报警后系统关电重新启动后偶尔又出现下列报警提示:

300507　轴 B 驱动 5 转子位置同步出错

25201　　B 轴驱动故障

处理过程（故障分析及采取的措施）如下。

根据出现的不同报警故障在 B 轴驱动部分，机械问题不能排除，由于是回转 B 轴出现故障，机械传动无法直观检查是否存在问题。当系统启动正常后在 HMI 的诊断画面里观察 B 轴的驱动调整画面，松开 B 轴出现报警前发现实际电流百分比持续上升甚至达 100%～200%，直到报警使能断开才降下来，由此可初步判定是机械传动出现问题。

（1）考虑机械检查工作量较大，刚好分厂备件库有一个相同型号的驱动器，先更换驱动模块后故障依旧；屏蔽外置圆光栅故障依旧；由于电机位于工作台下面电机编码器电缆暂时无法替换，因此考虑检查机械传动部分。

（2）由于 B 轴有 4 个夹紧松开油缸，先检查圆周方向 4 个油缸动作情况，松开夹紧动作正常，松开后还有一定间隙说明液压传动部分没有问题。

（3）钳工拆下工作台下面的蜗杆传动箱与工作台脱离，然后再屏蔽 B 轴圆光栅回转故障依旧，由于 B 轴电机不带制动装置，急停按钮按下或系统关电后蜗杆轴应该可以手动回转，钳工用加长杆很费劲才可以转动，经进一步拆开检查发现蜗杆轴轴承有问题，更换轴承后试车故障消除。

该机床在使用过程中又发现 MCP 板上的冷却液按键偶尔无效且 M08 也不起作用。对照电气原理图查询该机床的 PLC 运行程序，输出点 Q48.4 偶尔有，为了节省维修时间在 OB1 循环块里重新做了冷却液的运行程序如下。

其中，Q48.4=冷却液输出，Q4.2=MCP 指示灯，I6.2=MCP 冷却液启动停止按键

Network7：

```
A       I         6.2
AN      M         30.5
O
AN      I         6.2
O       M         30.3
O       DB21.DBX  195.0
AN      DB21.DBX  195.1
=       M         30.3
```

Network8：

```
A       I         6.2
A       M         30.5
O
AN      I         6.2
A       M         30.3
=       M         30.5
```

Network9：

```
A       M         30.3
=       Q         48.4
=       Q         4.2
```

以上 STL 程序通过下载到 CPU 运行，冷却液的手动和自动控制也恢复正常。

**例 6-6**　机床型号：昆机数控镗床 TK6111；系统类型：SINUMERIK840D。

故障现象：机床 Y 轴松开一动该轴就出现以下报警：

300501　　轴 Y 驱动 2 测量回路电流绝对值出错

25201　　Y 轴驱动故障

处理过程（故障分析及采取的措施）如下。

通过 PCU50 上显示的报警信息查看其 300501 报警号的 help PDF 文本，可能是功率模块内的 IGBT 坏。系统关电重新启动后系统又正常，除 Y 轴外其他轴均可开动，反复尝试开动几次 Y 轴过程中发现 Y 轴一松开就有 300501 报警出现并且该轴还继续向下滑动，立即按下急停按钮电机制动抱住。

根据以上出现的现象分析其 PLC 逻辑控制，在 Y 轴一松开其轴使能信号 DB32.DBX2.1 立即置为 1 有效的同时电机制动松开，放大器上的 IGBT 立即投入工作状态使电机激磁锁住，就在这一时刻出现 300501 报警。

现检查电机动力电缆以及机械传动和励磁绕组没发现问题，只有可能是 6SN1123 功率模块已坏；分厂备件库有相同型号的备件，通知维修人员更换 Y 轴放大器，换好后启动系统又出现 26101 伺服通信失败报警，通过查看报警帮助文本检查设备总线电缆连接插头，发现 Y 轴功率模块前后总线连接插头未插卡到位，重新插好设备总线插头后系统重启机床恢复正常。

**例 6-7** 机床型号：齐二数控立车 CKS5116×12/8，系统类型：802Dsl。

故障现象：机床偶尔出现以下报警信息：

207900　X 轴电机锁住/转速调节器达到极限

207900　Z 轴电机锁住/转速调节器达到极限

25201　X 轴驱动故障

25201　Z 轴驱动故障

处理过程（故障分析及采取的措施）如下。

出现以上报警后，系统复位故障立即消除，机床又能正常运行，每次报警时间间隔不定，有时几分钟，有时几个小时。通过反复试验观察过程中发现系统偶尔又出现以下报警：

207403　X 轴驱动直流电压过低

207403　Z 轴驱动直流电压过低

通过以上出现新的报警提示检查电柜内的 SLM 电源模块和 S120 双轴驱动器，发现 S120 驱动器上的 DC 指示灯熄灭，SLM 电源模块上指示灯正常，测试驱动器模块上端的直流母线电压为 530 V 也属正常，说明 SLM 模块没有问题；进一步在 NC 系统的 OP 面板上查询驱动器的相关维修信息，发现 X、Z 两轴 DC 直流电压显示仅为 1 V，用手稍用力拍驱动器右侧板指示灯又显示正常，由此可以初步判定 S120 有问题。

关闭电源再重启动系统机床又恢复正常，后来多次观察发现 207403 报警出现的频率较高并且用手拍驱动器时 DC 指示灯时有时无，可进一步确定 S120 双轴驱动器有问题。经过拆下模块送专业维修中心检修发现模块内控制板连接电缆有接触不良现象，通过处理装上后系统恢复正常。

**例 6-8** 机床型号：自贡长征数控立铣 KV1400/1 系统类型：FANUC 0i-MB。

故障现象：机床一开机出现以下报警信息：

5136　放大器数量不足

处理过程（故障分析及采取的措施）如下。

（1）系统一开机出现这样的报警给人直观感觉就是某一放大器出现问题，首先打开电气柜观察各模块上 LED 灯显示状态，发现 X、Y 双轴模块显示"L"不正常，其他模块为正常状态，通过手册查看故障代码含义是"FSSB"通信异常。

（2）各模块均有 LED 显示，说明 DC24 电源输入正常，此时拔掉 COP10A 和 COP10B 的 FSSB 光缆接口发现 COP10B 不发光，由此可初步判断该放大器模块有故障。

（3）为了进一步确认该放大器模块是否有故障，现将该模块上 X、Y 轴的反馈电缆拔掉然后再通电观察 COP10B 端口已经发光，说明有一根编码器电缆出现问题，后面逐一插上 X、Y 轴编码器电缆过程中发现 X 轴反馈电缆插上后就不发光，由此可判断 X 轴的编码器电缆有问题。经拆开检查发现该轴电缆已经破损引起 5V 电源不正常最终影响其 FSSB 的通信故障，更换电缆后系统恢复正常。

**例 6-9** 机床型号：大连 OKK 卧式加工中心 MDH80；系统类型：FANUC 18i。

故障现象：机床一开机就出现以下报警信息：

444 $X$ 轴：INV. COOLING FAN FAILUR

608 $X$ 轴：INV. COOLING FAN FAILUR

处理过程（故障分析及采取的措施）如下。

（1）出现的 444 和 608 报警都是指 $X$ 轴放大器内冷风扇故障，再观察电气柜内模块上 LED 灯的显示状态该轴为"1"，说明报警和模块状态是一致的，决定更换 LED 灯显示为 1 的模块，更换好该放大器上端的内冷风扇后启动系统以上报警仍然存在。

（2）针对以上处理后仍然还存在这一问题，进一步判断该模块电路板有问题，于是拆下该模块送往专业维修中心检查发现电路板绝缘大部分熔化，通过处理后重新安装好该模块 444 和 608 报警消除，但又出现了新的报警信息，内容为："300 $X$ 轴绝对值编码器需要返回参考点"。根据 CNC 提示，由于在拆卸放大器模块过程中拔掉了编码器电缆，故机械绝对零点位置丢失。

（3）由于该机床带刀库，换刀位置是将 $X$、$Y$ 轴回到第二参考点，因此机械零点位置的设定很关键。为了准确设定好机床零点，现按如下步骤进行；

① 拆下刀库机械手传动链条，手动将机械手扳回换刀位置（即第二参考点），然后开动 $X$、$Y$ 轴至换刀点后保持不动。

② 查看系统参数 1241 $X$ 轴的值是指相对于第一参考点（$X$ 轴机械零点）的偏移值假设为 $+m$，就将 $X$ 轴负向移动 $m$ 后就是 $X$ 轴的机械零点位置。

③ 在 MDI 方式下，置系统参数 $X$ 轴 1815#4=1 后 CNC 又提示关机（000 报警）。

关机再开机查看系统参数 1240 就为该轴机床坐标系的值，且通过诊断画面还可以查看到信号 F0120#0 已经置 1 后机床恢复正常。

**例 6-10** 某一台数控车床刚投入使用的时候，在系统断电后重新启动时，必须要返回到参考点。即当用手动方式将各轴移到非干涉区外后，再使各轴返回参考点。否则，可能发生撞车事故。所以，每天加工完后，最好把机床的轴移到安全位置。此时再操作或断电后就不会出现问题。

外部硬件操作引起的故障是数控修理中的常见故障。一般都是由于检测开关、液压系统、气动系统、电气执行元件、机械装置出现问题引起的。这类故障有些可以通过报警信息查找故障原因。对一般的数控系统来讲都有故障诊断功能或信息报警。维修人员可利用这些信息手段缩小诊断范围。而有些故障虽有报警信息显示，但并不能反映故障的真实原因，这时需根据报警信息和故障现象来分析解决。

**例 6-11** 某厂一车削单元采用的是 SINUMERIK 840C 系统。机床在工作时突然停机。显示主轴温度报警。经过对比检查，故障出现在温度仪表上，调整外围线路后报警消失。随即更换新仪表后恢复正常。

**例 6-12** 同样是这台车削中心，工作时 CRT 显示 9160 报警"9160 NO PART WITH GRIPPER 1 CLOSED VERIFY V14-5"。这是指未抓起工件报警。但实际上抓工件的机械手已将工件抓起，却显示机械手未抓起工件报警。查阅 PLC 图，此故障是测量感应开关发出的。经查机械手部位，机械手工作行程不到位，未完全压下感应开关。随后调整机械手的夹紧力，此故障排除。

**例 6-13** 某一台立式加工中心采用 FANUC-0M 控制系统。机床在自动方式下执行到 $X$ 轴快速移动时就出现 414# 和 410# 报警。此报警是速度控制 OFF 和 $X$ 轴伺服驱动异常。由于此故障出现后能通过重新启动消除，但每执行到 $X$ 轴快速移动时就报警。经查该伺服电动机电源线插头因电弧爬行而引起相间短路，经修整后此故障排除。

**例 6-14** 操作者操作不当也是引起故障的重要原因。如一台采用 840C 系统的数控车床，第一天工作时完全正常，而第二天却无论如何也开不了机，工作方式一转到自动方式下就报警"EMPTYING SELECTED MOOE SELECTOR"。加工完工件后，主轴不停，机械手就去抓取工件，后来仔细检查各部位都无毛病，而是自动工作条件下的一个模式开关位置错了。所以，当有些故障原因不明的报警出现的话，一定要检查各工作方式下的开关位置。

还有些故障不产生故障报警信息，只是动作不能完成，这时就要根据维修经验、机床的工作原理和PLC运行状况来分析判断了。

对于数控机床的修理，重要的是发现问题，特别是数控机床的外部故障。有时诊断过程比较复杂，但一旦发现问题所在，解决起来比较简单。对外部故障诊断应遵从以下两条原则：① 要熟练掌握机床的工作原理和动作顺序；② 要会利用 PLC 梯形图、NC 系统的状态显示功能或机外编程器监测 PLC 的运行状态。只要遵从以上原则，小心谨慎，一般的数控故障都会及时排除。

# | 学习反馈表 |

| 项目六　机床类设备的维修 | | |
|---|---|---|
| 知识与技能点 | 卧式车床修理前的准备 | □掌握 □很难 □简单 □抽象 |
| | 卧式车床的拆卸方法 | □掌握 □很难 □简单 □抽象 |
| | 卧式车床主要部件的修理 | □掌握 □很难 □简单 □抽象 |
| | 卧式车床的装配工艺 | □掌握 □很难 □简单 □抽象 |
| | 卧式车床的试车验收 | □掌握 □很难 □简单 □抽象 |
| | 卧式车床常见故障及排除 | □掌握 □很难 □简单 □抽象 |
| | 数控机床的维护保养 | □掌握 □很难 □简单 □抽象 |
| | 数控机床的精度检测 | □掌握 □很难 □简单 □抽象 |
| | 数控机床的故障分析与排除 | □掌握 □很难 □简单 □抽象 |
| | 数控机床机械部件的维修 | □掌握 □很难 □简单 □抽象 |
| | 数控机床伺服系统的维修 | □掌握 □很难 □简单 □抽象 |
| | 数控机床液压与气动系统的维修 | □掌握 □很难 □简单 □抽象 |
| | 思考题与习题 | □掌握 □很难 □简单 □抽象 |
| 学习情况 | 基本概念 | □难懂 □理解 □易忘 □抽象 □简单 □太多 |
| | 学习方法 | □听讲 □自学 □实验 □工厂 □讨论 □笔记 |
| | 学习兴趣 | □浓厚 □一般 □淡薄 □厌倦 □无 |
| | 学习态度 | □端正 □一般 □被迫 □主动 |
| | 学习氛围 | □愉快 □轻松 □互动 □压抑 □无 |
| | 课堂纪律 | □良好 □一般 □差 □早退 □迟到 □旷课 |
| | 课前课后 | □预习 □复习 □无 □没时间 |
| | 实践环节 | □太少 □太多 □无 □不会 □简单 |
| | 学习效果自我评价 | □很满意 □满意 □一般 □不满意 |
| 建议与意见 | | |
| 其他 | | |

注：学生根据实际情况在相应的方框中画"√"或"×"，在空白处填上相应的建议或意见。

# | 思考题与习题 |

## 一、名词解释

1. 机床几何精度　　　　2. 机床运动精度

## 二、填空题

1. 车床主轴轴线摆动，会造成加工表面与安装基准面间的_____误差。

2. 当主轴前、后轴承内孔的偏心方向_____时，产生的径向跳动误差最大，装配时应尽量避免。

3. 卧式车床主运动传动链的首端件是_____，末端件是_____；进给运动传动链的首端件是_____，末端件是_____。

4. CA6140型卧式车床主轴箱的皮带轮卸荷装置的主要作用是使Ⅰ轴不产生由皮带传动引起的_____变形。提高了Ⅰ轴寿命，同时使_____减小。

5. 卧式车床溜板箱中互锁机构的作用是为了防止_____，使得在接通_____机构时_____不能合上；合上_____机构时，不能接通_____机构。

6. 调整机床安装水平的目的，不是为了取得机床零部件理想的水平或垂直位置，而是为了得到机床的_____以利以后的检验，特别是那些与零件_____有关的检验。

7. 机床弹性支撑是机床垫铁的一种特殊的结构形式，有良好的_____和_____作用。

8. 点检管理一般包括_____、_____、_____。

9. 数控设备接地电缆一般要求其横截面积为_____mm$^2$，接地电阻应小于_____Ω。

10. 数控机床几何精度的检验，又称_____精度的检验，它是反映机床关键零部件经_____的综合几何形状误差。

11. 根据数控机床的规格、精度，主轴结构采用不同的主轴轴承，一般中小型规格的数控机床的主轴多采用_____高精度滚动轴承，重型数控机床采用_____静压轴承，高精度的数控机床采用_____静压轴承，转速达20000 r/min的主轴，采用_____轴承或_____材料的陶瓷轴承。

12. 工作台超程一般设有两道限位保护，一个为_____限位，而另一个为_____限位。若工作台发生软超程时，可以通过_____工作台即可复位。

13. 接通数控柜电源，检查各输出电压时，对+5 V电源的电压要求高，一般波动范围应控制在±_____%。

14. 数控机床机械故障诊断的主要内容，包括对机床运行状态的_____，_____和_____三个方面。

15. 主轴伺服系统发生故障时，通常有三种形式，即_____，_____，_____。

16. 为了清除油泥，保证灵敏度，可在气动系统的_____器之后，安装_____器，将油泥分离出来。此外，定期清洗_____也可以保证阀的灵敏度。

17. TH5840立式加工中心换刀由气动系统完成，如主轴松刀动作缓慢，其原因有_____，_____，_____。

## 三、判断题（正确的在题后的括号里画"√"，错误的画"×"）

1. 检查CA6140车床主轴的精度时，采用的是带1:20公制锥度的检验棒。　　　（　　）

2. 垫铁和检验桥板是检测机床导轨几何精度的常用量具。　　　　　　　　　（　　）

3. 车床主轴支撑轴颈的圆度，也会造成主轴径向跳动误差，而影响工件的加工精度。
　　　　　　　　　　　　　　　　　　　　　　　　　　　　　　　　　　　（　　）

4. 主轴推力轴承，与箱体孔端面接触的应为紧圈，其内孔应与轴颈有较紧的配合。
　　　　　　　　　　　　　　　　　　　　　　　　　　　　　　　　　　　（　　）

5. 主轴纯轴向窜动，对于车削工件的孔和外圆的形位精度无影响。　　　　　（　　）

6. 车床主轴单纯的轴线摆动，并不影响主轴回转轴线的回转精度，不会造成加工表面的形状误差。
　　　　　　　　　　　　　　　　　　　　　　　　　　　　　　　　　　　（　　）

7. CA6140 型车床主轴箱正面左侧的手柄放在"左螺纹"的位置时，刀架机动进给的实际方向恰好与溜板箱十字手柄扳动的方向相反。　　　　　　　　　　　　　　　　　（　　）

8. 即使机床床身导轨有较高的制造精度，安装机床时若不精心调整也会产生较大误差。

（　　）

9. 卧式车床在装配时，光杠、操纵杠"别劲"，也会影响床身导轨的检验精度。　（　　）

10. 安装卧式车床通过楔形垫铁调整床身导轨的凸起量时，同时会影响主轴轴线对溜板移动在垂直平面内的平行度误差。　　　　　　　　　　　　　　　　　　　　　　　（　　）

**四、选择题（将正确答案的题号填入题中空格）**

1. 修刮卧式车床的床身导轨时，应以_____为刮削基准。

　　A. 床身的底面和侧面　　　　　　　　　B. 安装进给箱和牙条的固定结合面

　　C. 使整个刮削量最小的平面

2. 车床主轴的径向跳动将影响被加工零件的_____，铣床主轴的径向跳动将影响被加工零件的_____。

　　A. 平面度　　　　　B. 圆度　　　　　C. 同轴度　　　　　D. 平行度

3. 车床主轴轴向窜动将使被加工零件产生_____误差。

　　A. 圆柱度　　　　　B. 径向圆跳动　　　　　C. 端面圆跳动

4. 车削螺纹时，主轴轴向窜动将导致螺纹_____误差。

　　A. 螺距周期　　　　　B. 中径尺寸　　　　　C. 牙型半角

5. 修磨主轴前端锥孔表面时，用标准锥度检棒检查，检棒端面在修磨前后产生的轴向位移量不得过大，一般莫氏 4 号锥孔不得大于_____mm，莫氏 6 号锥孔不得大于_____ mm。

　　A. 3　　　　　B. 4　　　　　C. 5　　　　　D. 6

6. 机床空运转试验在主轴轴承达稳定温度时，检验主轴轴承的温度和温升。滑动轴承温度不应超过_____℃，允许温升_____℃；滚动轴承温度不应超过_____℃，允许温升_____℃。

　　A. 30　　　　　B. 40　　　　　C. 50

　　D. 60　　　　　E. 70

7. 机床经过一定时间的空运转后，其温度上升幅度不超过每小时_____℃时，可认为已达到稳定温度。

　　A. 3　　　　　B. 5　　　　　C. 10

8. CA6140 车床主轴箱正面右侧的外圈手柄不能转动，主要是由于_____造成的。

　　A. 转速选择不当　　　　　　　　　　B. 扳动手柄时没用手转动主轴

　　C. 手柄上的定位螺钉退回

9. 主轴箱的变速手柄扳到正确位置后，箱体内某轴的滑移齿轮仅有全齿宽的 50%啮合，这时应_____。

　　A. 更换齿轮　　　　　　　　　　　　B. 不用这个转速

　　C. 调整控制该齿轮的偏心调正装置

10. 大修时拆下某齿轮，发现在齿宽方向只有 60%磨损，齿宽方向的另一部分没有参加工作，这是由于_____造成的。

　　A. 装配时调整不良　　　　　　　　　B. 齿轮制造误差

　　C. 通过这个齿轮变速的转速使用频繁

11. CA6140 型车床主轴箱变速时，指针不能指在转速读数盘上的正确位置，应通过_____进行修复。

　　A. 更换读数盘　　　B. 张紧传动链条　　　C. 调整齿轮位置

12. CA6140 型车床主轴箱中Ⅲ轴上滑移齿轮在运转中自行脱挡，是由于_____造成的。

    A．切削力过大    B．手柄太松    C．拨动该齿轮的拨叉定位不牢

13. 在车削过程中出现"闷车"现象，可能是由于_____造成的。

    A．电动机皮带太松        B．选择的主轴转速太高

    C．刀具前角太大

14. CA6140 型车床进给箱基本组操纵手轮拉不出来，是由于_____造成的。

    A．变速时没转动主轴        B．手轮定位螺钉变形

    C．选择的进给量不合适

15. CA6140 型车床在高速精车外圆时，出现了大约间隔为 2.5 mm 的"竹节纹"，这是由于_____的原因而产生。

    A．溜板箱上齿轮轴弯曲        B．光杠弯曲

    C．溜板箱上齿轮轴与床身上齿条间隙过大

16. 在卧式车床上，用卡盘装夹工件车外圆时，产生较大锥度误差，是由于_____造成的。

    A．床身导轨在垂直平面内的直线度误差

    B．主轴定心轴颈的径向跳动误差

    C．横向导轨的平行度误差

17. 在卧式车床上，用两顶尖支撑工件车外圆时，产生了较大锥度误差，是由于_____误差造成的。

    A．床身导轨在垂直平面内的直线度

    B．尾座移动对溜板移动在垂直平面内的平行度

    C．尾座移动对溜板移动在水平面内的平行度

## 五、简答题

1．CA6140 型卧式车床主轴箱中的摩擦离合器调整不当可能产生哪些故障？

2．普通车床精度标准中为什么规定床身导轨在垂直平面内的直线度只许中间凸？

3．普通车床精度标准中为什么规定主轴轴线及尾座套筒锥孔轴线对溜板移动的平行度，只许向上偏和向前偏？

4．普通车床精度标准中为什么在床头和尾座两顶尖的等高度中规定只许尾座高？

5．数控机床维护管理的内容有哪些？

6．数控机床机械故障诊断可采用哪些方法和手段？

7．试分析进给系统发生窜动的主要原因。

8．滚珠丝杠轴向间隙常用双螺母丝杠消除，具体方法有哪几种？

9．简述数控设备主轴转速偏离指令值的主要故障原因。

10．输油不足的可能原因有哪些，如何处理？

11．对于气动机械手，若机械手换刀速度过快或过慢，分析其原因及排除故障的方法。

# 项目七
# 桥式起重机的维修

## 学思融合

作为新时期产业工人的杰出代表、"改革先锋"、"最美奋斗者"、"全国五一劳动奖章" 获得者、"全国道德模范" 获得者，许振超走过的每一步路，都已经和国家的发展、港口的振兴融为一体，也成为改革开放的时代印记。从码头工人成长为大国工匠，"不服输"是许振超的"成长密码"。长期坚守，不断创新，许振超用自己的实践，为工匠精神注入时代内涵。我们也要像他一样，成为有理想、守信念，懂技术、会创新，敢担当、讲奉献的产业工匠。

## 项目导入

桥式起重机是使用范围最广、数量最多的一种起重机械，它能否正常工作直接影响企业生产任务的完成和人身、设备的安全，其安全状态是保证起重作业安全的重要前提和物质基础。桥式起重机在使用过程中，可能因设计制造、安装调试和使用维护等方面的原因而出现故障，造成安全隐患，带来严重后果，因此，我们要对故障进行认真分析，准确地查找故障原因并加以排除。

## 学习目标

1. 熟悉桥式起重机的主要结构和性能参数。
2. 了解桥式起重机主要零部件的安全检查内容和方法。
3. 掌握桥式起重机常见的故障诊断及排除方法。
4. 熟悉桥式起重机维修中的常用工具、检具和量具的使用方法。
5. 熟悉桥式起重机的日常维护与保养方法。
6. 熟悉桥式起重机的试车内容和方法。
7. 培养学生的专业水准、职业精神和使命担当意识。

## 任务 1　桥式起重机概述

桥式起重机是实现企业生产过程机械化和自动化、提高劳动生产率、减轻繁重体力劳动的重要辅助设备，它在工厂、矿山、码头、仓库、水电站和建筑工地等，都有着广泛的应用。随着企业生产机械化、自动化程度的不断提高，在生产过程中，原来作为辅助设备的起重机械，有的已经成为连续生产流程中不可缺少的专用工艺设备。

桥式起重机的用途是把它所工作的空间内的物品，从一个地点运送到另一个地点。起重机一般由一个能完成上下运动的起升机构和一个或几个能完成水平运动的机构（如运行机构、变幅机构和绕垂直轴旋转的旋转机构）组成的。变幅机构是用于改变起重机旋转轴线到取物装置中心线水平距离的机构。起重机又是由卷绕装置、取物装置、制动装置、运行支撑装置、驱动装置和金属构架等装置中的几种装置构成的。卷绕装置包括卷筒、滑轮组、钢丝绳等；取物装置包括吊钩、夹钳、抓斗、起重电磁铁、真空吸盘等；制动装置主要是块式制动器；运行支撑装置包括电动机、减速器、传动轴等；金属构架包括大车桥架、小车架等。

桥式起重机良好的使用性能除了设计、制造、安装方面的因素外，保养与维修也是十分重要的。维修人员首先要掌握桥式起重机的结构。桥式起重机由桥架（大车）和起重小车构成。它通过车轮支撑在厂房或露天栈桥的轨道上，外观像一架金属的桥梁，所以称为桥式起重机。桥架可沿厂房或栈桥做纵向运行，而起重小车则沿桥架做横向运动，起重小车上的起升机构可使货物做升降运动。这样桥式起重机就可以在一个长方形的空间内起重和搬运货物。图 7-1 所示为通用桥式起重机的实物图。

图 7-1　1200 t 桥式起重机

# 任务 2　桥式起重机零部件的安全检查

## 7.2.1　取物装置的安全检查

吊钩材料采用优质低碳镇静钢或低碳合金钢，计算载荷应考虑起升动载系数，但许用应力对一般吊具可取为材料的屈服强度，对铸造用起重机的片式单钩，许用应力取屈服强度的 0.4 倍。

锻造吊钩有单钩和双钩之分。断面为梯形、矩形断面。片式吊钩是由若干片厚度不小于 20 mm 的 20 钢或 16Mn 钢板铆接起来的。由于各片钢板不可能同时断裂，所以片式吊钩较为安全。片式吊钩为矩形断面，可以根据吊钩尺寸估计吊钩的起吊能力。

吊钩必须有制造厂的合格证，方可使用。吊钩表面应该光洁，无剥落、锐角、毛刺、裂纹等问题；吊钩应该在支持住检验载荷（1.5～2 倍额定载荷）后，无明显的变形（开口度的增加不超过原开口度的 0.25%）；吊钩应该装有防脱钩的装置；吊钩缺陷不允许补焊。

吊钩出现下列情况之一者应该报废：危险断面的磨损量超过原尺寸的 10%；开口度比原尺寸增加15%；扭转变形超过10°；危险断面与吊钩颈部产生塑性变形；片钩衬套磨损量达原尺寸的50%；片钩心轴磨损量达原尺寸的5%等。

## 7.2.2　钢丝绳的安全检查

钢丝绳的钢丝是采用含碳量为 0.5%～0.8%的优质碳素结构钢制成的，其抗拉强度可达 1400～2000 MPa。

### 1．钢丝绳的报废标准

（1）钢丝绳的断丝数在一个捻节距内达到 6～16 根时，则应报废。

（2）钢丝绳的径向磨损或腐蚀量超过原直径的 40%时应该报废。

（3）吊运热金属或危险品的钢丝绳，报废标准取（1）值的一半。

（4）整条绳股断裂时报废。

（5）钢丝绳的直径减少 7%时报废。

（6）绳芯外露时报废。

（7）钢丝绳有明显的腐蚀时报废。

（8）钢丝绳打死结时报废。

（9）局部外层钢丝呈笼状时报废。

### 2．钢丝绳连接的安全要求

常用的连接方式是编结绳套。绳套套入心形垫环上，然后末端用绳卡或钢丝扎紧，而捆扎长度必须超过 $15d_绳$，同时不应该小于 300 mm。

当两钢丝绳对接时，用编结法编结长度也不应该小于 $15d_绳$，同时不应该小于 300 mm。强度不得小于钢丝绳破断拉力的 75%。

用绳卡连接钢丝绳或钢丝绳对接时，绳卡数目与绳径有关。绳径为 $\phi7\sim\phi10$ mm 时应该用 3 个绳卡；绳径为 $\phi19\sim\phi27$ mm 时应该用 4 个绳卡；绳径为 $\phi28\sim\phi37$ mm 时应该用 5 个绳卡；绳径为 $\phi38\sim\phi45$ mm 时应该用 6 个绳卡。

### 3．钢丝绳的维护

为避免打结、松散，钢丝绳的维护应该注意以下五点。

（1）钢丝绳应该防止损伤、腐蚀，或其他物理条件、化学条件造成的性能下降。

（2）钢丝绳开卷时，应该防止打结或扭曲。

（3）钢丝绳切断时，应该有防止绳股散开的措施。

（4）钢丝绳要保持良好的润滑状态。

（5）使用钢丝绳应该先全面检查，包括对端部的连接，并做出安全判断。

## 7.2.3　滑轮的安全检查

在起重机中滑轮的主要作用是穿绕钢丝绳，构成滑轮组后可以省力或改变力的方向。根据制造方法滑轮可以分为铸铁滑轮、铸钢滑轮、铝合金滑轮、焊接滑轮、尼龙滑轮等。铸铁滑轮工艺性良好，对钢丝绳磨损量小，但易脆，多用于轻级、中级工作级别的桥式起重机上。铸钢滑轮具有较强的强度和冲击韧性，多用于重级或特重级工作级别的桥式起重机上，但是缘面较硬，因此对钢丝绳磨损严重。对于大尺寸的滑轮多采用焊接滑轮，材料为 Q235 钢。尼龙滑轮和铝合金滑轮轻而耐磨，但是刚度较低，因而对钢丝绳的磨损较小。

滑轮的安全检查：滑轮槽应该光洁平滑，不得有损伤钢丝绳的缺陷；滑轮应该装有防止钢丝绳跳槽的装置；金属铸造的滑轮如果有如裂纹、轮槽壁厚磨损超过原尺寸的 20%、轮槽不均匀磨损达 3 mm、因磨损使轮槽底部直径减少量达绳径的 50% 时都要更换滑轮。

## 7.2.4　卷筒组件的安全检查

卷筒组件由卷筒件、连接盘、轴及轴承支架组成。

卷筒在钢丝绳的作用下，卷筒承受压缩、弯曲和扭转应力。卷筒材料一般用 HT200～400，特殊时可用 ZG25 或 ZG35 制造。焊接卷筒采用 Q235 钢制造。

卷筒组件安全检查：卷筒上钢丝绳尾端的固定装置，应该有防松装置或自紧的性能。对钢丝绳尾端的固定情况，应该每月检查一次。多层卷绕的卷筒，端部应该有凸缘，凸缘具有最外层钢丝绳 2 倍直径的高度，单层卷绕的卷筒的端部也应该有此要求。卷筒出现如裂纹、筒壁磨损达原壁厚的 20% 时应该报废。

## 7.2.5　减速器的安全检查

起重机上的减速器的工作特点是间歇性工作和长期工作相结合，其圆周速度不超过 10 m/s；效率不低于 0.94。小齿轮材料为 45 钢，调质处理 230～260HBW；大齿轮材料为 ZG55，正火处理 170～220HBW。

减速器的安全检查如下。

### 1. 减速器的检验

空负载试验：1000 r/min 的转速拖动，正反两方向各不得少于 10 min。

负载试验：传动齿轮在试验时应该达到所要求的接触面积之外（沿齿高不少于 40%，沿齿长不少于 75%），还应该达到下列要求。

（1）开动电动机时，减速器运行平稳，不应该有跳动、撞击和剧烈或断续的声音，声响均匀，其强度不超过 85 dB。

（2）没有漏油现象。

（3）在紧固处和连接处不得松动。

（4）减速器内的润滑油温度不应高于 70℃，且绝对值不应大于 80℃。

### 2. 齿轮的报废标准

齿轮如有裂纹、断齿、齿面点蚀达啮合面的 30%以上、齿厚磨损量达到 10%以上时，需要更换齿轮。

## 7.2.6 车轮的安全检查

车轮有单轮缘车轮、双轮缘车轮和无轮缘车轮之分。车轮滚动面又可以为圆柱形和圆锥形。桥式起重机多采用双轮缘圆柱形滚动面的车轮。车轮采用 ZG55 及其以上牌号的铸钢制造。

### 1. 车轮滚动面的安全技术及检查

车轮滚动面的径向跳动不应该大于直径的公差，滚动面径向跳动除允许有直径的 1/1000 的偏差和不多于 5 处的麻点外，不允许有其他缺陷，也不允许焊补。

在使用过程中，滚动面剥落，擦伤的面积大于 2 cm$^2$，深度大于 3 mm，应重新加工。车轮由于磨损或由于其他缺陷重新加工外，轮圈厚度减少不应超过 15%。

当运行速度低于 50 m/min 时，车轮椭圆度应小于 1 mm；当运行速度高于 50 m/min 时，车轮椭圆度应不大于 0.5 mm。

### 2. 车轮轮缘的安全技术及检查

车轮轮缘的正常磨损可以不修理，当磨损量超过轮缘的名义厚度的 50%，应该更换新轮。

轮缘弯曲变形达原厚度的 50%时，应该报废。

### 3. 车轮装配后的检查

车轮装配后基准端面的摆幅不应大于 0.1 mm，径向跳动在车轮直径公差的范围内，轮缘的壁厚偏差应不大于 3 mm。

装配好的车轮组，应该用手能够灵活地扳转，当车轮内装圆锥滚子轴承时，轴承内外圈允许有 0.03～0.18 mm 的轴向间隙，当采用其他轴承时，不允许有间隙。

## 7.2.7 轨道的安全检查

中小型桥式起重机小车采用铁路车轨，大型起重机轨道采用起重机专用车轨。轨道的安全技术及检查如下。

### 1. 一般检查

（1）检查钢轨、螺栓、夹板有无裂纹、松脱和腐蚀。如果发现裂纹应该及时更换新件。

（2）钢轨上的裂纹可用轨道探伤仪检查；斜向或纵向裂纹要去掉有裂纹部分，换上新钢轨。

（3）钢轨顶面如果有较小的损伤时，可用电焊补平，再用砂轮打光。轨顶面和侧面的磨损量不应超过 3 mm。

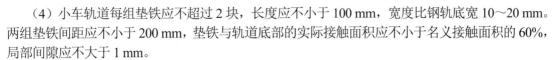

（4）小车轨道每组垫铁应不超过 2 块，长度应不小于 100 mm，宽度比钢轨底宽 10～20 mm。两组垫铁间距应不小于 200 mm，垫铁与轨道底部的实际接触面积应不小于名义接触面积的 60%，局部间隙应不大于 1 mm。

**2．轨道的测量与调整**

（1）轨道的直线性，可用拉钢丝的方法进行检查。即在轨道的两端车挡上拉一根直径为 $\phi$0.5 mm 的钢丝，然后用卷尺测量即可。

（2）轨道的标高，可用水平仪测量。

（3）轨道的轨距可用钢卷尺来检查，尺的一端固定，另一端拴弹簧秤，其拉力对于跨度为 10～19.5 m 的起重机取拉力 98 N；其拉力对于跨度为 22～31.5 m 的起重机取拉力 147 N；每隔 5 m 测量一次。

（4）桥式起重机轨距允许误差为 –2～+5 mm。轨道纵向倾斜度为 $L/1500$，两根轨道相对标高允许误差为 10 mm。

## 7.2.8  制动器的安全检查

《起重机械安全规程》规定：动力驱动的起重机，其起升、变幅、运行、旋转机构都必须装设制动器，而且起升、变幅机构的制动器必须是常闭式的。

桥式起重机上的制动器是块式制动器，此外也有带式制动器和盘式、锥式制动器。块式制动器又分为短行程和长行程两种：短行程块式制动器利用电磁铁松闸；长行程块式制动器利用电磁铁松闸、液压推杆松闸或电磁铁、液压推杆联合松闸。块式制动器结构简单，工作可靠。其主要结构是有两个成对的瓦块，制动轴不受弯曲，摩擦衬垫磨损均匀，但是尺寸较大，由于电磁铁吸力的限制，短行程块式制动器的制动力矩有限（≤5000 N·m）。要求制动力矩大的机构多采用长行程块式制动器。

制动器是桥式起重机上最重要的安全装置之一，所以需要对制动器进行定期调整、检修。块式制动器的调整、检修项目包括电磁铁铁心行程调整、制动力矩调整、制动瓦块与制动轮间隙调整等项目。

## 7.2.9  限位器的安全检查

限位器包括上升极限限位器和下降极限限位器两种。限位器有重锤式、螺杆式和凸轮式等。

上升极限位置限位器的功能是防止吊钩上升时超过极限位置，造成过卷事故，拉断钢丝绳，吊重坠落。螺杆式上升极限限位器的螺杆与卷筒轴同轴，并随着卷筒的旋转而旋转，螺杆上的螺母在螺杆旋转的时候向右移动，当移动到极限位置时，就撞击限位开关从而起到控制起升高度的作用。

在检查上升极限限位器时，要特别注意各螺栓、螺母不得有松动，限位开关的触点要完好。各活动部位要经常润滑防止磨损。

桥式起重机的大车和小车运行也有极限位置，因此装有运行极限位置限制器，桥式起重机起升机构应该装有上升极限位置限位器。

极限限位器动作后，桥式起重机重新运行只能向相反的方向转动，如果继续向原来运行的方向转动控制器，控制线路将因为限位的作用而不能工作。

## 7.2.10  缓冲器的安全检查

缓冲器的作用是吸收起重机与终端挡板相撞时或起重机间相撞时的能量。要求缓冲器能在最小的外部尺寸下吸收最大的能量，并且没有反弹力，以保证起重机能平稳地停车。

起重机上的缓冲器有橡胶缓冲器、弹簧缓冲器和液压缓冲器。当车速超过 120 m/min 时，一般缓冲器不能满足要求，必须采用光线式防止冲撞装置、超声波式防止冲撞装置及红外线反射器等。

橡胶缓冲器结构简单，制造方便。但是吸收能力有限，所以只适用于车速小于 50 m/min，工作温度在−30～+55℃的场合。

弹簧缓冲器应用最广，结构简单，维护方便，环境温度对它没有影响。但是弹簧缓冲器有较大的反弹力，这对起重机的零部件和金属构件是有害的。为此推荐用于车速 50～120 m/min 的起重机上。注意弹簧的材料应采用性能不低于 60Si2Mn 的钢材制造，壳体应采用性能不低于 Q235 钢材制造，撞头和撞杆应采用性能不低于 45 钢的材料制造。

缓冲器应该安装在大车、小车运行机构或轨道的端部。

## 任务3　桥架变形的修理

桥式起重机金属结构变形是较为普遍存在的问题，桥架变形的形式主要表现为：主梁设计的上拱度值在使用中减小，产生了超过规定的旁弯；箱形梁的腹板波浪形变形超过规定值；端梁变形；桥架对角线超差。

### 7.3.1　主梁变形的原因

**1．结构内应力的影响**

起重机金属结构的各个部件存在着不同方向与性质的应力，这些应力有的来自于载荷作用，有的则由制造的工艺和焊接焊缝及其附近的金属不均匀的收缩而产生的。起重机在使用过程中，这些应力趋于均匀化以致消失，从而引起结构塑性变形。

**2．起重机运输、存放及吊装的影响**

桥架为长而大的结构件，弹性很大，不合理的运输、存放、起吊和安装，都能引起桥架结构的变形。

**3．使用方面的影响**

起重机是在一定条件下设计的，对于超负载、偏载等不合理的使用，都将引起桥架变形。如某厂有 1 台额定起重量为 75 t 的桥式起重机，因为经常超负荷工作，三年内主梁下挠了 40 mm。

**4．修理方法的影响**

在桥架上进行气割或焊接作业，不采取任何防范变形的措施，不均匀的加热，也将引起桥架变形。

**5．高温的影响**

热加工车间使用的起重机较冷加工车间使用的起重机主梁下挠现象要普遍，下挠的程度也较为严重。其原因是冶炼辐射热将造成主梁的下盖板温度高于上盖板温度，使下盖板的伸长量大于上盖板，在载荷作用下导致了主梁上拱度的自然减少。

### 7.3.2　主梁变形对起重机使用性能的影响

**1．对小车运行的影响**

如果主梁下挠程度达到空负荷时主梁上拱为 0 或负值，在起重机吊重后，小车由跨中开向两端则会出现爬坡现象，严重时小车车轮会产生打滑。

**2．对小车系统的影响**

若两主梁下挠程度不同，小车将会出现"三条腿"现象。小车架受力不均，由于主梁变形（下挠）又将引起主梁水平旁弯，因而导致小车车轮啃轨或脱轨现象。

**3．对大车运行的影响**

大车运行机构如果是集中驱动，当运行机构随主梁下挠时，运行机构可能造成联轴器折齿和传动轴、联轴器被扭弯或断裂现象。

### 7.3.3 主梁下挠的修理界限

对于桥式起重机主梁（跨度为 $L$）下挠的修理界限提出如下建议：起升额定起重量，小车位于跨中，主梁在水平线以下超过 $L/700$ mm；或者空载小车位于跨端，主梁在水平线以下超过 $L/1500$ mm 时，则建议修理。在满负载和空负荷工况下主梁下挠的应修界限值见表 7-1。

表 7-1　　　　　　　　　　　主梁下挠应修界限值　　　　　　　　　　　单位：mm

| 跨度 | 10500 | 13500 | 16500 | 19500 | 22500 | 25500 | 28500 | 31500 |
|---|---|---|---|---|---|---|---|---|
| 满负载 | 15 | 19 | 23.5 | 28 | 32 | 35 | 41 | 45 |
| 空负载 | 7 | 9 | 11 | 13 | 15 | 17 | 19 | 21 |

### 7.3.4 桥架变形的检查测量

起重机在使用中，若出现小车运行打滑、摆动运行、大小车运行啃轨、机械传动部件多次损坏及电气元件烧损等，其原因之一就是由于桥架变形引起的。为此，应对起重机桥架进行如下项目的详细检查测量：主梁的跨度、下挠度、水平旁弯、腹板波浪变形及桥架对角线误差等。

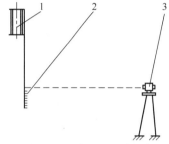

图 7-2　用钢卷尺测量大车跨度
1—主梁；2—标尺；3—水平仪

#### 1．测量大车跨度

对大车跨度一般采用钢卷尺测量，如图 7-2 所示。但由于跨度大，容易造成大的测量误差，所以施工必须注意两个不利的因素：其一，钢卷尺因施力而伸长，测出的读数小于实际尺寸；其二，钢卷尺因重力而下挠，因而测出的读数又比实际尺寸大。设钢卷尺伸长的误差为 $\Delta l_1$，而钢卷尺下挠误差为 $\Delta l_2$，$\Delta l_1 > \Delta l_2$，因而测量读数应加上一个修正值 $\Delta l = \Delta l_1 - \Delta l_2$，才是实际的跨度值。$\Delta l$ 可直接查表 7-2。

表 7-2　　　　　　　　　　　钢卷尺测量跨度时的修正值

| 跨度/m | 拉力/N | 钢卷尺截面积/mm×mm | | | |
|---|---|---|---|---|---|
| | | 13×0.2 | 10×0.25 | 16×0.2 | 15×0.25 |
| | | 修正值/mm | | | |
| 10.5 | | | 1 | | 1 |
| 13.5 | 100 | 2 | 2 | 2 | 1 |
| 16.5 | | | 2 | 2 | 0 |
| 19.5 | | | 3 | 1 | 0 |
| 22.5 | | 5 | 6 | | 2 |
| 25.5 | 150 | 6 | 6 | 4 | 2 |
| 28.5 | | 6 | 7 | | 2 |
| 31.5 | | 6 | 7 | | 1 |

#### 2．测量下挠度

（1）钢丝法

桥式起重机载荷试验时对主梁跨中下挠度测量如图 7-3 所示。用钢丝法测量主梁下挠度方法如下：将测量用的细钢丝一端固定在主梁的一个端部，另一端用弹簧秤和重锤拉紧，如图 7-4 所示。钢丝两端均用高度为 $H$ 的支架支撑，测出主梁上盖板到钢丝的距离 $h_1$，钢丝重力作用产生的下挠度为 $h_2$，则主梁的下挠度实际值为

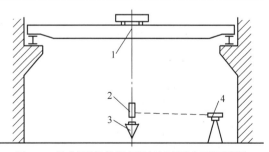

图 7-3　桥式起重机载荷试验时对主梁跨中下挠度测量
1—主梁；2—标尺；3—铅锤；4—水平仪

$$h = (h_1 + h_2) - H \tag{7-1}$$

式中　$H$——支架高度；

　　　$h_1$——主梁跨中上盖板到钢丝的距离；

　　　$h_2$——钢丝重力作用产生的下挠度，见表 7-3。

表7-3 不同跨度钢丝因自重产生的下挠度值

| 跨度/m | 10.5 | 13.5 | 18.5 | 19.5 | 22.5 | 25.5 | 28.5 | 31.5 |
|---|---|---|---|---|---|---|---|---|
| $h_2$/mm | 1.5 | 2.5 | 3.5 | 4.5 | 6 | 8 | 10 | 12 |

（2）连通器法

将盛有带颜色水的水桶放置在桥架上最恰当的位置，水桶底部用软管相连接，然后沿主梁移动带有刻度的测量管测得主梁各点的水位高度，各测点的读数与跨端的"读数差"便是被测点的拱度（挠度）值。测量时，必须注意排除连接软管中的空气和勿使软管受到挤压、打结、扭曲，否则将造成较大的测量误差。连通器法测主梁下挠度如图7-5所示。

**3．测量腹板波浪变形**

如图7-6所示，用1 m长的直尺1放在腹板2的被测部位，测量腹板波浪形变形的数值。对波浪变形值有如下规定：在受压区：$h'<0.78\delta$；受拉区：$h'<1.28\delta$（$\delta$为板厚）。

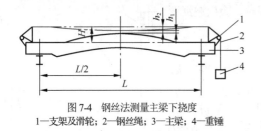

图7-4 钢丝法测量主梁下挠度
1—支架及滑轮；2—钢丝绳；3—主梁；4—重锤

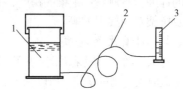

图7-5 连通器法测主梁下挠度
1—水桶；2—软管；3—测量管

**4．测量主梁上盖板水平倾斜度**

将水平尺放到没有肋板的主梁上盖板部位，通过垫块把水平尺垫平，如图7-7所示。此垫块高度即上盖板的水平倾斜度。

**5．测量腹板垂直方向倾斜度**

在主梁没有肋板的上盖板部位挂一个重锤，用直尺量垂线到腹板的距离 $a$ 和 $b$，两值之差就是腹板的垂直倾斜值，如图7-8所示。

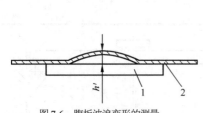

图7-6 腹板波浪变形的测量
1—直尺；2—腹板

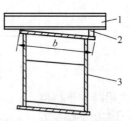

图7-7 主梁上盖板倾斜测量
1—水平尺；2—垫块；3—腹板

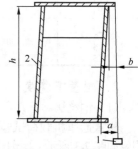

图7-8 腹板垂直倾斜测量
1—重锤；2—腹板

**6．测量主梁水平旁弯**

通常也采用拉钢丝的方法进行测量，如图7-9所示。钢丝1固定在被测主梁2的上盖板中心线的上方，分别测出其两点距离 $x_1$ 和 $x_2$，两数值之差的一半即为主梁水平旁弯数值。

**7．测量桥架对角线误差**

桥架对角线误差可用线锤和直角尺测量。方法是将四个车轮的踏面中心引到轨道面上，作出标记点后，移开起重机，利用轨道的四个点测量对角线误差，如图7-10所示。

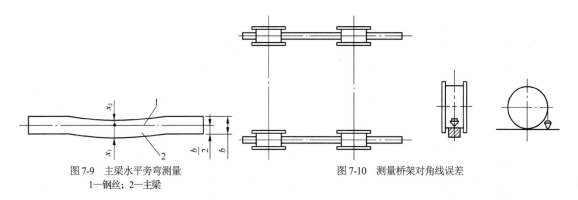

图7-9 主梁水平旁弯测量　　　　　　　图7-10 测量桥架对角线误差
1—钢丝；2—主梁

### 7.3.5 桥架变形的修理方法

桥式起重机桥架变形的修理方法，目前常用的有两种：一种是预应力法，另一种是火焰校正法。

#### 1．预应力修理法

预应力修理方法是在主梁下盖板处增设偏心杆（材料为冷拔钢筋），其数量由计算确定。拉杆对主梁实行偏心压缩，使主梁向上弯曲产生上拱。其原理是：旋紧螺母拉紧拉杆，给支撑架一个外力 $P$，根据力的平移原理，把 $P$ 力移到中性线 $A$、$B$ 两点，加上两个大小相等、方向相反的力 $P_1=P_2=P$，$P$ 与 $P_2$ 形成力偶 $M$，在两个力偶 $M$ 的作用下，使主梁产生上拱，如图7-11（b）所示的虚线。

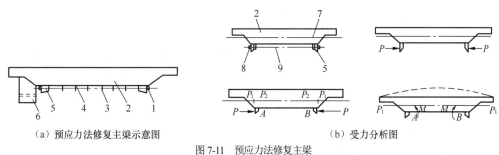

（a）预应力法修复主梁示意图　　　　　　（b）受力分析图

图7-11 预应力法修复主梁
1—螺栓；2—主梁；3—吊梁；4—拉杆；5—支架；6—司机室；
7—主梁中心线；8—拉紧螺母；9—预应力钢筋

预应力法使主梁产生的应力正好和外力作用于主梁的应力相反，即起重机在工作时产生的拉力区预先受到压应力。这个压应力将与外力作用下产生的拉应力抵消其中一部分或者全部抵消。中性层以上道理相同。

（1）预应力方法的特点

预应力法的优点是施工简单易行，施工周期短。缺点是主梁下挠变形较大时效果不及火焰校正法。此外，它对主梁的局部变形、腹板波浪形变形、端梁变形、对角线偏差超差等变形问题无法解决。现在桥式起重机主梁变形的（下沉）"预应力张拉器"修复技术的出现，使起先的预应力法技术有了新的进步。"预应力张拉器"的技术特点如下。

① 施工时起重机桥架保持原位，不需吊离轨道，不占用车间场地。

② 张拉工艺件好，工作量小，施工方便。

③ 起重机停机时间短，一般不超过24 h，修复费用低，能可靠地恢复主梁拱度。

④ 预应力张拉系统制造容易，安装方便，除能恢复主梁上拱外，还能增加结构的强度和刚度，提高承载能力。

⑤ 主梁修复后如使用中发现预应力减小，可随时调整张拉器，以维持张拉效果。

⑥ 张拉器系列化、标准化，适用于5～75 t箱形、桁架式主梁结构下沉的修复。

（2）预应力装置的结构

采用预应力法修复主梁下挠基本方法有两种。一种是手工张紧，另一种是机械张紧。前者用于小起重量起重机，后者用于较大起重量起重机主梁下挠修复。机械张紧式预应力拉杆端部构造如图7-12所示。

① 拉杆。拉杆由端杆与圆钢拉杆组焊而成，但必须保证它们的同轴度，焊后仔细检查，有条件应做探伤检查。圆钢一般用16Mn钢。两端带螺纹部分的端杆，一般用45钢制作，并经过热处理。为避免端杆断裂和滑扣，其外形尺寸如图7-12所示。预应力拉杆可分为单排和双排排列。对称于主梁轴的垂直排列，拉杆的布置宽度不应超过主梁宽度，必要时也不要超过50 mm，拉杆的间距根据操作方便需要而确定。单根拉杆的张拉力不应超过150 kN为宜。

端杆上的螺母分工作螺母和构造螺母，工作螺母在张拉时通过拧紧施加预应力并紧固端杆，以保持预应力的长期作用。工作螺母要求较厚，并要求用与端杆相同的材料制造，其结构如图7-13所示。

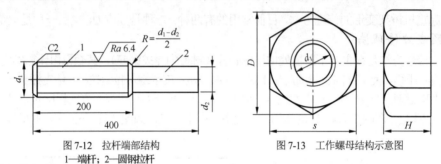

图7-12 拉杆端部结构
1—端杆；2—圆钢拉杆

图7-13 工作螺母结构示意图

② 支撑架结构。支撑架结构如图7-14所示，它由底板、端板和肋板焊成，底板和端板外表面要求平整，保证支撑架与主梁上下盖板及工作螺母紧贴。支撑架底板的宽度略宽于主梁下盖板的宽度，底板厚度可与主梁下盖板厚度相等。端板为主要受力件，一般较厚，肋板间的距离与拉杆中心距相等，边孔到边缘的距离不应小于80 mm。

③ 吊架。对起重机每根主梁下设置吊架，一般为3个，$L>22.5$ m时可设5个，图7-15所示为其中一种形式。吊架只允许焊接在主梁下盖板上，不能与腹板焊接。

安装支撑架、吊架及拉杆，可用起重机小车提升吊笼进行，无须卸下起重机。

张拉预应力是安装预应力拉杆的关键工作，应先将一端螺母全部拧上，而后到另一端收紧紧固螺母。直到上拱度符合修理规范为止。预应力拉杆如转动则易拉断，其长度大于24 m，最好两端同时张紧。

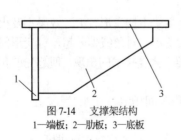

图7-14 支撑架结构
1—端板；2—肋板；3—底板

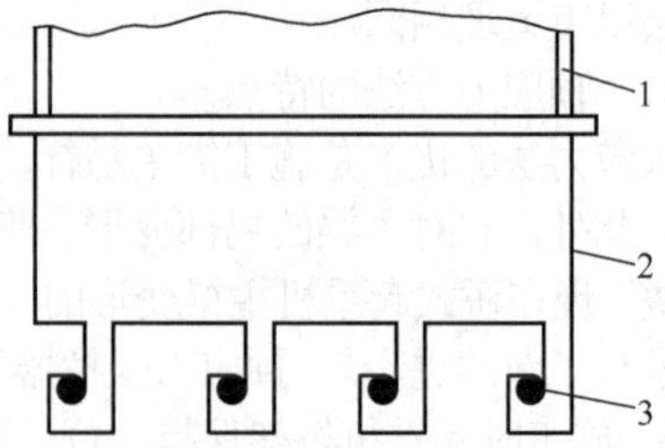

图7-15 吊架及拉杆结构
1—主梁；2—吊架；3—拉杆

## 2．火焰校正法

（1）火焰校正原理

在桥式起重机主梁底部加热，将主梁跨中加力 $P$ 使主梁顶起，如图7-16所示，主梁在 $P$ 力作用下，使主梁中性层以下结构承受压力，每个小加热区相当于一个纵向压力组，对整个主梁就相当作用于中性层下面的一个偏心压力，在偏心压力的作用下，主梁则恢复上拱。

（2）确定加热面积

梁加热区的加热面积如图 7-17 所示。形状是一个长方形，其面积为 $B \times b$，通常 $b$ 取 $80 \sim$ 100 mm，即为加热三角形的底边。其高度 $h$ 为 $H/4$ 或 $H/3$，$H$ 为腹板高度。

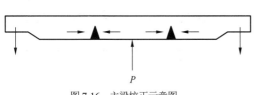

图 7-16　主梁校正示意图

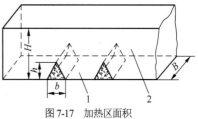

图 7-17　加热区面积
1—下盖板；2—腹板

（3）支撑桥架

校正开始之前，应把小车开到司机室对侧跨端，采用支柱和千斤顶支撑在主梁的跨中位置，使一侧端梁上的车轮离开轨道面适当的高度，以增加校正的效果，如图 7-18 所示。

（4）布置加热区

如果两主梁下挠对称而且平滑，可以对称于跨中布置加热区，如果主梁下挠变形不规则，可以在下挠变形突出的部位多布置几个局部小加热区，如图 7-19 所示。

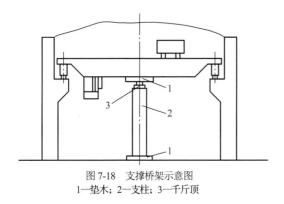

图 7-18　支撑桥架示意图
1—垫木；2—支柱；3—千斤顶

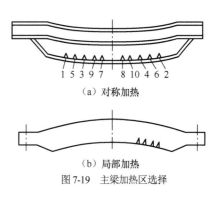

（a）对称加热

（b）局部加热

图 7-19　主梁加热区选择

校正端梁时，为避免校正应力和焊接应力叠加，加热区应离开主梁。加热区位于波浪的凸起部分，不要选在凹部，这样可以在校正端梁的同时，也部分地矫直了腹板的波浪形。端梁加热区选择如图 7-20 所示。这种方法对主梁旁弯过大的变形效果较好。

（5）校正内侧旁弯

对于由于主梁下挠形成之后而促成的主梁内侧水平旁弯的变形校正，可以和主梁下挠变形校正同时完成，其方法是在设置恢复主梁上拱的加热面时，也设置校正主梁旁弯的加热面。主梁内侧腹板的三角形加热面比外侧腹板的三角形加热面大，三角形底边的长度也应不同。

为了使校正效果明显，可采用顶推工具（简称顶具）把两主梁顶推至略比事先所要求的校正量大，顶推部位可以选择在主梁中间的小肋板下部，如图 7-21 所示。

（6）腹板波浪形变形校正

主梁下挠常常会使腹板产生波浪形变形，过大的波浪形变形也会削弱主梁抵抗下挠的程度。

凸起变形的校正方法如图 7-22 所示。在凸起的部位用圆点加热法加热，并用平锤敲平。圆点加热面积可取为直径 $60 \sim 100$ mm，加热时应使割嘴从里向外绕螺旋线移动。当加热到 $700 \sim 800 ℃$ 时，立即用平锤敲击，顺序为先边缘后中间。校正凹陷变形时，可采用拉具（如马鞍形挡板）及螺栓，将凹陷部位钢板锤平。校正方法如图 7-23 所示。

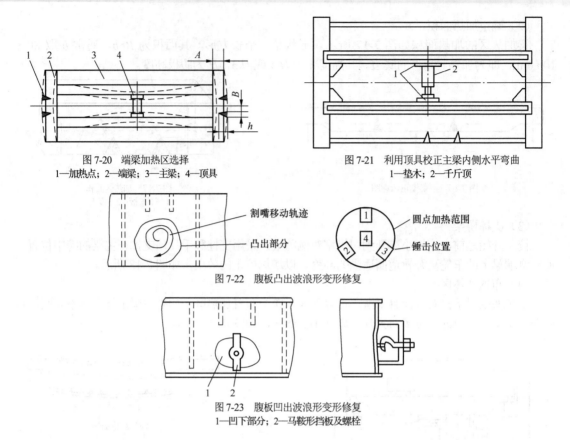

图 7-20　端梁加热区选择
1—加热点；2—端梁；3—主梁；4—顶具

图 7-21　利用顶具校正主梁内侧水平弯曲
1—垫木；2—千斤顶

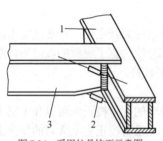

割嘴移动轨迹
凸出部分

圆点加热范围
锤击位置

图 7-22　腹板凸出波浪形变形修复

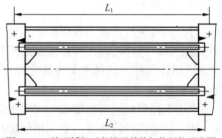

图 7-23　腹板凹出波浪形变形修复
1—凹下部分；2—马鞍形挡板及螺栓

（7）桥架对角线误差的校正

当桥架对角线超差后，将影响起重机正常运行，所以必须校正。其方法是加热主梁与端梁的连接处，并配合拉具进行校正，如图 7-24 所示。如果连接处轴线夹角为直角，则应校正端梁，其加热部位如图 7-25 所示。

图 7-24　采用拉具校正示意图
1—端梁；2—拉具；3—主梁

图 7-25　校正桥架对角线误差的加热部位示意图

（8）火焰校正后主梁加固

经过火焰校正后的主梁上拱度得到恢复，要对主梁加固。选取适当型号的槽钢加焊在主梁下面，最好每根主梁下加焊两根槽钢。其结构如图 7-26 所示，这是目前应用最为广泛的一种形式。加固所用槽钢的数量与规格见表 7-4。

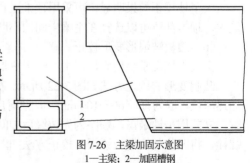

图 7-26　主梁加固示意图
1—主梁；2—加固槽钢

表 7-4　　　　　　　　　　　　　　　加固用槽钢数量与规格

| 跨度/m | 槽钢规格及数量 | | |
|---|---|---|---|
| | 5～10 t | 15/3～20/5 t | 30/5～50/10 t |
| 16.5 | 2×[ 2 | 2×[ 14 | 2×[ 18 |
| 19.5 | 2×[ 12 | 2×[ 16 | 2×[ 20 |
| 22.5 | 2×[ 14 | 2×[ 18 | 2×[ 22 |
| 25.5 | 2×[ 16 | 2×[ 20 | 2×[ 24 |
| 28.5 | 2×[ 18 | 2×[ 22 | 2×[ 28 |
| 31.5 | 2×[ 20 | 2×[ 24 | 2×[ 30 |

# 任务4　桥式起重机啃轨修理

## 7.4.1　啃轨的概念

起重机正常行驶时，车轮轮缘与轨道应保持有一定的间隙（20～30 mm）。当起重机在运行中由于某种原因产生歪斜运行，致使车轮轮缘与轨道侧面接触，产生挤压摩擦，增大了它们之间的摩擦力，磨损轮缘和钢轨侧面，这种现象就叫"啃轨"，也称为"啃道"。

## 7.4.2　啃轨对起重机的影响

### 1．缩短车轮使用寿命

车轮一般能使用 10 年以上时间，但是啃轨严重时只能用 1～2 年。车轮侧面磨损缩短了其使用寿命。

### 2．轨道磨损

严重的啃轨，将使起重机轨道磨损加剧，磨损严重时必须更换轨道。

### 3．增加运行阻力

根据实际测定，起重机啃轨运行的运行阻力比正常阻力增大 1.5～3.5 倍。运行阻力的增加，使运行电动机和传动机构超负荷工作，严重时烧毁电动机和折断传动零件。

### 4．使厂房结构产生激振

起重机啃轨产生的侧向力，使轨道产生横向位移或有位移趋势，轨道的固定螺栓受力。螺栓在使用条件变化后出现松动，起重机在轨道上运行出现非正常振动，于是厂房结构将受到激烈振动。

### 5．车轮脱轨

啃轨严重时，车轮有可能爬到轨道顶面上去，从而造成车轮脱轨事故。

## 7.4.3　车轮啃轨的原因

### 1．轨道安装质量

起重机轨道安装质量差，如轨距超差、水平弯曲度超差、两侧轨道标高超差等，都将造成车轮运行啃轨。

### 2．结构变形

桥架和小车架发生变形后，有的要引起车轮安装技术条件的变化。例如，端梁产生水平弯曲使车轮水平偏斜超差，桥架变形会使车轮垂直偏斜超差，将造成运行啃轨。

### 3．主动车轮直径误差

两主动车轮由于磨损程度差异过大，使它们踏面直径磨损后出现直径差过大，在运行中线速度不同而引起啃轨。

**4．车轮与轨道的匹配**

车轮与轨道不匹配，配合同隙过小，使轮缘与轨道侧面接触而出现啃轨。

**5．对角线超差**

起重机在使用中的结构变形使桥架对角线超差，也将引起啃轨。

### 7.4.4　车轮啃轨的判断

起重机或小车在运行中是否发生啃轨，可由下列现象来判断。

（1）轨道侧面有一条明亮的痕迹，严重时痕迹上有毛刺。

（2）车轮轮缘内侧有亮斑并有毛刺。

（3）起重机或小车行走时，在短距离内轮缘与轨道间隙有明显的变化。

（4）起重机或小车在运行中，特别是在启动和制动时，桥架或小车架扭摆、走偏。

（5）特别严重时，会发出响亮的"吭吭"声响。

起重机啃轨是车轮轮缘与轨道摩擦阻力增大的过程，也是车体走斜的过程。啃轨会使车轮和钢轨很快就磨损报废，车轮轮缘被啃变薄，钢轨被啃变形。

### 7.4.5　车轮啃轨的特征

造成起重机啃轨的因素很多，有时是几个因素的综合作用所致。发现起重机运行时的啃轨后，应详细检查和仔细分析啃轨的情况，查找引起故障的真正原因，确定修理方案。为了便于检查和调整车轮的安装位置，现将各种因车轮偏差造成的歪斜啃轨的特征列于表7-5。不过这些偏差情况也不一定都是孤立存在的，往往是一台起重机上同时存在着几种偏差。

**表 7-5**　　　　　　　　　　　　　　车轮位置的偏差与啃轨情况

| 车轮位置偏差情况 | | 啃轨特征 |
|---|---|---|
| 车轮在水平面内的位置偏差 | （a） | 1 只车轮有偏斜：向一个方向运行时，车轮啃轨道的一侧；向反方向运行时，同一车轮又啃轨道的另一侧；啃轨现象较轻 |
| 车轮在水平面内的位置偏差 | （b） | 两只车轮同向偏斜：啃轨特征同上，啃轨现象较为严重 |
| | （c） | 4 只车轮反向偏斜：如果偏斜程度大致相等，运行就不会偏斜和啃轨；但这种偏斜对传动机构不利 |
| 车轮在垂直面内的位置偏差 | （d） | 如果没有其他歪斜因素存在，车轮垂直偏斜不会啃轨，但如果其他原因造成啃轨，则啃轨总是在轨道的一侧，车轮踏面磨损不均，严重时出现环形沟 |
| 4 只车轮相对位置偏差 | （e） | 同侧前后车轮不在同一直线上，这时 $l_1 < l_2$，使桥架失去应有的窜动量，稍有不妥就会啃轨，啃轨的地段和方向都不定；啃轨时同轨前后车轮各啃轨道的一个侧面 |

续表

| 车轮位置偏差情况 | | 啃轨特征 |
|---|---|---|
| 4 只车轮相对位置偏差 | 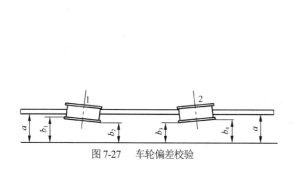 (f) | 车轮位置呈平行四边形：$D_1>D_2$，啃轨车轮在对角线位置上（同时啃轨道内侧或外侧） |
| | (g) | 车轮位置呈梯形：啃轨位置在同一条轴线上，$l_1<l_2$，$D_1=D_2$，若轮距过大，同时啃轨道内侧；若轮距过小，同时啃轨道外侧 |

在对起重机啃轨故障修理之前，不仅要了解现象，还要追溯故障前的征兆，对起重机驾驶员提供的操作、使用、维护保养、修理、更换件等信息进行分析。必要时还需对起重机和小车的轨距、轮压、轨道直线度、车轮直径偏差、桥架变形、车轮对角线等误差进行实测，用数据分析影响因素。

### 7.4.6 桥式起重机啃轨的检验

#### 1. 车轮的平行度偏差和直线度偏差的检验

检验方法如图 7-27 所示，以轨道为基准，拉一根细钢丝（直径$\phi0.5$ mm），使与轨道外侧平行，距离均等于 $a$。再用钢直尺测出 $b_1$、$b_2$、$b_3$、$b_4$ 各点距离，用下式求出车轮 1 及车轮 2 的平行性偏差：

车轮平行度偏差：

$$\text{车轮 1:} \frac{b_1-b_2}{2}; \qquad \text{车轮 2:} \frac{b_4-b_3}{2} \tag{7-2}$$

车轮直线度偏差：

$$\delta=\left|\frac{b_1+b_2}{2}-\frac{b_4+b_3}{2}\right| \tag{7-3}$$

因为是以轨道作为基准，所以需要选择一段直线度较好的轨道进行这项检验。

#### 2. 大车车轮对角线的检验

选择一段直线度较好的轨道，将起重机开进这段轨道内，用卡尺找出轮槽中心划一条直线，沿线挂一个线锤，找出锤尖在轨道上的指点，在这一点上打一样冲眼，如图 7-28 所示，以同样方法找出其余三个车轮的中点，这就是车轮对角线的测量点。然后将起重机开走。用钢卷尺测量对角车轮中点的距离，这段距离就是车轮对角线。

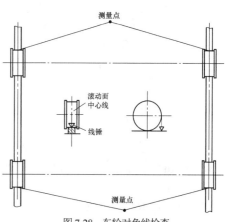

图 7-27 车轮偏差校验

图 7-28 车轮对角线检查

车轮跨距、轮距都可以用这个方法检验。

在测量上述各项时，是在车轮垂直度、平行度和直线度检验的基础上进行的，在分析测量时，要考虑上述各项因素的影响。

**3. 轨道的检验**

轨道标高可用水平仪检验；轨道的跨距可用拉钢卷尺的办法测量；轨道的直线度可用拉钢丝的方法检验，根据检验的结果多用描绘曲线的方法显示轨道的标高、直线度等。测量用钢丝的直径可根据轨道长度在 0.5～2.5 mm 选取。

此外，还应检验固定轨道用的压板、垫板以及轨道接头等项。

### 7.4.7 啃轨的修理方法

**1. 车轮的平行度和垂直度的调整**

如图 7-29 所示，当车轮滚道面中心线与轨道中心线有一 $\alpha$ 角时，则车轮和轨道的平行度偏差为 $\delta = r\sin\alpha$。为了校正这一偏差，可在左边角型轴承架上立键板加垫。垫板的厚度为

$$t = \frac{b\delta}{r} \tag{7-4}$$

式中　$b$——车轮与角轴承架的中心距，mm；

　　　$r$——车轮半径，mm。

如果车轮向左偏，则应在右边的角轴承架垂直键板上加垫来调整。

如果是垂直度偏差超过允许范围，则应在角轴承架上的左右两水平键板上加垫。垫板厚度的计算方法同校正平行度偏差的方法相同。

利用这种方法虽能解决一定的问题，但由于车轮组件是一个整体以及轴承同轴度要求等原因，限制了垫板厚度（$t$）的增大。

**2. 车轮位置的调整**

由于车轮位置偏差过大，会影响到跨距、轮距、对角线以及同一条轨道上两个车轮中心的平行度。因此要把车轮位置调整在允许范围内。调整时，如图 7-30 所示，应将车轮拉出来，把车轮的四块定位键板全部割掉，重新找正、定位。操作工艺如下。

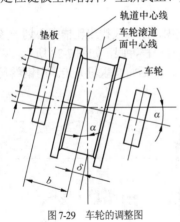

图 7-29　车轮的调整图

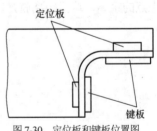

图 7-30　定位板和键板位置图

（1）根据测量结果，确定车轮需要移动的方向和尺寸。

（2）在键板的原来位置和需要移动的位置打上记号。

（3）将车体用千斤顶顶起，使车轮离开轨道面 6～10 mm。松开螺栓，取出车轮。

（4）割下键板和定位板。

（5）沿移动方向扩大螺栓孔。

（6）清除毛刺，清理装配件。

（7）按移动记号将车轮、定位板和键板装配好，并紧固螺栓。

（8）测量并调整车轮的平行度、垂直度、跨距、轮距和对角线等。并要求用手能灵活转动车轮，如发现不合技术要求，应重新调整。

（9）开空车试验，如还有啃轨则继续调整。

（10）试车后，如不再啃轨，则可将键板和定位板点焊上。为防止焊接变形，可采取焊一段再试车再焊的办法。

### 3．更换车轮

由于主动车轮磨损，使两个主动车轮直径不等，产生速度差，车体走斜而啃轨也较为常见。对于磨损的主动车轮，应采取成对更换的办法，单件更换往往由于新旧车轮磨损不均匀，配对使用后也还会啃轨。

被动轮对啃轨影响不大，只要滚动面不变成畸形，就可不必更换。

### 4．车轮跨距的调整

车轮跨距的调整是在车轮的平行度、垂直度调整好之后来进行的。调整跨距有两种方法。

（1）重新调整角轴承架的固定键板，具体方法同移动车轮位置一样。

（2）调整轴承间的隔离环，先将车轮组取下来，拆开角轴承架并清洗所有零件。假定需要将车轮往左移动 5 mm，则应把左边隔离环车掉 5 mm，而右边的隔离环重新做一个，它的宽度应比原来宽 5 mm。这样车轮装配后自然就向左移动 5 mm。隔离环车窄和加宽一定要在数量上相等，否则角轴承架的键槽卡不到定位键里边。

因为车轮与角轴承架的间隙是有限的，所以它的移动量也受到限制。一般推荐的移动量为 8～10 mm，但下次修理就不能再采用这种方法了。

### 5．对角线的调整

对角线的调整应与跨距的调整同时进行，这样可以节省工时。

根据对角线的测量进行分析，决定修理措施。为了不影响传动轴的同轴度和尽量减少工时，在修理时，应尽量调整被动轮而不调整主动轮。

如图 7-31（a）所示的情况，车轮跨距 $l_1 > l_2$，轮距 $b_1 = b_2$，对角线不等 $D_1 > D_2$。这种情况只要移动两个被动轮，使 $D_1 = D_2$ 即可。

图 7-31（b）所示为 $l_1 > l_2$，$b_1 < b_2$，而对角线 $D_1 > D_2$。在这种情况下，如果轮距 $b_2 - b_1 < 10$ mm 以内，跨距偏差又在允许范围内，则可不必调整右侧的主动轮，只需调整右侧的被动轮的位置即可。若超出上述范围，会影响车轮的窜动量，此时应同时移动右侧的主动轮和被动轮，使对角线相等。

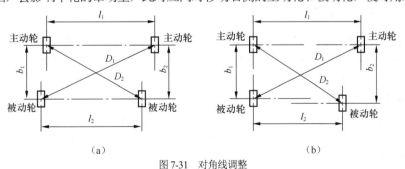

（a）　　　　　　　　　　　　　　　　（b）

图 7-31　对角线调整

## 任务 5　桥式起重机起重小车"三条腿"的检修

用在双主梁起重机上的起重小车，有时出现所谓小车"三条腿"故障。即桥式起重机小车在工作中一只车轮悬空的现象，称为小车"三条腿"，是起重机小车的常见故障之一。小车"三条腿"常有如下的表现形式。

（1）某一个车轮在整个运行过程中，始终处于悬空状态。造成这种"三条腿"的原因可能有两个，其一是四个车轮的轴线不在一个平面内，即使车轮直径完全相等，也总要有一个车轮悬空；其二，即使四个车轮的轴线在一个平面内，若是有一个车轮直径明显地较其他车轮小或者对角线两个车轮直径太小，这样都会造成小车"三条腿"。

（2）起重小车在轨道全长中，只在局部地段出现小车"三条腿"。产生局部地段"三条腿"的原因，首先要检查轨道的平直性。如果某些地段轨道凸凹不平，小车开进这一地段就会出现三个车轮着轨，一个车轮悬空的毛病。当然也可能多种因素交织在一起，例如，车轮直径不等，同时轨道凸凹不平。这时必须全面地检查，逐项进行修理。

### 7.5.1 小车"三条腿"故障对起重机的影响

起重机小车的三条腿故障对起重机有如下影响：
（1）使小车车体在起动和制动时产生振动与摆动，小车不能平稳地行走。
（2）使小车自重和负荷只由三只车轮支撑，其车轮的最大轮压超过设计值。
（3）造成小车运行过程的啃轨。
（4）整机产生振动，小车也容易脱轨。
（5）桥架因受力不均容易变形。

### 7.5.2 产生小车"三条腿"故障的原因

产生小车"三条腿"的原因可分自身故障和变形、安装与磨损所致的轨道问题。

**1．小车自身因素**
（1）小车架本身形状不符合技术要求或者发生了变形。
（2）四个车轮中有一个车轮的直径过小。
（3）车轮的安装不符合技术要求。
（4）小车架对角线上的两个车轮直径误差过大。

**2．轨道因素**
包括轨道变形、磨损、安装质量和主梁变形引起的或上盖板波浪形变形引起的轨道凸凹、轨道标高超差等。

### 7.5.3 小车"三条腿"的检查

造成小车"三条腿"的主要原因是车轮和轨道的尺寸偏差过大，根据其表现形式，可以优先检查某些项目。如在轨道全长运行中，起重小车始终处于三条腿运行，这就要首先检查车轮；如局部地段"三条腿"，则应首先检查轨道。

**1．小车车轮的检查**
车轮直径的偏差可根据车轮直径的公差进行检查，如$\phi350d4$的车轮，查公差表可得知允许偏差为 0.1 mm，同时要求所有的车轮滚动面必须在同一平面上，偏差不应大于 0.3 mm。

**2．轨道的检查**
为了消除小车"三条腿"，检查轨道的着重点应是轨道的高低偏差。小车轨道高度偏差（在同一截面内），当小车跨距 $L_x \leqslant 2.5$ m 时，允许偏差 $d \leqslant 3$ mm；当小车跨距 $L_x > 2.5$ m 时，允许偏差 $d \leqslant 5$ mm。小车轨道接头处的高低差 $e \leqslant 1$ mm，小车轨道接头的侧向偏差 $g \leqslant 1$ mm。

小车轨道高度偏差的检查方法，有条件可用水平仪和经纬仪来找平。没有这些条件的地方，可用桥尺和水平尺找平。桥尺是一个金属构架，下弦面必须加工比较平整，整个架子刚性要强，这样才能保证准确性。如图 7-32 所示，把桥尺横放在小车的两条轨道上，桥尺上安放水平尺。用观察水平尺气泡移动的方法来检查起重小车轨道高度差。

检查同一条轨道的平直性，可采用拉钢丝的方法，根据钢丝来找平轨道。

### 3．小车"三条腿"的综合检查

实际工作中，所遇到的问题多数是几种因素交织在一起，有车轮的原因，也有轨道的原因。这时只能推动小车，一段一段地分析，找出"三条腿"的原因。检查时，可准备一套塞尺或厚度各不相同的铁片，将小车慢慢地推动，逐段检查。如果在检查过程中，发现小车在整个行程始终有一个车轮悬空，而车轮直径又在公差范围内，那么就可以断定那个车轮的轴线偏高；在推动过程中，只有在局部地段出现"三条腿"现象，如图 7-33 所示，车轮 $A$ 在 $a$ 处出现间隙 $\Delta$，那么选择一个合适的塞尺或铁片塞进去，然后再推动起

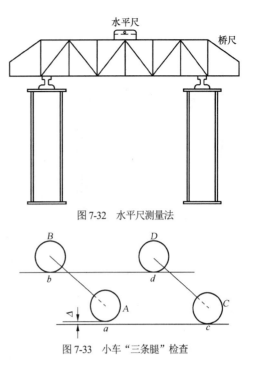

图 7-32　水平尺测量法

图 7-33　小车"三条腿"检查

重小车，如果当 $C$ 轮进入 $a$ 点不再有间隙，则说明轨道在 $a$ 处是偏低。如果 $A$ 轮在 $a$ 点没有间隙，$C$ 轮进入 $a$ 点出现间隙，那就可以判断为车轮的偏差所造成的。当然可能出现更加错综复杂的情况，那就要进行综合分析，找出原因进行修理。

## 7.5.4　小车"三条腿"的修理方法

### 1．车轮修理

主要原因常常是车轮轴线不在一个平面内，这时一般情况采用修理被动轮的方法，而不动主动车轮。因为主动车轮的轴线是同轴的，移动主动车轮会影响轴线的同轴度。

若主动轮和被动轮的轴线不在一个水平面内，可将被动轮及其角型轴承架一起拆下来，把小车上的水平键板割掉，再按所需要的尺寸加工，焊上以后，把角轴承架连同车轮一起安装上。如图 7-34 所示，具体操作方法如下。

（1）确定刨掉水平键板 1 的尺寸。

（2）将键板和车架打上记号，以备装配时找正。

（3）割掉车架上的定位键板 3、水平键板 1 和垂直键板 2。

（4）加工水平键板 1，将车架垂直键板的孔沿垂直方向向上扩大到所需要的尺寸并清理毛刺。

（5）将车轮及角轴承架安装上并进行调整和拧紧螺钉。然后试车，如运行正常，则可将各键板焊牢；如还有"三条腿"现象，再进行调整。为了减少焊接变形和便于今后的拆修，键板应采用断续焊。

### 2．轨道的修理

（1）轨道高度偏差的修理

轨道高度偏差的修理，一般采用加垫板的方法。垫板宽度要比轨道下翼缘每边多出 5 mm 左右，垫板数量不宜过多，一般不应超过 3 层。轨道有小的局部凹陷时，一般是采用在轨道底下加力顶的办法。在开始加力之前，先把轨道凹陷部分固定起来（加临时压板），如图 7-35 所示。这样就避免了由于加力使轨道产生更大的变形。校直后，要加垫板，以防再次变形。

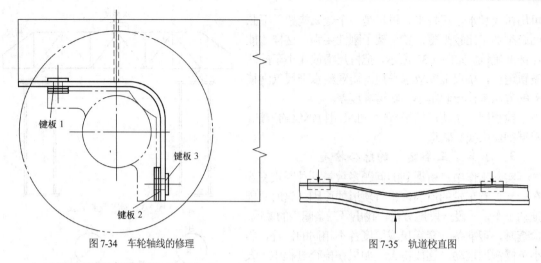

图 7-34　车轮轴线的修理　　　　　　　　图 7-35　轨道校直图

（2）轨道直线性的修理

轨道直线性可采用拉钢丝的方法来检查，如发现弯曲部分，可用小千斤顶校直。在校直时，先把轨道压板松开，然后在轨道弯曲最大部位的侧面焊一块定位板，千斤顶支撑在定位板上，校直后，打掉定位板，重新把轨道固定好。

由于主梁上盖板（箱形梁）的波浪引起的小车轨道波浪，一般可采用加大一号钢轨或者在轨道和上盖板间加一层钢板的办法解决。

## 任务 6　桥式起重机零部件常见故障及排除

桥式起重机在使用过程中，机械零部件、电气控制和液压系统的元器件，不可避免地遵循磨损规律出现有形磨损，并引发故障。导致同一故障的原因可能不是一一对应的关系。因此要对故障进行认真分析，准确地查找真正的故障原因，并且采取相应的消除故障的方法来排除，从而恢复故障点的技术性能。下面详细介绍桥式起重机的零件、部件常见故障及排除方法。

### 7.6.1　桥式起重机零件故障及排除方法

**1．锻制吊钩**

常见损坏情况：尾部出现疲劳裂纹，尾部螺纹退刀槽、吊钩表面有疲劳裂纹；开口处的危险断面磨损超过断面高度的 10%。

原因：超期使用；超载；材料缺陷。

后果：可能导致吊钩断裂。

排除方法：每年检查 1～2 次，出现疲劳裂纹，及时更换。危险断面磨损超过标准时，可以渐加静载荷做负载试验，确定新的使用载荷。

**2．片式吊钩**

损坏情况：表面有疲劳裂纹，磨损量超过公称直径的 5%，有裂纹和毛缝，磨损量达原厚度的 50%。

原因与后果：折钩；吊钩脱落；耳环断裂；受力情况不良。

排除方法：更换板片或整体更换；耳环更新。

**3．钢丝绳**

损坏情况：磨损断丝、断股。

原因与后果：断绳。

排除方法：断股的钢丝绳要更换；断丝不多的钢丝绳可适当减轻负荷量。

### 4．滑轮

损坏情况：轮槽磨损不均；滑轮倾斜、松动；滑轮有裂纹；滑轮轴磨损达公称直径的5%。

原因与后果：材质不均；安装不符合要求；绳、轮接触不均匀；轴上定位件松动；或钢丝绳跳槽，滑轮破坏；滑轮轴磨损后在运行时可能断裂。

排除方法：轮槽磨损达原厚度的20%或径向磨损达绳径的25%时应该报废；滑轮松动时要调整滑轮轴上的定位件。

### 5．卷筒

常见损坏情况：疲劳裂纹；磨损达原筒壁厚度的20%；卷筒键磨损。

原因及后果：卷筒裂开；卷筒键坠落。

排除方法：更新。

### 6．制动器

常见损坏情况：拉杆有裂纹；弹簧有疲劳裂纹；小轴磨损量达公称直径的5%；制动轮表面凸凹不平，平面度达1.5 mm；闸瓦衬垫磨损达原厚度的50%。

常见故障现象：制动器在上闸位置中不能支持住货物；制动轮发热，闸瓦发出焦味，制动垫片很快磨损。

可能的原因：电磁铁的铁心没有足够的行程；或制动轮上有油；制动轮磨损；闸带在松弛状态没有均匀地从制动轮上离开。

后果：制动器失灵；抱不住闸；溜车。

排除方法：更换拉杆、弹簧、小轴或心轴、闸瓦衬垫；制动轮表面凸凹不平时重新车制并热处理。

如果有上述的故障现象，需要对制动器进行调整。图7-36所示为短行程块式制动器的结构。制动器调整方法如下。

（1）调整电磁铁行程

调整电磁铁行程的目的是使制动瓦块获得合适的张开量，这样在松闸后就可以让制动轮与制动瓦块彻底脱开。其方法是：用一个扳手固定推杆6右端的方头，用另一个扳手旋转推杆右端的螺母，将推杆向右拉即可缩小制动瓦块与制动轮的间隙；反之将推杆向左拉增大制动瓦块与制动轮的间隙。操作方法如图7-37所示。

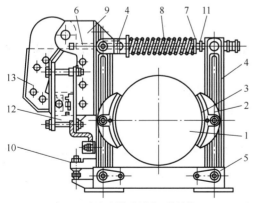

图7-36  短行程块式制动器的结构

1—制动轮；2—制动块；3—瓦块衬垫；4—制动臂；5—底座；
6—推杆；7—夹板；8—制动弹簧；9—松闸器；10—调整螺钉；
11—辅助弹簧；12—线圈；13—衔铁

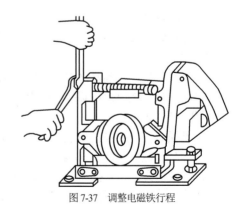

图7-37  调整电磁铁行程

（2）调整主弹簧工作长度

调整主弹簧工作长度可以调整该制动器的制动力矩。其方法是：用一个扳手把住推杆 6 右端的方头，另一扳手旋转制动弹簧 8 端的螺母，将制动弹簧 8 旋紧，即将制动力矩增大，反之减小。操作方法如图 7-38 所示。

（3）调整两制动瓦块与制动轮的间隙

在起重机工作中，常常出现制动器松闸时一个瓦块脱离，另一个瓦块还在制动的现象，这不仅影响机构的运动还使瓦块加速磨损。对此应进行调整，先将衔铁推在铁心上，制动瓦块即松开，然后转动调整螺钉 10 的螺母，调整制动瓦块与制动轮的单侧间隙为 0.6～1 mm，并要求两侧间隙相等即可。操作方法如图 7-39 所示。

### 7．齿轮

常见损坏情况：轮齿磨损达原齿厚的 10%～25%；因为疲劳剥落而损坏的齿轮工作面积大于全部工作面积的 30%；渗碳齿轮渗碳层磨损超过 80%。

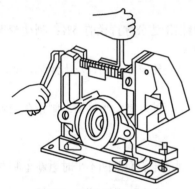

图 7-38　调整主弹簧工作长度

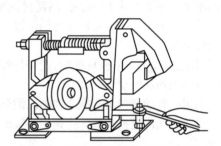

图 7-39　调整两制动瓦块与制动轮的间隙

可能的原因：超期使用；安装不正确；或热处理不合格。

排除方法：轮齿磨损达原齿厚的 10%～25%时更换齿轮；圆周速度大于 8 m/s 的减速器高速齿轮磨损时应该成对更换。

### 8．传动轴

常见损坏情况：裂纹；轴的弯曲超过 0.5 mm/m。

原因及后果：损坏轴；由于疲劳使轴弯曲进而损坏轴颈。

排除方法：更换轴或加热校正。

### 9．联轴器

常见损坏情况：联轴器体上有裂纹；用于连接的螺钉和销轴的孔扩大；销轴橡皮圈磨损；键槽扩大。

原因及后果：联轴器体损坏；机构启动时发生冲击；键脱落。

排除方法：更换橡皮圈；旧键槽补焊后重新加工键槽。

### 10．车轮

常见损坏情况：轮辐、踏面有疲劳损伤；主动轮踏面磨损不均；踏面磨损达原公称直径的 15%；车轮轮缘磨损达原厚度的 50%。

原因及后果：车轮损坏；大车、小车运行出现偏斜。

排除方法：轮辐、踏面有疲劳损伤时需要更换车轮；主动轮踏面磨损不均可以车制后热处理，但是直径误差不超过 5%；踏面磨损达原公称直径的 15%或车轮轮缘磨损达原厚度的 50%时更换车轮。

## 7.6.2　桥式起重机部件故障及排除方法

### 1．滚动轴承

常见故障现象：过度发热；声哑；金属研磨声；经常出现急剧冲击声。

可能的原因：有损坏件或润滑油不合格；轴承脏污；缺油；滚动体损坏。

消除方法：过度发热时更换轴承或润滑油；清洗脏污；加油；滚动体损坏时更新轴承。

### 2．减速器

常见故障现象：有周期性的颤振的声响，从动轮特别显著；剧烈的金属摩擦声。

可能的原因：齿轮节距误差大；齿侧间隙超过标准；传动齿轮间的侧隙过小。

消除方法：更换齿轮或轴承；重新拆卸、清洗后再重新安装。

### 3．小车运行机构

常见故障现象：打滑；小车"三条腿"。

可能的原因：轨道上有水；轮压不均匀；直接启动电动机过猛；车轮直径不等；车轮安装不符合要求，误差过大；车体焊接中产生变形；小车走偏。

消除方法：去掉油或水；调整轮压；改善电动机启动方法；调整车轮；火焰校正。

# 任务7　桥式起重机日常维护及负荷试验

桥式起重机属于"危险设备"，必须按照《起重机械安全规程　第1部分：总则》(GB 6067.1—2010)的规定，做到合理使用，适时维修，以确保安全运行。

## 7.7.1　桥式起重机的预防维护工作

（1）日常检查及维护。

（2）定期检查。

（3）定期负荷试验。

（4）按照检查预防性维修。

## 7.7.2　预防性维修内容

（1）按照起重机械零件报废标准更换磨损且接近失效的机械零件。

（2）更换老化和接近失效的电气元件及线路，并调整电气系统。

（3）检查调整及修复安全防护装置。

（4）必要时对金属结构进行涂漆防锈蚀。

## 7.7.3　日常检查和定期检查

### 1．日常检查

起重机技术状态的日常检查由操作工人负责，每天检查一次。发现异常情况应该及时通知检修工人加以排除。日常检查的内容和要求见表7-6。

表7-6　　　　　　　　　　　　桥式起重机日常检查的内容和要求

| 序号 | 检查部位 | 技术要求 | 检查周期 | 处理意见 |
|---|---|---|---|---|
| 1 | 由司机室登上桥架的舱口开关 | 打开舱口，起重机不能开动 | 每班 | 如失灵，应立即通知检修 |
| 2 | 制动器 | 制动轮表面无油污；制动瓦的退距合适；弹簧有足够的压缩力；制动垫片的铆钉不与制动轮接触 | 每班 | 如有油污，及时用煤油清洗；制动瓦的退距不合适，及时调整；铆钉有问题，通知检修 |

续表

| 序号 | 检查部位 | 技术要求 | 检查周期 | 处理意见 |
|------|----------|----------|----------|----------|
| 3 | 小车轨道及走台 | 轨道上无油污及障碍物 | 每班 | 排除障碍物和清洗油污 |
| 4 | 起升机构 | 极限限位开关灵敏可靠；制动动作可靠 | 每班 | 如失灵，通知检修或调整 |
| 5 | 小车运行机构 | 运行平稳，制动动作可靠 | 每班 | 如有问题，查明原因后处理 |
| 6 | 大车运行机构 | 运行平稳，制动动作可靠 | 每班 | 如有问题，查明原因后处理 |
| 7 | 钢丝绳 | 润滑正常，两端固定可靠 | 每班 | 缺油脂，及时添加；发现松脱，应紧固 |
| 8 | 各减速器润滑油 | 油位达到规定；油料清洁 | 每班 | 低于规定油位，及时补充加油；油料污染严重，换油 |
| 9 | 大车轮 | 轮缘及踏面磨损正常，无啃轨现象 | 每班 | 如有啃轨现象，通知检修 |
| 10 | 小车轮 | 轮缘及踏面磨损正常，无啃轨现象 | 每班 | 如有啃轨现象，通知检修 |
| 11 | 滑轮组 | 平衡滑轮能正常摆动；平衡轴加油 | 每班 | 平衡滑轮不能正常摆动，通知检修 |

### 2．定期检查

定期检查是在日常检查的基础上，对起重机的金属结构和各传动系统的工作状态和零件磨损状况进行进一步检查，以判断其技术状态是否正常和存在缺陷，并根据定期检查结果，制订预防修理计划，组织实施。

定期检查是由专业维护人员负责，操作工人配合进行。检查时不仅靠人的感官观察，还要用仪器、量具进行必要的测量，准确地查清磨损量，并认真做好记录，具体检查内容见表 7-7。

表 7-7 　　　　　　　　　桥式起重机定期检查的内容及要求

| 部位名称 | 零件名称 | 检查标准及内容 | 检查周期 | 处理方法 |
|----------|----------|----------------|----------|----------|
| 大车梁 | | ① 测量主梁上拱度与旁弯；<br>② 小车轨道的磨损量，有无啃轨现象；<br>③ 端梁连接螺钉是否松动，用手锤敲击声音应一致 | 12 个月 | 由专业工程师分析提出处理意见；③中的连接螺钉如有松动现象立即紧固 |
| 车轮 | | ① 轮缘厚度磨损量不超过原厚度的 50%；<br>② 轮缘弯曲变形量不超过原厚度的 20%；<br>③ 踏面磨损量不超过原厚度的 15%；<br>④ 如有啃轨现象，检查车轮安装的偏斜量：在水平方向不超过 $L/1000$；在垂直方向不超过 $L/400$ | 12 个月 | 达到①②③更换车轮 |
| 大小车传动减速器 | 箱体 | ① 箱体剖分面是否漏油；<br>② 输入输出轴端部是否漏油 | 12 个月 | 如有漏油现象，应修理或更换密封圈 |
| | 传动齿轮 | 第一级啮合齿厚磨损不超过原齿厚的 15%；其他级啮合齿厚磨损不超过原齿厚的 25% | | 达到左标准更换齿轮 |
| 齿轮联轴器 | | 齿厚磨损量不超过原齿厚的 15% | 12 个月 | 达到左标准更换齿轮 |
| 起升机构减速器 | 箱体 | ① 箱体剖分面是否漏油；<br>② 输入输出轴端部是否漏油 | 12 个月 | 如有漏油现象，应修理或更换密封圈 |
| | 传动齿轮 | 第一级啮合齿厚磨损不超过原齿厚的 10%；其他级啮合齿厚磨损不超过原齿厚的 20% | | 达到左述标准更换齿轮 |
| 制动器 | 摩擦衬料 | 磨损量不超过原厚度 50%，铆钉不露出 | 3 个月 | 达到左述标准更换 |
| | 小轴 | 与孔的配合间隙不超过直径的 5% | | 达到左述标准更换小轴 |
| | 制动轮 | 轮面凸凹不平不超过 1 mm，有裂纹时更换 | | 修平 |
| 卷筒 | | 筒壁磨损量不超过原壁厚的 20% | 12 个月 | 达到左述标准更换 |
| 吊钩部件 | 吊钩和滑轮 | 开口度比原尺寸增大不超过 10%；危险断面不超过原尺寸的 10% | 12 个月 | 有裂纹更换；开口度和危险断面磨损达到左述标准更换 |

## 7.7.4　起重机的负荷试验

### 1．试验前的准备工作

（1）关闭电源，检查所有连接部位的紧固工作。

（2）检查钢丝绳在卷筒、滑轮组中的围绕情况。

（3）用兆欧表检查电路系统和所有电气设备的绝缘电阻。

（4）检查各减速器的油位，必要时加油。各润滑点加注润滑油脂。

（5）清除大车运行轨道上、起重机上及试验区域内有碍负荷试验的一切物品。

（6）与试验无关的人员，必须离开起重机和现场。

（7）采取措施防止在起重机上参加负荷试验的人员触及带电的设备。

（8）准备好负荷试验的重物，重物可用比重较大的钢锭、生铁和铸件毛坯。

### 2．无负荷试验

（1）用手转动各机构的制动轮，使最后一根轴转动一周，所有传动机构运动平稳且无卡阻现象。

（2）分别开动各机构，先慢速试转，再以额定速度运行，观察各机构应该平稳运行，没有冲击和振动现象。

（3）大、小车沿全行程往返运行3次，检查运行机构的工况。双梁起重机小车主动轮应在全长上接触，被动轮与导轨的间隙不超过1 mm，间隙区不大于1 m，有间隙区间累积长度不大于2 m。

（4）进行各种开关的试验，包括吊具的上升开关和大、小车运行开关，舱口盖和栏杆门上的开关及操作室的紧急开关等。

### 3．静负荷试验

先起升较小的负荷（可为额定负荷的0.5倍或0.75倍）运行几次，然后起升额定负荷，在桥架全长上往返运行数次后，将小车停在桥架中间，起升1.25倍额定负荷，离开地面约100 mm，悬停10 min，卸去载荷，分别检查起升负荷前后量柱上的刻度（在桥架中部或厂房的房架上悬挂测量下挠度用的线锤，相应地在地面或主梁上安设一根量柱），反复试验，最多3次，桥架应无永久变形（即前后两次所检查的刻度值相同）。

上述试验完成后，将桥式起重机小车开到桥架端部，测量主梁的上拱度，应在$L/1000$范围内。

最后测量主梁的下挠度。桥式起重机的小车仍应位于端部，在桥架中点测量地面或主梁上量柱刻度，并以此为零点。然后将小车开到桥架中部，起升额定负荷，离地面100 mm左右停止，测量主梁的下挠度。桥式起重机的下挠度不应该超过$L/700$。

静负荷试验后，应该检查金属结构的焊接质量和机械连接的质量，并检查电动机、制动器、卷筒轴承座及各减速器等的固定螺钉有无松动现象。如发现松动，应紧固。

### 4．动负荷试验

以1.1倍额定负荷，分别开动各机构（也可同时开动两个机构），做反复运转试验。各机构每次连续运转时间不宜太长，防止电动机过热，但累计开动时间不应该少于10 min。各机构的运动平稳；制动装置、安全装置和限位装置的工作灵敏、准确、可靠；轴承及电气设备的温度应不超过规定。

动负荷试验后，应再次检查金属结构的焊接质量及机械连接的质量。

## ｜学习反馈表｜

| 项目七　桥式起重机的维修 | | |
|---|---|---|
| | 桥式起重机零部件的安全检查 | □掌握 □很难 □简单 □抽象 |
| | 桥式起重机车轮啃轨的修理 | □掌握 □很难 □简单 □抽象 |
| 知识与技能点 | 桥式起重机小车三条腿的修理 | □掌握 □很难 □简单 □抽象 |
| | 桥式起重机桥架变形的修理 | □掌握 □很难 □简单 □抽象 |
| | 桥式起重机日常维护及负荷试验 | □掌握 □很难 □简单 □抽象 |
| | 思考题与习题 | □掌握 □很难 □简单 □抽象 |

续表

| 项目七 桥式起重机的维修 | | |
|---|---|---|
| 学习情况 | 基本概念 | □难懂 □理解 □易忘 □抽象 □简单 □太多 |
| | 学习方法 | □听讲 □自学 □实验 □工厂 □讨论 □笔记 |
| | 学习兴趣 | □浓厚 □一般 □淡薄 □厌倦 □无 |
| | 学习态度 | □端正 □一般 □被迫 □主动 |
| | 学习氛围 | □愉快 □轻松 □互动 □压抑 □无 |
| | 课堂纪律 | □良好 □一般 □差 □早退 □迟到 □旷课 |
| | 课前课后 | □预习 □复习 □无 □没时间 |
| | 实践环节 | □太少 □太多 □无 □不会 □简单 |
| | 学习效果自我评价 | □很满意 □满意 □一般 □不满意 |
| 建议与意见 | | |

注：学生根据实际情况在相应的方框中画"√"或"×"，在空白处填上相应的建议或意见。

# | 思考题与习题 |

## 一、判断题

1. 桥式起重机的基本构造可分为金属结构部分、机械部分和电气部分。　　　（　）
2. 起升机构的制动器在电动机非运转的情况下，应处于闭合状态。　　　（　）
3. 中、小型起重机的小车运行机构均采用集中驱动形式。　　　（　）
4. 由一台电动机通过转动轴带动两边的车轮称为集中驱动。　　　（　）
5. 集中驱动形式的大车运行机械只适用于大跨度的桥式起重机。　　　（　）
6. 分别驱动的运行机械中间都没有传动轴。　　　（　）
7. 在正常情况下，钢丝绳绳股中的钢丝断裂是逐渐产生的。　　　（　）
8. 滑轮卷筒直径越小，钢丝绳的曲率半径也越小，绳的内部磨损也越小。　　　（　）
9. 起重机在腐蚀性的环境中工作时，应用镀铅钢丝绳。　　　（　）
10. 起重机的制动装置是利用摩擦原理来实现机械制动的。　　　（　）
11. 减速器的作用是降低转速、增大转矩。　　　（　）
12. 缓冲器是安装在起升机械上的安全设施。　　　（　）
13. 吊钩危险断面或钩颈部产生塑性变形，吊钩应报废。　　　（　）
14. 吊钩开口度比原尺寸增加15%时吊钩应报废。　　　（　）
15. 车轮轮缘磨损量超过原厚度的10%时，车轮应报废。　　　（　）
16. 起重机扫轨板距轨面不应大于20～30 mm。　　　（　）
17. 主梁上拱度为$L/800$。　　　（　）
18. 吊钩的危险面出现磨损沟槽时，应补焊后使用。　　　（　）
19. 减速器正常工作时，箱体内必须装满润滑油。　　　（　）

## 二、选择题（将正确答案的题号填入题中空格）

1. 在用起重机的吊钩应定期检查，至少每_____年检查一次。
   A. 半　　　　　　　　B. 1　　　　　　　　C. 2
2. 卷筒壁磨损至原壁厚的_____%时卷筒应报废。
   A. 5　　　　　　　　B. 10　　　　　　　　C. 20
3. 按行业沿用标准制造的吊钩，危险断面磨损量应不大于原尺寸的_____%。
   A. 5　　　　　　　　B. 10　　　　　　　　C. 15

4. 按 GB/T 10051.2—2010 制造的吊钩，危险断面的磨损量不应大于原高度的_____%。
   A. 5　　　　　　　B. 10　　　　　　　C. 15

5. 钢丝绳直径减小量达原直径的_____%时，钢丝绳应报废。
   A. 5　　　　　　　B. 7　　　　　　　C. 10

6. 起重机吊钩的开口度比原尺寸增加_____%时，吊钩应报废。
   A. 10　　　　　　B. 15　　　　　　　C. 20

7. 起重机吊钩的扭转变形超过_____%时，应报废。
   A. 5　　　　　　　B. 10　　　　　　　C. 20

8. 金属铸造滑轮轮槽不均匀磨损量达_____mm 时，应报废。
   A. 10　　　　　　B. 5　　　　　　　C. 3

9. 金属铸造滑轮轮槽壁厚磨损达原壁厚的_____%时，应报废。
   A. 40　　　　　　B. 30　　　　　　　C. 20

10. 起升机构的制动轮轮缘磨损达原厚度的_____%时，制动轮应报废。
    A. 40　　　　　　B. 30　　　　　　　C. 20

11. 制动摩擦片磨损的厚度超过原厚度的_____%时，应报废。
    A. 50　　　　　　B. 40　　　　　　　C. 30

12. 桥式起重机箱形主梁跨中的上拱度为_____。
    A. $L/1500$　　　　B. $L/700$　　　　　C. $L/1000$

13. 双梁桥式起重机在主梁跨中起吊额定负载后，其向下变形量不得大于_____。
    A. $L/700$　　　　B. $L/600$　　　　　C. $L/300$

## 三、简答题

1. 什么是桥式起重机车轮的啃轨？如何检查与维修？

2. 什么是桥式起重机起重小车的"三条腿"？如何检查？

3. 桥式起重机箱形主梁变形修理方法有哪些？

4. 桥式起重机制动器的常见故障有哪些？如何排除？

[1] 中国机械工程学会设备维修专业学会．机修手册：第 3 卷上册　金属切削机床修理[M]．3 版．北京：机械工业出版社，1993．

[2] 职业技能鉴定编审委员会．机修钳工[M]．北京：中国劳动和社会保障出版社，1997．

[3] 晏初宏．机械设备修理工艺学[M]．北京：机械工业出版社，1999．

[4] 洪清池．机械设备维修技术[M]．南京：河海大学出版社，1991．

[5] 姜秀华．机械设备修理工艺[M]．北京：机械工业出版社，2003．

[6] 吴先文．机电设备维修[M]．北京：机械工业出版社，2005．

[7] 赵文轸，刘琦云．机械零件修复新技术[M]．北京：中国轻工业出版社，2000．

[8] 郑建中．机器测绘技术[M]．北京：机械工业出版社，2001．

[9] 陈冠国．机械设备维修[M]．北京：机械工业出版社，1997．

[10] 徐滨士．装备再制造工程的理论与技术[M]．北京：国防工业出版社，2007．

[11] 徐滨士，刘世参．表面工程[M]．北京：机械工业出版社，2000．

[12] 周树，来阳，袁砾生．实用设备修理技术[M]．长沙：湖南科学技术出版社，1995．

[13] 北京农业大学机械维修工程研究室．机械维修工程与技术[M]．北京：机械工业出版社，1989．

[14] 机械设备故障分析与排除方法丛书编委会．切削加工设备故障分析与排除方法[M]．北京：航空工业出版社，1998．

[15] 王修斌，程良骏．机械修理大全：第 1 卷[M]．沈阳：辽宁科学技术出版社，1993．

[16] 武友德．数控设备故障诊断与维修技术[M]．北京：化学工业出版社，2003．

[17] 徐滨士．MS-100 纳米电刷镀设备工艺指导书[R]．北京：装甲兵工程学院，2000．

[18] 邱文萍，陈志华，贺小明．大型水泵轴的热喷涂修复工艺[J]．水利电力机械，2004．

[19] 秦传江．汽车传动件纳米复合电刷镀修复技术研究[J]．热加工工艺，2009．